Dörte Ohlhorst

Windenergie in Deutschland

VS RESEARCH

Energiepolitik und Klimaschutz

Herausgegeben von
PD Dr. Lutz Mez, Freie Universität Berlin

Dörte Ohlhorst

Windenergie in Deutschland

Konstellationen, Dynamiken und Regulierungspotenziale im Innovationsprozess

Mit einem Geleitwort von Prof. Dr. Martin Jänicke

VS RESEARCH

Bibliografische Information der Deutschen Nationalbibliothek
Die Deutsche Nationalbibliothek verzeichnet diese Publikation in der Deutschen Nationalbibliografie; detaillierte bibliografische Daten sind im Internet über <http://dnb.d-nb.de> abrufbar.

Dissertation Freie Universität Berlin, 2008

D 188

1. Auflage 2009

Lektorat: Dorothee Koch / Britta Göhrisch-Radmacher

VS Verlag für Sozialwissenschaften ist Teil der Fachverlagsgruppe
Springer Science+Business Media.
www.vs-verlag.de

Umschlaggestaltung: KünkelLopka Medienentwicklung, Heidelberg
Gedruckt auf säurefreiem und chlorfrei gebleichtem Papier
Printed in Germany

ISBN 978-3-531-16841-8

Geleitwort

Untersuchungen zur Entwicklung der Erneuerbaren Energien und speziell zur Windenergie gibt es mittlerweile eine ganze Menge. In diesem Buch wird das Thema aber zugleich benutzt, um die Innovationsforschung und die Politikanalyse ein ganzes Stück voran zu treiben.

Das Neue und höchst Lesenswerte an der Arbeit von Dörte Ohlhorst ist die exemplarische Anwendung und die Weiterentwicklung der „Konstellationsanalyse". Dass politische Steuerung, die Innovationen bewirken und deren Diffusion umsetzen will, von der Art und „Konfiguration" der beteiligten Akteure abhängt, ist dabei der Ausgangspunkt. Die Verfasserin will mit der Darstellung dieses erfolgreichen Innovationsprozesses zum einen zeigen, „in welche Konstellationen die Nischentechnologie der Windenergie jeweils eingebettet war". Zum anderen soll die „Dynamik des Innovationsprozesses" unter dem Aspekt der Steuerung systematisch im Hinblick auf typische Abläufe analysiert werden.

Das Problem der Innovationsforschung ist ja die extreme Vielfalt möglicher Einflussfaktoren und deren Veränderung im Zeitverlauf. Da bietet eine Methode Vorteile, die eine Differenzierung des Entwicklungsprozesses (Phasentypen) ermöglicht und damit die strukturierte Analyse von Handlungskontext und Akteurskonstellation verbindet. Die Autorin bietet dabei nichts weniger als ein Forschungsdesign für die empirische Analyse technologischer Innovationsprozesse, die – wie das Gros der Umwelttechniken – von politischer Steuerung abhängen.

Was diese Forschungsstrategie wert ist, kann am untersuchten Fall gezeigt werden: Das Auf und Ab in der Erfolgsgeschichte der Windenergie wird überzeugend erklärt. Besonders interessant ist, dass die auf dezentrale Strukturen und Akteurskonstellationen angewiesene Energietechnik ihren Funktionszusammenhang zunehmend ändert und damit auch ihre technologische Gestalt. Die Autorin zeigt, was es heißt, wenn die zentralisierte Stromwirtschaft sich dieser Technik annimmt. Sie sieht eine „Entwicklung, in der die traditionellen Strukturen" der Stromwirtschaft „auf das sektorale Innovationssystem der Windenergie übertragen werden und sich die einst dezentrale Technologie durch Konzentrations- und Zentralisierungsprozesse schrittweise an das etablierte System adaptiert". Allerdings hat sich die Windenergie auch als Vorreiter für die anderen erneuerbaren Energien erwiesen und könnte dies weiterhin tun.

Die Arbeit ist eine interdisziplinär angelegte, Theorie geleitete empirische Fallstudie. Die Untersuchung ist im Sinne der vergleichenden Analyse durchaus breiter auf andere Fälle anwendbar. Dem Gegenstand angemessen ist ihre interdisziplinäre Verankerung. Die Autorin – heute beim Sachverständigenrat für Umweltfragen tätig – bezeugt analytisches Geschick und ein ausgeprägtes wissenschaftliches Urteilsvermögen. Das gilt auch für ihre Zurückhaltung bei der Interpretation ihres Verfahrens: Die vorgestellte Konstellationsanalyse ist nur ein gewissermaßen vortheoretisches Hilfsmittel, das der Ordnung des Gegenstandes dient und ihn analytisch verfügbar macht. Das ist aber durchaus nicht wenig.

Martin Jänicke

Vorwort

Als ich im Frühjahr 2004 begann, mich intensiver mit der Entwicklung der Windenergie auseinander zu setzen, war Deutschland weltweit die Nummer 1 in der Erzeugung von Windenergie. Der rasante Aufstieg dieser innovativen Umwelttechnologie gilt auch heute als Erfolgsfall. Windenergie wird an vorderster Stelle genannt, wenn nach Beispielen für Innovativität und Strukturwandel in Deutschland gefragt wird. Jedoch war die Erfolgsgeschichte kein Selbstläufer. Vor ca. drei Jahrzehnten begann der Prozess in einer Nische, die sich zunächst langsam, dann mit beschleunigtem Tempo ausbreitete und entfaltete.

Der Übergang von der Nische zu einer etablierten Stromerzeugungstechnologie war jedoch nur auf den ersten Blick ein kontinuierlicher Aufstieg. Bei näherem Hinsehen ist der Prozess durch ein Auf und Ab geprägt: durch Boomphasen mit enormen Entwicklungsschüben, aber auch durch Krisen und Brüche. Heute steht Windenergie insbesondere in den norddeutschen Bundesländern für Klima- und Ressourcenschutz und wirtschaftliche Perspektiven für viele. Der Windenergie wird heute zugetraut, was sich noch vor 30 Jahren wie eine Utopie anhörte: dass sie einen maßgeblichen Beitrag zur „Energiewende" leisten kann.

Die Windenergie schien ein Fall zu sein, aus dem sich viele Erkenntnisse sowohl hinsichtlich des Verlaufs von Umweltinnovationsprozessen als auch im Hinblick auf die Steuerung solcher Prozesse gewinnen lassen. Die Analyse dieses Erfolgsbeispiels erschien mir als politikwissenschaftlich relevantes Thema.

Hinzu kam, dass ich zu diesem Zeitpunkt am Zentrum Technik und Gesellschaft (ZTG) an der Entwicklung eines Brückenkonzepts für die interdisziplinäre Nachhaltigkeits- und Innovationsforschung beteiligt war. Das ZTG ist ein fachbereichsübergreifendes Forschungszentrum der TU Berlin, das durch interdisziplinäre Forschung die Zusammenarbeit von Technik- und Sozialwissenschaftler-/innen fördert. Mit dem Brückenkonzept der „Konstellationsanalyse" sollte die Innovationsbiographie der Windenergie unter Einbezug unterschiedlicher disziplinärer Blickwinkel unter die Lupe genommen werden. Ausgangspunkt war die Annahme, dass Technikentwicklung nicht nur durch politische Steuerungsmaßnahmen, sondern durch heterogene Faktoren beeinflusst wird.

Es ergab sich die Gelegenheit, die Forschungsidee im Rahmen eines Projektes bei der VW-Stiftung einzureichen. Wir begannen die Forschungsarbeit im September 2004 in einem Team, in dem die Disziplinen Techniksoziologie,

Landschaftsarchitektur, Politikwissenschaft und – im Rahmen eines extern vergebenen Auftrags – Maschinenbau vertreten waren. In diesem Projekt ging es explizit um die Untersuchung der Windkraftentwicklung mit Hilfe des Instrumentariums der Konstellationsanalyse. Dadurch hat diese auch in der vorliegenden Arbeit einen zentralen Stellenwert eingenommen.

An dieser Stelle möchte ich mich bei allen, die mich bei dieser Arbeit unterstützt haben, herzlich bedanken. Der VW-Stiftung danke ich für die finanzielle Zuwendung für das Forschungsprojekt, im Rahmen dessen diese Arbeit entstanden ist. Mein besonderer Dank gilt Susanne Schön und Martin Meister, die mich in der Konzeption der Arbeit intensiv beraten und mit ihren konstruktiven Anmerkungen wesentlich zur Entstehung dieser Arbeit beigetragen haben, sowie meiner Kollegin Elke Bruns, die mich insbesondere in der Schlussphase sehr entlastet hat. In den vielen Diskussionen der letzten drei Jahre waren zudem Prof. Johann Köppel, Benjamin Nölting, Sylvia Kruse, Heike Walk, Eric Töpfer, Dorothee Keppler, Jochen Twele, Bernd Wenzel, Lutz Mez, Annika Sohre, Mischa Bechberger und Kirsten Jörgensen wichtige Gesprächspartner/innen.

Mein herzlicher Dank geht an Prof. Martin Jänicke von der Forschungsstelle für Umweltpolitik an der FU Berlin und Prof. Udo Ernst Simonis vom Wissenschaftszentrum Berlin, die sich bereit erklärt haben, die Begutachtung dieser Arbeit zu übernehmen. Beide standen mir mit ihrer langjährigen Expertise sowie als angenehme und inspirierende Gesprächspartner zur Verfügung.

Eine Reihe von Freund/inn/en und Kolleg/inn/en hat mich durch ihre fachliche Expertise, durch Mithilfe bei der empirischen Arbeit, durch EDV-technischen Beistand, durch Korrekturlesen oder durch aufmunternde Worte unterstützt. Dafür gilt an dieser Stelle mein besonderer Dank Katharina Gelhaar, Ania Bothe und Dörte Heimann sowie Marius Haberland, Johanna Kösters, Stefanie Schlegel, Chi-Huy Tran und Eckart Schenk. Ein inniges Dankeschön geht an meine Eltern, die mich häufig zeitlich entlastet haben.

Darüber hinaus hat mir eine Reihe von Interviewpartner/innen zur Verfügung gestanden, ohne deren bereitwillige Auskunft – dies betrifft auch die nicht zitierfähigen Angaben – die Arbeit nicht hätte erstellt werden können.

Nicht zuletzt danke ich Michael für seine Unterstützung und dafür, dass er mich die ganze Zeit fast klaglos ertragen hat, und meinen Kindern Johanna und Paul für ihre Geduld, die sie über diesen langen Zeitraum aufbrachten.

Ich bitte um Verständnis, dass ich in diesem Text aus Gründen der besseren Lesbar- und Übersichtlichkeit auf eine genderneutrale Formulierung verzichte.

Dörte Ohlhorst

Inhalt

Verzeichnis der Abbildungen und Tabellen

Abkürzungsverzeichnis

AG	Aktiengesellschaft
AKW	Atomkraftwerk
AWZ	Ausschließliche Wirtschaftszone
BauGB	Baugesetzbuch
BDI	Bundesverband der Deutschen Industrie
BGBl	Bundesgesetzblatt
BImSchG	Bundesimmissionsschutzgesetz
BLS	Bundesverband Landschaftsschutz
BMBF	Bundesministerium für Bildung, Wissenschaft, Forschung und Technologie
BMFT	ehemaliges Bundesministerium für Forschung und Technologie (1994-1998; seit 1998 BMBF)
BMU	Bundesministerium für Umwelt, Naturschutz und Reaktorsicherheit
BMVBW	Bundesministerium für Verkehr, Bau- und Wohnungswesen
BMWA	Bundesministerium für Wirtschaft und Arbeit (seit 2002)
BMWi	Bundesministerium für Wirtschaft
BNatSchG	Bundesnaturschutzgesetz
BSH	Bundesamt für Seeschifffahrt und Hydrographie
BUND	Bund für Umwelt und Naturschutz Deutschland
BVerwG	Bundesverwaltungsgericht
BWE	Bundesverband Windenergie
CDU/CSU	Christlich Demokratische Union/Christlich Soziale Union
CO_2	Kohlendioxid
Ct	Cent
DBV	Deutscher Bauernverband
dena	Deutsche Energie-Agentur
DEWI	Deutsches Windenergie-Institut
DFVLR	Deutsche Forschungs- und Versuchsanstalt für Luft- und Raumfahrt
DGW	Deutsche Gesellschaft für Windenergie
DLR	Deutsches Zentrum für Luft- und Raumfahrt
DNR	Deutscher Naturschutzring

DS	Drucksache
DtA	Deutsche Ausgleichsbank
DVBl.	Deutsches Verwaltungsblatt
DVPW	Deutsche Vereinigung für Politische Wissenschaft
EE	Erneuerbare Energien
EEG	Erneuerbare Energien Gesetz
EnWG	Energiewirtschaftsgesetz
ERP	European Recovery Programme
EuGH	Europäischer Gerichtshof
EVU	Energieversorgungsunternehmen
EWEA	European Wind Energy Association
F&E	Forschung und Entwicklung
FDP	Freie Demokratische Partei
FFH	Fauna Flora Habitat
FGW	Fördergesellschaft Windenergie e. V.
FWE	Forschungsinstitut für Windenergietechnik
GAU	Größter anzunehmender Unfall
Growian	Großwindanlage
HEW	Hamburger Elekriztätswerke AG
HSW	Husumer Schiffswerft
IEA	International Energy Agency
IFEU	Instituts für Energie- und Umweltforschung
IKZM	Integriertes Küstenzonenmanagement
ILR	Institut für Luft- und Raumfahrt
IÖW	Instituts für Ökologische Wirtschaftsforschung
IPCC	Intergovernmental Panel on Climate Change
ISET	Institut für Solare Energieversorgungstechnik e. V.
IWB	Interessenverband Windkraft Binnenland
IWR	Internationales Wirtschaftsforum Regenerative Energien
KFA	Kernforschungsanstalt
KOM	Europäische Kommission
kW	Kilowatt
kW	Kilowatt
kWh	Kilowattstunde
MBB	Messerschmidt-Bölkow-Blohm GmbH
MdB	Mitglied des Bundestages
mdl.	mündlich (im Interview)
MLUR	Ministerium für Landwirtschaft, Umweltschutz und Raumordnung
MW	Megawatt

NABU	Naturschutzbund Deutschland e.V.
NawaRo	Nachwachsende Rohstoffe
NGO	Non Governmental Organization
NSGB	Niedersächsischer Städte und Gemeindebund
o. J.	ohne Jahresangabe
o. O.	ohne Ortsangabe
OECD	Organisation für wirtschaftliche Zusammenarbeit und Entwicklung
Pf.	Pfennig
PTJ	Projektträger Jülich
RL	Richtlinie
RO	Renewables Obligation
ROG	Raumordnungsgesetz
ROV	Raumordnungsverfahren
RWE	Rheinisch-Westphälische Elektrizitätswerke AG
SeeAnlV	Seeanlagenverordnung
SPD	Sozialdemokratische Partei Deutschlands
SRU	Rat von Sachverständigen für Umweltfragen
StrEG	Stromeinspeisungsgesetz
TH	Technische Hochschule
UBA	Umweltbundesamt
UNFCCC	Klimarahmenkonvention der Vereinten Nationen
UVP	Umweltverträglichkeitsprüfung
VDEW	Verband der Elektrizitätswirtschaft
VDI	Verein Deutscher Ingenieure
VDMA	Verband Deutscher Maschinen- und Anlagenbau
WBGU	Wissenschaftlicher Beirat der Bundesregierung Globale Umweltveränderungen
WE	Windenergie
WEA	Windenergieanlage(n)
WI	Wuppertal Institut für Klima, Umwelt, Energie GmbH
WMEP	Wissenschaftliches Mess- und Evaluierungsprogramm
WVW	Wirtschaftsverband Windkraftwerke
ZIP	Zukunftsinvestitionsprogramm
ZSW	Zentrum für Sonnenenergie- und Wasserstoff-Forschung, Stuttgart

1 Einleitung und Problemaufriss

Der Übergang von fossil-atomaren zu erneuerbaren Energiequellen ist – neben der Energieeffizienzsteigerung – aus der Sicht vieler Akteure eine der wesentlichen Strategien für die Umsetzung einer nachhaltigen Energieversorgung. Hierbei kommt der Windenergie eine hohe Aufmerksamkeit zu. In Deutschland gilt sie als vielversprechend und in der Lage, zu einer paradigmatischen „Energiewende"[1] beitragen zu können. Der Windenergie wird zugetraut, dass sie im Zusammenspiel mit anderen erneuerbaren Energien und energieeffizienten Stromerzeugungsverfahren zu einer Pfadveränderung im Energieversorgungssektor beitragen kann.

Nach den beiden Ölpreissteigerungen der 1970er Jahre nahm das Interesse an der Windenergie gegenüber den zurückliegenden Jahrzehnten deutlich zu, und es konnten strukturelle Rahmenbedingungen geschaffen werden, unter denen sie sich zu einer wettbewerbsfähigen und weit verbreiteten Technologie entfaltete. Die Entwicklung der Windenergie erlebte einen im Vergleich mit anderen Branchen bemerkenswerten Boom, der dazu führte, dass der deutsche Windenergiemarkt bezüglich der absolut installierten Windenergiekapazität inzwischen weltweit führend ist. Im Jahr 2006 betrug ihr Anteil an der gesamten Bruttostromerzeugung 5 %[2] bei einer installierten Leistung von 22.200 MW und einer Anzahl von 19.460 Anlagen (Pehnt 2007: 13; Albers 2008). Der Windenergiebranche sind etwa 82.000 Arbeitsplätze zuzurechnen, ihre Exportquote liegt bei 71 % (BMU 2007a: 24; BWE 2007a: 1). Angesichts dieser Erfolge stieg in den letzten Jahren die gesellschaftliche, politische und wissenschaftliche Aufmerksamkeit für diese Technologie.

---

1 Unter dem Stichwort „Energiewende" wird ein Wandel von einer zentralisierten zu einer dezentralen Energieversorgung, von der Nutzung fossiler und nuklearer zur Nutzung regenerativer Energiequellen, von einer angebots- zu einer bedarfsorientierten Energiepolitik oder, zusammenfassend, der Weg in eine klimaverträgliche, nachhaltige Energieversorgung verstanden. Die Idee der Energiewende, die seit ca. drei Jahrzehnten existiert, wurde erstmals in einer vom Öko-Institut Freiburg im Jahr 1980 vorgestellten Studie mit dem Titel „Energiewende" ausgearbeitet (Krause et al. 1980). Im Zuge dieses Paradigmenwechsels soll die Energieeffizienz erhöht, der Anteil fossiler Energieträger verringert und der Anteil der erneuerbaren Energien an der Energieversorgung gesteigert werden.

2 Dies entspricht ca. 7,2 % des Nettostromverbrauchs (Albers 2008).

Windenergie zählt zu den *technischen Umweltinnovationen*, durch deren Förderung Erfolge erzielt werden sollen, die über andere umweltpolitische Maßnahmen angesichts hoher politischer Hürden und langwieriger Aushandlungsprozesse oft nur zögernd voranschreiten. Für die ökologische Modernisierung der Wirtschaft wird daher der Innovationspolitik hohe Bedeutung beigemessen (vgl. Blazejczak 1999: 1). Mit der Entwicklung und Verbreitung von Umweltinnovationen wird einerseits die Hoffnung verbunden, zu einer Umweltentlastung beizutragen. Andererseits besteht auch die Erwartung, einen von Wachstum geprägten Lebensstil fortführen zu können, ohne damit zusätzliche ökologische Schäden zu verursachen.

In Deutschland entwickelte sich die Windenergie zunächst in einer kleinen, durch politische Regulierung geschützten *Nische.*[3] Sie ist jedoch nicht in ihrer Nische verblieben, sondern entfaltete sich hin zu einer etablierten, international erfolgreichen Industrie mit nennenswerten Marktanteilen an der Stromproduktion. Dies geschah im Zuge sich verändernder Konstellationen aus verschiedenen Einflussfaktoren. Allerdings verlief diese Entwicklung nicht geradlinig, sondern war durch unterschiedliche Phasen und Brüche gekennzeichnet. Die Herausforderung der vorliegenden Studie liegt daher zunächst darin, diesen Entwicklungsprozess möglichst umfassend und unter Berücksichtigung möglichst aller relevanten Einflussfaktoren zu analysieren. Dabei sollen sowohl *Strukturmuster* der Einflussfaktoren (Konstellationen) als auch der *dynamische Prozess* (Phasen) in den Blick genommen werden, um die Innovationsentwicklung erklären und Hinweise für Steuerungsansätze identifizieren zu können (vgl. Braun-Thürmann 2005: 10 ff.)[4].

Zum einen wird daher aufgezeigt, in welche *Konstellationen* die Nischentechnologie der Windenergie jeweils eingebettet war, wie sich im Prozessverlauf die anfängliche Nische stabilisierte, ausbreitete und etablierte und welche charakteristischen Strukturen[5] die jeweiligen Konstellationen aufweisen. Untersucht

---

3 Technische Innovationen entstehen in der Regel in sozio-technischen Nischen. Diese werden in der Innovationsforschung bezeichnet als „a loosely defined set of formal and informal rules for new technological practice, explored in societal experiments and protected by a relatively small network of industries, users, researchers, policy makers and other involved actors" (Raven 2005). Zu näheren Erläuterung von Nischenkonzepten in der Innovations- und Technikforschung vgl. Kapitel 2.1.4.

4 Die Entwicklung technischer Innovationen ist als Entwicklungsprozess sozio-technischer Konstellationen zu beschreiben. Die Ausbildung von gesellschaftlich-technologischen Strukturen im Laufe eines Innovationsprozesses kann jedoch nur durch den Rückgriff auf zeitliche Prozessmodelle plausibel gemacht werden. Für die Erklärung von Innovationsentwicklungen ist somit sowohl die Untersuchung des prozessualen Verlaufs als auch die Untersuchung der Strukturmuster notwendig (vgl. Braun-Thürmann 2005: 10, 12f.)

5 Das Interesse an Strukturen ist in den Sozialwissenschaften basal, denn die Kenntnis der Strukturen ist eine zentrale Voraussetzung für die Handlungsfähigkeit der Akteure. In der vorliegenden

werden sowohl die aktivierenden, stabilisierenden und bremsenden Kräfte als auch die Wechselwirkung heterogener Einflüsse (soziale, technische, natürliche Faktoren). Zum anderen wird *der Prozess* der dynamischen Entwicklung genauer analysiert. Zu diesem Zweck wird der Prozess in Phasen eingeteilt, die Phasen werden charakterisiert und typologisiert. Die zentrale Frage richtet sich dabei auf die Steuerungsimpulse, Akteure, Faktoren und Ereignisse, die dem Prozess und seiner Situationsdynamik eine konkrete Gestalt gaben. Das aus der Innovationsforschung stammende Konzept der *Nische* (vgl. Kapitel 2.1.4) soll dabei mit einem zeitlichen Kontext (Phasen des Innovationsprozesses) in Verbindung gebracht werden. Die Untersuchung der Nischenentwicklung über unterschiedliche Phasen des Prozesses hinweg soll dazu beitragen, Ansätze zur systematischen Vorbereitung, Stärkung und Etablierung von Nischen zu entwickeln.

Für die ökologische Modernisierung der Wirtschaft und die Förderung von Umweltinnovationen sind Steuerungsfragen von besonderer Bedeutung.[6] Es wird angenommen, dass sowohl *die Dynamik des Innovationsprozesses* (vgl. Kapitel 2.2) als auch die sich im Verlauf des Prozesses verändernde *Konstellation der zusammen wirkenden Einflussfaktoren* (vgl. Kapitel 2.1) für die politische Steuerung von Umweltinnovationsprozessen zentral sind. Daher wird danach gefragt, wie sich Umweltinnovationen politisch entwickeln und durchsetzen lassen und wie bestimmte, typische *Phasen und Strukturen* des Windenergieprozesses für den Steuerungserfolg genutzt werden können.

Ein besonderes Merkmal dieser Untersuchung liegt darin, dass verschiedene disziplinäre Perspektiven auf den Innovationsprozess in die Analyse einbezogen werden, um die relevanten Einflussfaktoren möglichst vollständig zu erfassen.[7] Für die Analyse werden zwei unterschiedliche methodische Ansätze genutzt: das Instrumentarium der Policy-Analyse wird mit dem Instrumentarium der Konstellationsanalyse kombiniert. Während mit der Policy-Analyse das politische Handeln, das Steuerungsinstrumentarium, Governanceprozesse, Akteure und Organisationen sowie normative Orientierungen in den Blick genommen werden, wurde die Konstellationsanalyse für den umfänglichen Einbezug problembezogener

---

Arbeit geht es um die Strukturen der sozialen, aber auch der technischen und natürlichen Welt rund um die Windenergie.

6 Vgl. z. B. Jänicke 2000a; Jänicke & Jacob 2005, 2006; Mol & Sonnenfeld 2000; Hanekamp & Steger 2002; Horbach et al. 2003; SRU 2004b.

7 Beispielhaft soll hier Klaus Töpfer, Mitglied des Rates für Nachhaltige Entwicklung, zitiert werden, der auf dem 4. Forum für Nachhaltigkeit des BMBF im Mai 2007 auf die hohen Hürden einging, die für die Umsetzung einer nachhaltigen Entwicklung zu überwinden sind. Er betonte, dass die Wissenschaft durch eine stärkere Integration ihrer Disziplinen und Forschungsergebnisse zur Qualitätssteigerung beitragen könne: „Wir brauchen eine Wissenschaft, die das ganze Bild sieht und integrierte Lösungen liefert."

Einflussfaktoren konzipiert und bietet so unterschiedlichen disziplinären Perspektiven analytische Anknüpfungspunkte. Gesellschaftliche Akteure, Regelungssysteme, Technik und Natur werden dabei als aufeinander bezogene Komplexe betrachtet und in Konstellationen abgebildet. Die Kombination dieser beiden methodischen Ansätze erscheint geeignet, die Dynamik und die sich von Phase zu Phase verändernden Einflussfaktoren des Windenergieprozesses zu erkennen und zu visualisieren.

Die Arbeit entstand im Zuge der Bearbeitung des von der VW-Stiftung geförderten interdisziplinären Projektes „Windenergie – eine Innovationsbiographie".[8] Die empirischen Erhebungen haben im Rahmen dieses Forschungsprojektes stattgefunden, die Phaseneinteilung und die grafischen Abbildungen der Konstellationen wurden im interdisziplinären Forscherteam erarbeitet. Die Analyseergebnisse des Forschungsprojektes dienten der vorliegenden Untersuchung als Basis.

1.1 Einführung in das Fallbeispiel

Neue Technologien[9] zur Gewinnung von Energie aus so genannten regenerativen Energiequellen sind Umweltinnovationen. Eine besondere Rolle nimmt die Windenergienutzung ein. In Deutschland ist sie die bisher erfolgreichste unter den Technologien zur Nutzung erneuerbarer Energiequellen. Die heutige Nutzung der Windenergie ist keine grundsätzlich neue Technologie, sondern die Wiederentdeckung und Weiterentwicklung einer traditionsreichen Technik, die jedoch im Zuge der auf fossilen Energieträgern basierenden Industrialisierung weitgehend verdrängt wurde.

In Deutschland gehen die ersten Ansätze der Windenergienutzung zur Stromerzeugung auf die Zeit vor dem ersten Weltkrieg zurück (Hau 1996: 29). Mit der temporären Kohlekrise, die aus der Niederlage des ersten Weltkriegs re-

---

8 Titel des Projektes: „Innovationsbiographie der Windenergie unter besonderer Berücksichtigung der Absichten und Wirkungen von Steuerungsimpulsen", gefördert von der VolkswagenStiftung. Projektleiter/innen: Dr. S. Schön, Zentrum Technik und Gesellschaft, Prof. J. Köppel, Institut für Landschaftsarchitektur und Umweltplanung, beide TU Berlin. Laufzeit des Projektes: September 2004 bis April 2007. Im Projekt wurden u.a. die zentralen treibenden Kräfte im Innovationsprozess der Windenergie mit dem Instrumentarium der Konstellationsanalyse untersucht.

9 Mit dem Begriff Technologie sind sowohl Komponenten der Technik als auch Komponenten der Logistik, und Prozesssteuerung sowie die materiellen und organisatorischen Voraussetzungen zu deren Anwendung gemeint. Technologie ist ein prozess- bzw. verfahrensorientierter Begriff. Der Begriff Technik bezeichnet demgegenüber die Anwendung einer bestimmten Methode oder eines Prinzips (z. B. Generator, Rotor, Getriebe, Umwandler), mit dem eine bestimmte Wirkung (hier Umwandlung) erzielt wird.

sultierte, wurde das Interesse an der Windenergienutzung verstärkt. Durch Forschungsbemühungen wurden erhebliche Fortschritte in der Aerodynamik erreicht, die eine deutlich verbesserte Ausnutzung der Windenergie versprachen (Heier 1995: 7; Heymann 1995: 107). Diese Entwicklungsbemühungen richteten sich auf das Ziel, Strom durch Windenergieanlagen zu erzeugen. Folgenreich für die Geschichte der Windenergienutzung war die rasche Ausbreitung der zentralisierten Elektrizitätsversorgung (Heymann 1995: 111). Sie veränderte die technischen Anforderungen an die Windmotoren und beeinflusste die Strategien zur Gestaltung der Windenergienutzung (ebenda: 114, 140; vgl. Heymann 1997). Seit Beginn der 1920er Jahre wurde versucht, die Windenergietechnik an die Anforderungen einer auf Großkraftwerken basierenden, zentralisierten Elektrizitätsversorgung anzupassen. In dieser Zeit entwickelte der Strömungsforscher Albert Betz[10] noch heute relevante Grundlagen für das Verständnis und die Theorie der Windenergienutzung.

Auch während der nationalsozialistischen Herrschaft war Windenergie Gegenstand staatlichen und industriellen Interesses (Heymann 1995: 162). 1935 wurde mit der Ratifizierung des Energiewirtschaftsgesetzes eine auf Großkraftwerken basierende, zentrale Elektrizitätsversorgung juristisch festgeschrieben[11] – eine für die Struktur der Energieversorgung und auch für die Windenergie folgenreiche Festlegung. Aufsehen erregten in den 1930er Jahren die Pläne Hermann Honnefs, durch große Höhenwindkraftwerke (mit einer Höhe von bis zu 430 m) die Arbeitslosigkeit zu beseitigen und Deutschland mit billigem Strom zu versorgen (Heymann 1995: 167 f.; Heymann 1997; Honnef 1932). Jedoch gelang es in dieser Epoche nicht, mit Wind betriebene Großkraftwerke zu schaffen, die in Zeiten sinkender Brennstoffpreise große Kohlekraftwerke hätten ersetzen können. Kleinere Anlagen für Selbstversorger blieben unzuverlässig und es konnte sich dafür kein Markt etablieren (Heymann 1995: 446 f.).

Erst die Ereignisse der Ölpreis-, Atom- und Umweltkrisen in den 1970er und 1980er Jahren schafften einen Bewusstseinswandel, der ein deutlich zunehmendes Interesse an der Windenergie mit sich brachte. Es begann ein Prozess der Veränderung struktureller Rahmenbedingungen, unter denen die Windenergie zu einer zunehmend wettbewerbsfähigen Technologie entwickelt werden konnte (vgl. Heymann 1995: 343, 448). Die vorliegende Studie konzentriert sich auf diesen Zeitraum von Mitte der 1970er Jahre bis zum Jahr 2005.

---

10 Albert Betz war beschäftigt bei der Aerodynamischen Versuchsanstalt Göttingen (Heymann 1995: 117). Er entwickelte eine Theorie für die frei umströmte Turbine, die auch heute noch bei der Berechung von Windenergieanlagen (WEA) zugrunde gelegt wird (Twele 2005: 20; Gasch & Twele 2005: 32).

11 Vgl. z. B. Stier 1999: 442 ff.

Mit der politischen Einflussnahme auf den Prozess der Windenergieentwicklung in Deutschland wurden in diesem Zeitraum nicht nur umweltpolitische, sondern auch ökonomische, energie- und innovationspolitische Ziele verknüpft, wie etwa das Ziel der Sicherung der Energieversorgung oder das Ziel der Entwicklung von Leitmärkten. Die Entwicklung der Windenergienutzung in Deutschland insbesondere der letzten fünfzehn Jahre gilt weltweit als Erfolgsfall. Trotz vergleichsweise geringer Fläche und begrenztem Windaufkommen ist Deutschland derzeit Weltmarktführer bezüglich der absolut installierten Windenergiekapazität. Damit erreichte die Windenergie auch volkswirtschaftlich relevante Größenordnungen, Deutschland hat sich in diesem Bereich zu einem lead market entwickelt.[12]

Der Beitrag der erneuerbaren Energien am gesamten Bruttostromverbrauch betrug im Jahr 2006 ca. 11,8 Prozent. Windenergie trug mit 5 % zum gesamten Stromverbrauch in Deutschland bei (BMU 2007a: 11). Die Energiegewinnung aus Öl, Kohle, Gas und Atomkraft stellt nach wie vor den weitaus größten Teil der Stromproduktion. Angesichts dessen und der gleichzeitig immer deutlicher in Erscheinung tretenden Folgen des Klimawandels sowie der Risiken der Atomkraftnutzung wächst der politische Handlungsdruck in Richtung einer beschleunigten Transformation des Energieversorgungssystems.

In Deutschland wurden Windenergieanlagen zunächst vor allem in den windhöffigen Küstenregionen installiert, aber auch Binnenländer wie Brandenburg und Hessen weisen erhebliche Zuwachsraten auf. Insgesamt verzeichnete die deutsche Windbranche in den letzten Jahren eine hohe investive Expansion. Seit etwa 2002 werden jedoch immer weniger neue Flächen zur Windenergienutzung ausgewiesen. Das Potenzial an geeigneten Standorten mit hoher Windhöffigkeit und geringer Konkurrenz zu anderen Raumnutzungsansprüchen scheint weitgehend ausgeschöpft zu sein. Durch verbesserte Anlagentechnologie können zwar Gebiete geringerer Eignung erschlossen werden, jedoch schränken aufgrund von Nutzungskonflikten erlassene baurechtliche Vorgaben großräumige Standorterweiterungen ein. Möglichkeiten zur Leistungssteigerung werden vor allem im Repowering[13] gesehen. Von der Windenergienutzung auf See wird da-

---

12 Lead markets (Leitmärkte) haben eine zentrale Funktion im Konzept der ökologischen Modernisierung. Auf Basis von Leitmarkt-Produkten können die Entwicklungskosten von Umweltinnovationen bis hin zur internationalen Wettbewerbsfähigkeit gesenkt werden (Jänicke 2003).

13 „Repowering" bezeichnet das Ersetzen alter Anlagen mit i.d.R. geringerer Leistung durch neue, leistungsfähigere Anlagen an bereits genutzten Standorten. Das durchschnittliche Leistungspotenzial von Windkraftanlagen hat sich innerhalb der letzten 30 Jahre um ein Vielfaches vergrößert. Noch im Jahr 1982 hatten die größten Anlagen eine installierte Nennleistung von ca. 50 kW. Heute hat eine durchschnittliche Windenergieanlage eine Nennleistung von ca. 2 MW mit einer Anwendung überwiegend in Windparks. Mittlerweile wurden Anlagen mit bis zu 6 MW Nennleistung und einem

gegen ein weiterer massiver Schub erwartet. Bis zum Jahr 2025 soll der Anteil der Windenergie an der Stromerzeugung auf insgesamt 25 % steigen; der Anteil der Windenergienutzung auf See soll bis zum Jahr 2025 einen Anteil von 15 %, die Windenergienutzung an Land einen Anteil von 10 % erreichen (bezogen auf den heutigen Stromverbrauch, vgl. BMU o.J). Der Erfolg der bundesdeutschen Energiewendepolitik (vgl. WBGU 2003) wird somit in hohem Maße vom Erfolg der Offshore-Windenergienutzung abhängen. Mit dem Repowering und den Offshore-Standorten verändert sich jedoch nicht nur die Technik der Windenergienutzung, sondern auch die die Windenergieentwicklung tragende Akteurskonstellation sowie der Begründungskontext, aus dem die jeweiligen Entwicklungen ihre Legitimation beziehen.[14]

1.2 Zentrale Fragestellungen und Hypothesen

Die vorliegende Untersuchung ist der sozialwissenschaftlichen Innovationsforschung zuzuordnen, insbesondere der Umweltinnovationsforschung. Gegenstand der Umweltinnovationsforschung ist die Entwicklung und Verbreitung von Umweltinnovationen als das Zusammenwirken heterogener Teilprozesse. Die Frage, wie diese Prozesse gezielt beeinflusst werden können, ist Gegenstand der Governance-Forschung (vgl. Kapitel 1.3.1), die vor allem gesellschaftliche Regelsysteme zum Gegenstand hat. Sowohl die sozialwissenschaftliche Innovationsforschung als auch die politikwissenschaftliche Governance-Forschung formulieren Forschungsbedarf hinsichtlich der Bedeutung von Umfeldbedingungen auf die Richtung und das Ausmaß von Innovationsprozessen einerseits sowie hinsichtlich der konzeptionellen Verknüpfung der Entwicklung von (Umwelt)innovationen mit dem Gestaltungshandeln politischer und gesellschaftlicher Akteure andererseits (vgl. z. B. Dolata 2005; Elzen et al. 2004; Mayntz 1993a; Czada & Schimank 2000, Weyer 2000; Schultz-Schaeffer 2006, Voß et al. 2006). Mit die-

---

Rotordurchmesser von über 120 Metern entwickelt. Da neue Standorte für Windparks nicht mehr im bisherigen Umfang ausgewiesen werden (können), ist ein Teil des erwünschten Leistungszuwachses im Binnenland nur über Repowering zu erreichen. Der Leistungszuwachs durch das Repowering wird allerdings erst dann zum Tragen kommen, wenn der Großteil der (Alt-) anlagen erneuerungsbedürftig ist (ca. ab 2010).

14 Einen in der Entwicklung noch sehr jungen Bereich stellen die – hier jedoch nicht untersuchten – Windräder mit vertikaler Achse dar. Sie sind auch bei sehr unterschiedlichen Windgeschwindigkeiten bis hin zum Orkan einsetzbar. Ihr Wirkungsgrad ist zwar geringer als bei Anlagen mit Horizontalachse, aber sie eignen sich für die landwirtschaftliche, gewerbliche und auch die private Nutzung durch Hausbesitzer oder auf Hochhäusern.

ser Arbeit soll ein Beitrag dazu geleistet werden, diesen Forschungsbedarf zu decken.

Die Forschung zur Umweltinnovationspolitik und zu den Möglichkeiten der Steuerung von Umweltinnovationsentwicklungen hebt hervor, dass zum einen zeitliche Faktoren und Dynamiken des Prozesses eine entscheidende Rolle für den Erfolg von Interventionen in das Innovationsgeschehen spielen. Zum anderen wird betont, dass komplexe Innovationsprozesse nur durch ein Zusammenwirken multipler Einflussfaktoren erklärt werden können. Somit sind sowohl die *Prozessdynamik* als auch die Formation und Zusammensetzung der *Konstellation* unterschiedlicher Einflussfaktoren von zentraler Bedeutung für die Erklärung von Innovationsprozessen (zur Methodik vgl. Kapitel 3).

Hier knüpft die Fragestellung der vorliegenden Studie an. Das Erkenntnisinteresse richtet sich insbesondere auf die Frage, wie im Verlauf des Innovationsprozesses aus der Nische der Windenergie eine verbreitete Technologie wird und welche Situationsdynamik dabei identifizierbar ist. Im Einzelnen ergeben sich daraus die folgenden Untersuchungsfragen:

1. Wie ist der Innovations- und Policyprozess der Windenergie-Entwicklung in Deutschland im Detail verlaufen (Phasen und Einflussfaktoren im Prozess)?
2. Welche Bedingungen für eine erfolgreiche Steuerung und Stabilisierung von Nischen in Umweltinnovationsprozessen resultieren aus der Analyse?
3. Trägt die Windenergie zu einem paradigmatischen Wandel des Energieversorgungssystems (Energiewende) bei?

Entsprechend dieser zentralen Fragestellungen sollen die folgenden Hypothesen geprüft werden:

- Der Entwicklungsprozess der Windenergie von einer Nische zu einer etablierten Branche verläuft nicht-linear. Es findet ein Wechsel instabiler Umbruchphasen und relativ stabiler Phasen statt. Von Bedeutung sind einerseits Öffnungsphasen, die für das Vorwärtskommen genutzt werden können, andererseits auch instabile Krisenphasen, die neben Risiken auch Entwicklungschancen bieten. Im Wechsel aus Stabilität und Instabilität verbirgt sich ein Grundmuster von Innovationsprozessen, das jedoch im Zusammenhang mit jedem konkreten Prozess differenziert zu betrachten ist.
- Der Innovationsverlauf steht unter dem Einfluss heterogener Faktoren und ist eng mit gesellschaftlichen, technischen und ökologischen Entwicklungen verknüpft. Der Prozess wird nicht durch einen oder wenige zentral steuernde(n) Akteur(e) dominiert, sondern in Wechselwirkung staatlicher Akteure

und Steuerungsansätze, nicht-staatlicher Akteure, technischer und natürlicher Entwicklungen sowie im Rahmen mehrerer politisch-administrativer Ebenen und unterschiedlicher Kontextbedingungen gestaltet.
- Die Technologie wird schrittweise an das etablierte System angepasst. Mit zunehmender Diffusion der Innovation wird die Struktur des Energieversorgungssystems nicht radikal, aber graduell verändert. Die Innovation hat jedoch (noch) nicht die verändernden Wirkungen, die für eine Energiewende im Sinne eines Paradigmenwandels als erforderlich betrachtet werden.

Diese Hypothesen sollen differenziert überprüft, d. h. verifiziert oder falsifiziert werden.

1.3 Klärung zentraler Begriffe

Eine zentrale Frage der vorliegenden Arbeit richtet sich auf Bedingungen für eine erfolgreiche Steuerung bzw. Governance und Stabilisierung von Nischen in Umweltinnovationsprozessen. Es wird danach gefragt, welche Steuerungsimpulse, Akteure, Faktoren und Ereignisse dem Prozess und seiner Situationsdynamik die konkrete Gestalt gaben. Da die besondere Relevanz von Steuerungsfragen für Umweltinnovationsprozesse einen zentralen Aspekt der Untersuchung darstellt, ist eine Klärung dieser zentralen Begriffe erforderlich.

1.3.1 Steuerung und Governance

Im Folgenden werden die Begriffe „Steuerung“ und „Governance“ in der theoretischen politikwissenschaftlichen Debatte verortet und erläutert. Der Steuerungsbegriff ist ein aktueller und klassischer Gegenstand der Politik-, Sozial-, Planungs- und Rechtswissenschaften. Im politikwissenschaftlichen Kontext wird er im Sinne einer zielgerichteten, zweckorientierten und absichtsvollen Gestaltung des gesellschaftlichen Umfeldes verstanden, die in der Regel von Regierungen und staatlichen Verwaltungen ausgeht. Diese handeln im Verbund mit legislativen Einrichtungen (Fraktionen, Parlamenten) und gesellschaftlichen Organisationen (Parteien, Interessengruppen), um bestimmte politische Ziele zu erreichen (vgl. Schubert & Klein 2006). Auf die Steuerbarkeit von Prozessen, Systemen und Organisationen wird angesichts des Regelungsbedarfs vielfältiger drängender Problemlagen große Hoffnung gelegt. Zugleich wachsen die Zweifel an der Steuerbarkeit angesichts komplexer Differenzierungs-, Privatisierungs-, Vernetzungs- und Globalisierungsprozesse.

Steuerungsdefizite wurden bereits in den 1960er Jahren verbreitet als praktisches Problem wahrgenommen (vgl. Mayntz 1997a: 186). Vielfach wurde ein Unvermögen des modernen Staates hinsichtlich seiner Ordnungsfunktion, seiner Wohlfahrtssicherungsfunktion sowie seiner Gestaltungsfunktion diskutiert. Mit Blick insbesondere auf umweltpolitische Steuerungsdefizite konstatierte Jänicke gar ein „Staatsversagen" (Jänicke 1986).

Im Zuge der Auseinandersetzung mit staatlicher Steuerungsfähigkeit begann ein Paradigmenwechsel, bei dem zunächst das Konzept hierarchischer Steuerung in Frage gestellt wurde (vgl. Mayntz 1997a: 265). Rein regulative Politik – so die Erkenntnis – berücksichtigt nicht, dass der Erfolg staatlicher Steuerung in der Regel die Kooperation der Adressaten voraussetzt (vgl. Mayntz 1997c: 263). Insbesondere die Erforschung von Steuerungswiderständen seitens der Adressaten trug dazu bei, dass sich der Fokus von der Betrachtung der Steuerungsfähigkeit des Staates auf die Steuerbarkeit des Steuerungsobjekts verschob. Eine verbreitete These lautete, dass Politikergebnisse von gesellschaftsstrukturellen bzw. sozio-ökonomischen Bedingungen bestimmt werden (vgl. Schmidt 1993). Auch institutionelle Voraussetzungen, so wurde gezeigt, spielen eine Rolle. Sie setzen den – wie auch immer gestalteten – Rahmen, innerhalb dessen Akteure handeln (vgl. Mayntz 1997c: 264).

Dabei erwies sich das Paradigma des steuernden Interventionsstaates, auf das sich auch die wissenschaftliche Policy-Forschung bezog, als unzulänglich (vgl. z. B. Windhoff-Héritier 1987; Héritier 1993). Die Aufmerksamkeit richtete sich zunehmend auf kooperative Politikformen in neokorporatistischen Entscheidungsstrukturen. Schlüsselbegriff der Diskussion in den 1980er Jahren wurde der Begriff des Politiknetzwerks (vgl. z. B. Marin & Mayntz 1991).

Die Netzwerkanalyse als Instrument der akteursorientierten Policy-Forschung hebt die netzwerkartige Verknüpfung interessenorientierter Akteure hervor (vgl. z. B. Granovetter 1982; Marin & Mayntz 1991; Mayntz 1993b; Messner 1995; Jansen & Schubert 1995; Kenis & Schneider 1996; Jansen 1999). Sie geht davon aus, dass Problemlösungen in staatlich-gesellschaftlicher Koordination oder in gesellschaftlicher Selbstkoordination angegangen werden. Der Netzwerkbegriff steht dabei in Zusammenhang mit dem neuen Staatsverständnis, bei dem nicht mehr uneingeschränkt von der Trennung von Staat und Gesellschaft sowie dem Ordnungsprinzip der Hierarchie ausgegangen wird. An den neuen Organisations-, Kooperations- und Steuerungsformen sind neben staatlichen Akteuren unterschiedliche gesellschaftliche Organisationen, Institutionen und Akteursgruppen beteiligt. Parastaatliche Einrichtungen, die Delegation von Staatsaufgaben an gesellschaftliche Gruppen, die aktive Bildung von Allianzen oder die flexible Kooperation unterschiedlicher Interessengruppen sind typische Beispiele für die Vielfalt der Organisations- und Steuerungsprozesse im modernen Industriestaat, auf die sich die Netzwerkanalyse bezieht.

Neben der Fokussierung auf netzwerkartige Beziehungen zwischen staatlichen und nicht-staatlichen Akteuren fand die Relevanz der horizontalen Differenzierung verschiedener gesellschaftlicher Teilsysteme zunehmend Beachtung – bei gleichzeitigem Bedeutungsverlust vertikaler Differenzierung und hierarchischer Grundstrukturen in europäischen Staaten. Insbesondere die sozialwissenschaftliche Theorie der Modernisierung trug dazu bei, dass dieser Aspekt veränderter Voraussetzungen für Steuerungsansätze berücksichtigt wurde. Der Staat, bisher Zentrum der Gesellschaft, verliert aus dieser Perspektive seine ursprünglich zentrale Funktion, er wird nur noch als ein Funktionssystem unter anderen betrachtet (Mayntz 1997c: 270) – er ist „entzaubert" (Willke 1983).

Diese Debatte um die Potenziale und Strukturen staatlicher Steuerung machte auf Koordinationsmängel aufmerksam, die jedoch – auch wenn dies zunächst widersprüchlich klingt – wieder zu einer positiven Funktionsbestimmung für das politisch-administrative System führten. Der Politik wurde nun die Funktion des Managements der teilsystemischen Interdependenz zugeschrieben (vgl. Mayntz 1997c: 273). Der Schwerpunkt politischer Einflussnahme verlagerte sich damit hin zu koordinierenden Aufgaben. Der Staat agiert dabei dialogisch sowie konsens- und managementorientiert; er übernimmt zunehmend eine Moderatorenrolle und entwickelt Spielregeln für die Bearbeitung gesellschaftlicher Probleme (vgl. Fürst 1987: 280). Jedoch wird nach wie vor für den Staat als eine in der demokratischen Verfassung legitimierte, zur Gesamtverantwortung berufene Instanz eine herausgehobene Position beansprucht: „'Steuerung' im Sinne einer absichtsvollen Beeinflussung sozialer Prozesse bleibt damit dem Anspruch nach die besondere Funktion des politisch-administrativen Systems. Was sich geändert hat, ist die Art, wie der Staat seine Aufgaben zu erfüllen versucht" (Mayntz 1997c: 275).

In den Sozialwissenschaften setzte sich zunehmend ein Verständnis von Steuerung durch, bei dem diese nicht mehr als einseitige Beeinflussung des Handelns anderer, sondern als koordinierender Interaktionsprozess zur Gestaltung gesellschaftlicher Verhältnisse aufgefasst wird. Es wird ein Paradigmenwechsel politischer Steuerung weg von einer hierarchischen Beziehung zwischen Staat und Gesellschaft und hin zu einem gesellschaftlichen Interdependenzmanagement beobachtet. Steuerung wird dabei verstanden als eine Kombination aus organisierter gesellschaftlicher Selbstregelung und politischer Steuerung.

Diese Lenkungsformen werden in Abgrenzung zum interventionistischen oder ordnungsrechtlichen Steuerungsbegriff mit dem Begriff *Governance* bezeichnet (vgl. Benz 2004; Kooiman 2003; Pierre & Peters 2000; Schuppert 2005). Der Governance-Begriff hebt den Unterschied zu Government (staatliches

Regelsystem) hervor, indem er ausdrückt, dass Steuerungs- und Koordinierungsaktivitäten nicht nur vom Staat ausgehen, sondern kooperativ und in Interaktion mit Verwaltungen, der Privatwirtschaft und dem „Dritten Sektor" (Vereine, Verbände, Interessenvertretungen) stattfinden. Er umfasst sowohl das Handeln staatlicher Institutionen bzw. Organisationen als auch von Akteuren in Wirtschaft und Gesellschaft.[15] Das politische Steuerungshandeln ist dabei „nur ein sozialer Teilprozess, der mit vielen anderen Teilprozessen interferiert, die ebenfalls steuernde Wirkung entfalten" (Mayntz 1997c: 283).

Auch in der Innovationsforschung wird die Bedeutung komplexer Prozesse hervorgehoben, die als Ko-Evolutionsprozesse bezeichnet werden (vgl. z. B. Schneider & Werle 1998; Rennings 1999: 37; Kemp & Rotmans 2005; Geels 2002b und 2005; Rip 2002). Governance und technische Entwicklung werden als Prozesse betrachtet, die sich gegenseitig bedingen. Staatliche Akteure können dabei zum einen als Akteure außerhalb des Systems aufgefasst werden, die eine Entwicklung durch instrumentelle politische Intervention „von außen" beeinflussen. Sie sind in dieser Vorstellung „Steuermänner/frauen", die als externe Akteure intervenieren. Sie können jedoch auch als interne Akteure betrachtet werden, die selbst Teil des Systems sind und sich in Wechselwirkung mit dem zu steuernden Subjekt „ko-konstituieren". Governance wird vor diesem Hintergrund als reflexiver, erprobender und wechselseitiger Lern- und Innovationsprozess begriffen (Smith & Stirling 2006; Kemp 2000: 51; Rip 2006; Voß et al. 2006).

Benz (2004) stellt fest, dass „mit dem Begriff Governance der Gesamtzusammenhang von polity (Institutionen), politics (Prozesse) und policy (Politikinhalte) erfasst werden kann" (Benz 2004: 15). Das Ziel von Governance ist das Management von Interdependenzen zwischen Akteuren und gesellschaftlichen Teilsystemen (vgl. z. B. Kooiman 2003). Für viele Autoren sind Governance-Arrangements eine unabdingbare Alternative zu einer dirigistischen top-down-Steuerung, denn es können damit funktionale Erfordernisse in modernen, komplexen Gesellschaften aufgegriffen werden, bei denen die dirigistische staatliche Steuerung an ihre Grenzen stößt (vgl. z. B. Papadopoulos 2004: 218).

Der Wandel von Government zu Governance findet auf unterschiedlichen Ebenen statt: auf der lokalen, der regionalen, der nationalen wie der internationa-

15 In der jüngeren Debatte wird „reflexive Governance" als alternatives Gestaltungskonzept diskutiert. Ausgangspunkt ist dabei die Einbettung der am Gestaltungsprozess beteiligten Akteure in die Systeme, die sie selbst gestalten. Es wird davon ausgegangen, dass kein Akteur das System als Ganzes von außen betrachten oder darauf einwirken kann. Aus dieser Grundannahme heraus wird ein interaktiver, rückbezüglicher Gestaltungsansatz entwickelt, der darauf zielt, die gesellschaftsendogene Pluralität von Wissen, Werten und Kompetenzen zu nutzen. Zukunftsgestaltung erhält dadurch einen experimentellen Charakter, der fehlerfreundliche, wechselseitige Lernstrategien, reflexive Gestaltungsstrategien und verteilte Governance-Innovationen erfordert (Voß et al. 2006).

len Ebene (Messner 2003; Selle 1996; Fürst 2005). Der Begriff der Mehrebenen-Governance soll den Wechselwirkungen komplexer privater und öffentlicher Handlungen zwischen diesen verschiedenen Ebenen Rechnung tragen.

Der Innovations- und Policy-Prozess der Windenergie in Deutschland ist vor dem Hintergrund dieses Paradigmenwechsels zu untersuchen. Bei der Frage danach, welche Rolle staatliche Steuerungsimpulse für den Innovationsprozess gespielt haben, ist zu berücksichtigen, dass diese im Zusammenhang mit Beziehungen, Netzwerken und Interaktionsprozessen zwischen staatlichen und nichtstaatlichen Akteuren erfolgen sowie unter dem Einfluss unterschiedlicher soziotechnischer Regime[16] stehen. Auch bei der Frage nach den Bedingungen für eine erfolgreiche Steuerung und Stabilisierung von Nischen in Umweltinnovationsprozessen geht es nicht mehr nur um die Frage nach der Steuerungsfähigkeit des Staates oder der Steuerbarkeit von gesellschaftlichen Teilsystemen, sondern auch um die Frage nach der Qualität der in Netzwerken und Verhandlungssystemen erzielbaren Politikergebnisse und nach der Rolle der staatlichen Akteure in diesen Entscheidungsprozessen.

Obwohl sich also bei genauerer Betrachtung wesentliche Unterschiede zwischen dem mehr staatszentrierten Steuerungsbegriff und dem mehr auf das Zusammenwirken von Staat, Markt und Zivilgesellschaft ausgerichteten Governance-Begriff feststellen lassen, werden die beiden Begriffe vielfach synonym verwendet. Auch in der vorliegenden Untersuchung werden die Begriffe „steuern“ und „Governance“ nicht klar voneinander abgegrenzt. Sowohl der hier verwendete Steuerungs- als auch der Governance-Begriff gehen von staatlichen Institutionen eines differenzierten politisch-administrativen Mehrebenensystems (von der lokalen, nationalen bis globalen Ebene) aus. Dabei wird der Steuerungsbegriff mehr im Sinne einer zielgerichteten Einflussnahme des politisch-administrativen Mehrebenensystems auf gesellschaftliche Prozesse angewandt, während der Governance-Begriff stärker betont, dass das Steuerungshandeln in ein Geflecht vielfältiger Akteure, Organisationen und Institutionen eingebettet ist. Bei der Verwendung beider Begriffe wird aber davon ausgegangen, dass staatliches Handeln nicht als einseitige Beeinflussung des Handelns anderer, sondern in der Regel als koordinierender, kooperativer und reflexiver Interaktionsprozess zur Gestaltung gesellschaftlicher Verhältnisse zu verstehen ist.

---

16 Sozio-technische Regime (Rip & Kemp 1998; Geels 2002) setzen sich zusammen aus einem Set von Regeln in einem bestimmten technologischen Feld. Sie sind in Forschung, Praktiken von Ingenieuren, Technologien, Produktdesigns, Nutzerbedürfnisse, Institutionen und Infrastrukturen eingebettet. Im Zusammenhang mit der Windenergie kann von dem dominanten Regime der zentralen Elektrizitätserzeugung gesprochen werden, das zu einem gewissen Grad die Verbreitung von Technologien zur dezentralen Elektrizitätserzeugung verhindert (vgl. Markard 2004).

1.3.2 Umweltinnovationen

Ein besonderes Merkmal von Umweltinnovationen gegenüber dem allgemeinen Innovationsverständnis, das sich auf Neuerungen insgesamt bezieht, besteht darin, dass Umweltgüter, die durch die Innovation geschützt werden sollen, öffentliche Güter sind (vgl. z. B. Lehr & Löbbe 1999a: 13; Ömer-Rieder 2005: 24). Unter den Begriff der Umweltinnovation werden alle technischen, ökonomischen, sozialen und institutionellen Neuerungen gefasst, die zur Vermeidung einer anthropogen verursachten Übernutzung der Umwelt führen (vgl. Jänicke 2000a: 4 f.; 2005; 2008; Hemmelskamp 1997; Klemmer et al. 1999: 28 ff.; Lehr & Löbbe 1999: 13; FIU 1997[17]; Rennings 1999: 22).

In einer stärker produktorientierten Definition von Umweltinnovationen stellt Jänicke Umweltentlastungen, Öko-Effizienz und die ökologische Modernisierung in den Vordergrund: „'Umweltinnovation' ist die Markteinführung eines Produktes mit umweltentlastender Wirkung. Diese kann durch nachgeschaltete Umweltschutztechnik (end of pipe) ebenso erzielt werden wie durch eine Reduzierung (und/oder Substitution) von Stoffströmen im Lebenszyklus von Produkten. Die letztere Möglichkeit bedeutet eine Steigerung der ‚Öko-Effizienz'. Ökoeffiziente Innovationen sind also eine Teilmenge von Umweltinnovationen. Der Begriff der ‚ökologischen Modernisierung' bezieht sich auf diese Teilmenge" (Jänicke 2008: 16).

Mit Umweltinnovationen werden somit normative Ziele des Umwelt- und Naturschutzes sowie der Ressourcenerhaltung verfolgt. Durch Umweltinnovationen sollen der Ressourcenverbrauch verringert, anthropogen verursachte Umweltbelastungen vermieden und vermindert, bereits eingetretene Schäden saniert sowie Umweltbelastungen diagnostiziert und kontrolliert werden (vgl. Hemmelskamp 1998a: 12; Blazejczak et al. 1999: 9). Als ein weiteres Kriterium von Umweltinnovationen wird vielfach auch die ökonomische Effizienz angeführt: Das Ausmaß der Umweltnutzung soll zu möglichst geringen Kosten verringert werden (vgl. FIU 1997). Umweltinnovationen können auf oder außerhalb von Märkten entstehen.

Selten ist an einer technischen (Umwelt-)Innovation alles neu – in der Regel handelt es sich um neue Kombinationen bestehender Elemente (vgl. Van de Ven et al. 1999: 9). So wurde etwa ein großer Teil der technischen Innovationen, die der Windenergie zu steigenden Leistungen verhalfen (Flügel, Getriebe), in Dänemark bereits in den 1980er Jahren und davor entwickelt (vgl. Hau 1996: 1). Je-

17 Mit dem vom BMBF initiierten „Forschungsverbund Innovationen und Umweltpolitik" (FIU) wurden in einem interdisziplinären Ansatz inhaltliche Schwerpunkte des Spannungsfeldes zwischen Wettbewerb, Innovation, Umweltschutz und nachhaltiger Entwicklung aufgearbeitet.

doch erst nach einem jahrzehntelangen Innovationsprozess konnte sich die Windenergie als bedeutender Beitrag zur Stromversorgung behaupten. *Innovation* kann also auch bedeuten, auf eine längst vorhandene Technologie zurück zu greifen und diese weiter zu entwickeln.

Ökologische Entlastungswirkungen von Innovationen spielen auch in Nachhaltigkeitsstrategien eine Rolle.[18] Sie sind jedoch nur *eines* von mehreren Kriterien der Nachhaltigkeit. Im Kontext der drei, zum Teil auch vier Nachhaltigkeitsdimensionen[19] sind Innovationen nicht nur in ihren ökologischen, sondern auch in ihren ökonomischen, sozialen und institutionellen Wirkungen von Bedeutung. *Nachhaltigkeitsinnovationen* sind aufgrund ihrer zusätzlichen Anforderungen komplexer und damit auch kompromißhafter als Umweltinnovationen. Sie sind nicht als singuläre Lösungen, sondern als Systeme technischer, ökonomischer und sozio-kultureller Neuerungen zu verstehen, die auch die institutionellen und organisatorischen Kontextbedingungen des Innovationsprozesses umfassen (vgl. Ömer-Rieder 2005: 21 ff.).

In der vorliegenden Arbeit, die die Entwicklung der Windenergietechnologie zum Gegenstand hat, sind zunächst technische Innovationen gemeint, wenn von Umweltinnovationen die Rede ist. Jedoch sind diese technischen Innovationen untrennbar verbunden mit gesellschaftlichen, ökonomischen, organisatorischen und institutionellen Teilsystemen sowie der Umwelt (vgl. Braun-Thürmann 2005: 22-29). Zum Prozess der Durchsetzung gehört weit mehr als nur die Erfindung einer technischen Neuerung (Invention); er umfasst auch die Transformation innovativer Ideen in Produkte für bestimmte Nutzungskontexte (Innovation) und die Verbreitung dieser Produkte (Diffusion) bis hin zur Transformation der Systeme, in die diese Neuerungen und Produkte eingebettet sind.[20] Im Mittelpunkt dieser Untersuchung steht somit die Windenergie als eine technische Umweltinnovation, die in heterogene Teilsysteme eingebettet und damit verbunden ist. Diese verändern sich im Verlauf des Innovationsprozesses.

---

18 Vgl. z. B. Bundesregierung 2002: Perspektiven für Deutschland. Unsere Strategie für eine nachhaltige Entwicklung.

19 Ökologie, Ökonomie, Gesellschaft, zum Teil wird zusätzlich die politisch-institutionelle Dimension als eine Dimension von Nachhaltigkeit bezeichnet.

20 Die hier angedeuteten Stadien eines (linearen) Prozessmodells von Innovationsverläufen werden in Kapitel 6 wieder aufgegriffen und erläutert.

1.3.3 Governance von Umweltinnovationen

Da sich die Erwartungen an Umwelt- und Nachhaltigkeitsinnovationen auf die langfristige Sicherung der Ressourcen und auf die Vermeidung absehbarer ökologischer und gesellschaftlicher Fehlentwicklungen richten, sind sie Ziel staatlichen Handelns und werden in deutlich stärkerem Ausmaß als andere Innovationen davon beeinflusst. Inbesondere für die Entwicklung der erneuerbaren Energien in der Bundesrepublik wird die herausgehobene Bedeutung von Politik und Gesetzgebung vielfach betont (vgl. z. B. Heymann 1997; Jacobsson et al. 2004; Reiche 2004; Reiche & Bechberger 2006). Diese herausragende Rolle des Staates wird als ein wichtiges Abgrenzungskriterium zu den meisten anderen Innovationsarten betrachtet (vgl. Straßberger & Wessels 1999: 118 f.; Jänicke 2000a: 4; Umweltbundesamt 1998: 362; vgl. Brockmann 1999: 147 ff.; Mayntz 2001: 14).

Zugleich wird allerdings auch betont, dass staatliche Regulierung eine zwar notwendige, jedoch nicht hinreichende Bedingung für eine erfolgreiche Diffusion regenerativer Energien ist. Die Regulierung durch staatliche Instanzen ist in einen umfassenden institutionellen Kontext eingebettet, wie z. B. sich ändernde politische Mehrheitsverhältnisse oder internationale Institutionen mit umweltpolitischer Regulierungskompetenz. Zudem steht die nationalstaatliche Steuerung in Wechselwirkung mit sozialen Prozessen – wie z. B. dem Wandel gesellschaftlicher Technikleitbilder oder öffentlicher Umweltdiskurse. Desweiteren wird auch Akteursgruppen eine erhebliche Bedeutung für den Technikentwicklungsprozess zugerechnet, die nicht dem Bereich der politischen Regulierung zuzurechnen sind. Im Politikbereich der erneuerbaren Energien konnte umweltpolitische Steuerung ihr Gestaltungspotenzial nicht zuletzt deswegen entfalten, weil sie in umfassendere Governancestrukturen eingebettet ist. Unternehmerische Aktivitäten, wissenschaftliche Anstrengungem, gesellschaftliche Initiativen oder Initiativen einzelner Akteure haben Innovationen initiiert. Somit wirken gesellschaftliche Interessen auf die Innovations- und Technikentwicklung ein (vgl. Ömer-Rieder 2005: 24 ff.; Jänicke 2008: 194 f.). Kapazitäten zur Beeinflussung von Umweltinnovationen sind auf eine hohe Bandbreite von Akteuren verteilt, die jeweils über spezifische Ressourcen der Beeinflussung verfügen.

Eine detaillierte Analyse der Erfolgsbedingungen von Governance für Umweltinnovationen wurde von Blazejczak et al. (1999) und Jänicke (2001) vorgenommen. Als Elemente innovationsorientierter Politikmuster wurden drei zentrale Dimensionen zusammengefasst: Instrumentierung (Auswahl, Gestaltung und Kombination der Instrumente), Politikstil (Art der Zielbildung und Implementierung umweltpolitischer Regulierung) und Akteurskonstellation (institutionelle Rahmenbedingungen, Akteursnetzwerke und Partizipation) (Jänicke 2001: 6; Blazejczak et al. 1999: 15). Auch in diesen Untersuchungen wurde deutlich, dass eine Entwicklung weg von hierarchischer top-down-Steuerung hin zu kooperativer und koordinierender Governance von Bedeutung ist. Die zielgerichtete Gestaltung von Umweltinnovationen kann nicht durch einen singulären Akteur oder eine Organisation erfolgen, sondern erfordert kollektive und koordinierte Aktivitäten verschiedener Akteure und Akteursgruppen. Erforderlich ist ein produktives Zusammenspiel von politischen Weichenstellungen und Akteurshandeln.

Die vorliegende Studie knüpft an diese Erkenntnisse an. Sie konzentriert sich auf die Untersuchung der Entwicklung und Verbreitung der Umweltinnovation Windenergie als das Zusammenwirken unterschiedlicher Teilprozesse. Sie geht davon aus, dass Umweltinnovationsprozesse nur durch ein Zusammenwirken vieler Faktoren erklärt werden können.

2 Analyse struktureller und prozessualer Aspekte von Innovationsprozessen – theoretisch-konzeptionelle Bezüge

Im einleitenden Problemaufriss wurde darauf hingewiesen, dass zum einen die *strukturelle Dimension* von Innovationsentwicklungen – die Konstellation der Einflussfaktoren – in dieser Untersuchung eine zentrale Rolle spielt: Die zur Stromerzeugung eingesetzte Windenergietechnologie verbreitete sich aus der Struktur der Nische heraus, die sich im Zeitverlauf stabilisierte, ausweitete und etablierte. Die Konstellationen des Prozesses der Windenergieentwicklung veränderten sich im Zeitverlauf. Dabei entstanden verschiedenartige Situationen, die unterschiedlich charakterisiert werden können. Im Folgenden werden zunächst in der sozialwissenschaftlichen Forschung angewandte struktur-analytische Konzepte dargestellt, die zur Untersuchung des Gefüges von Einflussfaktoren in Innovationsprozessen entwickelt wurden und von denen die Konstellationsanalyse inspiriert wurde (Kapitel 2.1).

Die sich im Innovationsprozess stark verändernden Konstellationen verdeutlichen, dass zum anderen die *zeitliche Dimension des Prozesses und seine Dynamik* eine zentrale Rolle für die Erklärung der Innovationsentwicklung und die Frage nach der Steuerbarkeit spielt. Zur Untersuchung prozessualer Aspekte liefern verschiedene Konzepte Ansatzpunkte. Dazu gehört zum einen der politikwissenschaftliche Ansatz John Kingdons, der von zusammenlaufenden *Policy Streams* ausgeht, die zu *Windows of Opportunity* führen. Zum anderen versucht der interdisziplinär entwickelte Ansatz der *Innovation Journeys* interne Rückkopplungen und externe Vernetzungen von Innovationsprozessen abzubilden und Hinweise auf Regelmäßigkeiten von Innovationsverläufen zu geben. Die vorliegende Untersuchung nimmt Bezug auf beide Ansätze (Kapitel 2.2).

2.1 Konzepte zur Analyse struktureller Aspekte von Innovationsprozessen

Im Folgenden sollen die für die vorliegende Untersuchung wichtigsten Stränge der sozialwissenschaftlichen Innovations- und Technikgeneseforschung zusammengefasst werden, die auf die Analyse der Struktur sozio-technischer Konstellationen fokussieren und von denen der hier angewandte methodische Ansatz der Konstellationsanalyse (vgl. Kapitel 3) maßgeblich inspiriert wurde.

2.1.1 Technikdeterminismus versus multiple Einflussfaktoren

Technikentwicklung bewegt sich immer zwischen technikimmanenten und außerhalb der Technik liegenden Triebkräften. Vertreter des Technikdeterminismus (z. B. Lewis Mumford, Jacques Ellul, Langdon Winner) vertreten dabei die Ansicht, dass technische Entwicklungen endogen bestimmt sind, dass sie also einer immanenten Logik folgen, die sich von außen allenfalls im Tempo ihrer Entwicklung, nicht aber in ihrer Richtung steuern lässt. Obwohl sich diese Interpretation der rein endogenen Technikentwicklung in den Sozialwissenschaften nicht durchsetzte, wurde daraus der Schluss gezogen, dass eine technikimmanente Dynamik bei der Betrachtung einer technischen Entwicklung immer zu berücksichtigen ist. Die Kontroverse darüber, ob Technikentwicklung endogen bestimmt oder durch externe Faktoren angetrieben wird, gilt heute als überwunden. Bei der Technikentwicklung wirken interne und externe, kognitive und sozioökonomische Faktoren zusammen (Mayntz 2001: 7, 11).

2.1.2 Science- and Technology Studies (STS)

Im sozialkonstruktivistischen Ansatz der Science and Technology Studies (STS)[21] wird die gesellschaftstheoretische Bedeutung technischer Systeme berücksichtigt: Technische Artefakte werden als Komponenten sozio-technischer Systeme betrachtet. Die Vertreter dieser Forschungsrichtung gehen davon aus, dass technische Objekte und Arrangements von ihrem sozialen Kontext geprägt sind. Es wird die Ansicht vertreten, dass sowohl interne als auch externe Faktoren bei der Technikentwicklung eine Rolle spielen. Das Konzept fußt auf den Ar-

---

21 Der gängige Begriff im anglistischen Sprachraum für sozialkonstruktivistische Forschungen zu Wissenschaft und Technik ist seit den 1980er Jahren der Begriff der Science and Technology Studies (STS), der jedoch nicht einheitlich eingesetzt wird. Einige Autoren verwenden die Ansätze der Social Construction of Technology (SCOT) und der Actor-Network Theory (ANT) mehr oder weniger synonym mit STS. STS wird zuweilen auch als Science, Technology and Society aufgelöst. Auch der Ansatz des Social Shaping of Technology (SST) ist ein sozialkonstruktivistischer Ansatz (MacKenzie & Wajcman 1999; Williams 1997; Williams & Edge 1996).

beiten des Londoner Travistock-Instituts[22] und kam insbesondere in industriesoziologischen Studien zur Anwendung.

In den sozialkonstruktivistischen Ansätzen geht es im Wesentlichen darum, den Technikdeterminismus zu überwinden, der den Einfluss sozialer Faktoren auf die Entwicklung von Wissenschaft und Technik weitgehend vernachlässigt und im Gegensatz zum Sozialkonstruktivismus davon ausgeht, dass Technik in ihrer Entwicklung determiniert ist (technikinhärentes Fortschreiten der Entwicklung) und deterministisch wirkt, indem sie kulturelle Anpassung erzwingt.

Die STS sind ein stark interdisziplinär ausgerichtetes Forschungsfeld, das hinsichtlich der beteiligten Disziplinen unterschiedliche regionale Ausprägungen aufweist. Die beteiligten wissenschaftlichen Disziplinen und disziplinären Teilgebiete gehen jedoch gemeinsam davon aus, dass Wissenschaft und Technik in enger Wechselwirkung mit sozialen Kontexten stehen. Die Forschungsrichtung der STS widmet ihre Aufmerksamkeit insbesondere der Frage, wie soziale, politische und kulturelle Werte auf die Forschung und technologische Innovationen einwirken und wie diese wiederum Gesellschaft, Politik und Kultur beeinflussen. Zentraler Gegenstand sind insbesondere seit Mitte der 1980er Jahre Beziehungen zwischen technischen Innovationen und der Gesellschaft (Pinch & Bijker 1987; MacKenzie & Wajcman 1985; Bijker et al. 1987).

Besondere Verbreitung hat ein sozialkonstruktivistischer Ansatz gefunden, der die vorrangige Bedeutung sozialer Faktoren gegenüber technischer Sachlogik hervorhebt. Hohe Aufmerksamkeit erhielt in diesem Zusammenhang die Studie des Historikers Thomas Hughes (1983), der den Prozess der Elektrifizierung untersuchte und dabei die starke Interdependenz wissenschaftlicher, technischer, sozio-ökonomischer, politischer, rechtlicher, institutioneller und kognitiver Faktoren sowie unterschiedliche Interessen hervorhob. Diese Verschränkung heterogener Elemente legte es nahe, Artefakte als Verknüpfung technischer und sozialer Aspekte, als sozio-technische Systeme zu konzipieren.

Aus der sozialkonstruktivistischen Perspektive sind wissenschaftliche oder technische Neuerungen das Ergebnis sozialer Aushandlungsprozesse, innerhalb derer die involvierten Akteure ihre jeweiligen Ressourcen einsetzen, um der eigenen Position zur Durchsetzung zu verhelfen. Was als technisches Problem und

---

22 Die Arbeiten des Travistock-Instituts befassten sich mit der Optimierung der Arbeitsorganisation. Sie machten den Stellenwert des Humankapitals deutlich und führten zu einer stärkeren Berücksichtigung lokalen Wissens der Technikverwendung. Ropohl (1995) zeigt, wie die Ergebnisse in die sozialwissenschaftliche Technikforschung integrierbar sind.
Zur Bezeichnung der Verwebung technischer, organisationaler und verhaltensspezifischer Aspekte von Innovationen wurde in den 1990er Jahren der Begriff des sozio-technischen Systems entwickelt (Ropohl 1995), in der angelsächsischen Literatur wird von „actor-networks“ gesprochen (z. B. Bijker 1995; Callon 1995).

was als technische Lösung angesehen und akzeptiert wird, erscheint nicht mehr als ein Resultat objektiven Problemlösens, sondern hängt von sozialen Definitions- und Aushandlungsprozessen ab (Rammert 2000). Welcher technische Entwurf sich durchsetzt, wird nicht von technologischen Parametern bestimmt, sondern ist abhängig von den Konflikten und Koalitionen der beteiligten Akteure.

In den Studien zum Verhältnis von Technik und Gesellschaft heben die Autoren hervor, dass Technik niemals reine Technik, sondern wie auch Wissenschaft das Resultat eines sozialen Prozesses ist. In der wechselseitigen Beeinflussung von Technik und Gesellschaft wird das Soziale immer auch als technisch, das Technische immer auch als sozial betrachtet. Technik ist nicht mehr Objekt der gesellschaftlichen Konstruktion und Gestaltung, sondern die Technik selbst wird als Hybrid konzipiert. Technik und Gesellschaft werden in dieser nicht-dualistischen Auffassung als aufeinander bezogene Komplexe und miteinander verwobene Flechtwerke betrachtet (vgl. Hughes 1986; Knorr-Cetina 1998; Latour 1998; Rammert 2002a).[23]

Sozialkonstruktivisten gehen davon aus, dass Öffnungs- bzw. Aushandlungs- und Schließungsprozesse eine wichtige Rolle für die Stabilisierung technischer Innovationen spielen (Pinch & Bijker 1984, 1987, Bijker et. al. 1987). Sie bezeichnen den Prozess der Stabilisierung als Schließung. Eine Schließung ist erreicht, wenn die kontroverse Auseinandersetzung um die Form eines Artefakts beendet ist (Law 1987: 111). Der Begriff des „Closure“ steht für die Auffassung, dass eine diskursive Verständigung über die Bedeutung und die Tragweite einer neuen Technik Voraussetzung dafür ist, dass ein innovatives sozio-technisches System entsteht.

Ziel der sozialkonstruktivistischen Techniktheorien ist es zum einen, die soziale Konstruiertheit von Technik ex post empirisch zu belegen und zu erklären. Zum anderen sollen die Erklärungsansätze auch für praktische Fragen der Gestaltung (Konstruktion) von Technik dienlich sein. Das Konzept der „Social Construction of Technology“ (SCOT) erhebt den Anspruch, einen Beitrag zu Fragen der Techniksteuerung bzw. der Technikgestaltung zu leisten.

Auch die Schule des social shaping of technology (MacKenzie & Wajcman 1985) betont die sozialen Gestaltungspotenziale technischen Wandels. In der Blickrichtung des Social Shaping of Technology wird neben dem Verständnis von Entwicklung, Auswirkungen und Implikationen neuer Technologien die Möglichkeit zur Intervention und Gestaltung besonders betont (Woolgar 2003)

---

23 Kritisch wird darauf hingewiesen, dass sich durch diese These der engen Verflechtung und gegenseitigen Gestaltung von Technik und Gesellschaft die fixierten Entitäten auflösen (Hughes 1986; Latour 1993).

und für eine aktive und partizipative Technologiepolitik plädiert (MacKenzie & Wajcman 1985).

2.1.3 *Akteur-Netzwerk-Theorie*

Die Akteur-Netzwerk-Theorie (ANT) ist ein Konzept zur Erklärung wissenschaftlicher und technischer Innovationen, das seit Mitte der 1980er Jahre federführend von den französischen Sozial- bzw. Geisteswissenschaftlern Michel Callon, Bruno Latour und John Law entwickelt und ausgearbeitet wurde (vgl. Latour 1987; Callon 1986; Callon & Latour 1992; Latour 1991; Law 1992; Bijker & Law 1992). Auch dieser Ansatz baut auf der sozialkonstruktivistischen Wissenschafts- und Technikforschung auf. In diesem wird jedoch, so die Kritik, die Technik selbst lediglich als Randbedingung und nicht mehr als Einflussfaktor der Genese sozialer Prozesse und Strukturen betrachtet (vgl. Latour 1987: 133 ff.). Es wird beklagt, dass Dinge zu wenig Berücksichtigung in gesellschaftlichen Analysen finden, gesprochen wird auch von der „Exkommunikation der Sachen" (Linde 1972: 78). Die Vertreter der ANT betonen, dass auch Gegenstände zum Teil den Handlungsspielraum vorgeben.

Die Akteur-Netzwerk-Theorie behandelt soziale, natürliche und technische Faktoren als heterogene Komponenten von Netzwerken. Die zentrale These lautete, dass Wissenschafts- und Technikentwicklung das Resultat der Verknüpfung dieser heterogenen Komponenten zu Netzwerken (sozio-technischen Konstellationen) ist und dass soziale, technische und natürliche Faktoren gleichermaßen als abhängige Faktoren bei der Analyse des Entwicklungsprozesses behandelt werden müssen. Sowohl die involvierten technischen Artefakte als auch die sozialen Akteure, Normen und Institutionen sind Gegenstand und Resultat der wechselseitigen Beziehungen im Netzwerk und werden als (potenzielle) Handlungssubjekte betrachtet.

Innovationsprozesse werden unter dieser Prämisse von Netzwerken unterschiedlicher Akteure beeinflusst, die in einem spezifischen institutionellen Setting und in Bezug auf bestimmte Technologien interagieren. Dabei spielen die Parameter der technischen Artefakte eine wichtige Rolle im Innovationsprozess. Es wird davon ausgegangen, dass die Entwicklung technischer Innovationen nicht isoliert stattfindet, sondern dass sich sozio-technologische Innovationsregime aus unterschiedlichen Akteuren in unterschiedlichen Netzwerken zusammensetzen.[24] Sie sind auf spezifische Infrastrukturen sowie spezifisches techno-

---

24 Ein sozio-technisches Regime ist eine erweiterte Version des technologischen Regimes nach Nelson & Winter (1982), das sich auf gemeinsame kognitive Routinen in einer Ingenieursgemein-

logisches Wissen angewiesen (Carlsson & Stankiewicz 1995). Es geht in der Theorie darum aufzuzeigen, dass die Festlegung eines Artefakts („Aktant“) auf eine bestimmte ihm zugeschriebene Rolle bzw. eine Verhaltensweise bestimmte Voraussetzungen für das Verhalten anderer „Aktanten“ erzeugen kann (Präskription) und umgekehrt. Dabei werden für Menschen gebräuchliche Begriffe auch für Nicht-Menschen benutzt (Callon & Latour 1992: 353).

Der Akteur-Netzwerk-Ansatz wurde zunächst insbesondere im angelsächsischen Sprachraum aufgenommen (vgl. z. B. Bijker & Law 1992; Bijker 1993; Latour 1991; Hage & Hollingsworth 2000) und erfährt seit einigen Jahren auch im deutschsprachigen Raum zunehmend an Beachtung (vgl. z. B. Schulz-Schaeffer 1998; Rammert & Schulz-Schaeffer 2002a und 2002b). Die Stärke der ANT wird insbesondere in der grundlegenden nicht-dualistischen Denkweise gesehen, die den Ansatz für die Wissenschafts- und Technikforschung und insbesondere für die Analyse von Situationen und Infrastruktursystemen als produktiv erwiesen hat, in denen die Aktivitäten auf menschliche Akteure und technische Agenten verteilt sind (z. B. in großtechnischen Versorgungssystemen; vgl. Rammert 2002a: 6). Die ANT kann als Teil einer Techniksoziologie beschrieben werden, in der die Konstruktion der Wirklichkeit zum Teil als gesellschaftliche und zum Teil als technische Konstruktion begriffen wird, wobei unterschiedliche Typen und Mischungen sozio-technischer Konstellationen zu unterscheiden sind (Rammert 2003).

Es wird jedoch beklagt, dass die erklärenden Theorien sozialkonstruktivistischer Technikforschung mit ihren meist retrospektiven Fallstudien zu wenige Erkenntnisse für praktische Fragen des Gestaltens hervorbringen, weil sie keine handlungs-, planungs- oder entscheidungstheoretische Perspektive einnehmen (Grunwald 2004). In dieser Untersuchung wird daher die Policy-Analyse herangezogen, wenn es um die Frage nach den Steuerungsbedingungen von Innovationsprozessen geht. Die hier zusammengefassten Ansätze sozialkonstruktivistischer Forschung schärfen jedoch die Aufmerksamkeit für die wechselseitige Beeinflussung von Technik und Gesellschaft, die für die Untersuchung der Windenergietechnologie wichtig erscheint.

---

schaft bezog und die Entwicklung entlang technologischer Pfade erklärte. Dieser Erklärungsansatz wurde erweitert mit der Begründung, dass Wissenschaftler, politische Entscheidungsträger, Nutzer und Interessengruppen ebenfalls die technologische Entwicklung beeinflussen. Das Konzept des sozio-technischen Regimes umfasst diese sozialen Gruppen und ihre Ausrichtung auf bestimmte Ziele und Aktivitäten. Sozio-technische Regime stabilisieren bereits existierende Pfade in vielfältiger Weise: kognitive Routinen, die bei Ingenieuren Entwicklungen außerhalb von deren Fokus ausblenden, Regulierungen und Standards, die Adaption von Lebensstilen an technische Systeme, Investitionen in Maschinen, Infrastrukturen und Kompetenzen (Geels & Schot 2007: 2).

2.1.4 *Nischenkonzepte in der Technik- und Innovationsforschung*

Dem Thema der *Nischen* widmete insbesondere die soziologische Technik- und Innovationsforschung (z. B. Geels 2002a; Hoogma et al. 2002; Kemp 1994a; Rip & Kemp 1998; Schott 1998, Raven 2005), die evolutionäre Ökonomie (z. B. Levinthal 1998) und auch die Forschung zum Technology Management (z. B. Van de Ven & Garud 1994) besondere Aufmerksamkeit.

Geels und Schot definieren technologische Nischen folgendermaßen: "Technological niches form the micro-level where radical novelties emerge. These novelties are initially unstable sociotechnical configurations with low performance. Hence, niches act as 'incubation rooms' protecting novelties against mainstream market selection (Schot, 1998; Kemp et al., 1998). Niche-innovations are carried and developed by small networks of dedicated actors, often outsiders or fringe actors" (Geels & Schot 2007: 2).

Als Nische wird in der Innovationsforschung die begrenzte Anwendungsdomäne einer technischen Neuerung bezeichnet, die vorteilhafte Rahmenbedingungen für diese Neuerung bereitstellt, unter denen sie überlebensfähig ist. Technologische Nischen stellen lokale Entwicklungs- und Anwendungskontexte für besondere Technologieformen dar. Von hier aus kann die neue und verheißungsvolle, aber unter dem Gesichtspunkt der Performanz noch bescheidene Technologie weiter entwickelt werden, damit sie dann auch in einer weniger geschützten Umgebung überlebensfähig wird. Die Nische ist der geschützt Raum, in dem die neue Technik entwickelt und getestet wird (vgl. z. B. Rip & Kemp 1998: 357). Der Prozess der Nischenbildung und -stabilisierung kann als sukzessive Annäherung zwischen der neuen Technologie und ihrer Umgebung bei gleichzeitigen Erprobungs- und Optimierungsprozessen der Technologie beschrieben werden (vgl. Lynn et al. 1996: 15 ff.).

Arie Rip und Johan Schot sprechen von „Schutzräumen für hoffnungsvolle Monstrositäten" (Rip & Schot 2002: 162). Damit wird zum Ausdruck gebracht, dass innovative technische Neuerungen voller Verheißung sind, sich jedoch unter dem Gesichtspunkt der Leistungsfähigkeit noch recht bescheiden zeigen. Angesichts der Verheißung der innovativen Idee werden Ressourcen für Forschung und Entwicklung bewilligt. Diese bilden den Schutzraum, den die „hoffnungsvollen Monstrositäten" benötigen, um an Gestalt gewinnen zu können.

Eine Nische setzt sich zusammen aus Akteuren sowie technischen Elementen und sozialen Einflüssen, und auch ökologische Faktoren können in den lokalen Nischen relevant sein, z. B. bei konkreten Standortentscheidungen zur Errichtung von Windenergieanlagen. Spezifische, lokale ökologische Bedingungen können die Entwicklung von Nischen sowohl verhindern als auch ermöglichen. „Im Prozess der Einführung tritt der Charakter einer technischen Innovation als einer sozio-technischen Neuerung am deutlichsten hervor. Das Konzept der Nischenbildung zeigt, dass die gesellschaftliche Einführung einer neuen Technik ein Prozess der wechselseitigen Anpassung technischer und gesellschaftlicher Faktoren ist“ (Schulz-Schaeffer 2006: 12). In der Konzeption technologischer Nischen wird deutlich, dass sowohl technische als auch nicht-technische Aspekte für die Entwicklung von Nischen eine zentrale Rolle spielen. Innovationen müssen jedoch nicht notwendigerweise einen technischen Kern aufweisen.

Die Akkumulation von Prozessen auf unterschiedlichen Ebenen verhilft der Nische zur Stabilisierung und Ausbreitung. Daher werden Nischen von Geels (Geels 2002a) in einer Drei-Ebenen-Perspektive konzipiert (vgl. auch Rip & Kemp 1998; Schot et al. 1994; Kemp et al. 1998, 2001). Die mittlere Ebene (Meso-Level) bilden in diesem Modell sozio-technische Regime als spezifische Konfigurationen, in denen sich technische sowie institutionelle und kulturelle Elemente wechselseitig stützen und auf diese Weise bestimmte gesellschaftliche Funktionen erfüllen. Regimestrukturen stärken die Stabilität spezifischer soziotechnischer Konstellationen und erklären deren meist starke Resistenz gegen Gestaltungsansätze (vgl. auch Geels 1999; Kemp 1994b; Schneider & Werle 1998). Das Level der sozio-technischen Regime bezieht sich auf diejenigen Technologien, die den gegenwärtigen Markt beherrschen. Für den Fall der Energieversorgung wäre dies das aktuelle und vor allem auf fossiler sowie nuklearer Energie basierende Energieversorgungssystem. Das sozio-technische Regime setzt sich aus Akteursnetzwerken und -gruppen, formalen, normativen und kognitiven Regeln sowie materiellen und technischen Elementen zusammen. Sozio-technische Regime sind vielfach durch *Pfadabhängigkeiten* charakterisiert, was den Eintritt neuer Technologien in das Regime erschwert. Im Falle beispielsweise der Elektrizitätswirtschaft können Verriegelungen technologischer Strukturen (*Lock-In*) eine Pfadabhängigkeit der künftigen von der bisherigen elektrizitätswirtschaftlichen Entwicklung bewirken.

Oberhalb der Regimeebene liegt in dem Modell eine gesellschaftliche, technische und ökologische Landschaft (Makrolevel). Diese stellt den Kontext dar, in den das Regime eingebettet ist. Unterhalb der Regimeebene sind in diesem Konzept die technologischen Nischen (Mikro-Level) angesiedelt. Deren analytische Definition impliziert, dass auf der Nischenebene eine andere, von der Regimeebene abweichende Technik entwickelt wird (vgl. auch Smith et al. 2005). Der Marktzutritt eines neuen Akteurs oder kleiner Nischenanbieter kann die Struktur der Politiknetzwerke bis hin zur Regimeebene verändern, indem sich Interessen und Einflussnahme verschieben und neue Allianzen bilden. Dem Modell liegt die Annahme zugrunde, dass strukturelle Entwicklungen von der Ebene der Nischen ausgehen und dass durch Nischendynamik ein Systemwandel ausgelöst werden kann (Geels 2002b: 113-120)[25].

Die Nische stellt die Mikroebene dar, auf der technologische Innovationen geschaffen werden. In diesem „Inkubationsraum“ sind sie geschützt vor der Marktselektion, entweder weil sie auf einen spezifischen Teil des Marktes fokussieren, oder weil sie durch öffentliche Förderung oder private Investitionen unterstützt werden (Kemp et al. 1998; Geels 2006: 1004). Wichtig ist der Schutz durch spezifische Ressourcen. Die Nische ist charakterisiert durch geringe Stabilität und ein hohes Maß an Unsicherheit. Die Akteure der Nische agieren zunächst in unterschiedliche Richtungen, sondieren und probieren unterschiedliche technologische Varianten aus, durchlaufen Lernprozesse, schaffen erste Infrastrukturen und vernetzen Unterstützerkreise.

Nischenbildung wird als Bestandteil der sozio-technischen Konstruktion technischer Innovationen betrachtet (vgl. Rip & Kemp 1998; Rip & Schot 2002). Die Suche nach oder die Bildung von begünstigenden Nischen ist ein Bestandteil vieler Innovationsprozesse. So bilden zum Beispiel heimische Märkte oder technologiepolitische Protektionsmaßnahmen Standortvorteile für die Einführung technischer Neuerungen. Nischenbildung kann zum einen durch innovierende Unternehmen erfolgen, zum anderen ist Nischenbildung eine technologie- und innovationspolitische Aktivität. Indem eine Nische geschaffen wird, wird zum Ausdruck gebracht, dass die betreffende technologische Neuerung erwünscht ist – die Gründe für diese Erwünschtheit können verschiedenartig sein. Sie können in dem Wunsch von Unternehmen nach innovativem Fortschritt, nach internationaler Wettbewerbsfähigkeit, in politischen Zielen oder in Zielen bestimmter Interessengruppen bestehen.

Die gezielte Förderung von Nischen wird auch als Nischenmanagement bezeichnet und besagt, dass die Selektionsumgebung der Technologie nicht als feststehend und gegeben vorausgesetzt wird, sondern dass die Umgebung einer neuen Technologie gezielt zu gestalten ist. Es geht darum, begünstigende Umgebungen zu suchen, einzurichten oder zu nutzen. Strategisches Nischenmanagement bildet eine Möglichkeit, technologische Variationen zu erhalten oder zu vermehren, denen das Potenzial zugeschrieben wird, einen Wandel auf der Regimeebene auszulösen. Um technologische Nischenentwicklungen zu fördern, werden gezielt sozio-technische Schutzräume innerhalb eines bestehenden Regimes angelegt. Als darauf aufbauende, integrative Strategie können mit dem *transition management* verschiedene Nischenentwicklungen koordiniert und

---

25 Transitionen auf Ebene der Regime nehmen jedoch ihren Anfang nicht unbedingt bei technischen Innovationen bzw. technologischen Nischen, sondern können ihren Ursprung auch in organisatorischen oder institutionellen Nischen haben (Konrad et al. 2004: 16).

strategisch miteinander verknüpft werden, um vor dem Hintergrund einer langfristigen Vision einen Regimewandel aktiv einzuleiten. In der Transitionsforschung bildet die Nische den Ausgangspunkt, von dem aus eine Technologie sich bis hin zu einer breiten Anwendung entwickelt. Damit sich ein solcher Wandel vollziehen kann, muss ihre Nutzung für ein breites Akteursspektrum von Nutzen sein. Der Wandel erhält zunehmend systemischen Charakter, er prägt das System von Lieferbeziehungen, Technologien, Nachfragestrukturen etc. (vgl. Kemp 1996; Rotmans et al. 2001, Kemp et al. 2001; Kemp & Rotmans 2005).

Jedoch können Nischen auch nicht erwünschte Wirkungen entfalten und sich zu innovationshemmenden Infrastrukturen entwickeln. So können etwa Schutzräume für neue Technologien die Suche nach einer breiteren Anwendung der neuen Technologie hemmen. Zudem motivieren Nischen die beteiligten Unternehmen nicht dazu, sich dem internationalen Wettbewerb zu stellen. Jedoch besteht eine Nische in Form eines Schutzraums in Innovationsprozessen zumeist nur in der Einführungsphase. Für viele technische Neuerungen sind sie in dieser Phase eine Bedingung der Überlebensfähigkeit. Gegenstand des Nischenmanagements ist es, dafür Sorge zu tragen, dass diese Schutzräume nicht zu Innovationshemmnissen werden.

2.2 Konzepte zur Analyse prozessualer Aspekte von Innovationsprozessen

Im vorangehenden Abschnitt wurden die für diese Untersuchung relevanten Konzepte zur Untersuchung der *Strukturen* sozio-technischer Konstellationen in Innovationsprozessen zusammengefasst. Die empirische Analyse der Windenergieentwicklung nimmt zudem Bezug auf die im Folgenden dargestellten Konzepte, die den *Verlauf* von Politik- und Innovationsprozessen in den Blick nehmen.

2.2.1 Policy-Zyklus

Der Policy-Zyklus (vgl. z. B. Windhoff-Héritier 1987) beschreibt einen idealtypischen Zyklus des politischen Prozesses von der Problementstehung (agenda setting) über die Formulierung von Handlungsoptionen und Entwicklung von Programmen, die Auswahl der Instrumente bis hin zur Evaluation und ggf. Korrektur eines Politikprozesses. Allerdings ist der Policy-Zyklus mittlerweile als analytisches Konzept für politische Prozesse widerlegt, denn die mit seiner Phasenheuristik verbundene Annahme lautet, dass Themen, die auf die politische Agenda gelangen, weitgehend strategisch und linear durchgesetzt werden können und im Erfolgsfall etwas Neues entsteht (Steuerungserfolg). Es wird also von einer hohen Kompetenz der staatlichen bzw. steuernden Akteure, einem Ordnungsprinzip der Hierarchie sowie der Möglichkeit einer top-down-Regulierung ausgegangen. Diese unzutreffende Vorstellung einer linearen, statischen Phasenabfolge war einer der Ausgangspunkte für die Entwicklung des Advocacy-Koalitions-Ansatzes (Sabatier 1993).

2.2.2 *Advocacy-Koalitions-Ansatz*

Der Ansatz der Advocacy-Koalitionen wurde als Alternative zur bis dahin dominierenden Phasenheuristik des Policy-Zyklus als Konzept zur Analyse des Politikprozesses formuliert. Politische Steuerung wird dabei als in Netzwerke und Verhandlungssysteme eingebetteter Prozess begriffen (vgl. z. B. Sabatier 1987, 1993; Benz et al. 1992; Sabatier/ Jenkins-Smith 1993; Sabatier 1998). Dem Konzept des Policy-Zyklus wird entgegengehalten, dass es eine in der Regel unrealistische, weil statische Abfolge und Zeitlichkeit impliziere und dabei eine staatszentrierte top-down-Interpretation politischer Vorgänge begünstige (Sabatier 1993: 116 ff.). Derart durchgreifende Steuerungsprozesse finden sich in der Realität jedoch kaum wieder. Auch die Abfolge der Phasen politischer Prozesse erfolgt in der Realität meist nicht in dieser idealtypischen Weise, sondern in Schleifen, Umkehrungen oder Sprüngen.

Der Politikprozess wird demgegenüber als Netzwerkprozess im Wandel über einen längeren Zeitraum (von mindestens zehn Jahren) konzipiert. Grundlage dieses Ansatzes bildet die Policy-Netzwerkanalyse. Im Mittelpunkt stehen dabei gegensätzliche Interessenkonstellationen und die kognitiven Dispositionen der handelnden Akteure. Der Advocacy-Koalitions-Ansatz geht von der Vorstellung aus, dass die Akteure sich nicht nur an ihren eigenen Interessen, sondern auch an kollektiven Paradigmen oder Weltbildern orientieren, mit deren Hilfe die komplexe Realität reduziert wird. Als maßgeblicher Faktor der Politikgestaltung werden die Werthaltungen der Akteure betrachtet (belief systems).

Bei dem Advocacy-Koalitions-Ansatz handelt es sich um einen akteurszentrierten, handlungstheoretisch orientierten Policy-Analyse-Ansatz. Stärker prozessorientiert ist hingegen der Policy-Stream-Ansatz, verbunden mit dem Konzept der Windows of Opportunity.

2.2.3 *Policy Streams und Windows of Opportunity*

Die Idee der *Policy Windows of Opportunity* wurde von John Kingdon (Kingdon 1984; 1994; 1995) im Zusammenhang mit dem Ansatz der *Policy Streams* entwickelt, der wiederum auf dem Garbage Can Modell[26] basiert (Cohen et al. 1972: 9-13; March & Olsen 1976; March 1994: 198).

Kingdons Ansatz betont die Komplexität und Dynamik von Entscheidungsprozessen. Er unterscheidet drei voneinander unabhängige *Streams*, die das Agenda-Setting bestimmen: Problems, Policies und Politics (Kingdon 1995: 90 ff.). Der *Problem Stream* besteht in der Wahrnehmung eines Problems. Der *Policy Stream* bezeichnet Strategien zur Verbindung von Problemen und Lösungen, also die Entwicklung adäquater Lösungsansätze. Als *Political Stream* wird die Kombination aus Teilnehmern und Entscheidungsgelegenheiten beschrieben. Die Entwicklung politischer Regelungskonzepte erfolgt im Zusammenspiel mit der Wahrnehmung eines Problems und dem Kampf um Machtpositionen. Probleme treten z. B. auf, wenn Mitglieder von Entscheidungsgremien nur ihren eigenen Funktionsbereich im Blick haben und nicht über alle entscheidungsrelevanten Informationen verfügen. Sie wissen häufig zu wenig über andere Funktionsbereiche bzw. die Gesamtsituation. Es kommt also nur dann zu einer Entscheidung, wenn die Ströme zueinander kompatibel sind – und dies ist nur in bestimmten Zeitfenstern (W*indow of Opportunity*) der Fall.

Ein situativ auftretendes *Window of Opportunity* ermöglicht einen Pfadwechsel der Politik. Ein solches Fenster kann sich dann öffnen, wenn die drei beschriebenen Ströme zusammentreffen. Die Aufgabe, diese Ströme aktiv miteinander zu verbinden, kommt den *Policy Entrepreneurs* zu (Kingdon 1995: 165 ff.). Sie müssen vorbereitet sein, wenn die Gelegenheit kommt und werden folgendermaßen beschrieben: „People who are trying to advocate change are like surfers waiting for the big wave.(…) If you're not ready to paddle when the big wave comes along, you're not going to ride it in" (Kingdon 1995: 165). Die Idee der Windows of Opportunity geht davon aus, dass man Gelegenheitsfenster erkennen oder schaffen muss, um Veränderungen zu etablieren. Dabei wird den Akteuren bzw. den Policy Entrepreneurs eine weit geringere Kompetenz als im Konzept des Policy-Zyklus zugestanden: „The policy window is an opportunity for advocates to push their pet solutions, or to push attention to their special problems. (...) Policy entrepreneurs play a major part in the coupling at the open policy window, attaching solutions to problems, overcoming the constraints by redrafting proposals, and taking advantage of politically propitious events. These

---

26 Das Garbage Can Modell ist eine modellhafte Beschreibung des Entscheidungsverhaltens von Organisationen. In Organisationen müssen bei komplexen Entscheidungen Vor- und Nachteile gegeneinander abgewogen werden. Kennzeichnend für Organisationsentscheidungen sind nach Cohen vier voneinander unabhängige, dynamische *Ströme*: Probleme, Lösungen, Teilnehmer, Entscheidungsgelegenheiten. Der Begriff Strom soll verdeutlichen, dass diese Prozesse ständig in Bewegung sind. So können sich z. B. Problemwahrnehmungen verschieben oder Mitglieder von Entscheidungsgremien wechseln.

policy windows (...) present themselves and stay open only for short periods. If the participants cannot or do not take advantage of these opportunities, they must bide their time until the next opportunity comes along" (Kingdon 1995: 165 f.).

Die drei verschiedenen Ströme haben jeweils ihr Eigenleben. Das heißt, dass Teilnehmer von Entscheidungsprozessen nicht zuerst ein Problem definieren und dann nach Lösungen für das Problem suchen. Oftmals gibt es bereits Lösungen, die dem Aufzeigen und der Bewusstwerdung eines Problems voraus gehen und dann damit verknüpft werden. Themen oder Probleme werden nicht zuerst auf die Agenda gesetzt und dann Lösungsalternativen entwickelt, sondern Alternativen müssen für eine lange Zeit gestützt und getragen werden, bevor sich ein kurzes Zeitfenster für ihren Einsatz öffnet. Prozesse verlaufen nicht ordentlich in Schritten, Stufen oder Phasen, sondern viele Teilprozesse spielen sich getrennt voneinander ab und werden an kritischen Punkten miteinander verbunden. Themen werden nicht notwendigerweise in der Öffentlichkeit diskutiert und dann auf eine formale oder staatliche Agenda gesetzt. Oftmals verläuft der Prozess des Agenda-Setting auch in die umgekehrte Richtung (Kingdon 1995: 205 f.).

2.2.4 Pfadabhängigkeit und Pfadkreation

Der Policy-Stream-Ansatz betont, dass die Möglichkeit zur Wendung von Prozessen dann gegeben ist, wenn unterschiedliche Teilprozesse zusammenlaufen. Auch im Konzept der *Pfadabhängigkeit* (David 1985; Arthur 1989) wird davon ausgegangen, dass Entscheidungen über den Fortgang von Entwicklungsprozessen nicht zu beliebigen, sondern zu bestimmten Zeitpunkten getroffen werden. Der Verlauf sozialer Prozesse – und damit auch der Verlauf von Umweltinnovationsprozessen – wird als pfadabhängig betrachtet, das heißt, ihr Ergebnis hängt davon ab, welche Entscheidungen in der Vergangenheit getroffen wurden und welchen Fortgang der Prozess an bestimmten Verzweigungspunkten nimmt, an denen alternative Richtungen möglich sind. An solchen Verzweigungspunkten können zufällige Einflüsse wirksam werden. (Die Verzweigungspunkte können somit auch als *Window of Opportunity* für alternative Handlungen verstanden werden).

Mit dem Konzept der Pfadabhängigkeit wird begründet, warum sich etwa bestimmte technische Standards durchsetzen und auch dann bestehen bleiben, wenn sie potenziell durch geeignetere Technologien ersetzbar wären, eine Veränderung jedoch hohe Kosten mit sich bringen würde (Liebowitz & Margolis 1995). Auch das Konzept der Pfadabhängigkeit stellt in Frage, dass es entscheidungsfähige Akteure gibt, die die Durchsetzung von technischen Innovationen steuern können. Die fehlenden Handlungs- und Steuerungsmöglichkeiten der Akteure werden jedoch mit dem Konzept der *Pfadkreation* (Garud & Karnoe 2001; Kemp et al. 2001; Windeler 2003) relativiert. Darin wird angenommen, dass sowohl emergente (evolutive) Phänomene[27] als auch deliberate (bewusste, durchdachte, steuerbare) Prozesse eine Rolle in Innovationsverläufen spielen. Die Prozessverläufe sind demnach nicht völlig beliebig, sondern sie können zumindest im Nachhinein kausal erklärt werden: Es lassen sich sowohl prozessuale Mechanismen als auch Konstellationen (Bedingungszusammenhänge) identifizieren, die am Zustandekommen des Ergebnisses eines Innovationsprozesses beteiligt sind (Mayntz 1997b: 337). Im Konzept der Pfadkreation geht es um die Frage, ob diesen prozessualen Mechanismen und Konstellationen eine Verallgemeinerungsfähigkeit zugrunde liegt. Ähnlich wie im Policy-Stream-Ansatz wird auch hier festgestellt, dass die historischen Umstände Gelegenheiten eröffnen und es wird danach gefragt, wie diese Gelegenheiten erkannt und genutzt werden können (vgl. Nill 2002).

2.2.5 Lock-In und Lock-Out in der Evolutionsökonomie

Aufbauend auf der betriebswirtschaftlichen Erfahrung, dass der Markterfolg innovativer Aktivitäten unter anderem vom richtigen Zeitpunkt abhängt, kommt auch die moderne evolutionsökonomische Forschung zu der Erkenntnis, dass es Zeitfenster gibt, in denen die Erfolgswahrscheinlichkeit von Innovationsaktivitäten höher ist als außerhalb dieser begrenzten Zeitperioden. Dabei geht es um die Frage, ob und wie Zeitfenster für Innovationsaktivitäten identifiziert werden können. Die evolutionsökonomische Forschung (in der Tradition von Arthur 1988; David 1985; Dosi 1982; Nelson & Winter 1982) unterscheidet zwischen inhomogenen technisch-ökonomischen, sozialen, ökologischen und politischen Prozessen, die den Erfolg von Innovationen beeinflussen.

Die Ursache für diese Inhomogenität wird mit *Lock-In- bzw. Lock-Out-Effekten* beschrieben. Das Modell des *Lock-In* dient vor allem der Beschreibung von Einflussgrößen, die einen Wechsel von einem technologischen Regime zu einem effizienteren anderen verhindern können. Die erfolgreiche Einführung neuer Technologien wird gestützt durch stabilisierende Mechanismen, wie zum Beispiel economies of scale, Lerneffekte oder spezifische regulative Rahmenbe-

---

27 *Emergenz* (von lateinisch *emergere*: auftauchen, hervorkommen, sich zeigen) ist ein Fachbegriff der Systemtheorie. Gemeint ist damit das "Erscheinen" von Phänomenen auf der Makroebene eines Systems, die erst durch das Zusammenwirken der Subsysteme (Systemelemente auf der Mikroebene) zustande kommen (vgl. http://de.wikipedia.org/wiki/Emergenz).

dingungen, die zu einem Lock-In-Effekt führen (Arthur 1989). Unter einem Lock-In wird demnach die Verriegelung technologischer Paradigmata verstanden.[28] Das Lock-In verhindert, dass sich alternative Technologien durchsetzen können.

Dementsprechend wird als *Lock-Out* oder „Ausriegelung“ die Situation der voraussichtlich langfristig effizienteren, aber nicht angewandten Technologien bezeichnet, für deren Einführung die Überwindung einer Potenzialschwelle notwendig ist (Arthur 1989; Reichel 1998: 109 ff.). Diese Potenzialschwellen begrenzen die Anzahl möglicher technischer Entwicklungslinien und definieren damit zugleich Pfadabhängigkeiten. Mit einer politisch initiierten Markteinführung kann das Potenzial der „ausgeschlossenen“ Technologien erschlossen werden.

Es gibt jedoch Phasen, in denen die Möglichkeit besteht, das technologische Lock-In zu durchbrechen und in denen andere, bislang von Lock-out betroffene technologische Lösungen eine Erfolgschance haben. Die Schaffung und Implementation von Innovationen wird als ein unsteter, wechselhafter Prozess verstanden, in dem sich Phasen inkrementeller Verbesserungen in gegebenen technologischen Paradigmen abwechseln mit Phasen, in denen bedeutende Innovationen ihren Durchbruch erreichen (vgl. Erdmann 2005: 199; zur Betrachtung von Zeitfenstern auch David 1987: 228-234).

2.2.6 Innovation Journey

Das Konzept der „Innovation Journey“ (Van de Ven et al. 1999), erarbeitet von einer Forschergruppe in Minnesota[29], geht von einer organisationalen Perspektive aus und legt einen Schwerpunkt auf die *langfristige* Betrachtung von Innovationsverläufen. Dieser Ansatz entfaltet einen wenig deterministischen Blick auf Innovationsprozesse. Auch hier werden lineare Modelle, die einen klar gegliederten Phasenablauf einer Innovationsentwicklung beschreiben, verworfen (vgl. Kapitel 6). Es wird ein Innovationsprozessmodell entwickelt, das die Dynamik und Komplexität von Innovationsprozessen berücksichtigt. Dabei kommt das Forscherteam zu der Erkenntnis, dass für Innovationsprozesse allgemeine

---

28 Arthur et al 1987, Arthur 1989. Weitere Diskussion auch bei David 1985, Dosi & Nelson 1994. Zur Kritik an Arthurs Modell vgl. Brösse 1996: 38ff.

29 Das „Minnesota Innovation Research Programm“ (MIRP) untersuchte Entwicklungsverläufe von Innovationen. Es hatte eine Laufzeit von 17 Jahren (1983-1999). 14 Forscherteams waren beteiligt. Die zentrale Fragestellung lautete: „How and why do innovation develop over time from concept to implementation?”

Muster identifiziert werden können, obwohl sie jeweils unterschiedlich verlaufen. Die „Innovation Journey“ wird als nichtlinearer Kreislauf beschrieben, der sich aus divergierenden und konvergierenden Aktivitäten zusammensetzt – ein Wechsel von Öffnungs- und Schließungsprozessen. Diese Prozesse können sich über die Zeit auf verschiedenen organisationalen Ebenen wiederholen, wenn entsprechende Ressourcen zur Erneuerung dieses Kreislaufs zur Verfügung stehen (Van de Ven et al. 1999: 16). In Öffnungsphasen ist die Richtung des Innovationsgeschehens flexibler und reagiert auf äußere Anstöße eher als in Schließungsphasen, insofern ähneln die Öffnungsphasen in diesem Konzept den Windows of Opportunity Kingdons (vgl. Kapitel 2.2.2).

Der Kreislauf aus auseinander gehenden und zusammen laufenden Aktivitäten ist typisch für die von Van de Ven und seinen Mitautoren untersuchten Innovationsprozesse. Divergenz und Konvergenz werden als Kernprozesse bezeichnet, die auf verschiedenen Ebenen stattfinden. Dabei spielt gezieltes Gestaltungshandeln zwar eine wichtige Rolle, jedoch lässt sich der Weg, den die Innovation tatsächlich nimmt, nicht vorhersagen oder kontrollieren. „The journey is an exploration into the unknown process by which novelty emerges” (Van de Ven et al. 1999: 3). Das richtige “timing” für Gestaltungshandeln spielt auch hier eine Rolle: „(…) it is important to consider the best timing and the needed time frame for societal embedding in each case“ (Kivisaari et al. 2004: 247).[30]

In Bezug auf das Gefüge der Innovation Journey sind gewisse strukturelle Parallelen zum Policy Stream Ansatz erkennbar. Unterschiedliche Komponenten bilden die Infrastruktur der Innovation Journeys: Resource Endowments (kritische Ressourcen wie Wissen, Finanzen, humane Ressourcen), institutionelle Arrangements (Regulierung, Legitimation, technologische Standards), Proprietary Functions (verfügbare Ressourcen, die in eigene Produkte transformiert und innerhalb der Infrastruktur gestaltet werden können) sowie Märkte.

---

30 Innovationsprozesse werden insbesondere mit Hilfe der folgenden konzeptionellen Aspekte betrachtet (Van de Ven et al 1999: 8):
- ideas: re-invention, proliferation, re-implementation, discarding and termination
- people: many entrepreneurs, distracted fluidly engaging and disengaging over time in a variety of roles
- transaction: expanding, contracting network or partisan stakeholders who converge and diverge on ideas
- contexts: innovation process created and constrained by multiple enacted environments
- outcomes: final result indeterminate; many in-process assessments and spinoffs; integration of new orders with old
- process: from simple to many divergent, parallel and convergent paths, some related, others not.

2.2.7 *Zeitstrategien ökologischer Innovationspolitik*

Anschließend an die Idee der *Windows of Opportunity* (s.o.) wurden Zeitstrategien für ökologische Innovationspolitik entwickelt (Nill 2002; Nill & Zundel 2002; Zundel et al. 2003; Sartorius & Zundel 2004; Zundel 2004; Erdmann 1999, 2005). Die Autoren beziehen sich auch auf Arbeiten, die technischen Wandel unter dem Einfluss von vernetzten externen Effekten beschreiben (Witt 1997), auf Konzepte des „technischen Paradigmas" und „technologischer Trajektorien" (Dosi 1982) sowie auf Strategien des Transition Managements (z. B. Kemp & Rotmans 2005).

Ähnlich wie im Ansatz Kingdons wird davon ausgegangen, dass günstige Zeitfenster – Handlungsgelegenheiten, die aufgrund zeitlich begrenzter Einflussfaktoren auf einen bestimmten Zeitraum beschränkt sind – für erfolgreiche ökologische Innovationen eine wesentliche Rolle spielen. Hierunter werden insbesondere Umbruchphasen verstanden, in denen Probleme, Lösungen und Politikprozesse wirksam miteinander verbunden werden können und daher Anstöße zur Richtungsänderung des Innovationsgeschehens eher Aussicht auf Erfolg haben als in Phasen, in denen ein technologisch-institutionelles Paradigma das Innovationsgeschehen dominiert. Die Ergebnisse der Analysen sollen dazu beitragen, die Entwicklung politischer Regelungskonzepte auf die zeitliche Dynamik von Innovationsprozessen abstimmen zu können.

Ausgehend von der evolutorischen Ökonomik und der empirischen Innovationsforschung werden Innovationsprozesse als *nicht-lineare, dynamische Prozesse* aufgefasst. Die Selektionsumgebung einer Technologie wird dabei als entscheidend für deren Durchsetzung betrachtet. Sie kann unterschiedliche Subsysteme umfassen: technische Systeme, in die die betreffende Technologie eingebettet ist, soziale Systeme, wie zum Beispiel Gebrauchsgewohnheiten oder die mediale Öffentlichkeit, wissenschaftliche Systeme, wie zum Beispiel Paradigmen in Form tradierter Vorstellungen über Problemlösungsformen, institutionell-administrative Systeme und rechtliche Regulationsmuster, die in der Regel auf die dominante Trajektorie abgestimmt sind und an die sich neue Technologien anpassen müssen sowie politische Systeme, die das institutionelle Setting bilden und in denen über die Regulationsmuster der betreffenden Technologien entschieden wird (Zundel et al. 2003: 63 f.). Entscheidend für den Argumentationszusammenhang der Zeitstrategien ist, dass diese Systeme in einem ko-evolutionären Zusammenhang mit den zu entwickelnden sozio-technisch-ökonomischen Systemen stehen. In jedem der Systeme können Handlungsfenster auftreten. Eine synchronisierte Abfolge von Handlungsfenstern erhöht die Chancen für Veränderungen.

Es wird jedoch als schwierig betrachtet, Zeitfenster für Umweltinnovationen vorherzusagen, da bestimmte objektive Eigenschaften der sozialen Wirklichkeit kaum prognostizierbar sind. Die komplexe Wirklichkeit wird als multikausal, nichtlinear und interferierend charakterisiert (Mayntz 1997b: 330). Verschiedene Teilprozesse stehen in Wechselwirkung zueinander und können sich dadurch gegenseitig verstärken, blockieren oder in ihrer Richtung verändern. Die gleichzeitig ablaufenden Prozesse sind eigenständige Handlungsketten, die in getrennten Handlungssystemen ablaufen. Sie können aber wechselseitig füreinander wichtige Randbedingungen verändern (Mayntz 1997b: 335). Die soziale Wirklichkeit weist somit eine von heterogenen Bedingungen abhängige, nicht-lineare Dynamik auf, die z. B. durch abrupte Trendwenden, plötzliche Zusammenbrüche oder einen plötzlichen Wandel von Institutionen geprägt sein kann und nicht vorhersehbar ist.

3 Konzeptualisierung und Methodik der Analyse

In Kapitel 2 wurde herausgestelt, dass Umweltinnovationsprozesse einen nichtlinearen Prozess unterschiedlicher Entwicklungsphasen durchlaufen. Für die Entwicklung der Windenergie soll ein differenziertes Bild davon gezeichnet werden, in welcher Weise unterschiedliche Faktoren in den einzelnen Phasen des Prozesses auf die Innovationsentwicklung einwirken und es soll ein entsprechendes Prozessmodell des Innovationsablaufs erarbeitet werden. Im Folgenden wird der analytische Ansatz skizziert, der die empirische Untersuchung der Innovationsentwicklung der Windenergie leitet und die im vorangehenden Kapitel dargestellten Modelle aus der Policy- sowie der Technik- und Innovationsforschung aufgreift.

Die Untersuchung umfasst zwei Dimensionen, für deren Bearbeitung jeweils ein besonderes konzeptuelles Instrumentarium erforderlich ist:[31] Zum einen wird die strukturelle Dimension des Entwicklungsprozesses, die Entwicklung der Nische einer technischen Innovation, anhand von *Konstellationen* zentraler Einflussfaktoren untersucht. Zum anderen wird die prozessuale Dimension der Entwicklung anhand von *Phasen* des Untersuchungsprozesses *und deren Charakteristika* untersucht.

Die Analyse bildet daher eine Kombination aus einer Quer- und einer Längsschnittanalyse. Der Schwerpunkt der Querschnittsanalyse liegt auf der Betrachtung der sozio-technischen Konstellationen, der Position der Nische in der jeweiligen Konstellation und der wichtigsten Einfluss nehmenden Faktoren in den einzelnen Phasen des Entwicklungsprozesses. Der Schwerpunkt der Längsschnittanalyse liegt auf der Betrachtung des Innovationsverlaufs und seiner Dynamiken in einem Untersuchungszeitraum von 30 Jahren.

---

31 Es sei darauf hingewiesen, dass die konzeptuellen Ansätze zwar orientieren und auch theoretische Prämissen enthalten, aber keine geschlossene inhaltliche Theorie darstellen. So ist auch das im Folgenden skizzierte Modell zur Analyse der Entwicklung der Windenergie in Deutschland als Forschungsheuristik zu verstehen, die dazu dient, die wissenschaftliche Aufmerksamkeit auf die im Rahmen der Fragestellung zentralen Aspekte der Wirklichkeit zu lenken.

3.1 Policy- und Konstellationsanalyse als integriertes Instrumentarium

Für die Untersuchung des Innovationsverlaufs der Windenergie in Deutschland wird der politikwissenschaftliche Ansatz der Policy-Analyse mit dem methodischen Konzept der Konstellationsanalyse verknüpft. In der empirischen Untersuchung geht es darum, die spezifischen Form- und Funktionsveränderungen der Konstellationen ex post zu beschreiben. Mit dem integrierten Analysekonzept sollen die jeweiligen Vorteile der methodischen Instrumentarien genutzt werden. Die beiden methodischen Ansätze sollen sich gegenseitig befruchten und so den Erkenntniswert der Analyse verbessern. Ein Resümee zu diesem methodischen Vorgehen erfolgt in Kapitel 9.

3.1.1 Policy-Analyse

Mit der Policy-Analyse als Teildisziplin der Politikwissenschaft werden dezidiert politikwissenschaftliche Fragestellungen bearbeitet. Ihr zentrales Ziel ist die Untersuchung der Veränderung von Politikinhalten, Determinanten und Wirkungen politischen Handelns (Schubert & Bandelow 2003: 3). Die Policy-Analyse nimmt eine prozessorientierte Sicht von Policies ein und fragt nach der Entstehung, Durchführung und ggf. der Evaluation und Neuformulierung oder Terminierung einer Policy (Windhoff-Hèritier 1987: 64 f.). Dieser zyklische Ansatz wird ergänzt durch unterschiedliche Konzepte wie den rational choice-Ansatz oder den Advocacy-Koalitions-Ansatz (Sabatier) als alternative Konzeptualisierung des Policy-Prozesses. Die empirische Analyse von Policies hat darüber hinaus den jeweils gegebenen politischen Rahmen sowie die relevanten Prozesse und Konflikte im Verlauf des Policy-making zum Gegenstand.

Die Policy-Analyse ist ein akteurszentrierter Ansatz, der danach fragt, wie politische Akteure handeln und was ihr Handeln letztlich bewirkt. Zentral sind dabei Fragen nach Interessen, Wertesystemen, Lernprozessen und Politikstilen. Der akteurszentrierte Institutionalismus als ein Ansatz der Policy-Analyse basiert auf der Annahme, dass mit Handlungsressourcen und Handlungsintentionen ausgestattete Akteure strategisch in institutionellen Kontexten handeln (Scharpf 2000: 17). Die Interaktionen der Akteure werden durch den institutionellen Rahmen strukturiert, der ihre Handlungsspielräume sowohl ermöglicht als auch beschränkt (Mayntz & Scharpf 1995: 48 f.). Als Institution werden Regelsysteme bezeichnet, die einerseits formale, rechtliche Regeln und andererseits soziale Normen umfassen. In Abhängigkeit vom Gegenstand sind Entwicklungen in anderen gesellschaftlichen Teilbereichen als Teil der Handlungssituation zu beachten.

Der Prozess politischer Interaktion wird als Akteurskonstellation konfiguriert, die sich aus den beteiligten Akteuren, ihren Strategien und Präferenzen und den damit verbundenen Ergebnissen zusammensetzen. Es wird davon ausgegangen, dass das Ergebnis sozialer Interaktion maßgeblich von der Konstellation der beteiligten Akteure mitbestimmt wird. Die Technik spielt in der Policy-Analyse eine eher untergeordnete Rolle; ihr wird in erster Linie die Rolle eines konkret-praktischen Problemlösers zugeschrieben.

3.1.2 Konstellationsanalyse

Ein zentrales Analysekonzept der vorliegenden Untersuchung bildet neben policyanalytischen Kategorien die Konstellationsanalyse.[32] Dieser methodische Ansatz bietet den Vorteil, dass unterschiedlichste problemrelevante Einflussfaktoren berücksichtigt werden können, zu deren Analyse ein interdisziplinärer Zugang erforderlich ist. Die Konstellationsanalyse bietet ein geeignetes Instrumen-

---

32 Die Konstellationsanalyse wurde als interdisziplinäres Brückenkonzept für die Technik-, Nachhaltigkeits- und Innovationsforschung am Zentrum Technik und Gesellschaft der Technischen Universität Berlin entwickelt (vgl. Schön et al. 2007). Sie stellt einen eigenen methodischen Ansatz dar, der auf konzeptionelle Grundannahmen und Ergebnisse der neueren Wissenschafts- und Technikforschung zurückgreift. Hinsichtlich der Typisierung der in einer Konstellation bedeutsamen Elemente wurde sie insbesondere von der Forschung zu sozio-technischen Konstellationen (STK) und der Akteur-Netzwerk-Theorie (ANT) inspiriert (vgl. Kapitel 2). Vorläuferkonzeptionen sind Ansätze der Innovations-, Organisations- und der technikhistorischen Forschung, in denen Technik im Kontext eines wechselseitigen Einflusses von sozialen und technischen Zusammenhängen behandelt wird. Anschlussmöglichkeiten bestehen auch an die politikwissenschaftliche Governanceforschung, die Regelsysteme zum Teil als sozio-technische Konfigurationen auffasst. Beispiele für eine solche konzeptionelle Ausdehnung finden sich insbesondere im Kontext der Forschung zu Large Technical Systems (Schneider 1991 und 1992; Mayntz 1993a; Coutard 1999). Dabei stehen institutionelle Elemente wie Regulierungen oder Organisationsstrukturen im Vordergrund und sind der Ansatzpunkt zur Identifikation sozio-technischer Konfigurationen. Jüngere Ansätze der sozialwissenschaftlichen Technikforschung konzipieren Technik- und Governance-Innovationen als einen ko-evolutionären Prozess (z. B. Rip 2002, 2006; Voß & Bauknecht 2007) und weisen damit ebenfalls eine Nähe zur Konstellationsanalyse auf.
Sowohl in der Politik- als auch in der Geschichtswissenschaft werden bereits Ansätze verwandt, die ebenfalls als Konstellationsanalyse bezeichnet werden. In der Politikwissenschaft wird in der Erforschung internationaler Beziehungen und im Bereich der Entwicklungspolitikanalyse mit einem konstellationsanalytischen Ansatz gearbeitet. Es geht dabei um die möglichst objektive und umfassende Analyse der internen Struktur der Entwicklungsländer, um auf dieser Basis die Kohärenz von Einsätzen der Entwicklungshilfe zu verbessern. Als Konstellationsanalysen werden auch Konfliktanalysen im Bereich gesellschaftlicher Fragmentierungs- bzw. Gruppenbildungsprozesse bezeichnet. Dabei geht es vor allem um die Analyse von Akteurskonstellationen, der jeweiligen Interessen, Machtmittel sowie Annäherungs- und Entfremdungstendenzen der Akteure, aber auch von exogenen Faktoren, die die Konstellationen beeinflussen.

tarium zur Querschnittsanalyse von Innovationsprozessen und zur Untersuchung der Struktur von multiplen Einflussfaktoren zu bestimmten Zeitpunkten und Phasen des Prozesses. Mit der Konstellationsanalyse kann die Entwicklung und Ausdehnung der sozio-technischen Nische nachgezeichnet werden, in die die Windenergietechnologie zu Beginn des Untersuchungszeitraums eingebettet war. Durch grafisch dargestellte Konstellationen wird die Struktur der Zusammensetzung heterogener Einflussfaktoren übersichtlich abgebildet. Der Analyseansatz betrachtet gesellschaftliche Akteure, ihre Regelungssysteme sowie die Technik und die Natur als aufeinander bezogene Komplexe.

3.1.2.1 Zum interdisziplinären Ansatz der Konstellationsanalyse

Ziel des methodischen Instrumentariums der Konstellationsanalyse ist es, den Blick auf den Untersuchungsbereich für unterschiedliche Perspektiven und Zugänge zu öffnen. Es geht dabei um die aktive Wahrnehmung von Schnittstellen unterschiedlicher Disziplinen. Die Konstellationsanalyse bietet unterschiedlichen disziplinären Perspektiven gemeinsame analytische Anknüpfungspunkte, um das Zusammenwirken heterogener Elemente in komplexen Konstellationen zu untersuchen. Dabei wird davon ausgegangen, dass eine produktive Bezugnahme von unterschiedlichen Perspektiven auf komplexe Problemlagen in der realen Welt notwendig ist. Einseitige system- und handlungstheoretische Erklärungsansätze sollen vermieden werden.

Ein Innovationsprozess kann von wissenschaftlichen Disziplinen unterschiedlich wahrgenommen werden. Politikwissenschaftler werden geneigt sein, den Innovationsprozess als einen politischen Prozess zu sehen, während Techniksoziologen eher das Zusammenspiel von Technik und Akteuren ins Auge fassen. Planer werden in erster Linie die planerischen und raumordnerischen Aspekte des Prozesses als bedeutsam wahrnehmen, Juristen den Rechtsetzungsprozess, Ingenieure wiederum betrachten den Innovationsprozess vor allem als einen Technologieentwicklungsprozess usw. Die Konstellationsanalyse ermöglicht es, die wechselseitigen Bezüge von Technik, Natur, Akteuren und sozio-ökonomischen Faktoren zu visualisieren und damit heterogene Bündel unterschiedlicher Einflussfaktoren sichtbar zu machen und zu charakterisieren.[33] Sie ermöglicht

---

33 Das „Bündel von Einflussfaktoren" verdeutlicht die Kopplung von parallelen Entwicklungssträngen.
Im Windenergieprozess haben relativ autonome Prozesse einander beeinflusst. Dazu gehören policy-Prozesse wie z. B. Regulierung und Förderung, Markt- und Wirtschaftsprozesse, Prozesse der Tech-

damit eine fokussierte interdisziplinäre Kooperation zu einer Problemstellung und erlaubt es, den Untersuchungsgegenstand als ein Ganzes zu betrachten und aus der Sicht verschiedener Disziplinen integrativ zu interpretieren. In der Interpretation der Konstellationen zeigt sich die Konstellationsanalyse als diskursiver Aushandlungsprozess über die beste Abbildung der Realität. Dabei reflektiert und integriert das Modell der Konstellation nicht die Realität, sondern das Verständnis der beteiligten Perspektiven von der Realität. Dies ist der Gewinn der Konstellationsanalyse gegenüber einem disziplinären Analyseansatz.

3.1.2.2 Durchführung der Konstellationsanalyse im interdisziplinären Team

In dieser Untersuchung wird Bezug genommen auf eine interdisziplinäre Forschungsarbeit, in der der Entwicklungsprozess der Windenergie in Deutschland aus der Perspektive unterschiedlicher Disziplinen betrachtet wurde (interdisziplinäres Forschungsprojekt „Innovationsbiographie Windenergie", vgl. Bruns et al. 2008). In diesem Forschungsprojekt wurden die Wechselwirkungen sozialer, technischer und natürlicher Einflussfaktoren im Entwicklungsprozess mit dem Instrumentarium der Konstellationsanalyse dargestellt.

Die Konstellationsanalyse ist als Abfolge von aufeinander aufbauenden Schritten angelegt. Dabei steht der empirische Gegenstand – in diesem Fall das Innovationsgeschehen der Windenergietechnologie – im Mittelpunkt (vgl. Bruns et al. 2008: 6-15). Die beteiligten Forscherinnen und Forscher beziehen sich bei der Erstellung und Analyse der Konstellationen auf die empirisch-analytische Auseinandersetzung mit dem Gegenstand, die zunächst jeweils disziplinär erfolgt.

3.1.2.3 Konzeptionelle Funktionen und Grundsätze der Konstellationsanalyse

Eine der zentralen Funktionen der Konstellationsanalyse ist die inter- und transdisziplinäre Verständigung im analytischen Forschungsprozess. Die unterschiedlichen Problemsichten, Wissensbestände und Lösungsansätze der beteiligten Disziplinen können aufeinander bezogen werden. Die erarbeiteten Konstellationen sind Ergebnis interdisziplinärer Diskussionen. Die Analyse erfolgt in Bezug auf das Problem, nicht in Bezug auf die Disziplin. Die Konstellationsanalyse bildet damit eine auf einen gemeinsamen Untersuchungsgegenstand und ein gemeinsa-

---

nikentwicklung und gesellschaftliche sowie kulturelle Bewegungen. Die Prozesse folgen jeweils einer eigenen Dynamik und haben jeweils eigene, markante Eigenschaften (vgl. Geels 2006: 1003 ff.).

mes Erkenntnisinteresse bezogene Brücke zwischen den verschiedenen disziplinären Perspektiven.[34] Zentrale konzeptionelle Grundsätze der Konstellationsanalyse sind erstens die Gleichrangigkeit der heterogenen Elemente, aus denen sich die Konstellationen zusammensetzen, und zweitens die Fokussierung auf die Beziehungen zwischen den Elementen.

Bei der Erstellung der Konstellationen werden vier Typen von Elementen unterschieden:

- soziale Akteure,
- natürliche Elemente,
- technische Elemente und
- Zeichenelemente.

Unter die Kategorie der „sozialen Akteure" werden einzelne Personen oder Akteursgruppen gefasst. Als „technische Elemente" werden alle Artefakte bezeichnet. Zu den „natürlichen Elementen" werden Stoffe und Ressourcen, Umweltmedien (Wasser, Boden, Luft), tierische und pflanzliche Lebewesen, die Landschaft sowie Naturphänomene (z. B. Klima) gezählt. Die Kategorie „Zeichenelemente" umfasst sowohl Normen, Gesetze, Preise, Programme und Konzepte als auch Diskurse, Zukunftserwartungen und Leitbilder – also alles, was sich in Buchstaben, Zahlen oder Symbolen zum Ausdruck bringen lässt.[35]

Abbildung 1: Die in der Konstellationsanalyse verwendeten Elemente-Typen

Quelle: Schön et al. 2007: 18

Diese Typisierung soll jeder der beteiligten wissenschaftlichen Disziplinen Anknüpfungspunkte für die jeweils eigene Sichtweise bieten. Die gleichrangige

34 Eine ausführliche Darstellung des methodischen Ansatzes der Konstellationsanalyse findet sich in Schön et al. 2007. Vgl. auch Bruns et al. 2008: 6-15.

35 Eine Einteilung der Zeichenelemente in Unterkategorien wird derzeit erwogen. Als Unterkategorien werden administrative Reglementierungen, Symbole bzw. symbolische Artfakte, geistige Strömungen, Diskurselemente (z. B. Leitbilder) und kognitive Elemente diskutiert.

Betrachtung der Elemente soll eine voreilige Unterscheidung in wichtige und unwichtige Elemente und eine vorschnelle Interpretation der Konstellation verhindern.[36] Ein als relevant erkanntes einzelnes Element bildet die Grundeinheit der jeweils abgebildeten Konstellation.

Abbildung 2: Die in der Konstellationsanalyse verwendeten Relationstypen

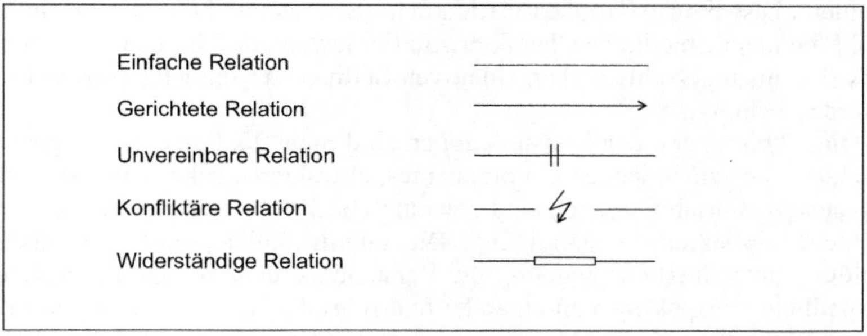

Quelle: nach Schön et al. 2007: 20

Die heterogenen Elemente werden zueinander in Beziehung gesetzt und formen so den Aufbau der Konstellation. Um das Wesen der Konstellation, ihre Struktur und Logik zu verstehen, ist es notwendig, die Beziehungen zwischen den Elementen zu klären.[37]

3.1.2.4 Visualisierung der Konstellation

Der methodische Kern der Konstellationsanalyse besteht in der Visualisierung der Konstellation. Die Kartierung der Konstellationen stellt nach der Einteilung des Prozesses in Phasen bereits die zweite Interpretationsebene dar. Die Elemente in den Konstellationen und die Abbildungen der Konstellationen insgesamt

---

36 Zudem soll dieser konzeptionelle Ansatz eine gleichrangige interdisziplinäre Zusammenarbeit ermöglichen, ohne dass dabei eine der beteiligten Disziplinen leitende Funktion übernimmt.

37 Auch bei den Relationen wird eine Erweiterung der Differenzierungen diskutiert. So können Beziehungen zwischen den Elementen auch als Wirkungsrichtungen, verstärkende Relationen, fehlende Relationen oder aber als unterschiedliche Interaktionsformen betrachtet werden, wie zum Beispiel Kommunikation, Information, hierarchische Beziehung, verhandlungsorientierte, kooperative, konfliktäre Interaktion etc.

sind als stark zugespitzte und vereinfachte Darstellungen zu verstehen.[38] Jedes Element hat einen Vorlauf und eine Wirkung. Die Elemente sind Platzhalter für Ereignisse, Akteure, Prozesse, Technologien etc. die sich dahinter verbergen.

Der Entwicklungsprozess wird in Phasen eingeteilt und in *Phasenkonstellationen* abgebildet: Eine Phasenkonstellation bildet die sozio-technische Konfiguration für einen bestimmten, zeitlich abgegrenzten Abschnitt des Entwicklungsprozesses ab. Der Veränderungsprozess wird durch das Aneinanderreihen von einzelnen Phasenkonstellationen verdeutlicht (Schön et al. 2007: 82). Damit wird sowohl die unterschiedliche Charakteristik der jeweiligen Phase als auch die Dynamik des aus unterschiedlichen situativen Settings zusammengesetzten Prozesses verdeutlicht.

Die Abbildungen der Konstellationen sind nicht als Forschungsergebnis zu betrachten. Sie zeigen jedoch ein prägnantes, charakteristisches Bild einer Phase. Die Konstellationsabbildungen sind kein analytisches Instrument, aber ein Mittel zur interdisziplinären Verständigung. Die interdisziplinär erarbeitete grafische Abbildung unterstützt das gegenseitige Verständnis, denn die Grafik bezieht unterschiedliche Perspektiven aufeinander und führt dazu, dass eventuell auftretende Missverständnisse oder Meinungsverschiedenheiten thematisiert und diskutiert werden. Komplexe Sachverhalte können in verschiedenen Varianten abgebildet werden. Die Abbildungen sind daher wichtige Vorstufen für die Einigung auf eine gemeinsame Beschreibung und Interpretation der Konstellation. Die Visualisierung ist eine wichtige Ergänzung zur Sprache, beide ergänzen sich und unterstützen den Verständigungsprozess, indem sie Defizite und Schwierigkeiten des jeweils anderen Mediums ausgleichen. Der Wechsel von grafischer Veranschaulichung und sprachlicher Beschreibung kann das Verständnis der Konstellation vertiefen. Ziel der interdisziplinären Arbeit ist die Einigung darüber, wie die Konstellation in ihrer Struktur, ihren Charakteristika und Funktionsprinzipien grafisch dargestellt und sprachlich interpretiert werden soll.[39] Dabei muss die Verständigung im Team in einer allgemeinverständlichen Sprache erfolgen. Der die Konstellationen beschreibende Text ist in seiner Differenziertheit wichtiger als die Konstellationsabbildungen, auch wenn die Abbildungen der Konstella-

---

38 Vielfach wurde in der Diskussion der Methodik der Konstellationsanalyse kritisch darauf hingewiesen, dass viele Elemente in Mischformen auftreten, dass es z. B. die ‚reine Natur' nicht mehr gibt und daher von „Umwelt" gesprochen werden sollte. Techniksoziolog/inn/en argumentieren, dass in technischen Artefakten soziale Prozesse und Konzepte bewusst oder unbewusst geronnen sind. In Kenntnis dieser Debatten wurde aus methodischen Gründen dennoch entschieden, dass in der Konstellationsanalyse eine klare Zuordnung der realen Ereignisse zu den vier Elemente-Typen getroffen werden soll.

39 Sollte eine Einigung auf eine gemeinsame Darstellung und Interpretation der Konstellation dennoch nicht gelingen, so ist auch die Darstellung des Dissenses erhellend.

tionen eingängiger und prägnanter sind und den Vorteil bieten, dass sich Strukturen leichter erkennen lassen.

3.1.2.5 Kern der Konstellation

Bereits mit der Kartierung der Elemente wird eine Aussage über deren Relationen getroffen – mit der Nähe der Elemente zueinander in der grafischen Abbildung wird entschieden, ob diese in einer engen Beziehung zueinander stehen, sich also nahe sind, oder ob sie in loser oder keiner Beziehung zueinander stehen, also weiter voneinander entfernt sind. In jeder Abbildung einer Konstellation stehen die als zentral erachteten Wirkfaktoren im Mittelpunkt. Dieser Kern der Konstellation wird durch einen Kreis gekennzeichnet. Darüber hinaus werden Relationen grafisch dargestellt. Die unterschiedlichen Relationstypen werden mit entsprechenden Linien und Pfeiltypen gekennzeichnet (vgl. Abbildung 2). Dabei sind die Beziehungen zwischen den Elementen nicht notwendigerweise „hart" im Sinne einer Messbarkeit, sondern der Indikator ist die empirisch festgestellte Beziehung und ihre Intensität.

3.1.2.6 Kontext der Konstellation

Die Konstellation ist jeweils in einen *Kontext* eingebettet. Als Kontextbedingungen werden gesamtgesellschaftlich bedeutsame, Sektoren übergreifende Rahmenbedingungen und übergeordnete Prozesse bezeichnet, die nicht nur auf einzelne Elemente innerhalb der Konstellation, sondern auf die Konstellation als Ganzes Einfluss haben. Dies können politische und strategische Maßnahmen auf internationaler Ebene, plötzlich eintretende Phänomene, Veränderungen in der Verfügbarkeit von Ressourcen, politische Machtwechsel, kulturell verankerte Überzeugungen, wissenschaftliche Paradigmen oder wichtige, die Problemwahrnehmung verändernde Ereignisse sein. Als Kontextelemente klassifizierte Bedingungen bilden den Hintergrund oder auch eine Stimmung, die bestimmte Entwicklungen katalysieren. Der Kontext ermöglicht die Entwicklung und Einführung bestimmter Innovationen und erschwert andere.[40]

Letztlich ist die Analyse, Beschreibung und Interpretation einer Konstellation immer eine These, in der die Aussagen über die Realität zugespitzt werden. Die Konstellationsanalyse hat nicht das Ziel theoretischer Erklärungen, sondern

---

40 Der Kontext in der Konstellationsanalyse ist vergleichbar mit der landscape-Ebene im Konzept von Frank Geels (Geels 2004, 2006).

ist als ein methodisches Konzept einzuordnen, das die Überbrückung disziplinärer Grenzen bezweckt. Die Kartierungen der Konstellationen haben einen gewissen Zwischencharakter: „Sie bereiten die Bearbeitung der eigentlichen Forschungsfragen vor. Die Rückübersetzung dieser Ergebnisse in die disziplinär verfasste Wissenschaft wird allerdings dadurch erleichtert, dass das methodische Vorgehen der Konstellationsanalyse eine gewisse Ähnlichkeit mit einer quasiexperimentellen Situation hat. Denn jeder Stand der Kartierung einer konkreten Konstellation ist auch die Fixierung einer vorläufigen Annahme über die wesentlichen Zusammenhänge, die dann in einem nächsten Schritt auf ihre Tragfähigkeit hin überprüft werden. Dieses methodisch kontrollierte, schrittweise Vorgehen ist eine wichtige Voraussetzung, um einen Anschluss an disziplinspezifische Fragestellungen und Empirie herzustellen" (Schön et al. 2007: 49).

3.1.3 Kombination aus Policy- und Konstellationsanalyse

Das Vorgehen mit einer Kombination aus Policy- und Konstellationsanalyse ist weder ein akteurs- und noch ein technikzentrierter Ansatz, sondern berücksichtigt strukturelle, ökonomische, ökologische und technische Faktoren, Prozesse und deren Wechselwirkungen, die im Innovationsprozess der Windenergie relevant sind. Sowohl Akteure als auch Technik, Natur und Regelungssysteme werden dabei als systeminterne Komponenten betrachtet.

Die integrierte Analyse geht somit über eine Policy-Analyse sozialer Akteure, Netzwerke und Diskurse hinaus (vgl. z. B. Héritier 1993; Prittwitz 1994; Schneider 2003; Schubert & Bandelow 2003; Scheider & Janning 2006), indem sie nicht nur gesellschaftliche Akteure und soziale Einflussfaktoren in den Blick nimmt, sondern diese in einen Zusammenhang mit dem Einfluss technischer und natürlicher Elemente stellt. Das heißt, dass neben der Politikarena, kognitiven Elementen sowie sozio-kulturellen, ökonomischen und institutionellen Einflussfaktoren auch die Rollen von Natur und Technik im Innovationsprozess berücksichtigt werden. Im Falle der Entwicklung der Windenergie scheint die Frage des Erfolgs von Steuerung ohne die Berücksichtigung der Widerständigkeit oder Triebkraft materieller Bestandteile der Konstellationen nicht sinnvoll beantwortbar zu sein. Hinzu kommt der den Horizont erweiternde interdisziplinäre, die Strukturen der Konfiguration von Einflussfaktoren betrachtende Ansatz der Konstellationsanalyse. Das Erkenntnisinteresse etablierter Konzepte der Policy-Analyse wird damit erweitert.

Durch die Anwendung des kombinierten analytischen Ansatzes ergibt sich der Vorteil, dass sowohl gesellschaftliche Regelsysteme als auch die Entwicklung und Verbreitung von (Umwelt)innovationen als ein Zusammenwirken heterogener Elemente untersucht werden können. Mit dem kombinierten Instrumentarium können sowohl die Struktur sozio-technischer Nischen als zeitliche Strukturen des Prozesses untersucht und mit der Frage nach Handlungs- und Steuerungsmöglichkeiten verknüpft werden.

Abbildung 3: Untersuchungsmodell zur Analyse des Innovationsprozesses der Windenergie

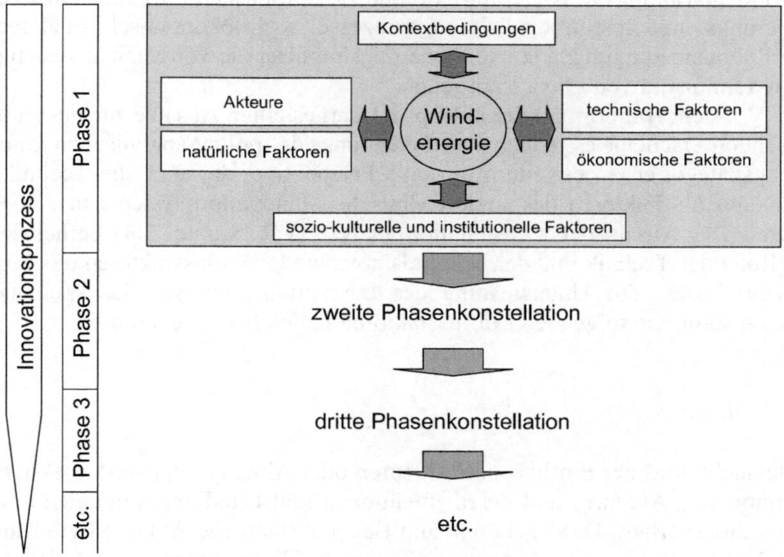

Quelle: eigene Darstellung

3.2 Untersuchungskategorien der Policy- und Konstellationsanalyse

Es wird davon ausgegangen, dass die Entwicklung der Windenergie in Deutschland nur durch die Analyse des komplexen Zusammenspiels verschiedener Faktoren angemessen zu verstehen ist. Zur Analyse des Innovationsverlaufs der Windenergie, die sich aus einer Nischensituation heraus entwickelte, sollen diejenigen Faktoren untersucht werden, aus denen sich die von Phase zu Phase verändernden Konstellationen heterogener Einflussfaktoren zusammensetzen (vgl. Abbildung 3).

Policy-analytische Kategorien spielen dabei eine zentrale Rolle. Die Policy-Analyse fragt vor allem nach Inhalten und Determinanten des politischen Handelns. Zentrale Gegenstände sind Akteure und Organisationen sowie deren normative Orientierungen (Interessen, Leitbilder, Ziele, Konflikte). Das Konzept des Advocacy-Koalitions-Ansatzes (Sabatier) hebt die Rolle von belief systems und Interessenkoalitionen für den Policy-Prozess hervor. Das analytische Interesse der Policy-Analyse richtet sich darüber hinaus auf das politische Steuerungsinstrumentarium, Einflüsse von Markt und Zivilgesellschaft, Medieneinfluss, Regulierungs- und Institutionalisierungsprozesse, sozio-ökonomische und rechtliche Rahmenbedingungen sowie Steuerungsimpulse, die von verschiedenen politisch-administrativen Ebenen ausgehen.

Vor dem Hintergrund der in Kap. 2.1 dargestellten Ansätze zur Innovationsforschung erscheint es jedoch von Bedeutung, die policy-analytischen Untersuchungskategorien zu erweitern um eine Perspektive, die auch die Technik und die Natur als Faktoren des sozio-technischen Innovationssystems in den Blick nimmt. Der Ansatz der Konstellationsanalyse (vgl. Kapitel 3.4) berücksichtigt die Rolle der Technik und der Natur als potenzielle Einflussfaktoren des Innovationsprozesses. Zur Untersuchung des Innovationsprozesses der Windenergie werden somit die folgenden Einflussfaktoren in den Blick genommen:

3.2.1 Akteure

Untersucht wird der Einfluss von Akteuren oder Akteursgruppen (kollektive und korporative[41] Akteure) und deren Intentionen und Handlungsstrategien auf den Innovationsverlauf. Dazu gehören zum Beispiel staatliche Akteure (wie Bundes- und Landesministerien, Kommunen), wirtschaftliche Akteure (z. B. Hersteller und Betreiber von Windenergieanlagen, Investoren etc.) und zivilgesellschaftliche Akteure (z. B. Verbände, Bürgerinitiativen, Bürger etc.), die direkt oder indirekt in die Formulierung und Umsetzung der Politik involviert sind. Sie sind die

---

41 Korporative Akteure entstehen, wenn Akteure mit gemeinsamen Ressourcen überindividuelle Rechtspersonen schaffen, die stellvertretend im Interesse ihrer Mitglieder dauerhaft und oft als formelle Träger gesellschaftlicher Regelungs- und Steuerungsleistungen durch koordiniertes Handeln tätig werden (z. B. Unternehmerverbände, Gewerkschaften, Parteien, Verwaltung etc.). In der vielschichtigen und komplexen gesellschaftlichen Realität sind oft beide Formen - kollektive und korporative Akteure - miteinander verknüpft, z. B. wenn mehrere korporative Akteure einen kollektiven Akteur bilden (z. B. Dachverbände, internationale Organisationen) (Schneider 2003: 109 ff.).

unabdingbaren Bestandteile der Verhandlungssysteme und Netzwerke des politischen Prozesses.

3.2.2 Politisch-institutionelle Faktoren und rechtlicher Rahmen

Institutionelle und formale Voraussetzungen setzen den - wie auch immer gestalteten - Rahmen, innerhalb dessen Akteure handeln. Untersucht werden die sich im Verlauf des Entwicklungsprozesses verändernden politisch-institutionellen und rechtlichen Faktoren und deren Einfluss auf die Entwicklung der Windenergie. Institutionen (*polity*) als strukturelle, formelle und organisationale Dimension von Politik definieren die Regelungsstrukturen des Prozesses. Sie setzen den Rahmen für das staatliche Steuerungshandeln bzw. koordinierende Interaktionsprozesse. Es wird untersucht, in welchem spezifischen institutionellen Setting die Akteure im Innovationsprozess interagieren. Politisch-institutionelle Faktoren haben für die Ergebnisse politischen Handelns erhebliche Bedeutung. Institutionelle Kapazitäten sind erforderlich, damit langfristige strategische Entscheidungen getroffen und umgesetzt werden können.

3.2.3 Belief systems, Problemwahrnehmung und Akzeptanz

Die Interpretation einer Situation oder eines Zustands als Problem ist stark von den jeweiligen Werthaltungen (Normen, Weltbilder) oder dem Grad der direkten Betroffenheit abhängig (Kingdon 1995). Die spezifischen handlungsleitenden Orientierungen der Akteure sind durch Wertvorstellungen sowie durch grundlegende Kausalannahmen über gesellschaftliche Zusammenhänge, Probleme, die Wirksamkeit bestimmter Politikinstrumente etc. geprägt. Diese normativen und kausalen Vorstellungen werden von Sabatier (1993; 1998) als belief systems bezeichnet[42]: Sie sind von zentraler Bedeutung für die Frage, welche Advocacy-Koalitionen sich herausbilden, innerhalb derer sich die Akteure gemeinsam für die Umsetzung ihrer handlungsleitenden Vorstellungen und Intentionen engagieren. Problemwahrnehmung, Werthaltungen, Interessen und der Einfluss von Akteuren sind von Bedeutung für die Frage, ob ein Thema den Sprung auf die politische Agenda schafft und / oder ob politische Entscheidungsprozesse in Gang gesetzt werden.

---

42 Belief systems werden von Sabatier als hierarchisches Modell mit drei Schichten konzeptualisiert (Sabatier 1993: 131 ff.).

Das Spektrum der Perzeption der Windenergie ist weit: Sie wird auf der einen Seite als Beitrag zu einer umwelt- und klimafreundlichen Energieversorgung sowie als wirtschafts- und arbeitsmarktpolitisch bedeutsame Technologie und auf der anderen Seite als starke Beeinträchtigung für das Landschaftsbild sowie als wenig relevant im Hinblick auf die Stromversorgung wahrgenommen. Soziokulturelle Faktoren wie belief systems, Problemwahrnehmung und Akzeptanz der neuen Technologie sind zentrale Untersuchungskategorien.

3.2.4 Ökonomische Faktoren

Auch ökonomische Faktoren – wie Preise, Märkte, Gewinnmöglichkeiten, Kosteneffizienz oder die allgemeine wirtschaftliche Entwicklung – sind von zentraler Bedeutung für die Entwicklung einer technischen Umweltinnovation (vgl. Prittwitz 1994; Jänicke 1997b: 14; Kingdon 1995). Untersucht werden soll, in welcher spezifischen Weise ökonomische Faktoren in den Phasen des Innovationsprozesses die Windenergieentwicklung vorangetrieben oder gebremst haben.

3.2.5 Steuerungsimpulse

Eine zentrale Frage der Untersuchung ist die Frage nach der politischen Steuerbarkeit des Innovationsprozesses. Daher wird der Einfluss von Steuerungsimpulsen auf die Entwicklung der Windenergie in Deutschland untersucht – politische und rechtliche Lösungskonzepte und Strategien, die mit dem Ziel der Steuerung der Windenergieentwicklung eingesetzt werden.

Politik im Bereich der erneuerbaren Energien wird im Zuge der Europäisierung nationaler Politik und der Globalisierung von Märkten zunehmend durch das politische Handeln übergeordneter Ebenen (EU, globale Politik) beeinflusst, die Anreize oder Restriktionen für das nationale politische Handeln in Bezug auf die Entwicklung der Windenergie darstellen. Gleichzeitig erfahren Steuerungsimpulse eine Resonanz von untergeordneten Ebenen. So können die Wirkungen nationaler Interventionen auf die lokalen Bedingungen Widerstände und Blokkaden des Innovationsprozesses hervorrufen. Zu berücksichtigen ist die Interdependenz und Wechselwirkung von Steuerungsimpulsen auf verschiedenen institutionellen und administrativen Ebenen. Gefragt wird daher nach dem Einfluss von Steuerungsimpulsen staatlicher Institutionen eines differenzierten politisch-administrativen Mehrebenensystems (von der lokalen, regionalen, nationalen bis globalen Ebene).

Hinzu kommt, dass zuweilen Maßnahmen unterschiedlicher Ressorts gleichzeitig greifen – sie können in dieselbe Richtung wirken und sich damit gegenseitig verstärken oder widersprüchliche Wirkungen haben und damit den Innovationsprozess behindern. Gegenstand der Untersuchung ist daher auch das Handeln in verschiedenen Politikfeldern wie der Energie-, Umwelt-, Raumordnungs-, Wirtschafts-, Technologie- oder der Regionalpolitik, das den Prozess der Windenergieentwicklung beeinflusst.

3.2.6 Natürliche Faktoren

Auch natürliche Elemente sind nach dem Verständnis dieser Untersuchung Bestandteil sozio-technischer Konstellationen. Jedoch wirken die natürlichen Elemente nicht oder selten direkt, sondern eher über die Anwaltschaft von individuellen Akteuren oder Akteursgruppen auf die Konstellation ein.

In Bezug auf die Windenergienutzung sind sowohl der Biodiversitätsschutz (vor allem Vogelschutz, in Bezug auf die Offshore-Windenergie auch Schutz der Meeressäuger) als auch der Klimaschutz (durch Windenergienutzung werden CO_2-Emissionen vermieden) von besonderer Relevanz. Mit zunehmender Diffusion der Windenergie spielen Naturverbrauch und die Beeinträchtigung des Landschaftsbildes in der industrialisierten Gesellschaft eine wichtige Rolle. Diese hier als „natürliche Faktoren" zusammengefassten Aspekte und ihr Einfluss auf die Entwicklung der Windenergieentwicklung sind ebenfalls Gegenstand der Untersuchung.

3.2.7 Technische Faktoren

Weiterhin wird nach technikimmanenten Einflussfaktoren gefragt. Die Stromversorgung basiert auf einem komplexen, zentralisierten und aufwändigen System, das sich entlang bestimmter Technikpfade entwickelt hat und grundsätzlich träge ist gegenüber Modifikationen. Entsprechend hoch sind die Eintrittsbarrieren für einen erneuerbaren Energieträger wie die Windenergie, denn diese ist im Vergleich zu konventionellen Kraftwerken – aufgrund der Dezentralität, der schwankenden Verfügbarkeit und mangelnden Speicherbarkeit – nicht konform mit dem gewachsenen, zentralisierten System. Der Entwicklungsprozess der Windenergie ist ein technikzentrierter Prozess, in dem Fragen der Systemintegration und des Netzzugangs zentral sind. Durch die gestiegene Größe, Leistungsfähigkeit und Anzahl sowohl der Einzelanlagen als auch der Windparks gewinnen diese technischen Aspekte an Relevanz. Die Offshore-Technik weist aufgrund der notwendigen Bündelung von Einspeisungspunkten im Küstenbereich eine besondere Problematik für das zentralisierte Energieversorgungssystem auf. Daran knüpft sich die Frage an, welche Wirkung die veränderte Größenordnung der Technologie entfaltet. Mit wachsender Leistungsfähigkeit, Größe und Anzahl der Anlagen stößt die Technologie auch zunehmend auf Akzeptanzprobleme. Welche Rolle spielt also die Technik selbst im Innovationsprozess?

Soziale, natürliche und technische Faktoren werden als heterogene Komponenten des Entwicklungsprozesses verstanden, und die Entwicklung der Windenergietechnik als die Resultante der Verknüpfung dieser heterogenen Komponenten. Soziale, technische und natürliche Faktoren werden also gleichermaßen als abhängige Faktoren bei der Analyse des Entwicklungsprozesses behandelt.

3.3 Analyse der prozessualen Aspekte des Entwicklungsverlaufs

Zentraler Gegenstand der Policy-Analyse sind die Phasen von Politikprozessen – der Entstehung, Durchführung und den Resultaten von Politik. In Anlehnung an den Policy-Stream-Ansatz wird hypothetisch angenommen, dass es im Verlauf des untersuchten Innovationsprozesses zu zeitlich begrenzten Kombinationen aus Akteuren, Technik, Problemwahrnehmungen und Lösungskonzepten und damit zu günstigen Entscheidungsgelegenheiten gekommen ist.

Mit der Entwicklung der Windenergie wird ein Innovations- und Entwicklungsprozess analysiert, der von einer sich über mehrere Phasen hinweg stark verändernden Konstellation geprägt ist (vgl. Kapitel 4). Das Problem, das sich stellt, ist die Identifikation von typischen Mustern der jeweiligen situativen Settings. Wie sind sie charakterisierbar? Welche Typen von Situationen gibt es? Es soll eine Situationsdynamik erarbeitet werden, in der unterschiedliche Typen von Situationen und Phasen charakterisiert werden, die den Prozess jeweils beschleunigten oder verlangsamten. Letztlich geht es darum, typische Konfigurationen zu identifizieren um auf dieser Basis verallgemeinernd Verlaufsformen von Innovationsprozessen einschätzen zu können.

Es wird danach gefragt, ob sich im untersuchten Fall der Windenergie Windows of Opportunity ergeben haben, wie diese zeitlich begrenzten Phasen charakterisierbar sind und ob und wie sie für die politische Steuerung genutzt wurden. Untersucht werden soll, in welchen Phasen sich politische Lösungskonzepte im Innovationsprozess in konsistenter Weise in die Gesamtkonstellation einpassten.

3.3.1 *Phasen und deren Charakteristik*

Benötigt wird eine Heuristik für eine zeitliche Ordnung des Prozesses. Daher wird der Prozess in Phasen eingeteilt. Durch die Darstellung der Veränderungen von Phase zu Phase können die unterschiedlichen Charakteristika der verschiedenen Phasen, der sich verändernde Gegenstand der politischen Steuerung, die variierenden Steuerungsformen sowie die Wirkungen von Interventionen verdeutlicht werden. Ein erstes Etappenziel der Untersuchung ist daher eine Einteilung des Entwicklungsprozesses in Phasen. Dabei wird danach gefragt, wie sich die Phasen charakterisieren und welche Schlüsse sich aus der Abfolge der Phasen für die staatliche Steuerung von Innovationsprozessen schließen lassen. Gibt es weniger dynamische Phasen, in denen die Entwicklung nicht vorankommt, in denen kaum oder nur inkrementelle Verbesserungen stattfinden und dynamische Phasen, in denen ein Durchbruch, ein technologischer Sprung oder eine radikale Verbesserung erreicht werden kann? Welche Steuerungsimpulse, welche ökonomischen, sozialen, technikimmanenten, ökologischen und anderen Einflussfaktoren sind dabei von Relevanz? Welche Phasenübergänge, Sackgassen oder Verzweigungen von Entwicklungssträngen sind zu beobachten?

3.3.2 *Öffnungs- und Schließungsphasen*

In Anlehnung an die Innovation Journey wird untersucht, in welchen Phasen Öffnungs- und in welchen Phasen Schließungsprozesse stattfinden. Welche Einflussfaktoren wirken beschleunigend, welche bremsend auf den Innovationsverlauf? Zu welchen Zeitpunkten überwiegt die Wirkung beschleunigender bzw. bremsender Faktoren?

3.3.3 *Windows of Opportunity*

Die Untersuchung von Windows of Opportunity bezieht sich sowohl auf den Policy-Stream-Ansatz als auch auf evolutions-ökonomische Forschungsansätze, in denen Verzweigungspunkte von Entwicklungspfaden hervorgehoben werden, an denen alternative Entwicklungsrichtungen möglich sind (Kapitel 2). Es sollen Windows of Opportunity für steuernde Interventionen im Windenergieprozess identifiziert und untersucht werden, durch was sich diese Öffnungsphasen auszeichnen. Untersucht wird, ob es im Entwicklungsprozess bestimmte Zeitpunkte gab, die als Handlungsgelegenheiten genutzt werden konnten und durch welche Einflussfaktoren diese gekennzeichnet waren. Wann und wodurch erhält die alternative Technologie eine Entwicklungschance, wie sind die entsprechenden Zeitfenster charakterisierbar? Darüber hinaus soll untersucht werden, wie die einem zeitlichen Gelegenheitsfenster jeweils vorausgehende und die jeweils folgende Phase zu charakterisieren ist. Auch wenn, wie oben erläutert (Kapitel 2.2), solche Zeitfenster kaum vorhersehbar oder gezielt herbeizuführen sind, geht es dabei auch um die Frage, wie ein solches Window of Opportunity beizeiten erkannt und für die politische Steuerung genutzt werden kann.

3.4 Methodisches Vorgehen

3.4.1 Fallauswahl und Festlegung des Untersuchungszeitraums

Kernstück der Untersuchung bildet die fallstudienartige Beschreibung und Analyse des Innovationsverlaufs der Windenergie in Deutschland. Deutschland wurde als zu untersuchender Fall ausgewählt, weil hier die Windenergieentwicklung als Erfolgsfall umweltschutzorientierter Innovationspolitik gilt. Die Methode der Fallstudie wurde gewählt, weil sich damit die Komplexität der unterschiedlichen Variablen nach dem aktuellen Stand der sozialwissenschaftlichen Methodenforschung am besten unter Kontrolle bringen lässt (vgl. z. B. Flick et al. 2000; Diekmann 2004; Bortz & Döring 1995). Dennoch ist die große Anzahl von Einflussfaktoren eine Herausforderung.

Aus methodischen und inhaltlichen Gründen wurde ein Untersuchungszeitraum von Mitte der 1970er Jahre bis in die Gegenwart gewählt. Aus methodischer Sicht ist dieser relativ lange Untersuchungszeitraum angebracht, weil die Bestimmung der Dynamiken im Entwicklungsprozess einer Innovation sinnvoll nur in einem größeren Zeitabschnitt erfolgen kann. Auch ist es für eine Untersuchung von Steuerungsprogrammen notwendig, den Prozess von der Formulierung über die Implementation bis zur Reformulierung (Policy-Zyklus) in den Blick zu nehmen (vgl. z. B. Mazmanian & Sabatier 1989). Zudem treten die beobachtbaren Wirkungen steuernder Maßnahmen und reflexiver Prozesse zeitlich verzögert ein.

Der Untersuchungszeitraum bietet sich auch aus inhaltlichen Gründen an: Zum einen ist mit den beiden Ölpreissteigerungen 1973/74 und 1979 das Interesse am Energieträger Wind massiv gestiegen. Zum anderen wurden die Vorarbeiten für den so genannten Growian (Großwindanlage) 1976 in einer Programmstudie vorgelegt, die im Auftrag des Bundesforschungsministeriums unter Bundesforschungsminister Hans Matthöfer erstellt wurde und ein erstes Interesse des Staates an einer (Weiter-)Entwicklung der Windenergie verdeutlichte (vgl. Armbrust et al. 1976). Das Untersuchungsdesign hat somit den Charakter einer historisch-genesischen Analyse.

3.4.2 Von der disziplinären zur interdisziplinären Phaseneinteilung

In einem ersten Schritt wurde die Phaseneinteilung des Entwicklungsprozesses in einem multiperspektivischen Verfahren durchgeführt, das im interdisziplinären Forschungsprojekt „Windenergie – eine Innovationsbiographie" angewandt wurde und auf das die vorliegende Untersuchung aufbaut (vgl. Bruns et al. 2008). Als heuristische Instrumente sind Phaseneinteilungen von Wert, da sie es erlauben, den sonst wenig konturierten Prozess systematisch zu beleuchten. Zur Analyse wird eine Einteilung des Prozesses in voneinander abgrenzbare Phasen benötigt. Durch die Darstellung der Veränderungen von Phase zu Phase können sowohl der sich verändernde Gegenstand der Steuerung als auch die variierenden Steuerungsformen und die Wirkungen von Interventionen verdeutlicht werden. Für die Identifikation von Phasen des Entwicklungsprozesses sind Kriterien zu identifizieren, anhand derer eine Abgrenzung erfolgen kann. Die Phasen sollten sich aufgrund der Veränderung mehrerer Faktoren deutlich voneinander abgrenzen lassen. Jedoch sind nicht alle Kriterien, die einen Prozessverlauf charakterisieren, quantifizierbar. Auch qualitative Kriterien, singuläre Einschnitte, Auslöser oder folgenschwere Ereignisse („Trigger") oder Richtungsänderungen im Entwicklungsprozess (z. B. Stabilität, Brüche, Degression, Progression) können den Prozessverlauf prägen.

Der Untersuchungszeitraum von 30 Jahren wurde in einem interdisziplinären Team in einem integrativen, Perspektiven übergreifenden Verfahren in Phasen eingeteilt. Die Leitfragen zur Einteilung des Prozesses in Phasen lauteten:

- Wie ist der Prozess aus jeweils disziplinärer Sicht verlaufen?
- Was waren bedeutsame Ereignisse aus disziplinärer Sicht?
- Durch was und wann wurden Richtungsänderungen im Entwicklungsprozess ausgelöst?
- Wie können die Phasen benannt werden?

Abbildung 4: Phaseneinteilung des Innovationsprozesses aus politikwissenschaftlicher Perspektive

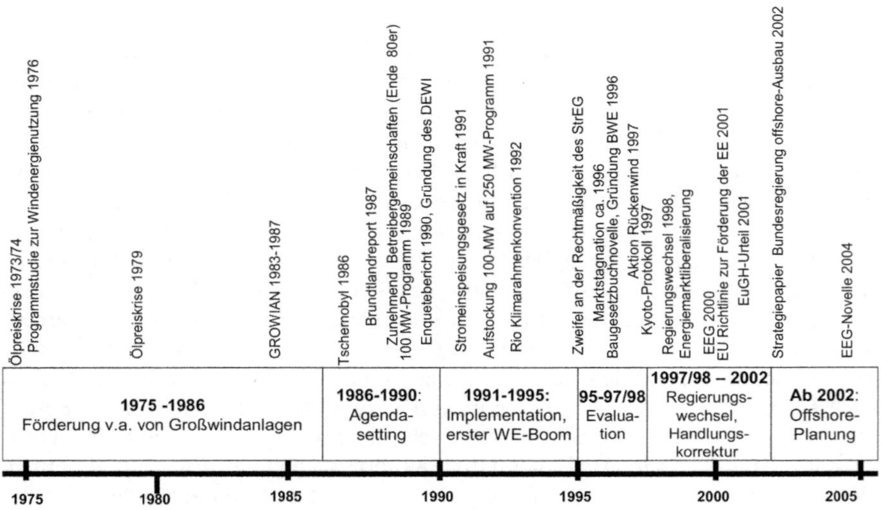

Quelle: eigene Darstellung

Die beteiligten fachlichen Disziplinen waren Planungswissenschaft, Soziologie, Maschinenbau, Ökonomie und Politikwissenschaft, letztere vertreten durch die Autorin. Die Arbeit im Team zeigte, dass die verschiedenen Perspektiven auf unterschiedliche Determinanten von Entwicklungsprozessen fokussieren. In Abbildung 4 ist die Einteilung des Innovationsprozesses aus politikwissenschaftlicher Sicht abgebildet. Sie zeigt, dass sich aus dieser Perspektive im Untersuchungszeitraum seit Mitte der 1970er Jahre sechs Phasen identifizieren lassen.

Aus planerischer, technischer und ökonomischer Sicht sowie unter Betrachtung der sich verändernden Begründungskontexte wurden jeweils andere Aspekte als zentral erachtet. Die Zusammenfassung der verschiedenen Perspektiven lässt sowohl Übereinstimmungen als auch Unterschiede in der Phaseneinteilung erkennen. Auf dieser Grundlage wurde eine gemeinsam von allen beteiligten Disziplinen getragene Phaseneinteilung erarbeitet.

Abbildung 5: Phasen in der Windenergie-Entwicklung in Deutschland aus unterschiedlichen Perspektiven sowie unter Berücksichtigung sich wandelnder Begründungskontexte

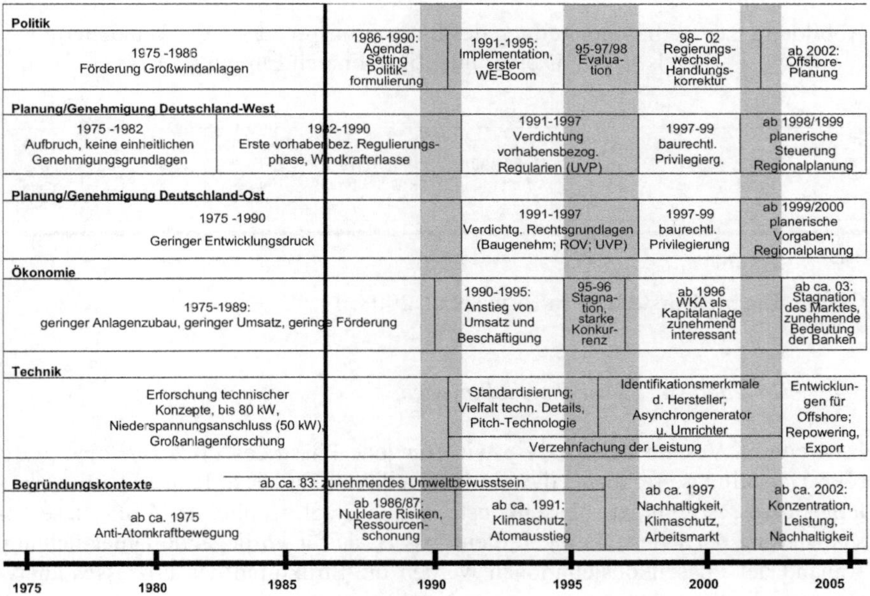

Quelle: eigene Darstellung in Bruns et al. 2008: 13

Abbildung 5 zeigt, dass – trotz unterschiedlicher disziplinärer Akzentuierung – in bestimmten Zeiträumen wenige bzw. viele Veränderungen auftreten. So können zunächst Phasen identifiziert werden, in denen sich die Konstellation nicht oder nur wenig verändert (in der Abbildung die Phasen mit weißem Hintergrund). Daneben werden Übergänge bzw. Übergangsphasen deutlich, in denen sich die Konstellation stark verändert (in der Abbildung grau hinterlegt).[43] Die gemeinsam definierten Phasen wurden mit charakterisierenden Bezeichnungen versehen.

Die Einteilung des Prozesses in Phasen (Abbildung 6) strukturiert den Prozess und ist Voraussetzung und Ausgangspunkt für die Policy- und Konstellationsanalyse. Sie dient vor allem als heuristisches Konzept – in der Realität überlappen sich die Phasen und Prozesse unterschiedlicher Ebenen.

Abbildung 6: Phaseneinteilung des Innovationsprozesses der Windenergie als Ergebnis einer interdisziplinären Einigung

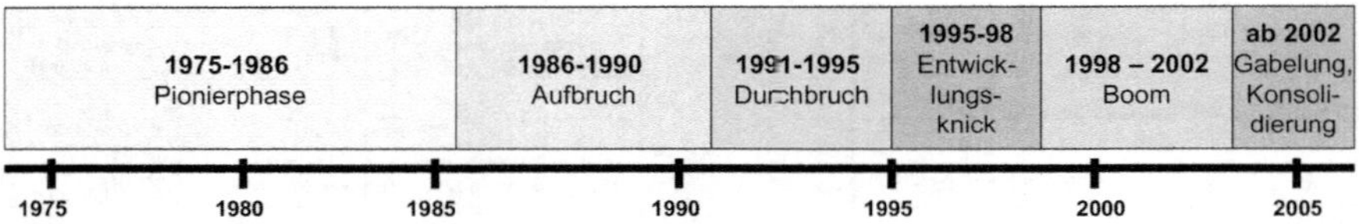

Quelle: Eigene Darstellung in Bruns et al. 2008: 14

3.4.3 Erstellen von Phasenkonstellationen

Im weiteren Verlauf der Analyse wird für jede Phase des Prozesses eine grafische Darstellung erarbeitet, die die Konstellation für diese Phase des Entwicklungsprozesses abbildet (Phasenkonstellationen; vgl. Kapitel 4). Auch diese Visualisierung der Konstellationen diente als Basis für vorliegende Untersuchung: Anhand der Phasenkonstellationen werden die Strukturen des Prozesses analysiert und die Frage bearbeitet, wie die Nischenkonstellation der Windenergie sich stabilisieren und ausdehnen konnte. Der Veränderungsprozess wird durch die Phasenkonstellationen aufeinander folgender Zeitabschnitte in der Komplexität der Einflussfaktoren deutlich.

43 Kurze Zeitabschnitte der Veränderung wurden dabei nicht als Phasen, sondern als Übergänge von einer Phase zur nächsten betrachtet.

3.4.4 *Fallanalyse*

Für die empirische Analyse wurde das Methoden-Set der qualitativen Sozialforschung eingesetzt – eine Kombination aus Dokumentenanalyse und Leitfaden gestützten Experteninterviews. Zur Einschätzung der Einflussfaktoren auf das Innovationsgeschehen war die Analyse unterschiedlicher Dokumente erforderlich. Darunter fällt eine umfassende Recherche und Auswertung von Sekundärliteratur zu folgenden Themenschwerpunkten: Entwicklung der Nutzung der Windenergietechnologie in Deutschland, Klimaschutz- und Umweltpolitik, Energie-, Technologie- und Forschungspolitik, Liberalisierung und Rechtsetzung im Energiebereich, Energiemarkt, Entwicklung der Windenergiebranche, Betreibermodelle, Entstehung von Innovationen im Allgemeinen und Umweltinnovationen im Speziellen, Einflüsse der Windenergieanlagen auf Flora, Fauna und Landschaftsbild, Technikfolgenabschätzung sowie Akzeptanz von und Konflikte um Windenergie. Darunter fällt außerdem die Auswertung von Fachzeitschriften (z. B. neue energie, Energiewirtschaftliche Tagesfragen, Politische Ökologie, Zeitschrift für Energiewirtschaft, iwr-Pressedienst, Energie & Management, Erneuerbare Energien), parlamentarischer Dokumente (z. B. Gesetze, Verordnungen, Stellungnahmen und Anfragen, die Aufschluss über die Entstehung und Realisierung der Programme geben), von den relevanten Akteuren herausgegebenen Periodika und Berichte (z. B. von Parteien, Ministerien, Planungs- und Genehmigungsbehörden, Verbänden, Unternehmen, Banken, Beratungsinstitutionen), Presseberichte, Gutachten sowie wissenschaftliche Studien. Die Untersuchung orientiert sich damit an der empirischen Methodik der qualitativen Inhaltsanalyse, mit der sich die inhaltlichen und formalen Merkmale eines Prozesses systematisch und intersubjektiv nachvollziehbar beschreiben lassen.

Die empirische Untersuchung stützt sich darüber hinaus auf Interviews mit qualifizierten Expert(inn)en. Über Sekundär- und Dokumentenanalysen wurde vor der Durchführung der Interviews die Grobstruktur der jeweils relevanten Einflussfaktoren und Prozesse (Akteurskonstellationen, sozio-ökonomische Rahmenbedingungen, treibende und hemmende Faktoren etc.) erfasst, um die Erkenntnisse im Zuge der Interviews zu vertiefen. Diese Vorbereitung war eine Voraussetzung für die Wahl adäquater Interviewpartner/innen. Primäres Ziel der Interviews war es, das Hintergrundwissen zur Rekonstruktion des Entwicklungsprozesses der Windenergie zu erweitern. Die Informationen der Interviewpartnerinnen und Interviewpartner haben zudem ein gezielteres Vorgehen bei der Recherche und Analyse von Dokumenten ermöglicht.

Es wurden Expertinnen und Experten aus Politik, Verwaltung, Wirtschaft, Industrie, Verbänden, Interessengruppen und Wissenschaft zu ihren jeweiligen Perspektiven auf die Windenergienutzung in teilstandardisierten Interviews befragt. Bei der Auswahl der Interviewpartner/innen wurde versucht, ein möglichst breites Spektrum der wesentlichen Perspektiven einzufangen. Angefragt wurden Vertreter/innen aus relevanten Bundes- und Landesbehörden, Bundes- und Landtagsfraktionen, Branchenverbänden, Umwelt- und Naturschutzverbänden, Energieversorgungsunternehmen, Herstellerindustrie, Kommunen, Betreibergesellschaften, Bürgerinitiativen, Tourismusverbänden, Banken und Fondsanbieter, Forschungsinstituten sowie der Wissenschaft. Der größte Teil der gewünschten Interviews kam zustande (vgl. Liste der Interviewpartner/innen im Anhang).

Für die Durchführung der Interviews wurde ein Leitfaden erstellt, der für jedes Interview gesondert aufbereitet wurde, um das jeweils spezifische Expertenwissen abfragen zu können. Er enthielt Fragen nach den zentralen treibenden und hemmenden Kräften und deren Rolle in den verschiedenen Phasen des Innovationsprozesses.[44] Ein weiterer Themenkomplex behandelte das vorab erstellte Phasenmodell der Entwicklung der Windenergie in Deutschland, das durch die Interviews verifiziert bzw. korrigiert werden sollte. Es wurde nach den wichtigsten Brüchen im Entwicklungsverlauf der Windenergie sowie den Faktoren, durch die diese Veränderungen ausgelöst und begleitet wurden, gefragt. Der Leitfaden enthielt darüber hinaus Fragen nach Veränderungen im Bezug auf Legitimationshintergründe für die Windenergie, nach Hemmnissen, Konflikten sowie Akzeptanz der Windenergie und schließlich nach besonderen Charakteristika dieses speziellen Innovationsprozesses. Die Fragen wurden offen formuliert, um den Expertinnen und Experten Raum für eigene Einschätzungen zu geben. Die insgesamt 32 Interviews wurden zwischen Januar 2004 und November 2007 geführt, sie dauerten in der Regel 60 bis 90 Minuten und wurden auf Band oder digital aufgezeichnet. Der größte Teil der Interviews wurde transkribiert und auf Wunsch dem Interviewpartner bzw. der Interviewpartnerin zur Kontrolle vorgelegt.

Die Auswertung der Interviews erfolgte auf der Basis relevanter inhaltlicher Dimensionen des Leitfadens sowie im Verlauf der Erhebung erfolgter Vorinterpretationen. Der transkribierte Text wurde in ein im Vorfeld erstelltes Kategorienschema übertragen, welches um neue thematische Aspekte aus den Darstellungen der Interviewpartnerinnen und Interviewpartner induktiv erweitert wurde,

44 Im Einzelnen wurde nach der Rolle individueller sowie kollektiver Akteure, Interessen und Interessensüberschneidungen von Akteuren, der Rolle der Technik, der Rolle politisch-institutioneller, ökonomischer, rechtlicher, ökologischer und sozio-kultureller Einflussfaktoren, der Rolle von Wissenschaft und Forschung, der Rolle politischer Ziele und Legitimationsgrundlagen, der Rolle von Vorbildern und Vorreitern, von externen und strukturellen Einflüssen und Kontextbedingungen, der Rolle unterschiedlicher Handlungsebenen der Politik (EU, Bundesebene, Länderebene, regionale und kommunale Ebene) und nach politischen Zielen und Maßnahmen auf diesen unterschiedlichen administrativen Ebenen gefragt.

um ein möglichst umfassendes Spektrum an Informationen zu erfassen. Dabei wurden besonders prägnante Passagen mit Bezug auf die entsprechenden Fragen und thematischen Aspekte des Leitfadens identifiziert und hervorgehoben.

3.4.5 Analyse von Nischenentwicklung und Prozess

Das Erkenntnisinteresse der Untersuchung war – wie bereits geschildert – auf die Frage gerichtet, wie im Verlauf des Innovationsprozesses aus der Nische der Windenergie eine verbreitete Technologie wird und welche Situationsdynamik dabei identifizierbar ist. Die Analyse war zum einen eine *Längsschnittanalyse* - die empirische Untersuchung des Innovationsverlaufs und seiner Dynamiken im Untersuchungszeitraum von 30 Jahren. Dabei wurde der Prozess phasenweise rekonstruiert und die Entwicklung der Windenergie entsprechend dieser Prozessgliederung analytisch-deskriptiv aufgearbeitet. Die einzelnen Phasen wurden im Hinblick auf die Frage nach ihrer Charakteristik und ihrer Funktion für den Innovationsprozess interpretiert.

Weiterhin wurden die im interdisziplinären Team erarbeiteten sozio-technischen Phasenkonstellationen interpretiert. Mit dieser *Querschnittsanalyse* wurden die Position der sich im Entwicklungsprozess stabilisierenden Nische, die jeweiligen Einflussfaktoren und die Bedeutung der Steuerungsimpulse ermittelt. Diese Aufarbeitung des Innovationsverlaufs wird im nachfolgenden Kapitel 4 dargestellt.

4 Windenergienutzung in Deutschland – Konstellations- und Policy-Analyse des Innovationsverlaufs

Auf der Basis des Analysekonzepts erfolgt in diesem Kapitel die Beschreibung des Innovationsverlaufs der Windenergie in Deutschland. Für jede Phase des Prozesses werden die relevanten Einflussfaktoren beschrieben und eine resümierende Interpretation der Konstellation vorgenommen. Das Kapitel dient daher sowohl der Deskription als auch der Interpretation des Prozesses.

Die Phasenbeschreibungen sind nach dem folgenden Muster aufgebaut:

- Zusammenfassung der Kontextbedingungen, die in der jeweiligen Phase von Bedeutung waren. Mit „Kontextbedingungen" sind übergeordnete, gesamtgesellschaftlich bedeutsame oder Sektoren übergreifende Rahmenbedingungen gemeint, die Einfluss auf die Gesamtkonstellation haben.
- Beschreibung der maßgeblichen Einflussfaktoren in der jeweiligen Phase:
  - zentrale Akteure, ihre Ressourcen, Ziele, Interessen, normative Orientierungen, Problemwahrnehmungen sowie Interessensüberchneidungen, Koalitionsbildungen, Konflikte und Akzeptanz,
  - Zeichenelemente:
    politisch-administrative, institutionelle, rechtliche und ökonomische Faktoren, politische Initiativen und Maßnahmen,
  - natürliche Elemente: Entwicklungen in Natur und Umwelt, die, in der Regel vermittelt durch Akteure, die Entwicklung der Windenergie beeinflussen,
  - technische Elemente: Artefakte, technische Einrichtungen und Verfahren, die den Entwicklungsprozess befördern oder hemmen.
- Abbildung der Konstellation,
- Interpretation der Struktur der Konstellation im Hinblick auf Nischenentwicklung und Situationstypologie (Charakteristika der Phasen).

Die zentralen Einflussfaktoren und ihre Gewichtung unterscheiden sich von Phase zu Phase. Da in jeder Phase unterschiedliche treibende und hemmende

Kräfte wirken, sind die Unterkapitel zu den Zeitabschnitten des Prozesses nicht stereotyp, sondern entsprechen den jeweils phasenbezogenen Besonderheiten.

Vor dem hier untersuchten Zeitraum seit Mitte der 1970er Jahre gewann die Windenergie in Deutschland insbesondere in wirtschaftlichen Krisenzeiten an Aufmerksamkeit und Interesse – so in der Kohlekrise nach dem ersten Weltkrieg, nach der Weltwirtschaftskrise Ende der 1920er Jahre und zu Beginn der 1930er Jahre sowie während und nach dem zweiten Weltkrieg. Nach Überwindung der Krisen flachte das Interesse an der Windenergie jedoch ebenso regelmäßig wieder stark ab. Erst nach den beiden Ölpreissteigerungen der 1970er Jahre nahm die Aufmerksamkeit für Windenergie deutlich zu. Im Folgenden soll daher die Entwicklung der Windenergie seit Mitte der 1970er Jahre betrachtet werden.

4.1 Mitte der 1970er Jahre bis 1986: Pionierphase

4.1.1 Situative Kontextbedingungen

4.1.1.1 Umweltkrise und Ölpreisschocks

Die Phase von Mitte der 1970er bis 1986 steht im Kontext mehrerer Krisen. Die *Kernenergiekrise* fand - angesichts der ungelösten Probleme bei der Endlagerung radioaktiven Mülls - ihren Ausdruck im zunehmenden Widerstand gegen die Nutzung der Kernenergie. Als *Umweltkrise* wird die Problematik von umweltschädigenden Einflüssen (z. B. saurer Regen und Waldsterben, Gewässerverschmutzung) sowie dramatischen Umweltkatastrophen (z. B. in Seveso 1976) bezeichnet, die zunehmend zu einem Gegenstand des öffentlichen und politischen Bewusstseins wurden. Schließlich kam es auch zu einer *Versorgungskrise*, ausgelöst durch eine spürbare Verteuerung von Kohle und Öl. Diese krisenhafte Situation schaffte die Voraussetzung für Veränderungen, sie zwang zur Entwicklung energiepolitischer Alternativen. Für die Windenergie bewirkt dieser Kontext eine *Öffnung*: Erstmals erschien die Nutzung der Windenergie als eine – wenn auch sekundäre – Möglichkeit, die Importabhängigkeit von Öl und Gas zu verringern.

In Deutschland entwickelte sich ab Beginn der 1970er Jahre eine verstärkte Aufmerksamkeit für die Belastungen von Umwelt und Natur. 1971 verabschiedete die Bundesregierung das erste Umweltprogramm, darin wurde der Umweltschutz als eine wesentliche Aufgabe des Staates definiert und ein Gesetzgebungsprogramm aufgelegt.[45] Das Umweltprogramm war ein institutioneller Meilenstein für die Problematisierung bzw. Formulierung des Handlungsbedarfs im Umweltschutz (BMU 2006: 4).

In derselben Zeit machten einige zentrale Veröffentlichungen auf die Gefährdung der Umwelt aufmerksam. 1972 erschien das Buch „Der stumme Frühling“ von der amerikanischen Biologin Rachel Carson (Carson 1962). Kenneth E. Boulding (Boulding 1966) prägte das Bild vom „Raumschiff Erde“ mit begrenzten Reserven. Herbert Gruhl zog 1975 in „Ein Planet wird geplündert“ die „Schreckensbilanz“ der Politik und beklagte den unverantwortlichen Umgang mit natürlichen Ressourcen. Er warnte vor den irreversiblen Folgen der „Bewirtschaftung der Erde“ und mahnte verantwortliches Handeln gegenüber den zukünftigen Generationen an (Gruhl 1975).[46] Insbesondere der Meadows-Bericht des Club of Rome mit dem Titel „Die Grenzen des Wachstums“ aus dem Jahr 1972 erregte große öffentliche Aufmerksamkeit.[47] Die darin dargelegten Szenarien warnten vor einer künftige Ressourcenknappheit. Eine erste Ölpreissteigerung in den darauf folgenden Jahren 1973/74 bekräftigte diese Warnung auf wirksame Weise. Die aus außenpolitischen Gründen vorgenommene Steigerung des Ölpreises wurde als erste Ölkrise wahrgenommen.

Die zweite Hälfte der 1970er Jahre war geprägt durch einen weiteren Ölpreisschock im Jahr 1979. Die Kernenergie rückte nun ins Zentrum der Energiepolitik, die – neben der Nutzung von Kohle und Maßnahmen zur Energieeinsparung – die Energieprobleme der Bundesrepublik lösen sollte. Der schnelle und umfangreiche Ausbau der Kernenergie stieß jedoch auf massive gesellschaftliche Kritik. Er löste Demonstrationswellen und die „Anti-AKW-Bewegung“ aus. Vor diesem Hintergrund erhielt die Ressourcenschonung als Problemlösungsansatz in den 1970er und den frühen 1980er Jahren einen gewichtigen Platz auf der öffentlichen und politischen Agenda.

---

45 Im Umweltschutzprogramm vom 29. September 1971 (vgl. Bundestagsdrucksache VI 2710) wurden erstmals die grundlegenden Prinzipien des Umweltschutzes festgelegt: das Vorsorge-, das Verursacher und das Kooperationsprinzip.

46 Genannt sind hier nur beispielhaft einige bedeutende Publikationen dieser Zeit. Zahlreiche weitere Veröffentlichungen machten auf die Risiken der Ressourcenendlichkeit sowie der fossilen und nuklearen Energieerzeugung aufmerksam.

47 Anhand einer Systemanalyse wurde dargestellt, dass die Ausdehnung des menschlichen Wirtschaftens ihre Wachstumsgrenze bis zum Jahr 2100 erreichen wird - die menschliche Existenz im geschlossenen System der Erde sei aufgrund von drohenden Rohstoffkrisen und Hungersnöten in Gefahr. Die Autoren forderten zu einer Umkehr und Beschränkung des quantitativen Wachstums auf. Neben der konsequenten Anwendung des Recyclings von Materialien und einer scharfen Kontrolle der Umweltverschmutzung forderten sie eine rigorose Geburtenkontrolle (Meadows et al. 1972). Auch Krause et al. (1980) und Strohm (1986) wiesen auf die Knappheit von Erdöl und Uran sowie die Risiken der nuklearen Energiegewinnung hin.

Diese Krisen zwangen zu einer Suche nach energiepolitischen Alternativen. Sie rückten die dänischen und US-amerikanischen Aktivitäten im Bereich der Windenergie in den Blick.

In der Folgezeit sank jedoch die Aufmerksamkeit für dieses Thema wieder, insbesondere weil die sinkenden Ölgewinnungskosten bis dahin unwirtschaftliche Vorkommen erschließbar machten und weil ein Verfall des Ölpreises auf ein unvergleichlich niedriges Niveau nicht mehr den Anschein von Knappheit vermittelte. Die Windenergie stieß angesichts niedriger Rohölpreise und einem Kursverfall des Dollars in dieser Phase auf energie- und exportwirtschaftlich ungünstige Bedingungen.

4.1.1.2 Impulse aus dem Ausland: Dänemark und Kalifornien als Vorreiter

Dänemark

In Dänemark wurde Windenergie bereits frühzeitig von der Regierung unterstützt. Sie legte Förderprogramme für die Entwicklung von Windenergieanlagen auf und rief 1978 eine Test- und Zertifizierungseinrichtung ins Leben. Im Energieplan von 1981 des neu gegründeten Energieministeriums[48] war die Atomenergie noch ein zentraler Baustein. In einem alternativen Energieplan, verfasst von Sachverständigen aus den Universitäten und Nichtregierungsorganisationen, wurden Versorgungsszenarien auf der Basis von erneuerbaren Energien und einer Steigerung der Energieeffizienz entwickelt. Die Ideen wurden durch Kampagnen in der Öffentlichkeit verbreitet. 1982 setzte die Regierung den Rat für erneuerbare Energien ein, der sein Budget von jährlich 4,6 Mio Euro zu einem großen Teil für die Entwicklung der Windenergie-Technologie einsetzte (Bechberger et al. 2006: 10 ff.). Von besonderer Bedeutung war in Dänemark auch die frühe Vergütung von eingespeistem Strom aus Windenergie. Betreiber von Windenergieanlagen hatten bereits 1984 in Verhandlungen mit den dänischen Versorgungsunternehmen und ohne Beteiligung staatlicher Einrichtungen günstige Konditionen für Anschlussbedingungen und Einspeisevergütungen erreicht. Betreiber von Privatanlagen, die für den eigenen Bedarf Strom erzeugten und Überschussstrom ins Netz einspeisten, erhielten eine Vergütung von 70 % des durchschnittlichen Stromverkaufspreises der Versorgungsunternehmen. Für Strom aus Anlagen, die ausschließlich für die Netzeinspeisung arbeiteten, wurden 85 % des durchschnittlichen Stromverkaufspreises vergütet. Darüber hinaus kamen die Versorgungsunternehmen in Dänemark für 35 % der Anschlusskosten

48 Das Energieministerium wurde 1979 gegründet (Bechberger et al 2006: 10).

auf (Heymann 1995: 414 f.). Schließlich beschloss das Parlament im Jahr 1985, ein Jahr vor der Reaktorkatastrophe in Tschernobyl, dass Atomkraftwerke keinen Platz im dänischen Energiesystem erhalten sollen.

Die Wiege der Stromerzeugung mittels Windenergietechnik liegt in Dänemark. Bereits im Jahr 1901 hatte der Däne Poul la Cour mit einer Versuchsanlage zur Erzeugung elektrischen Stroms die Bevölkerung eines kleinen dänischen Ortes namens Askov mit Strom versorgt. Anfang der 1980er Jahre wurden in Dänemark erstmals Windenergieanlagen mit Dreiblattrotoren entwickelt. Dies waren die Vorläufermodelle der Anlagen, die sich im Laufe der Entwicklung gegen eine anfängliche Vielfalt unterschiedlicher Technikvarianten durchsetzten. Ein großer Teil der grundlegenden technischen Innovationen (Flügel, Getriebe), die der Windenergie im weiteren Innovationsprozess zu steigenden Leistungen verhalfen, war in Dänemark bereits in den 1980er Jahren und davor entwickelt worden (vgl. Hau 1996: 1).

USA, Kalifornien

In den USA wurde eine Ölknappheit durch die schwindenden inländischen Ölreserven bereits vor den Ölpreisschocks der 1970er wahrgenommen, ebenso wie in Deutschland wurde diese Entwicklung überlagert durch eine zunehmend kritische öffentliche Wahrnehmung der durch den Energieverbrauch verursachten Umweltprobleme. Dies führte dazu, dass in den USA bereits in den frühen 1970er Jahren von der National Science Foundation in Kooperation mit der NASA (Luft- und Raumfahrtforschung) ein Forschungsprogramm für Windenergie entwickelt wurde (Heymann 1995: 346 ff.). Das ‚U.S. Federal Wind Energy Program' von 1973 war ein umfangreiches Fünfjahresprogramm, dessen wichtigstes Ziel die Entwicklung von Großwindanlagen war. Jedoch zogen sich bis Ende der 1980er Jahre alle an diesem Programm beteiligten Großunternehmen aus der Windenergieentwicklung zurück. Das zentrale Ziel des Programms, die Entwicklung kommerziell nutzbarer Großanlagen, war fehlgeschlagen (ebenda: 354). Zu den grundlegenden Fehleinschätzungen, die dieses Scheitern der Forschungsbemühungen verursachten, gehörte die Annahme, dass die Erkenntnisse aus Luft- und Raumfahrt auf die Windenergieanlagenentwicklung übertragbar seien. Zudem wurden auf Initiative der NASA die Entwicklungen parallel von verschiedenen Unternehmen durchgeführt, was die Konkurrenz fördern und die Entwicklung beschleunigen sollte. Der von der NASA strikt überwachte Zeitplan verhinderte jedoch einen Know-how-Austausch und führte dazu, dass die Entwicklungen nicht aufeinander aufbauen konnten (ebenda: 355).

1978 trat der National Energy Act in Kraft, ein von Präsident Carter vorgeschlagenes Gesetzespaket, das nicht die Entwickler, sondern die Nutzer von Windenergieanlagen fördern sollte. Von besonderer Bedeutung für die Windenergie war der darin enthaltene Energy Tax Act, der Investoren Steuerabschreibungen von 20 bzw. 25 Prozent ihrer Investitionen einräumte.[49] Dem Gesetz ging der Public Utility Regulatory Act voraus, der den Versorgungsunternehmen die Vergütung von Strom aus Windenergie zu einem bestimmten Preis vorschrieb (Heymann 1995: 393 ff.). Das Gesetzgebungsverfahren wurde aufgrund des starken Eingriffs in die Tarifautonomie der Versorgungsunternehmen und der Bundesstaaten von konfliktären Auseinandersetzungen begleitet, das Gesetz jedoch 1982 letztlich in Kraft gesetzt. Die Akteure hatten die Auswirkungen des Gesetzes unterschätzt und nicht damit gerechnet, dass es auf der Basis der Regulierung zu einem kommerziellen Betrieb von Windparks kommen könnte (Heymann 1995: 394).

Im Jahr der Verabschiedung des National Energy Act (1978) beschloss auch die kalifornische Regierung staatliche Fördermaßnahmen für erneuerbare Energien, die, zusätzlich zu den bundesstaatlichen Steuervergünstigungen, weitere Abschreibungen in Höhe von 25 Prozent gewährten. Damit summierten sich die Abschreibungsmöglichkeiten für Investoren auf beachtliche 50 Prozent. Obwohl es zu Beginn der 1980er Jahre kaum Windenergieanlagenhersteller gab, die geeignete Anlagen produzierten, kam es in Kalifornien aufgrund der günstigen Bedingungen zu einer spektakulären Expansion der Windenergie (Heymann 1995: 396). In einer extrem dünn besiedelten Region Kaliforniens wurden großflächig mehr als 15.000 Windenergieanlagen errichtet (Molly et al. 1988: 4 f.; 55; Molly 1990: 160; Heymann 1995: 397). Viele Anlagen waren in dieser Phase aber technisch noch nicht ausgereift. Sie wurden dennoch aufgrund der Abschreibungsmöglichkeiten und vielfach unter Zeitdruck importiert und installiert (vgl. Heymann 1995: 393 ff.; Molly 2005 mdl.).

Die Expansion hatte in dieser Phase eine stimulierende Wirkung auf die Forschungs- und Entwicklungsanstrengungen in den exportierenden Ländern. Die internationale Herstellerindustrie profitierte stark von der hohen Nachfrage auf dem US-Markt. Amerikaner kauften in großem Umfang insbesondere in Dänemark hergestellte Windenergieanlagen. „Bei einer Reise nach Dänemark im Jahr 1983 versicherten mir die Dänen, dass die Amerikaner alle vorhandenen Kapazitäten an Windenergieanlagen aufkauften – praktisch in jeder Größenordnung“ (Interview mit Jens P. Molly 2005; vgl. auch Molly et al. 1988: 55). Durch das rasche Marktwachstum in den USA wurden vor allem dänische Produzenten begünstigt. In Dänemark war in den vorangehenden Jahren eine die Windenergienutzung begünstigende Politik verfolgt worden, die einen Vor-

---

49 Der Energy Tax Act ermöglichte von 1978 bis 1980 Steuerabschreibungen von 20 Prozent der Investitionen, für die Zeit von 1980 bis 1985 wurde die Abschreibungsquote auf 25 Prozent erhöht. Es wurden keine Leistungsstandards als Fördervoraussetzung formuliert.

sprung in der technischen Entwicklung erreichte. Der amerikanische Markt diente so als Testfeld für die dänischen Anlagen.

Mitte der 1980er Jahre lief das Steuersparmodell in den USA aus und die Aufstellungszahlen sanken abrupt. Mit den Förderprogrammen in Dänemark und den USA wurden erstmals subventionierte Märkte in größerem Umfang geschaffen. Überwiegend dänische und amerikanische Firmen steigerten die Produktion vor allem kleinerer Anlagen mit einer Leistung von weniger als 100 kW (vgl. Gasch 1996: 38).

Für den deutschen Markt wurden angesichts der zunehmenden Wirtschaftlichkeit der Anlagen bereits bei geringer Marktförderung größere Potenziale prognostiziert (Molly et al. 1988: 56). Der erfolgreiche Technologieexport Dänemarks beeinflusste die Entwicklung der Windenergie in Deutschland und trug dazu bei, dass 1986 ein Förderprogramm für Demonstrationsprojekte durch das BMFT[50] (vgl. Kapitel 4.2.3) aufgelegt wurde (Heymann 1995: 428).

Die Politik der USA in Bezug auf die erneuerbaren Energien änderte sich jedoch während der 1980er Jahre. Die Förderung alternativer Energieerzeugungsformen hing dort stets eng mit der Haltung des jeweiligen Präsidenten zusammen. Präsident Jimmy Carter hatte während seiner Regierungszeit (1977-1981) die Installation eines Sonnenkollektors auf dem Dach des Weißen Hauses veranlasst. Eine der ersten Amtshandlungen seines Nachfolgers Ronald Reagan (Amtszeit 1981-1988) bestand darin, in einem symbolischen Akt den Sonnenkollektor wieder entfernen zu lassen. Er kürzte die Fördermittel für erneuerbare Energien um rund 90 % (vgl. Scheer 2005).

4.1.1.3 Energiepolitik der Europäischen Gemeinschaft

Ursprünglich sahen die Verträge zur Gründung der Europäischen Gemeinschaften (1957) keine gemeinschaftliche Energiepolitik vor. Auch in den darauf folgenden Verträgen wurde keine spezielle Rechtsgrundlage für die gemeinschaftliche Energiepolitik erlassen. Zu Beginn des europäischen Einigungswerks wurde jedoch ein institutioneller Rahmen für Kohle und Kernenergie geschaffen (1951, Gründung der Europäischen Gemeinschaft für Kohle und Stahl EGKS; 1957, Gründung der Europäischen Atomgemeinschaft EURATOM). In dieser Phase bis Mitte der 1980er Jahre waren vor allem der EURATOM-Vertrag und einige

50 Das Bundesministerium für Forschung und Technologie (BMFT) vereinigte sich im November 1994 mit dem Bundesministerium für Bildung und Wissenschaft zum Bundesministerium für Bildung, Wissenschaft, Forschung und Technologie. Dieses wurde im Oktober 1998 umbenannt in das Bundesministerium für Bildung und Forschung (BMBF).

vereinzelte Bestimmungen in den Kapiteln «Binnenmarkt» und «Umwelt» im EG-Vertrag maßgebend für die Energiepolitik der EWG (Europäische Wirtschaftsgemeinschaft). In der Zeit nach den Ölpreissteigerungen von 1973 und 1979 setzte die EWG die Schwerpunkte ihrer Energiepolitik insbesondere auf eine Unabhängigkeit von Öl- und Gasimporten, die Steigerung des Anteils der (heimischen) Kohle am Energieverbrauch, die Sicherung der Energieversorgung in der europäischen Gemeinschaft, das Senken des Energieverbrauchs sowie den Ausbau der Atomenergie (EGKS 1984). 1975 trat der europäische Rat in Dublin erstmals in dieser Funktion zusammen und verabschiedete eine Erklärung zur künftigen Energiepolitik der EWG.

4.1.1.4 Gesellschaftliche Auseinandersetzungen um Ökologie und natürliche Ressourcen

In Deutschland hatte sich die Energiewirtschaft bereits in den 1960er Jahren auf einen massiven Ausbau der Kernenergie konzentriert und hierfür erhebliche Mittel eingesetzt. Bis Anfang der 1970er Jahre verfolgten die Bundesregierung und das Bundeswirtschaftsministerium eine weitgehend vorbehaltlose staatliche Stützung der nuklearen Technologiepolitik in enger Kooperation mit der Herstellerindustrie, Energieversorgungsunternehmen und der Wissenschaft (Kitschelt 1983: 155 ff.). Politische Partizipation wurde dabei limitiert, soziale Akzeptanzprobleme wurden ausgeklammert und ungeklärte Fragen bzgl. der Sicherheit der Technologie vernachlässigt. In Deutschland entstanden mit diesem Netzwerk aus Politik, Industrie und Versorgungsunternehmen relativ geschlossene und innovationsabweisende politische Rahmenbedingungen. Kräfte, die den organisierten Konsens potenziell unterminierten, wurden wenn möglich aus der offiziellen Politik heraus gehalten (Kitschelt 1983: 168). Die geringe Innovations- und Handlungskapazität der politischen Eliten im Energiebereich beförderte einen energiepolitischen Immobilismus, der einen institutionellen und programmatischen Wandel verhinderte (Kitschelt 1983: 182).

Das Potenzial der Windenergie kam im Schatten dieser Dynamik nicht zur Geltung. Windenergie kam nicht auf die bundespolitische Agenda. Auch war beim damaligen Stand der Technik kaum vorstellbar, dass der Energieträger Wind eine Alternative werden und in nennenswertem Maße zur Energieversorgung beitragen könnte (Tacke 2004: 140).

Jedoch vermochten die Ereignisse der Öl-, Atom- und Umweltkrise der 1970er und 1980er Jahre große Teile der Öffentlichkeit zu mobilisieren. Sie brachten einen Bewusstseinswandel mit sich, der den Handlungsdruck verstärkte und die Voraussetzungen für strukturelle Veränderungen in Energiepolitik und

Stromversorgung schuf. Noch Mitte der 1970er Jahre erreichte die Kernenergie den Höhepunkt der Befürwortung in der Bevölkerung (65 %), aber die Fragen nach den Grenzen des Wachstums und den Gefahren der modernen Technik wurden drängender. Im Februar 1975 begann mit der ersten großen Demonstration gegen das geplante AKW in Whyl eine Demonstrationswelle gegen Kernkraftwerke[51]. Der Unfall im AKW Harrisburg im März 1979 bestärkte die Ängste und Zweifel an der nuklearen Sicherheit, die mit der Reaktorkatastrophe in Tschernobyl 1986 ihren Höhepunkt erreichten. Die Konflikte um die Nutzung der Kernenergietechnik wurden begleitet durch eine rasch wachsende, breite und überregionale Anti-Atomkraftbewegung, die zunehmend in die etablierten Institutionen, Parteien und Verbände ausstrahlte (Saretzki 2001: 206; Huber 2001: 265).

Auch der Golfkrieg (1980-1988) beeinflusste die öffentliche Meinung. Der auch als „Ölkrieg" bezeichnete Krieg schuf ein Bewusstsein für die Endlichkeit des Erdöls und das mit der Nutzung dieses Rohstoffs einhergehende Konfliktpotenzial. Mit dem Widerstand gegen die eingeschlagene Energieversorgungsstrategie der Bundesregierung begann die Suche nach technischen Alternativen; neben der Sonne wurden auch Windräder zu einem Symbol der Bewegung.

Zudem wurde die durch den Verbrauch fossiler Brennstoffe verursachte Umweltverschmutzung verstärkt wahrgenommen. Smog, Bodenversauerung und Waldsterben trugen zu einer kontroversen Thematisierung der Energiepolitik in den Medien und in der Öffentlichkeit bei. Auf diesem Wege wurde das Energiethema zu einem zentralen Brennpunkt gesellschaftlicher Auseinandersetzungen. Die Massenmobilisierung dieser Phase richtete sich insbesondere gegen die Nutzung der Atomenergie und gegen die mit energietechnischen Großprojekten (z. B. Kohlekraftwerken) verknüpften ökonomischen Strukturen. Als Gegenentwurf zur bisherigen Energiepolitik wurden der Ausstieg aus der Kernenergie, Energiesparkonzepte sowie ein konsequenter Umstieg auf Techniken zur Nutzung regenerativer Energien gefordert (Bechmann 1984: 218; Binswanger et al. 1988: 45 ff.). Diese system-oppositionellen Forderungen nach einem Pfad der „sanften Energienutzung" waren das Leitthema eines kritischen Energiediskurses, der in den 1980er Jahren in der Ökologiebewegung geführt wurde (Mautz 2008, im Erscheinen).[52] Die Umweltbewegung schaffte sich in dieser Zeit eine umfangreiche institutionelle Struktur (Roth & Rucht 1987).

---

51 Die erste Bauplatzbesetzung fand in Wyhl 1975 statt, es folgten Demonstrationen in Brokdorf 1976, Grohnde 1977, Kalkar 1977, Gorleben 1979 etc.

52 In den Zyklenmodellen zur Entwicklung der Umweltbewegung wird der Zeitabschnitt von 1973 bis 1882/83 als Phase der „eskalierenden Konfrontation" beschrieben (Huber 2001: 264 ff). Huber sieht das wesentliche Merkmal dieser Phase in der „Herausforderung des industriellen Establishments durch die Umweltbewegung, dementsprechend eine Konfrontation beider Seiten, die auch eine Polarisierung der öffentlichen Meinung nach sich zog" (Huber 2001: 266).

Es bildeten sich Fronten zwischen Befürwortern der Atomkraftnutzung einerseits und Atomkraftgegnern bzw. Befürwortern alternativer Technologien andererseits. Die beteiligten Akteursgruppen trennten Welten: Auf der einen Seite die Repräsentanten des großindustriellen und politischen Establishments, u.a. Elektrizitätswirtschaft und Forschungsministerium, die vor zu großen Erwartungen in die Potenziale alternativer Technologien wie der Windenergietechnologie warnten, sowie gewerkschaftsnahe und stark im Arbeitermilieu verwurzelte Belegschaften, die in der Aufforderung zur „Energiewende" vor allem ihre Arbeitsplätze gefährdet sahen (Lucas 1985: 234; 1995: 362 ff.; Heine & Mautz 1989: 11 f.). Auf der anderen Seite die Vertreter der Umwelt- und Alternativbewegung, eingebunden in ein alternatives Milieu mit ökologischer und zumeist linker bzw. antikapitalistischer Gesinnung. In dieser Phase manifestierte sich auch ein massiver Konflikt zwischen Ökologie und Ökonomie, in dem Interessen und Handlungsorientierungen des Umweltschutzes den konkurrierenden Gewinninteressen von Unternehmensvertretern und Einkommens- und Arbeitsplatzinteressen von Arbeitnehmern der in Frage gestellten Branchen gegenüber standen.

Die vorangehenden Ausführungen beschreiben den allgemeinen Kontext, im Rahmen dessen sich die Windenergie in dieser Phase entwickelte. Es wird deutlich, dass viele Entwicklungen Einfluss nehmen und dass diese in ihrem Zusammenwirken günstige Voraussetzungen für einen Aufbruch in der Windenergieentwicklung darstellen.

4.1.2 Energiepolitik der Bundesregierung

Die bundesdeutsche Politik war angesichts dieser Auseinandersetzungen zur Suche nach neuen Strategien aufgefordert. Alle im Bundestag vertretenen Parteien führten in dieser Phase größere Kongresse zu energiepolitischen Themen durch. Die Wahl der neu gegründeten Partei der Grünen in den Bundestag 1983 war Ausdruck eines gestiegenen ökologischen Bewusstseins. Die Grünen nahmen den Diskurs unter dem Begriff der „Energiewende" als zentralen Bestandteil in ihre Programmatik auf (vgl. Krause et al. 1980). Sie trugen maßgeblich dazu bei, ass sich in dieser Phase ein neues Politikfeld in der Bundesregierung konstituierte: die Umweltpolitik. Nach dem Reaktorunglück von Tschernobyl im Juni 1986 wurde das Bundesministerium für Umwelt, Naturschutz und Reaktorsicherheit gegründet. Energie- und Umweltpolitik blieben jedoch zunächst zwei separierte Politikbereiche, die inhaltlich kaum miteinander vernetzt waren (SRU 1981).

Die Anfang der 1970er Jahre zeitweise aufgetretenen Schwierigkeiten in der Energieversorgung und die sich abzeichnende Energieknappheit veranlassten 1973 die damalige sozial-liberale Koalition, ein erstes Energieprogramm aufzustellen (Bundesregierung 1973), das jedoch - kaum fertig gestellt - nach dem ersten Ölpreisschub 1973/74 neu bearbeitet werden musste[53]. Die erste Fortschreibung des Energieprogramms berücksichtigte die veränderten energiewirtschaftlichen Rahmenbedingungen und stellte die Sicherheit der Energieversorgung in den Vordergrund. In der zweiten Fortschreibung des Energieprogramms der Bundesregierung vom 14. Dezember 1977 (Bundesregierung 1977) wurden Maßnahmen zur Energieeinsparung und die Diversifikation der Versorgungsquellen hervorgehoben. Die dritte Fortschreibung vom 4. November 1981 (Bundesregierung 1981) legte – auch beeinflusst durch den zweiten Ölpreisanstieg 1979 - eine Weiterführung dieser Ansätze fest und erläuterte die Schwerpunkte der künftigen Energiepolitik, unter denen die Energieeinsparung zur Daueraufgabe deklariert wurde. Im Zentrum der Energiepolitik stand jedoch in dieser Phase die Atomkraft, die die Energieprobleme der Bundesrepublik mittelfristig lösen sollte, und die Stabilisierung und Ausdehnung der Produktion von Steinkohle.

Die Forschungs- und Entwicklungsaktivitäten auf Bundesebene waren darauf ausgelegt, den Anforderungen einer zentralen, auf Großkraftwerke ausgerichteten Elektrizitätsversorgung mit kontinuierlich wachsenden Leistungen und sinkenden Stromerzeugungskosten gerecht zu werden (Hemmelskamp & Jörg 1999: 83).

Förderung der Windenergie

Die Politik der Bundesregierung zur Windenergie war in dieser ersten Phase charakterisiert durch Forschungsförderung im engeren Sinne. Die Entwicklung war nicht getrieben von umweltpolitischen Motiven oder einem Substitutionsziel, sondern vor allem von der Absicht, technologische Innovationen zu fördern. Die Förderung der Windenergie ging vom BMFT aus. Windenergie in dieser Phase wurde auch als eine „technologische Spielwiese" bezeichnet (Vahrenholt 2006 mdl.), mit der angesichts des Drucks gegen die Kernenergie demonstriert werden sollte, dass auch im nicht-nuklearen Bereich Technikentwicklung gefördert wird. Später konzentrierte sich die Förderung weniger auf die technische Entwicklung als vielmehr auf die Serienfertigung und Markteinführung von Windenergieanlagen.

Die Aufwendungen für den Windenergiebereich waren verschwindend gering verglichen mit den hohen Ausgaben für die Entwicklung der Kernenergie, die mit beträchtlichen Investitionen in wissenschaftliche und institutionelle Kapazitäten gefördert wurde (vgl. Abbildung 7). So betrug zum Beispiel 1979 der Anteil der erneuerbaren Energien an den bundesdeutschen Forschungsaufwen-

53 „Erste Fortschreibung des Energieprogramms der Bundesregierung" von 1974.

dungen für Energietechnologien 4,4 %, der Anteil der Windenergieförderung belief sich auf weniger als 1 %, während in Kernspaltung und Kernfusion mehr als 64 % investiert wurden (Kitschelt 1983: 200; Heymann 1995: 344). Die geringe Förderung der Windenergie ging darauf zurück, dass das Forschungsministerium ihr Potenzial nur in einer begrenzten, lokalen Anwendung sah (Heymann 1995: 362 f.).[54]

Abbildung 7: Forschungs- und Entwicklungsförderung von Energietechnologien 1974-1996 in Mrd. DM

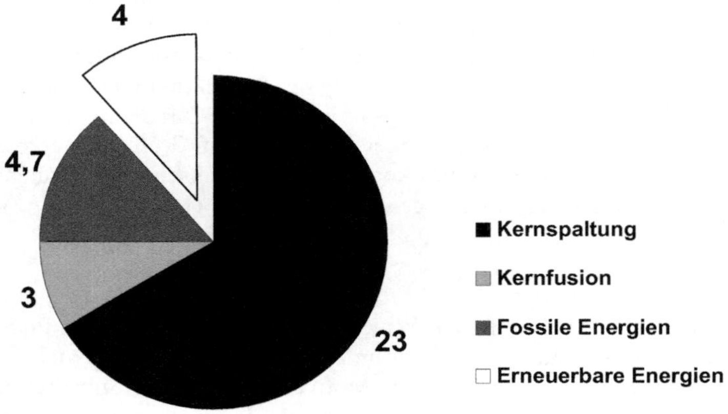

Quelle: BMU (2000b: 224)[55]

Dennoch stellen die ersten Programmstudien des Bundesministeriums für Forschung und Technologie (BMFT) den Auftakt der Forschung zu erneuerbaren Energien dar. Unter der Federführung der Projektleitung Energieforschung des BMFT wurden zwischen Juli 1974 und Januar 1976 umfangreiche Programmstudien zu erneuerbaren Energien in Auftrag gegeben (Heymann 1995: 366). Mit der Erstellung einer Programmstudie zur Windenergienutzung wurde 1976 die

54 Antwort der Bundesregierung auf eine Kleine Anfrage betr. Energieforschung, Energieersparnis, Deutscher Bundestag, Drucksache 7/2366, 10.7.1974, S. 8, zitiert in Heymann 1995: 363.

55 Daten zur Aufteilung der Fördermittel allein für die hier behandelte Phase von Mitte der 1970er Jahre bis 1986 waren leider nicht verfügbar.

DFVLR (Deutsche Forschungsanstalt für Luft- und Raumfahrt) und das Forschungsinstitut für Windenergietechnik (FWE) unter der Leitung von Prof. Ulrich Hütter (TH Stuttgart) beauftragt.[56]

Gegenstand dieser für die Entwicklung der Windenergie in dieser Phase bedeutsamen Studie war die Zusammenstellung und Diskussion verfügbarer Windmessdaten, Untersuchungen zum Windenergiepotenzial und zur bisherigen Nutzung verschiedener Windenergienutzungssysteme, Wirtschaftlichkeitsabschätzungen sowie Vorschläge für Forschungs- und Entwicklungsarbeiten.

Die Untersuchung, die nach ihrer Fertigstellung Anlass für Versuche mit Großwindanlagen war, kam zu dem Ergebnis, dass die Windenergietechnologie sehr weit entwickelt sei und großes Zukunftspotenzial in sich berge (Heymann 1995: 365 ff.). Dem BMFT und der Kernforschungsanstalt Jülich (KFA), der die Koordination des Forschungsbereichs erneuerbare Energien zwischenzeitlich übertragen worden war, wurde von den Autoren der Studie empfohlen, eine Anlage in der Größenordnung von 1 MW und 80 m Flügeldurchmesser zu entwickeln. Nach Einschätzung von Ulrich Hütter bestand sogar die technische Möglichkeit, eine 3 MW-Anlage zu realisieren. Mitautoren der Studie mahnten zwar zu kleineren Schritten, zur Erforschung des Schwingungsverhaltens und der Regelungsproblematik – diese Warnungen blieben jedoch unberücksichtigt.

4.1.3 Experimente mit Großwindanlagen: Growian als „dead end"

Die Entwicklung der Windenergie war in dieser Phase stark geprägt durch Großanlagenforschung - hierauf konzentrierte sich auch die staatliche Förderung. Angesichts des aufkommenden Interesses an der alternativen Technologie einerseits und des geringen Energieerzeugungspotenzials bis dahin entwickelter Anlagen andererseits initiierte eine Allianz aus Industrie (MAN), Energieversorgungsunternehmen[57] und Bundesforschungsministerium ein Forschungsprojekt zur Entwicklung von Großwindanlagen: Der „Growian" (Abkürzung für Großwindanlage) mit einer Leistung von 3 MW sollte die Windenergienutzung mit einem Technologiesprung voranbringen und Energieerzeugung in großtechnischem Maßstab ermöglichen. Die Großwindanlage wurde im Jahr 1983 im Kaiser-Will-

---

56 Der Titel der vom BMFT in Auftrag gegebenen Programmstudie lautete: „Energiequellen für morgen? Nichtfossile – Nichtnukleare Primärenergiequellen. Teil III, Windenergie. Jülich 1976". Sie wurde unter der Leitung von Prof. Hütter (TH Stuttgart) erarbeitet. Die Autoren waren Armbrust, Krüger und Stolz (alle DFVLR), Hütter (DFVLR und FWE) sowie Dörner, Knauß und Molly (alle FWE) (Heymann 1995: 366ff.).

57 Beteiligt waren die Hamburger Elektrizitätswerke (HEW), die Schleswag und die Rheinisch-Westfälischen Elektrizitätswerke (RWE) (Heymann 1995: 370).

helm-Koog in der Nähe von Brunsbüttel errichtet, jedoch wurde der Betrieb bereits 1987 nach vielfältigen technischen Problemen wieder eingestellt und die Anlage 1988 abgebaut.[58] Das Projekt stellte einen Meilenstein in der Entwicklung der Windenergietechnologie in Deutschland dar: als Misserfolg erhielt es besondere Beachtung. Aus der Perspektive der Innovationsentwicklung kann das gescheiterte Vorhaben als „dead end“, als Sackgasse eines eingeschlagenen Entwicklungspfades betrachtet werden.

Im Rückblick scheint es, als hätten unterschiedliche Faktoren zu diesem Ergebnis beigetragen: Offenbar hatten die Projektbeteiligten unterschiedliche Motivationen. Bezeichnend für das Engagement der beteiligten Energieversorgungsunternehmen war das Statement des Vorstandsvorsitzenden der RWE Günther Klätte: „Wir brauchen Growian (...), um zu beweisen, dass es nicht geht“.[59] Der Misserfolg des Experiments war für die beteiligten EVUs scheinbar von vornherein unstrittig. Diese kritische Haltung stellte eine schwierige Grundlage für das Growian-Projekt dar.

Es scheint jedoch pauschal zu unterstellen, alle Beteiligten hätten diese Großinvestition bewusst zum Scheitern geführt. Die beteiligten Industrieunternehmen (z. B. MAN) waren dem Versuch nicht abgeneigt, eigene, bereits vorhandene Turbinen- und Kraftwerkstechnologie miteinander zu verknüpfen und auf diesem Wege eine funktionierende Großwindanlage zu bauen, zumal für sie damit kaum finanzielle Risiken verbunden waren. Jedoch erwies sich die Annahme, dass vorhandene Technologien zu einer funktionierenden Großwindanlage verknüpfbar wären, als technologische Fehleinschätzung, die vermutlich auch zum Scheitern des Growian beitrug (Rispens 2005 mdl.). Nachträgliche Evaluationen zeigten, dass weitere Faktoren Verantwortung für das Scheitern des Growian-Projektes tragen: eine zu ehrgeizige Maßstabsvergrößerung, ein top-down-Ansatz in der Projektorganisation, Management- und Umsetzungsfehler sowie eine Unterschätzung der Komplexität und des finanziellen Aufwands für das Vorhaben (Pulczynski 1991: 139f).[60] Die Formulierung der Ziele zu Anlagen-

58 Die ursprünglich geplante Betriebsdauer von 3 Jahren reduzierte sich auf 420 realisierte Betriebsstunden, in denen die Anlage nur 331 Stunden im Lastbetrieb lief.

59 ‚Die Welt' vom 28.2.1982, zitiert bei: Heymann 1995: 373. Heymann (1995) liefert eine detaillierte Analyse nicht nur des Growian-Forschungsprojektes, sondern der gesamten Geschichte der Windenergienutzung von 1890 bis 1990. Er führt als Beleg ein weiteres Zitat des früheren Forschungsministers Matthöfer in derselben Zeitung an: „Wir wissen, dass es uns nichts bringt. Aber wir machen es, um den Befürwortern der Windenergie zu beweisen, dass es nicht geht“ (Die Welt, 13.12.1982, zitiert in Heymann 1995: 373).

60 Pulczynski (1991) und Hauschild (1997) beschreiben die Entwicklung des Growian als Beispiel für missglücktes Innovationsmanagement vor allem aufgrund einer ungenügenden Zielbildung und einer Vielzahl von Umsetzungsfehlern.

größe und -leistung wich deutlich von den Empfehlungen der erwähnten Vorstudie von Hütter aus dem Jahr 1976 ab (vgl. Kapitel 4.1.2). Hütter hatte einen Zwischenschritt empfohlen, der jedoch im Growian-Projekt übersprungen wurde (Pulczynski 1991: 151). Auch das Ziel, mit dieser ersten Großwindanlage einen Prototyp zu realisieren, überstieg die Empfehlungen der Hütter-Studie, die zunächst den Bau einer Versuchsanlage vorsah (Dörner 2006 mdl.).

Das Growian-Vorhaben stellte den Schwerpunkt der deutschen Forschungsbemühungen im Bereich der Windenergienutzung nach den Ölpreiskrisen der 1970er Jahre dar. Das BMFT stellte bis 1988 insgesamt 218 Mio. DM für die Windenergieforschung zur Verfügung, davon wurden allein für den Growian über 90 Mio. DM ausgegeben (Tacke 2004: 149). Der Growian verursachte immense Kosten, sein Nutzen für Wirtschaft und Gesellschaft war jedoch sehr fragwürdig. Der Schritt von der Forschung (Hütter) in die Gründung erfolgreicher Unternehmen gelang auf diesem Wege nicht.

4.1.4 Eigeninitiative der Windpioniere: David gegen Goliath

Die Forschungs- und Entwicklungspolitik des BMFT war in dieser Phase eine tendenziell reaktive Politik, die sich vielfach an den Wünschen der Großindustrie – des „Goliath" – orientierte (Kitschelt 1983: 173). Diese Politik brachte jedoch auch eine wachsende Eigeninitiative der in ihren Forderungen kaum berücksichtigten gesellschaftlichen Gruppen mit sich, wie den Unterstützern der Windenergie - in diesem Fall der „David".

Für die Windenergie engagierten sich in dieser Phase überwiegend private, zumeist landwirtschaftlich geprägte Nutzer. Zum Teil zielte die Entwicklung von Windenergieanlagen auch auf den Einsatz in Entwicklungsländern ab. Die Projekte blieben jedoch in der Regel ohne wirtschaftliche Bedeutung, sofern sie nicht zur Eigenbedarfsdeckung genutzt wurden[61]. In landwirtschaftlichen Betrieben erlaubte die Windenergienutzung erhebliche Einsparungen bei den Stromkosten. Landwirte fanden auch deshalb Interesse an der Windenergie, weil sie über ein beträchtliches Potenzial an geeigneten Flächen verfügten.

Vielfach erfolgte die Nutzung einer Windenergieanlage jedoch vor dem Hintergrund eines gesteigerten Umweltbewusstseins. Private Betreiber errichteten Windenergieanlagen mit dem Motiv einer dezentraleren Versorgung auf der Basis „sanfter" Energie. Sie installierten und betrieben zwischen Mitte der 1970er und Mitte der 1980er Jahre vor allem kleine dezentrale Anlagen (bis zu

---

61 Der erste zurückverfolgbare kommerzielle Einsatz erfolgte 1982 (Keuper 1994: 6).

50 kW). Jedoch schien das Ziel, mit Windenergieanlagen dieser Größenordnung einen nennenswerten Beitrag zur Energieversorgung liefern zu können, in weiter Ferne – der Versuch, die starren Strukturen des bestehenden Energieversorgungssystems in Bewegung zu bringen, erwies sich als schwieriges Unterfangen. Zudem bestand eine verbreitete öffentliche Skepsis gegenüber den Anlagen. Sie wurden in den Medien vielfach kritisch kommentiert. So war zum Beispiel im Jahr 1982 eine Anlage des Herstellers Enercon (E-66) von 24 m Höhe in der Nähe des Braunkohlekraftwerks Ibbenbüren errichtet worden. In der Lokalzeitung wurde sie als „riesiges Monster" bezeichnet (Lönker 2006 mdl.).

Abbildung 8: Windenergie in Deutschland 1982 bis 1993, jährlich installierte Leistung in MW

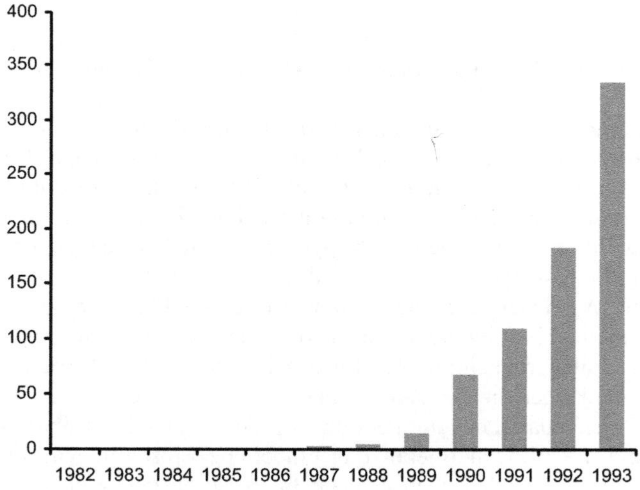

Quelle: Keuper 1994: 6

In der Regel kamen sehr kleine Anlagen mit einer Leistung zwischen 30 und 40 kW zum Einsatz. Der überschüssige Strom größerer Anlagen hätte je nach Verhandlung mit dem lokalen Netzbetreiber ins Stromnetz eingespeist werden können. Aufgrund der niedrigen Vergütung war die Netzeinspeisung jedoch nicht kostendeckend. Zudem erforderten Anlagen mit größerer Leistung einen

Transformator zur Anbindung auf Mittelspannungsniveau, was wiederum zusätzliche Investitionen erforderte.

Im Rahmen eines Forschungsvorhabens des BMFT zur Erfassung laufender Windenergieprojekte wurde die Anzahl der in der Bundesrepublik im Jahr 1983 installierten Windenergieanlagen mit 400 bis 500 angegeben (vgl. Stephenson et al. 1984; Böhmecke 1984), wobei der Selbstbauanteil ca. 60 Prozent betrug (Crome 1994: 13). Die Anlagen wiesen vielfältige, unterschiedliche Konstruktionsweisen auf, worin die Individualität der Pioniere des Anlagenbaus zum Ausdruck kam. Auch bestand in dieser Phase in Deutschland noch kein organisiertes Forum für Erfahrungstausch (Schlegel 2005: 28).

Anlagengenehmigungen wurden in dieser Phase in der Regel restriktiv gehandhabt. Es existierten noch keine spezifizierten bauplanungs- und bauordnungsrechtlichen Vorgaben für die Genehmigung von Windenergieanlagen (Heymann 1995: 420 ff.). Den Baugenehmigungsbehörden fehlte es an Entscheidungsrichtlinien und einheitlichen Kriterien zur Beurteilung, ob sich eine Anlage in das Orts- oder Landschaftsbild einfügt oder nicht (vgl. Bruns et al. 2008: 38 f.).

Das Interesse der Energieversorger an (kleineren) Windenergieanlagen war in dieser Zeit gering. Im Gegensatz zu Privatbetreibern, die bei der Eigennutzung des erzeugten Stroms aus Windenergie Kosten in Höhe der erheblich höheren Elektrizitätstarife sparten, konnten die Energieversorger lediglich Brennstoffkosten einsparen, nicht aber Kapitalkosten für bereits erstellte Kraftwerke und Stromnetze. Die traditionelle Elektrizitätsversorgungsindustrie war stark darauf fokussiert, Skalenerträge (Größenvorteile) zu erreichen und zog daher große Kraftwerke gegenüber kleinen dezentralisierten Einheiten vor. Der Verband der Elektrizitätswirtschaft (VDEW) verweigerte eine erhöhte Vergütung für Strom aus erneuerbaren Energien. Die am kurzfristigen betriebswirtschaftlichen Markterfolg orientierten und technisch konservativen Energieversorgungsunternehmen hatten großes Interesse an der Wahrung der bestehenden Strukturen und der Vermeidung einer Neuverteilung materieller Ressourcen. Für unabhängige Betreiber von Windenergieanlagen existierten keine klaren und fairen Regeln für den Zugang zum öffentlichen Stromnetz, in dieser Situation konnten sie die generierte Energie nicht zu einem wettbewerbsfähigen Preis anbieten (Langniß 2003: 94 f.).

Insgesamt wurden bis Mitte der 1980er Jahre Kleinanlagen in nur geringem Umfang errichtet (Keuper 1994: 6). Abseits der Forschungsprojekte des BMFT führte die Entwicklung von Windenergieprojekten in Deutschland ein *Nischendasein*, aus dem sie sich bis zum Ende dieser Phase nicht befreien konnte. Vor allem kleine Hersteller brachten mit viel Engagement und geringen finanziellen Mitteln den Stand der Technik voran. Viele der damals geförderten Unternehmen (MAN, Dornier, MBB und andere) betätigen sich heute nicht mehr im Bereich der Windenergie. Twele (2005: 22) deutet dies als Misserfolg der Förderinitiativen des Forschungsministeriums.

Exkurs: Erste netzgekoppelte Windenergieanlage

Im Jahre 1982 ging im baden-württembergischen Mettingen die erste private netzgekoppelte Windenergieanlage in Betrieb, sie erreichte eine Leistung von maximal 20 Kilowatt – ein Anfang. Bevor er sein Projekt umsetzen konnte, musste sich der Realschullehrer Dietrich Koch gegen viele Widerstände durchsetzen. Die Windenergieanlage der Firma Lagerwey kaufte er in Holland, allein der Transport nach Baden-Württemberg war ein Kampf gegen die Windmühlen der Bürokratie. Auch die Baugenehmigung blieb dem Windpionier zunächst verwehrt. Erst als er sich entschloss, einen Atombunker ins Fundament seiner Anlage zu integrieren, erhielt er nach kurzer Zeit die Baugenehmigung. In der Zeit des kalten Krieges Anfang der 1980er Jahre wuchs auf beiden Seiten des eisernen Vorhangs die Furcht vor einer atomaren Auseinandersetzung, weshalb Bauherren in Westdeutschland ohne Probleme Atombunker errichten durften – eine Baugenehmigung für ein Windrad war weit schwieriger zu erhalten (Lönker 2002).

4.1.5 Förderpolitik des Bundesforschungsministeriums

Trotz der Schwerpunktsetzung auf die Forschung und Entwicklung einzelner Prototypen von Großwindanlagen beschränkte sich die Förderung nicht nur auf diesen Bereich. Das BMFT förderte vielmehr eine Vielzahl verschiedener Technikvarianten mit unterschiedlichen Konzepten. Im weltweiten Vergleich wurde in Deutschland in dieser Phase und darüber hinaus bis Ende der 1980er Jahre die größte Typenvielfalt an Windenergieanlagen gefördert (vgl. Kapitel 4.2). Das Spektrum reichte vom Aufwindkraftwerk bis hin zu Wirbelkonzentratoren zur Leistungserhöhung, von der Kleinstanlage mit wenigen kW bis hin zum Growian, der damals größten Windenergieanlage der Welt. Viele verschiedene Linien wurden parallel verfolgt: Ein-, Zwei- und Dreiblattrotoren in unterschiedlichsten Größenklassen, Blatt-geregelte und Stall-geregelte Anlagen[62] sowie eine

62 Stall-Regelung heißt Regelung durch aerodynamischen Stromabriss am Rotorblatt. Die Rotorblätter sind mit einem fixen Winkel an die Nabe geschraubt. Die Rotorblattprofile sind aerodynamisch so ausgelegt, dass sich bei zu starkem Wind an der windabgewandten Seite der Blätter Turbulenzen bilden. Dieser Strömungsabriss lässt die den Rotor treibende Auftriebskraft zusammenbrechen, damit der Generator nicht überlastet wird. Der Vorteil der Stall-Regelung liegt darin, dass es keinen beweglichen Teil am Rotor zur Blattverstellung gibt und komplizierte Regelsysteme vermieden werden. Andererseits stellt sie hohe Anforderungen an die Aerodynamik. Der Anteil der Stall-Regelungen wird durch die derzeitige Größenentwicklung langsam verdrängt, u.a. aufgrund von Schwierigkeiten mit „stall induced vibrations". Darüber hinaus hat die Stall-Regelung die Eigenschaft, dass sie nur ungenügende Eingriffsmöglichkeiten in die Regelbarkeit der Anlagen ermöglicht und die mechanische Belastung der Rotorblätter deutlich höher ist als bei den Pitch geregelten Turbinen. Die Stall-Regelung ist einfach und kostengünstig und ermöglicht den netzgekoppelten Betrieb

Vielzahl von Konzepten für die Stromerzeugung und die Netzeinspeisung. Jedoch erwies sich zunächst keines der Systeme als am besten geeignet.[63] Eine Selektion durch den Markt konnte nicht stattfinden. Durch diese Vielfalt konnten - anders, als es bei einer frühen Festlegung auf ein einheitliches Design der Fall gewesen wäre - die Erfahrungen und das Wissen bezüglich vieler die Windenergietechnologie betreffender Details ausgedehnt werden.

Da kein klares forschungspolitisches Ziel vorgegeben wurde, war keine klare Tendenz zur Entwicklung bestimmter Techniktypen in Deutschland zu erkennen. Ursache für die Vielfalt der entwickelten Anlagentypen war die öffentliche Förderung, durch die in der Regel nur Vorhaben mit innovativem Charakter und mit deutlicher Unterscheidung zu den Projekten anderer Antragsteller bewilligt wurden. Weil vorwiegend innovative Systeme verwendet (und weniger bereits bestehende Systeme weiter entwickelt) wurden, waren deutsche Windenergieanlagen deutlich teurer als Anlagen der ausländischen Konkurrenz. So konnte sich zwar eine große Typenvielfalt entfalten, es wurden jedoch keine industriell verwertbaren Konzepte entwickelt (Molly et al. 1988: 40 ff.)[64].

---

kleiner Anlagen. Bei mittleren und größeren Anlagen entstehen Risiken wegen der zunehmenden Elastizität der Rotorblätter.

Blatt-Regelung (oder Pitch-Regelung) heißt Regelung durch Veränderung des Blattwinkels. Wenn die Leistungsabgabe der Anlage und damit die Betriebsbelastung zu hoch ist, werden die Rotorblätter leicht aus dem Wind gedreht. Wird der Wind schwächer, werden die Blätter wieder in den Wind gedreht. Sie müssen also um ihre Längsachse drehbar sein. Dieses System dient nicht nur dem Vermeiden von Schäden bei zu hohen Windgeschwindigkeiten, sondern zur Maximierung der Leistung bei allen Windstärken. Bei Pitch-geregelten Turbinen gibt es zwei Varianten: die „Active-Stall-Regelung" und die konventionelle Pitch-Regelung. Bei der „Active-Stall-Regelung" wird mit wenigen Winkelgraden der Blattverstellung der Stall aktiv ausgelöst. Die Blatt-Regelung ist aufwändiger, aber flexibler in der Anwendung als die Stall-Regelung und geeignet für alle Anlagengrößen, insbesondere bei Großanlagen ist eine Regelung der Betriebsbelastung entscheidend für die Langzeitstabilität (vgl. Kaltschmitt et al. 2006: 316-321).

63 Die Fördermittel wurden überwiegend für Horizontalachsen-Modelle verwendet, Vertikalachsen-Modelle wurden nur im Bereich kleiner Windenergieanlagen gefördert (Molly et al 1988: 41).

64 In einer kurz nach dem Abbau des Growian (1987) herausgegebenen Studie der Fördergesellschaft Windenergie e.V. in Kiel wurde beklagt, dass die deutsche Industrie im Vergleich mit anderen Ländern Nachholbedarf insbesondere bei der Entwicklung mittelgroßer Anlagen habe und sich auf internationalen Märkten schwer tue, weil sie nicht auf eine ausreichende nationale Anwendung hinweisen könne. Empfohlen wurde daher die Schaffung einer längerfristigen Perspektive für einen ausreichend großen Markt, da in Deutschland eine gute technologische Basis für die Entwicklung zuverlässiger und konkurrenzfähiger Anlagen bestehe, aufbauend auf den bestehenden Prototypen. Dazu müssten jedoch die entsprechenden energiepolitischen Rahmenbedingungen gesetzt werden (Molly et al. 1988: 62 ff.).

4.1.6 Technik der Windenergie

In der Windenergietechnik existieren zwei völlig unterschiedliche Leistungsbereiche nebeneinander (vgl. Abbildung 9). Für private, zumeist landwirtschaftliche Betreiber wurden Anlagen der 10 bis 80 kW-Klasse entwickelt und installiert. Die Windenergietechnologie war in dieser ersten Phase der Entwicklung geprägt durch Bastler und Entwickler, die diese Kleinanlagen im Eigenbau mit individuellen und durch Konstruktionsfreude gekennzeichneten technischen Lösungen entwickelten. Daneben wurde die Großwindanlagenforschung gefördert: Prominentes Beispiel ist der gescheiterte Growian (100 m Rotordurchmesser). Weitere Großanlagen waren der Voith 52 WEC (52 m) und Monopteros (48 m) in der ersten Generation sowie MOD1, MOD2 und WKA 60 (60 m, 1200 kW) und Aeolus II (80 m, 3000 kW) in der zweiten Generation der Großanlagen (Hau 2003: 47 ff.). Die Forschung an großen Windenergieanlagen im Bereich von mehreren hundert kW bis hin zu 3 MW (Growian) stellte einen vergeblichen Versuch dar, der Windenergie großtechnisch zum Durchbruch zu verhelfen.

Dagegen waren Anfang der 1980er Jahre die dänischen Anlagen erfolgreich, die von kleinen Landmaschinenherstellern entwickelt wurden (z. B. Vestas, Bonus, Nordtank). Mit einer Leistung von 30 bis 75 kW bewährten sie sich sowohl technisch als auch ökonomisch. Weil mit den Energieversorgern eine angemessene Einspeisevergütung ausgehandelt werden konnte, entstand ein erster kleiner Markt (Heymann 1995: 414 f.). Bis Anfang der 1990er Jahre dominierten auf dem internationalen Markt einfache und robuste Anlagen dänischen Typs (Gasch & Twele 2005: 13).[65]

4.1.7 Charakteristika der Konstellation

Resümierend kann für die Zeit von Mitte der 1970er bis 1986 festgestellt werden, dass sich Windenergie in einer Pionierphase befand, in der noch keine stabilisierende Infrastruktur bestand. Abbildung 9 zeigt die Konstellation der Einflussfaktoren[66]: Die Phase war geprägt durch die beiden Ölpreissteigerungen der 1970er Jahre, verbunden mit der Erkenntnis über die Endlichkeit der fossilen

---

65 Mit „dänischem Typ" sind robuste, kostengünstige Anlagen ohne Blattwinkelverstellung und mit fester Drehzahl (Asynchrongenerator) gemeint.

66 Die Abbildung der Konstellation ist, wie auch der Konstellationen der folgenden Kapitel, Ergebnis einer interdisziplinären Diskussion im Forschungsprojekt „Windenergie – eine Innovationsbiographie" (vgl. Kapitel 3). Auch bei der Interpretation der Konstellation wird auf die Ergebnisse des Forschungsprojekts zurückgegriffen.

Energieträger sowie der „Grenzen des Wachstums“ (Kapitel 4.1.1). Dieser Kontext trug maßgeblich dazu bei, dass sich ein Zeitfenster für die Pionierphase öffnete.

Die Situation der Windenergie in dieser Phase wird deutlich durch die markante Zweiteilung der Konstellation: Den Kern der Konstellation (symbolisiert durch den Kreis in der Abbildung) bilden Windenergieanlagen unterschiedlicher Leistungsbereiche. Diese gehören zwei deutlich voneinander zu unterscheidenden Teilkonstellationen an – einer Nischenkonstellation und einer dominanten Konstellation[67]. Die Nische definiert sich durch das vorherrschende und stabile Regime der zentralisierten Energieversorgung.

Die Nische der Windenergie (in Abbildung 9 die linke Teilkonstellation) entwickelt sich in dieser Phase in einer geschützten Umgebung – es existieren weder ein Markt für diese Technologie noch harte Konkurrenzen. Die soziotechnische Nische wird geschützt durch einen (mäßigen) Einsatz staatlicher Forschungs- und Entwicklungsmittel. Hier können Erfahrungen mit einem breiten Spektrum an technischen Variationen gesammelt werden. Im Zentrum der Nischenkonstellation (in der Abbildung links) stehen kleine Anlagen mit geringen Stromerzeugungskapazitäten, entwickelt durch Pioniere der Windenergie. Dies sind einzelne, engagierte Ingenieure oder Bastler, deren Ziele in dieser Phase vor allem in einer dezentralen Stromerzeugung, Umweltschutz, Unabhängigkeit vom importierten Öl und dem Ausstieg aus der Atomenergie bestehen. Landwirte beginnen in dieser Phase, Windenergie für den Eigenbedarf zu nutzen. Innovative Konstrukteure, engagierte kritische Stromverbraucher und Landwirte waren die Hoffnungsträger der Windenergie.

Die Teilkonstellation der Nische erhält ihren Antrieb insbesondere durch Visionen und Erwartungen, weniger durch die tatsächliche Anwendbarkeit oder Leistungsfähigkeit der Technologie. Die Akteure sind bereit, in eine noch unprofitable, in den Kinderschuhen steckende Innovation Zeit und Geld zu investieren.

Aber auch in der energiewirtschaftlich dominanten Konstellation (rechter Teil in Abbildung 9) kommt der Windenergie eine gewisse Aufmerksamkeit zu. Hier wird versucht mit Großwindanlagen einen Technologiesprung zu erreichen – prominentes Beispiel ist der Growian. Initiiert wurde diese Großwindanlage vom damaligen Bundesministerium für Forschung und Technologie. An diesem

67 Mit „dominanter Konstellation“ ist hier das (energiewirtschaftlich) vorherrschende System gemeint, bestehend aus Akteuren und deren Interessen sowie Infrastrukturen, Märkten und Technologien. Ein dominantes Regime ist in der Regel organisatorisch institutionalisiert und durch etablierte Strukturen stabilisiert und geschlossen. Solange das vorherrschende Denk- und Handlungsmuster beständig, solidarisch und frei von Widersprüchen ist, gibt es, so die Vermutung, kaum Möglichkeiten für die Durchsetzung von radikalen Innovationen.

Experiment einer sprunghaften Hochskalierung der vorhandenen Technologie waren Akteure des (herkömmlichen) Energieversorgungssektors, große Unternehmen und Forschungseinrichtungen beteiligt. Ihr Handeln war von den zentralisierten Strukturen des deutschen Energieversorgungssektors und dessen Ausrichtung auf das Ziel der Versorgungssicherheit geprägt.

Abbildung 9: Mitte der 1970er Jahre bis 1986: Pionierphase

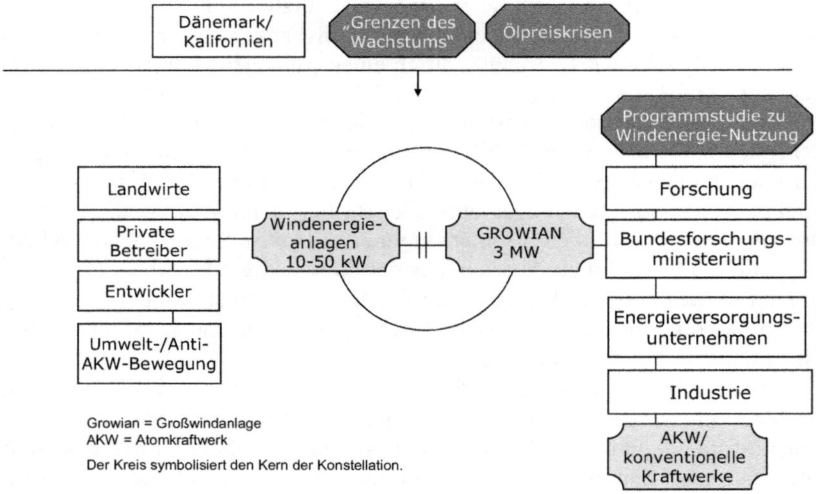

Quelle: eigene Darstellung in Bruns et al. 2008[68]

Windenergie hatte in dieser Phase keine nennenswerte Bedeutung für die Energieversorgung in Deutschland. Es konnte kein Markt für Windenergieanlagen erschlossen werden, denn die Anzahl der Anlagen, die im Rahmen von staat-

68 Als Quelle für die Abbildung der Konstellationen wird jeweils der Bericht des Forschungsprojektes „Innovationsbiographie der Windenergie" angegeben, weil die Konstellationen nicht allein von der Verfasserin, sondern im interdisziplinären Team erstellt wurden.

lichen Förderprogrammen entwickelt wurden, war zu gering für eine Kostensenkung durch Serienfertigung.

Die beiden Teilkonstellationen folgen unterschiedlichen Prinzipien: In der Nischenkonstellation, in der vorwiegend Einzelakteure agieren, wird das Konzept einer umweltfreundlichen und dezentralen Energieversorgung verfolgt. Hier geht es um die schrittweise Weiterentwicklung einer großen Bandbreite von technischen Konzepten zur Windenergieerzeugung mit dem Ziel einer dezentralisierten Energieversorgung. In der Nischensituation haben die Akteure mit Legitimationsproblemen zu kämpfen. Die energiewirtschaftlich dominante Konstellation hingegen, in der eine Kombination aus Energiewirtschaft, Großindustrie und Technologiepolitik handelt, setzt auf das Konzept der Versorgungssicherheit. Hier geht es um einen technologischen Quantensprung und den Versuch, mit hochtechnisierter Ingenieursleistung eine Großwindanlage im Megawattbereich zu entwickeln, die anschlussfähig an das vorhandene Energieversorgungssystem ist. Die Problemsicht beider Teilkonstellationen schließen sich gegenseitig weitgehend aus.

4.2 1986 bis 1990: Phase des Aufbruchs

4.2.1 Situative Kontextbedingungen

4.2.1.1 Tschernobyl und globale Umweltrisiken

Die zweite Phase des Innovationsverlaufs beginnt mit der Reaktorkatastrophe von Tschernobyl. Dieses Ereignis ist gewiss ein einflussreiches Element im Kontext der weiteren Entwicklung der Windenergie.[69] Der folgenschwere Reaktorunfall führte der Gesellschaft die Risiken der nuklearen Energiegewinnung drastisch vor Augen. Daher wurde dem Potenzial regenerativer Energien in der energiepolitischen Diskussion von nun an erheblich mehr Aufmerksamkeit geschenkt. Windenergie wurde durch den Reaktorunfall „salonfähig" (Molly 2005 mdl.).[70]

Der 1987 von den Vereinten Nationen veröffentlichte Bericht „Unsere gemeinsame Zukunft" der Weltkommission über Umwelt und Entwicklung (so genannter Brundtland-Report) war ein anderer wesentlicher Auslöser für die Diskussion um eine nachhaltige Entwicklung und eine ökologische Modernisierung.

---

69 Vgl. Interview Seidler 2005, der den Störfall in Harrisburg 1979 und den Reaktorunfall in Tschernobyl als entscheidende Auslöser für einen Bewusstseinswandel betrachtet.

70 Dies trifft auch auf andere erneuerbare Energien wie z. B. die Solarenergie zu.

Dieser Report sowie erste Studien zum Klimawandel waren auslösende Faktoren für die Umweltkonferenz in Rio de Janeiro 1992. Auch die Einsetzung der Enquete-Kommission des Deutschen Bundestages „Vorsorge zum Schutz der Erdatmosphäre“ war eine Reaktion auf die Erkenntnisse zu globalen ökologischen Risiken (vgl. Kapitel 4.2.2).[71]

Mit der Reaktorkatastrophe von Tschernobyl veränderte sich die umweltpolitische Situation in der Bundesrepublik Deutschland schlagartig. Die ökologischen Folgen und Risiken der Energiewirtschaft wurden zu einem Thema öffentlicher Diskussionen, die von der Energiepolitik nicht mehr ignoriert werden konnten. Der damalige Innenminister Zimmermann legte Koordinationsprobleme im Strahlen- und Katastrophenschutz offen, was zu einem drastischen Vertrauensverlust in die Kompetenz von Politik und Verwaltung beim Schutz vor den möglichen Gefahren der Kernenergietechnik führte (Saretzki 2001: 208 ff.). Die Zweifel an der Zukunftsfähigkeit von Atomkraft waren Teil der kontroversen Diskussionen über die „Risikogesellschaft“.[72] Die SPD beschloss 1986, sich für den Ausstieg aus der Kernenergie einzusetzen.[73]

Zudem zeichnete sich für die im Bereich der erneuerbaren Energien Engagierten am Horizont ein motivierendes Energiewendeszenario ab, das als Vision eine vollständige Deckung des Energiebedarfs aus erneuerbaren Energien beinhaltete.

---

71 1987 einigten sich alle Fraktionen auf die Einsetzung einer ersten Enquete-Kommission zur "Vorsorge zum Schutz der Erdatmosphäre". Sie bestand aus neun Abgeordneten des Bundestages und neun externen Experten. Bernd Schmidbauer (CDU/CSU) war von 1987 bis 1990 Vorsitzender dieser Kommission. Sie wurde damit beauftragt, eine Bestandsaufnahme der globalen Veränderungen der Erdatmosphäre vorzunehmen und den Stand der Ursachen- und Wirkungsforschung festzustellen. Darüber hinaus sollte sie mögliche nationale und internationale Vorsorge- und Gegenmaßnahmen zum Schutz von Mensch und Umwelt vorschlagen. In ihrem Abschlussbericht von 1990 schlägt die Kommission u.a. Reduktionsziele zur Verminderung der durch Energieverbrauch bedingten CO2-Emissionen bis zu den Jahren 2005 und 2050 vor (vgl. Enquete-Kommission „Vorsorge zum Schutz der Erdatmosphäre“ 1990).

72 Der Begriff der „Risikogesellschaft“ wurde vom deutschen Soziologen Ulrich Beck geprägt. Sein Buch mit dem gleichnamigen Titel erschien 1986, im Jahr der Reaktorkatastrophe von Tschernobyl, und war nicht nur in Fachkreisen, sondern auch auf dem allgemeinen Buchmarkt sehr erfolgreich. Die Grundthese Becks lautet, dass in der fortgeschrittenen Moderne die gesellschaftliche Produktion von Reichtum systematisch einher geht mit der gesellschaftlichen Produktion von Risiken.

73 Vgl. auch Pressemitteilung der SPD-Bundestagsfraktion, 26.Januar 2000.

4.2.1.2 Europäische Gemeinschaft: Problemerkennung und Zielsetzung

Auf der Ebene der EU wurde in dieser Phase das Klimaschutzproblem auf die Agenda gesetzt. Erste Ziele zum Klimaschutz wurden vorgegeben, was den Prozess der Maßnahmenentwicklung auf bundesdeutscher Ebene beschleunigte. Im November 1988 gab die EU-Kommission eine erste Mitteilung an den Ministerrat, in der die wissenschaftlichen Grundlagen des Klimaproblems thematisiert und Aktivitäten zum Klimaschutz vorgeschlagen wurden (KOM 1988a). Etwa zur gleichen Zeit wurde das Intergovernmental Panel on Climate Change (IPCC) von der World Meteorological Organisation (WMO) und dem United Nations Environment Programme (UNEP) eingesetzt. Bereits im Ersten IPCC-Klimaschutzbericht 1990 wurden erste, jedoch noch nicht rechtsverbindliche Ziele zum Klimaschutz und zur Reduktion der CO_2-Emissionen formuliert.

Eine erste Zielformulierung im Hinblick auf den Klimaschutz erfolgte 1990: Die Umwelt- und Energieminister der EU einigten sich am 29. Oktober 1990 darauf, die CO_2-Emissionen der EU bis zum Jahre 2000 auf dem Niveau von 1990 zu stabilisieren. Allerdings hatte diese Erklärung keine rechtliche Verbindlichkeit für die Mitgliedstaaten. Erst Ende 1991 forderte der Umwelt- und Energieministerrat die Kommission auf, ein konkretes Maßnahmenpaket zu entwerfen, um der Zielsetzung bei der UN-Konferenz für Umwelt und Entwicklung in Rio de Janeiro 1992 mehr Glaubwürdigkeit zu verleihen. Insgesamt nahm die EU in den internationalen Klimaverhandlungen eine führende Rolle ein (Lenschow 1996: 92).

Hinzu kam der „historische Zufall" (Byzio et al. 2002: 312), dass die EU-Kommission sich 1988 vor dem Hintergrund des Ziels, einen europäischen Binnenmarkt zu schaffen, programmatisch gegen bestehende Monopolstrukturen und Ausschließlichkeitsrechte auf dem Elektrizitätsmarkt aussprach (KOM 1988b). Es folgten zwei inhaltlich noch moderate Richtlinienentwürfe, in denen die Kommission jedoch weitere Liberalisierungsschritte ankündigte (Matthes 2000: 178 f.).[74] Damit wurde auch die deutsche Bundesregierung veranlasst, die

---

74 Rechtsgrundlage für eine Neudiskussion der energiewirtschaftlichen Strukturen in der EU bildete der mit der Einheitlichen Europäischen Akte von 1986 in den EWG-Vertrag eingefügte § 8. Dieser sah vor, bis zum 31. Dezember 1992 den gemeinsamen Binnenmarkt schrittweise zu verwirklichen (Matthes 2000: 178). Vor diesem Hintergrund verabschiedete der Ministerrat am 16. September 1986 die „Neuen energiepolitischen Ziele der Gemeinschaft". Erst zwei Jahre später, am 2. Mai 1988, legte die Kommission den Bericht „Der Binnenmarkt für Energie" vor (KOM 1988b), in dem die Kommission eine Bestandsaufnahme der Situation der verschiedenen Energieträger vornahm und erste Vorstellungen zur Schaffung eines gemeinsamen Marktes für Energie entwickelte. 1989 legte die EU-Kommission dann zwei Richtlinienentwürfe zur Erhöhung der Preistransparenz und zum Stromtransit vor. Die Bedeutung dieser Richtlinienentwürfe lag insbesondere in den darin angekün-

Bundestarifordnung für Elektrizität zu novellieren, womit erstmals auch kleine Stromerzeuger die Möglichkeit der Vergütung erhielten.

Zudem unterstützte die Europäische Gemeinschaft seit 1979 Forschungs- und Entwicklungsaktivitäten und Demonstrationsvorhaben zur Entwicklung der Windenergietechnologie. Dabei ging es neben der Verbesserung der Wirtschaftlichkeit und Zuverlässigkeit der Anlagen auch um die Steigerung der Akzeptanz der Windenergie in der Bevölkerung. Insgesamt förderte die Europäische Gemeinschaft von 1979 bis 1992 über 180 Projekte mit ca. 128 Mio. DM (Hemmelskamp & Jörg 1999: 85).[75]

4.2.2 *Erste rechtlich-administrative Institutionalisierungsprozesse*

In der Folge unterschiedlicher Bedrohungsszenarien und der sich daran anschließenden Diskussionsstränge entwickelte sich sowohl in Politik und Gesellschaft als auch in Industrie und Wirtschaft eine Tendenz zur stärkeren Berücksichtigung ökologischer Herausforderungen (vgl. Jänicke et al. 1999: 34). Es setzte ein Normalisierungs- und Institutionalisierungsprozess ein, der den fundamentalen Ökologie-Ökonomie-Antagonismus allmählich zu entschärfen begann und ein breites gesellschaftliches Umweltbewusstsein förderte. Neue Dialogstrategien und Netzwerkbildungen entwickelten sich, an denen sowohl Wirtschafts- als auch Umweltakteure beteiligt waren. Industrielle Produzenten griffen das Umweltthema auf, weil sich angesichts staatlicher Umweltschutzauflagen die Erkenntnis durchzusetzen begann, dass aktiver Umweltschutz durchaus im ökonomischen Eigeninteresse eines Industrieunternehmens liegen kann (Mautz 2006: 3).

Knapp sechs Wochen nach dem Reaktorunfall in Tschernobyl gründete die Bundesregierung das Bundesministerium für Umwelt, Naturschutz und Reaktorsicherheit (BMU). Der Reaktorunfall war der konkrete Anlass zu der Entscheidung, die Zuständigkeiten für den Umwelt- und Naturschutz in ein eigenes Ministerium zu überführen – die Entscheidung kam zu diesem Zeitpunkt selbst für viele Kabinettsmitglieder überraschend (vgl. BMU 2006: 6 f.).[76] Energie- und

---

digten weiteren Liberalisierungsschritten und dem daraus folgenden Aufbrechen geschlossener Versorgungsgebiete (Matthes 2000: 178f.; vgl. auch Kapitel 4.5.1.3).

75 Allerdings war der Einfluss dieser Maßnahmen auf die Windenergieentwicklung in Deutschland im Vergleich zu den Fördermaßnahmen auf Bundes- und Landesebene gering. Daten über die EU-Förderung der Windenergie für den Zeitraum der hier behandelten Phase liegen leider nicht vor.

76 Umweltpolitik wurde natürlich auch schon vor 1986 betrieben, sie konstituierte sich jedoch in dieser Phase als neues eigenständiges Politikfeld der Bundesregierung mit entsprechenden politisch-administrativen Strukturen.

Umweltpolitik blieben jedoch noch zwei separierte Politikbereiche, die nicht miteinander vernetzt waren; die Energiepolitik blieb im Zuständigkeitsbereich des Wirtschaftsressorts.

Unter dem Eindruck der Reaktorkatastrophe in Tschernobyl legte die Regierung Kohl 1986 einen Energiebericht[77] vor, in dem sie, 13 Jahre nach dem ersten Ölpreisanstieg 1973, eine positive Bilanz der Energiepolitik zog – es war der einzige Energiebericht bis zur deutschen Vereinigung. Dem Bericht zufolge waren die wichtigsten energiepolitischen Ziele weitgehend verwirklicht. Der spezifische Energieverbrauch konnte in fast allen Verbraucherbereichen auf ein zuvor als kaum erreichbar geglaubtes Niveau gesenkt werden. Aufgrund der Einschätzung langfristiger globaler und nationaler Energieversorgungsperspektiven sahen die Autoren keinen Anlass für eine Änderung der gesetzten energiepolitischen Schwerpunkte. Dieser Bericht hatte also keine Auswirkungen auf die Entwicklung der Windenergie.

Der 1990 veröffentlichte Bericht der Enquete-Kommission „Vorsorge zum Schutz der Erdatmosphäre" machte dagegen die Gefährdung der gesamten Erdatmosphäre durch den zusätzlichen Treibhauseffekt und den Ozonabbau in der Stratosphäre deutlich. Er wies auf die Bedrohlichkeit der Situation und die enormen Anstrengungen hin, die für eine aussichtsreiche Strategie des Gegensteuerns erforderlich waren bzw. sind (vgl. Simonis 1996b: 21). Die Enquete-Kommission entwickelte die Zielvorgabe einer Reduktion der Kohlendioxidemissionen um 30 Prozent bis zum Jahr 2005 gegenüber dem Basisjahr 1987 (Enquete-Kommission 1990: 5) sowie umfangreiche Vorschläge zu einer neuen Energiepolitik. Er enthielt drei Szenarien zur Reduktion energiebedingter klimarelevanter Spurengase, die eine Steigerung des Anteils der Windenergie am *gesamten* Energieverbrauch auf 0,1 % (Szenario „Kernenergieausbau"), 0,5 % („Energieszenario" unter Erhalt der damaligen Kernenergie-Kapazitäten) bzw. 1,1 % (Szenario „Ausstieg aus der Kernenergie") vorsah.[78] Zwar wirken diese auf die Windenergie bezogenen Ziele aus heutiger Sicht bescheiden. Die Verfasser des Berichts gingen jedoch davon aus, dass große Windenergieanlagen noch etwa ein Jahrzehnt Forschungs- und Entwicklungsarbeit benötigten bis sie in größerem Umfang marktfähig seien (ebenda: 96) und sie betonten zugleich, dass die Nutzung der erneuerbaren Energien durch eine angemessene Vergütung sowie Anreiz- und Förderprogramme massiv zu fördern seien (ebenda: 97).

---

77 Bundestags-Drucksache 10/6073 vom 24.09.1986.

78 Im dem Szenario der Enquete-Kommission, das einen Atomausstieg und eine CO2-Reduzierung um 25 Prozent bis zum Jahr 2005 vorsah, waren Windkraftanlagen von 3200 MW (7 TWh/a) eingeplant.

Der Bericht der Enquete-Kommission veranlasste die konservativ-liberale Bundesregierung, die zentrale Forderung der Kommission aufzugreifen. Sie setzte sich im November 1990 zum Ziel, die CO_2-Emissionen um 25-30 Prozent (bezogen auf 1987) bis zum Jahr 2005 zu reduzieren. Hierzu hat möglicherweise eine günstige Akteurskonstellation beigetragen: Der Leiter der Enquete-Kommission, Bernd Schmidbauer (CDU/ CSU), hatte gute Kontakte in das Bundeskanzleramt, was die Vermittlung der Untersuchungsergebnisse hin zur Regierungsebene erleichterte.

4.2.3 Förderung der Windenergie durch Bund und Länder

Die Windenergieentwicklung ab 1986 war geprägt durch eine Neuorientierung der Förderpolitik: Die Förderprogramme hatten eine weniger forschungs- und entwicklungsorientierte Stoßrichtung; sie fokussierten stärker auf die schrittweise Verbesserung der Anlagen mit dem Ziel größerer Zuverlässigkeit und Markttauglichkeit. Allerdings wurde die Markteinführung der mit Forschungsmitteln entwickelten Technik dadurch erschwert, dass kein ressortübergreifender Konsens zur Förderung der Windenergie bestand, während sich die Anlagenentwickler in den konkurrierenden Ländern Dänemark und den Niederlanden auf einen weitgehenden politischen Konsens stützen konnten (Molly et al. 1988: 6 und 84).[79]

Nach dem Abbau des Growian im Jahr 1987 waren in Deutschland Großwindanlagen[80] zwar weiterhin Bestandteil der Forschungspolitik, jedoch mit stark sinkendem Forschungsmitteleinsatz.[81] Ein Lerneffekt aus dem gescheiterten

---

79 Ende der 1980er Jahre wurde eine Diskrepanz zwischen politischen Willenserklärungen zum Ausbau der Windenergie und deren Umsetzung deutlich. So beschloss die Bundesregierung, im Rahmen der Steuerreform von 1988 die Investitionszulagen zum 31. Dezember 1989 sowie Abschreibungsmöglichkeiten zum 31. Dezember 1991 zu streichen (Molly et al 1988: 84). Diese Steuerreform verdeutlichte die Diskrepanz zwischen Forschungs- und Wirtschaftspolitik.

80 Unter Großwindanlagen wurden in der Regel Anlagen mit mehr als 1 MW Leistung gefasst.

81 Die Aufwendungen des BMFT für große Windkraftanlagen sanken von 24 Mio. DM im Jahr 1981 auf 1,5 Mio. DM 1984 und pendelten sich in den folgenden Jahren auf einen Stand von 5 bis 6 Mio. jährlich ein. Vgl. Heymann 1995: 426; Tacke 2004: 173). Mit Unterstützung des BMBF wurde ab Mitte der 1980er Jahre eine zweite Generation von Großwindanlagen entwickelt. Die Monopteros-Anlage wurde 1989 mit 640 kW errichtet. 1990 bzw.1991 folgten zwei Anlagen des Typs WKA 60 mit jeweils 1,2 MW. Der von MAN entwickelte Horizontalachsenkonverter WKA 60 ging im Juli 1990 auf der Insel Helgoland in Betrieb. Mit einer Nennleistung von 1,2 MW war sie damals die größte Windkraftanlage in Deutschland. Zusammen mit einem Heizkraftwerk (Dieselgeneratoren) sollte sie die Stromversorgung der Insel Helgoland gewährleisten, deren Spitzenbedarf bei ca. 3,6 MW lag. Jedoch erwies sich die Anlage als sehr störanfällig und wurde deshalb 1995 wieder abgebaut. 1991 wurde eine Schwesteranlage mit drehzahlstarrem Generator im „Windpark Westküste“

Projekt war, dass die Forschungsprojekte nun von riskanten Auslegungen abrückten.[82] Mit der neuen Förderungsorientierung des BMFT sollten nunmehr zuverlässige, robuste Anlagen im praktischen Betrieb erprobt werden und zur Ausreifung gelangen.

Die Erfahrungen mit den vorangegangenen Projekten hatten gezeigt, dass für die praktische Erprobung und Ausreifung neuer Konstruktionen ein ähnlicher Aufwand wie für deren Entwicklung anzusetzen war. Das BMFT suchte nach Wegen, die Prototypen im praktischen Einsatz unter unterschiedlichen Bedingungen zu testen, um mit der Behebung von Fehlern und Schwächen und einer neuerlichen Erprobung die Anlagen in einem iterativen Prozess weiter zu entwickeln.[83] Vorbild für dieses Vorgehen waren Dänemark und Kalifornien, die relativ schnelle Erfolge erzielt hatten, weil sie eine hohe Verfügbarkeit der Anlagen nachweisen konnten (Tacke 2004: 174).

Die Bedingungen zum Testen von Windenergieanlagen - in Dänemark bereits vorhanden - mussten in Deutschland aber erst geschaffen werden. Nach dänischem Vorbild wäre dazu eine Kooperation des BMFT mit dem BMWi hilfreich gewesen. Unter dem Eindruck des Reaktorunfalls von Tschernobyl sprach sich der damalige Forschungsminister Riesenhuber 1986 für eine erhebliche Aufstockung des Forschungshaushalts für erneuerbare Energien und für eine Förderung von dezentralen Windenergieanlagen mittlerer Größe aus, die einer zeitlich befristeten Markteinführungshilfe gleichkam (Eisenbeiß 2007, mdl.).[84] Auch die CDU-Parlamentarier Erich Maaß und Harry Peter Carstensen forderten eine Investitionszulage für Windkraftanlagen nach dem Vorbild der zehn Jahre zuvor in Kraft getretenen dänischen Regelungen. Motiviert waren die Parlamentarier der Küstenregionen weniger durch den Umwelt- oder Klimaschutzgedanken als vielmehr durch drängende regionale Strukturprobleme: Die Beschäftigten der in ei-

---

auf dem Fundament des abgebauten Growian errichtet, was zu erheblichen Problemen im Stromnetz führte. Im Jahr 1993 wurde der zweiflügelige "Aeolus II", der mit 3 MW die Leistung des ehemaligen Growian erreichte und damit die größte Anlage Europas war, im Windpark Jade bei Wilhelmshaven durch das Energieversorgungsunternehmen PreussenElektra aufgestellt. Jedoch ging die Entwicklung der von Großunternehmen aufgestellten Anlagen über den Prototypus nicht hinaus (Tacke 2004: 174 f).

82 So lautete zum Beispiel ein Entwicklungsgrundsatz für die Anlage WKA 60 (1,2 MW), die 1984 von MAN entwickelt und 1990 auf Helgoland errichtet wurde: „Systemmerkmale und Technologien, die mit erhöhtem Risiko verbunden sind, werden konsequent vermieden“ (Heymann 1995: 426 f.).

83 Molly et al. stellten 1988 fest, dass kleine und mittlere Energieanlagen technisch bereits sehr weit entwickelt waren, während sich große Windenergieanlagen noch in der Entwicklungsphase befanden und noch nicht in den Bereich der Wirtschaftlichkeit vordringen konnten (Molly et al. 1988: 4).

84 Vgl. auch Der Spiegel vom 17.8.1986, zitiert in: Heymann 1995: 424.

ner tiefen Krise steckende Werftindustrie benötigten neue Arbeitsplätze. In der Windenergie wurde zudem eine Möglichkeit zusätzlicher Einnahmen für die Landwirtschaft gesehen (Windenergie wurde auch als „vierte Fruchtfolge" bezeichnet; vgl. Buhmann 2007).

Abbildung 10: Aufwendungen des BMFT/ BMBF im Rahmen der Energieforschungsprogramme für EE in Mio. EUR

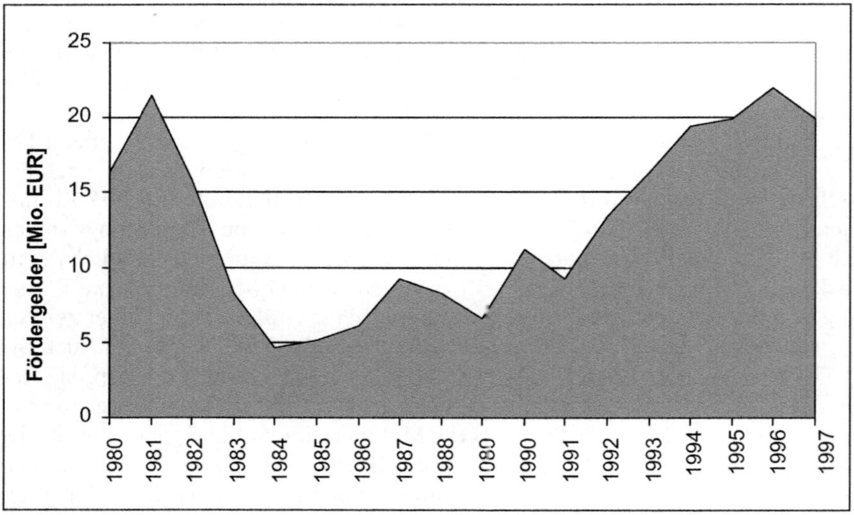

Quelle: eigene Darstellung nach BMU 2000b: 23[85]

Markteinführungsprogramme gehörten jedoch nicht in den Kompetenzbereich des Forschungsministeriums (Heymann 1995: 424-429). Das von der FDP geführte Bundesministerium für Wirtschaft war für die Investitionszulagen als Hilfen zur Markteinführung nicht zu gewinnen.[86] „Subventionen" dieser Art wurden energisch abgelehnt mit der Begründung, dass sie den Prinzipien der eien Marktwirtschaft widersprächen (Tacke 2004: 175). Anschubfinanzierungen in

85 Zur besseren Einordnung der Werte ist hier auch das Förderengagements des BMFT im Zeitraum vor und nach der betrachteten Phase dargestellt.

86 „Frankfurter Rundschau" vom 20.2.1988, zitiert in: Heymann 1995: 425; Tacke 2004: 175.

einem stark monopolisierten Energiemarkt wurden offenbar mit Subventionen gleichgesetzt und daher abgelehnt, wobei gleichzeitig Förderungen in enormer Höhe für die Atomwirtschaft bewilligt wurden.

Daher entwickelte das BMFT bereits 1986[87] einen neuen Vorhabenstypus: die so genannten *Demonstrationsprojekte*. Diese wurden von nun an zu einem festen Bestandteil der Forschungspolitik und stellten einen „revolutionären Schritt" dar (Heymann 1995: 428), da sie erstmals die eng gezogenen Grenzen der Forschungs- und Technologieförderung überschritten. Insgesamt wurde die Entwicklung von 214 kleineren Windenergieanlagen in verschiedenen Demonstrationsvorhaben gefördert.[88] Das Spektrum der Anlagengröße reichte dabei von 5 bis 250 kW und umfasste sowohl Einzelanlagen als auch erste Windparks[89] (Hoppe-Kilpper 2003: 32 ff.). Gefördert wurde nicht nur die Entwicklung, sondern auch der Einsatz von Windenergieanlagen mit dem Ziel, die Anlagentechnik zu verbessern, die Anlagenkosten zu senken sowie Serienproduktionen vorzubereiten (Riesenhuber 1990: I-II).[90] Die Demonstrationsprojekte ermöglichten damit die Erprobung und schließlich die Markteinführung von Windenergieanlagen in Deutschland. Abbildung 14 zeigt die Ausgaben des BMFT in dieser Phase im Kontext der vorangehenden und nachfolgenden Jahre (vgl. BMU 2000b: 23).

Symbolisch für die neue Förderstrategie war die vom BMFT geförderte Umwidmung des Growian-Geländes, auf dem nach der Demontage der Großwindanlage im Jahr 1987 nun 32 Kleinanlagen zu Forschungszwecken installiert wurden. Einige dieser von kleineren Anlagenherstellern entwickelten Prototypen konnten später am Markt eingeführt werden.

Nachdem durch die Demonstrationsprogramme und die Inbetriebnahme der ersten Windparks das Interesse an der Windenergie geweckt worden war, wurde 1989 mit dem Programm „100 MW-Wind" ein weiterer wichtiger Impuls zur Anwendung der Windenergie gegeben (Riesenhuber 1990: I). Mit Hilfe dieses

---

87 Demonstrationsprogramm für Windkraftanlagen bis 250 kW" von 1986. Im Rahmen dieses Programms erhielten vor allem kleinere Unternehmen Förderung für die Errichtung und Erprobung kleinerer Windkraftanlagen, vgl. Heymann 1995: 428 f.

88 Sonderdemonstrationsvorhaben des BMFT (vgl. Eisenbeiß 2007 mdl.; Hoppe-Kilpper et al. 1995: 42ff.; Hemmelskamp 2003: 11).

89 Als Windenergiepark wurde je nach Definition im jeweiligen Landesrecht eine Ansammlung von drei oder mehr Anlagen bezeichnet. Vgl. Amtsblatt Schleswig-Holstein 1991, Nr. 38: 560.

90 Die zunehmende Bereitschaft des BMFT zur Förderung von Kleinanlagen zeigte sich auch darin, dass seit 1985 kleinere Unternehmen wie die Firma Enercon oder die Husumer Schiffswerft (HSW) zu den Empfängern von Forschungsmitteln gehörten (Heymann 1995: 427). Das Programm für den Einsatz kleiner Windenergiekonverter sollte die technische Machbarkeit des Netzparallelbetriebs nachweisen und die genehmigungsrechtlichen Belange aufzeigen. Begleitet wurde das Demonstrationsvorhaben durch eine messtechnische Überwachung aller Anlagen. Diese machten es erst zu einem Forschungsprogramm im eigentlichen Sinne (Heymann 1995: 428 f).

Marktanreizprogramms sollte innerhalb von fünf Jahren eine installierte Leistung von 100 MW erreicht werden. Wegen der hohen Anzahl von Anträgen wurde das Programm bereits 1991 modifiziert und auf 250 MW erweitert (Hemmelskamp 1998b: 37, vgl. Kapitel 4.3.3).

Diese Programme bildeten eine entscheidende Grundlage für die weitere Entwicklung der Windenergietechnologie. Sie führten dazu, dass in dieser Phase wesentliche Innovationen durch eine Vielzahl kleiner und mittlerer Unternehmen generiert wurden. Die Streuung der Fördermittel auf viele Hersteller förderte den Wettbewerb zwischen Anlagenherstellern und unterstützte die Entwicklung verschiedener Anlagenkonzepte (Hemmelskamp & Jörg 1999: 92; zur Förderkonzeption vgl. auch Molly 1990: 163).

In diesem Zusammenhang wird von Tacke (2004: 176) die Person des damaligen Forschungsministers, Heinz Riesenhuber (CDU), als zentrale treibende Kraft im Innovationsprozess hervorgehoben. Durch die von ihm initiierten Maßnahmen seien erstmals die bis dahin eng gefassten Grenzen der Technologie- und Forschungsförderung überwunden worden. Riesenhuber bekannte der Süddeutschen Zeitung gegenüber, dass er „mit diesem Großprojekt [dem 100-MW-Programm, d. Verf.] bis an die Grenze seiner Zuständigkeit gegangen“ sei (SZ vom 10.3.1998, zitiert in Tacke 2004: 177).

Jedoch wurde auch Kritik an dem Programm laut. So wurde z. B. beanstandet, dass ein künstlicher Markt geschaffen werde, auf dem kein echter Wettbewerb entstehen könne und der so den notwendigen Ausleseprozess verhindere. Die Großunternehmen beteiligten sich nicht an dem Programm, sie stellten nach den gescheiterten Projekten (MAN mit WAK 60 und MBB mit Äolus II), mit denen sie keine wirtschaftlichen Lösungen entwickeln konnten, ihre Aktivitäten in der Windenergie ein. „Es waren eben jene Kleinunternehmen, die den Schritt auf den irgendwann später hart umkämpften Markt wagten, der wegen seiner Abhängigkeit von der Politik nicht ungefährlich war“ (Tacke 2004: 177).

Förderpolitik der Bundesländer

In den für die Windenergie prägenden Bundesländern Niedersachsen und Schleswig-Holstein änderte sich die Energiepolitik in dieser Phase. Sie nahmen eine Vorreiterrolle unter den Bundesländern ein, indem sie Ende der 1980er Jahre begannen, die Windenergie systematisch zu fördern.

In Niedersachsen wurde unter Wirtschaftsminister Hirche 1987 ein erstes Länder-Förderprogramm zur Windenergie aufgelegt.[91] Das Land zahlte einen

91 Bis 1990 erfolgte die Förderung über die „Richtlinie von Zuwendungen zur Verstärkten Anwendung und Nutzung neuer und erneuerbarer Energien“. In der Zeit von 1987 bis 1990 förderte das Land Niedersachen die Windenergie mit 31 Mio DM (15,8 Mio Euro). Davon entfielen 5 Mio DM

Zuschuss von 30 % für jede neu errichtete Anlage. Eine klare Vorreiterposition in Deutschland nahm die Landesregierung Schleswig-Holstein ein: dort erhielt nach dem Regierungswechsel 1988 die Windenergie kräftigen Rückenwind. Ministerpräsident Engholm (1988 bis 1993) wollte die Möglichkeiten der erneuerbaren Energie konsequent nutzen, insbesondere durch das Programm „Erneuerbare Energie" (Rave 1992: 353); das Landesenergiekonzept von 1991 hatte zudem eine atomstromfreie Energiebedarfsdeckung zum Ziel (vgl. Voigt 2006: 113 ff.).[92]

4.2.4 Neue Akteure der Nische

Maßgebliche Akteure der in dieser Phase noch kleinen Nische der Windenergietechnologie waren vor allem Materialentwickler, Maschinenbauer sowie die Nutzer der Windenergie, meist Einzelbetreiber (Landwirte und Privatpersonen) oder kleine Betriebe (Molly 1990: 128; Voigt 2006: 115). Der eingespeiste Windstrom wurde von den zuständigen regionalen Energieversorgern unterschiedlich hoch vergütet (zwischen 4 und 11 Pf. Pro kWh). Jedoch war die Windenergienutzung umso wirtschaftlicher für die Betreiber, je höher ihr Eigenverbrauch war, denn sie konnten damit Stromkosten von 18 bis 25 Pf. einsparen. Nutzer von Einzelanlagen waren vor allem Landwirte, aber auch Endverbraucher wie Gewerbetreibende oder Privatpersonen. Insbesondere für Landwirte war Windenergie wirtschaftlich interessant. Auch Stadtwerke stellten kleinere Windkraftanlagen auf städtischen Grundstücken auf und nutzten sie zur Deckung des anfallenden Strombedarfs zum Beispiel bei Kläranlagen oder Trinkwassergewinnungsanlagen (Maier 1992: 25).

Die Akteure agierten mit unterschiedlichen Motiven: Im Binnenland verfolgten die „Pioniere" die Nutzung der Windenergietechnologie vor allem aus energiepolitischen und ideellen Gründen mit dem Ziel einer Energiewende. Hier zählte im Wesentlichen das politische Engagement. Für die Landwirte in Niedersachsen und Schleswig-Holstein ging es vor allem um eine wirtschaftliche Alter-

---

(2,6 Mio Euro) auf den Bereich der Forschung und Entwicklung (größtenteils an in Niedersachsen ansässige Unternehmen) und 26 Mio DM (13,3 Mio Euro) auf die Projektförderung (Hoppe-Kilpper 2003: 77f).

92 Dem „Energiekonzept Schleswig-Holstein" lag ein Gutachten der Forschungsgesellschaft für umweltschonende Energieumwandlung zugrunde. Diese Landesforschungsgesellschaft hatte das Ziel genannt, bis zum Jahre 2010 ca. 25% der Strombedarfsdeckung aus Windenergie zu ermöglichen. Die Gesellschaft vertrat die Ansicht, dass die dafür benötigten ca. 1.200 Megawatt von ca. 2000 installierten Anlagen geleistet werden könnten. Das Land schloss sich in seinem Energiekonzept von 1991 diesen Einschätzungen an.

native und darum, in professioneller Weise einen neuen Markt aufzubauen (Voigt 2006: 115). Jedoch kann auch in dieser Phase noch nicht von einem agilen Marktgeschehen gesprochen werden.

Von zentraler Bedeutung für die weitere Entwicklung der Windstrombranche war zudem, dass in der zweiten Hälfte der 1980er Jahre ein neuer Akteur die (damals noch west-) deutsche Bühne betrat: es bildeten sich erste kollektive Organisationen in Form von lokalen und regionalen Teams, die sich zu *Betreibergesellschaften* zusammen schlossen. Diese Betreibergesellschaften waren eine neue Form des gemeinschaftlichen Betriebs von so genannten Bürgerwindanlagen.

Die Entstehung dieses neuen Akteurs steht in unmittelbarem zeitlichen Zusammenhang mit dem GAU im Kernkraftwerk Tschernobyl im April 1986. Schon vorher hatte sich in der Bundesrepublik eine starke Anti-Atomkraftbewegung gebildet. Jedoch gelangte erst mit der Tschernobyl-Katastrophe ein Teil der Aktivisten zu der Überzeugung, dass politischer Druck gegen Kernkraftwerke nicht mehr ausreichte, sondern eine positive Alternative zur nuklearen Stromerzeugung gefunden und angewandt werden musste, um ein Zeichen für alternative Möglichkeiten der Elektrizitätserzeugung zu setzen. Einer der ersten Vereine, die die gemeinsame Errichtung einer Windenergieanlage zum Ziel hatten, gründete sich wenige Monate nach dem Tschernobyl-GAU in Hamburg/Wedel. Diese Betreiberform - die gemeinsam betriebene Bürgerwindanlage - verbreitete sich in rasantem Tempo ab Ende der 1980er Jahre und kennzeichnet die gesamten 1990er Jahre (im Jahr 1989 gab es bereits 221 Betreibergesellschaften). Sie lieferte eine maßgebliche Initialzündung für die Ausbreitung der Windturbinen (Byzio et al. 2002: 272 f; vgl. Kapitel 4.3.4).

4.2.5 Netzeinspeisung als energiepolitisches Problem

Die Stromnetze in Deutschland befanden sich jedoch weiterhin im Besitz von Energieversorgungsunternehmen, die durch Gebietsmonopole geschützt waren und dadurch über eine enorme Macht verfügten. Die Elektrizitätsversorgungsunternehmen schlossen Konzessionsverträge mit den Kommunen. Untereinander schlossen die Energieversorger Demarkationsverträge, wodurch geschlossene Versorgungsgebiete entstanden (Mez 1997: 433 ff.).

Die Versorgungsunternehmen verfügten über ein Leitungs- und Versorgungsmonopol, das es ihnen erlaubte, die Bedingungen für die Stromeinspeisung der Windenergieanlagenbetreiber festzulegen. Sie ließen in der Regel einen Netzanschluss zu, beteiligten sich jedoch nicht an den Anschlusskosten und den oft erforderlichen Aufwendungen für Netzverstärkungen und neue Transformatoren (Heymann 1995: 423). Die Einspeisung von Windstrom durch unabhängige Erzeuger war nur auf der Grundlage von so genannten Verbändevereinbarungen zur stromwirtschaftlichen Zusammenarbeit möglich, die die Einspeisebedingungen regulierten (Heymann 1995: 423; Hemmelskamp & Jörg 1999: 94; Bechberger 2000: 4). Die Höhe der Einspeisevergütungen wurde in der Regel nach dem Grundsatz der vermiedenen Kosten berechnet, wobei jedoch nur die eingesparten Brennstoffkosten des jeweiligen Verteilerunternehmens anerkannt wurden. Diese Konditionen stellten für die Windenergieanlagenbetreiber eine oft unüberwindbare Hürde dar, woraus folgte, dass nur ein geringer Teil der damals ca. 500 Windturbinen Strom in das öffentliche Netz einspeiste (Heymann 1995: 423). Zudem konnten die Energieversorgungsunternehmen frei über die Höhe der Vergütung für den in ihr Netz eingespeisten Strom entscheiden – vorgesehen waren eine geringe Vergütung für den eingespeisten Windstrom sowie hohe Gebühren für den Netzanschluss.[93] Diese Sachlage, die die Diffusion der Windenergietechnologie und eine Stabilisierung der sozio-technischen Nische behinderte, wurde in der Öffentlichkeit zunehmend kritisiert (Tacke 2004: 170).

Die Elektrizitätsversorger hatten überschüssige Kapazitäten durch konventionelle Energieträger aufgebaut und zeigten daher nur geringes Interesse am Aufbau einer neuen Technologie der Energiegewinnung. Das geringe Interesse der Großindustrie ist auch durch den schnellen und technikgeschichtlich recht ungewöhnlichen Wandel in den Vorstellungen über die wirtschaftlich optimale Anlagengröße zu erklären. Hatte man die Versuchsanlage Growian zu Beginn der 1980er Jahre noch auf 3 MW ausgelegt, so beschränkte sich das Leistungsvermögen der Serienanlagen am Ende dieses Jahrzehnts auf weniger als 100 kW (Hau 1996: 578 f.). Energieversorger zogen jedoch große Kraftwerke gegenüber kleinen, dezentralen Einheiten eindeutig vor (vgl. Ohlhorst 2006: 107).

4.2.6 Genehmigungspraxis

Die genehmigungsrechtliche Situation der Windenergie war während der 1980er Jahre unklar. Windenergieanlagen waren im Bundesbaugesetz nicht vorgesehen und es fehlten einheitliche Genehmigungsrichtlinien und Vorschriften für die Be-

---

93 Der VDEW hatte 1984 ein Tarifmodell entwickelt, nach dem Betreiber von Windenergieanlagen 7-9-Pf./kWh erhielten, während sie für bezogenen Strom zwischen 25 und 27 Pf/kWh bezahlen mussten. Darüber hinaus sollten die Betreiber alle Anschluss- und Zählerkosten tragen, ohne die Möglichkeit zu haben, die Anschlussverkabelung in Eigenleistung und damit günstiger zu erstellen (Tacke 2004: 170f). Zudem bekämpfte der VDEW die erneuerbaren Energien mit einer deutschlandweiten Öffentlichkeitsarbeit und argumentierte dabei mit den hohen Preisen: „Strom aus Kuhmist ist bis heute tierisch teuer und Strom aus Wind und Sonne nicht minder" (Tacke 2004: 171).

willigungsbehörden hinsichtlich der technischen Auslegung der Anlagen. Die Antragsteller waren so der Willkür der Bewilligungsbehörden ausgeliefert und erhielten häufig abschlägige Bescheide, woraufhin sich die Gerichte mit Klagen gegen die abgelehnten Bauvorhaben auseinander setzen mussten (Bruns et al. 2008; Tacke 2004: 170).

Ende der 1980er Jahre hatten sich in Schleswig-Holstein gängige Abläufe bei der Genehmigung von Windenergieanlagen herausgebildet. Als erstes Bundesland veröffentliche Schleswig-Holstein 1984 verbindliche „Richtlinien für die Auslegung, Aufstellung und das Betreiben von Windenergie-Anlagen“[94], um den Genehmigungsbehörden und auch den Herstellern erste Leitlinien an die Hand zu geben. In Regionen Deutschlands, in denen verbindliche Richtlinien eingeführt wurden, veränderte sich die Genehmigungspraxis der Behörden zugunsten der Windräder.

Eine Konzentration von Windenergieanlagen zeichnete sich in den Küstenländern ab. In Niedersachsen gab es in dieser Phase noch keine allgemeingültigen Abläufe für die Genehmigung der Anlagen. Die eingehenden Anträge wurden in auf den Einzelfall abgestimmten Prüfungsverfahren bearbeitet. Zwar wurde das Bundesinstitut für Bautechnik in Berlin damit beauftragt, bundeseinheitliche sicherheitstechnische Richtlinien für die Errichtung und den Betrieb von Windenergieanlagen zu schaffen, die Arbeiten an der bundeseinheitlichen Regulierung waren jedoch bis Ende der 1980er Jahre noch nicht abgeschlossen (Molly et al. 1988: 72 ff.). Aber in der zweiten Hälfte der 1980er Jahre traten dann die genehmigungsrechtlichen Schwierigkeiten gegenüber Fragen der Vergütung des Stroms und dem Zugang zum Stromnetz in den Hintergrund (Tacke 2004: 170).

4.2.7 Entwicklung der Technik

Nach erfolglosem Testbetrieb wurde der Growian im Jahr 1987 wieder abgebaut. Damit war der Sprung zur Großtechnologie zunächst gescheitert. Windenergienutzung erfolgte durch kleine, dezentrale Anlagen, die vorwiegend durch private Nutzer, insbesondere Landwirte, installiert und betrieben wurden.

Bisher hatte der Einfluss staatlicher Förderung für Kleinanlagen unterschiedliche technische Konzepte zu Tage gebracht. Experimentiert wurde mit Vertikalachsen ebenso wie mit Horizontalachsen mit einem, zwei oder drei Rotorblättern. In Deutschland konnte sich bis zum Ende dieser Phase keine Technologie eindeutig durchsetzten und eine echte Marktfähigkeit erreichen (Twele

94 Richtlinie von September 1984, Änderungen vom 15.5.1985 und vom 23.3.1989.

2005: 41). Es zeichnete sich jedoch ab, dass sich die Weiterentwicklung auf robuste Kleinanlagenkonzepte mit zwei- und dreiflügeligem Rotor und mit Horizontalachse fokussieren würde. Diese Fokussierung erfolgte nicht zuletzt aufgrund der positiven Erfahrungen mit diesem Anlagentyp in Dänemark (Bruns et al. 2008).

Im Jahr 1990 waren in Deutschland etwa 300 Windenergieanlagen installiert.[95] Die Windkonverter dieser Phase waren in der Regel nach dem „dänischen Konzept" konstruiert (Gasch 1996: 41 f.): mit festen Drehzahlen ohne Rotorblattverstellung, netzgekoppeltem Asynchrongenerator sowie einem Antriebstrang mit Getriebe und Generator in linearer Anordnung. Zunehmend wurden nun nicht mehr nur Einzelanlagen, sondern auch ganze Windparks errichtet.[96] Das Herstellerspektrum umfasste 1990 bereits 21 Hersteller mit über 60 Anlagentypen zwischen 2,5 und 80 m Rotordurchmesser. Dies waren teils marktgängige Produkte, teils Prototypen und teilweise steckten sie auch noch in der Entwicklungsphase. Allerdings war Dänemark mit einem Marktanteil von über 75% in dieser Phase führend am weltweiten Markt kleiner und mittlerer Windenergieanlagen.

4.2.8 Charakteristika der Konstellation

In der Phase von 1986 bis 1990 machte die sozio-technische Nische der Windenergie (vgl. Abbildung 11) erste Schritte der Entfaltung, war jedoch auch jetzt noch von einer stabilen Etablierung weit entfernt. Die Windenergie war in dieser Phase ein „in den Anfängen stekkender Wirtschaftszweig" (Molly 1990: 159). Die Reaktorkatastrophe von Tschernobyl und die Forderungen nach einer Energiewende öffneten allerdings ein Zeitfenster für Bewegungen in der Konstellation. Die Debatten um Abhängigkeit von importiertem Öl, atomare Risiken und Umweltgefährdung bewirkten einen Bewusstseinswandel, der die Voraussetzungen für strukturelle Veränderungen der Energiepolitik schuf. Seitens des Staates erhielt Windenergie nun deutlich mehr Aufmerksamkeit als noch in der vorangehenden Phase. Die staatlichen Fördermaßnahmen erwiesen sich als konsistent mit den Strukturen der Nische und den Motivationen der Windenergie-Akteure und waren daher wirkungsvoll.

Jedoch konnte sich in Deutschland bis 1990 noch kein absatzstarker Markt für Windenergieanlagen entwickeln. Die Forschungsförderung hatte sich in ers-

---

95 Zum Vergleich: Zehn Jahre später zählte man bereits über 8.000; vgl. Lembke o.J.: 1.

96 Ein Windpark bei Niebüll, der im Jahr 1990 eröffnet wurde, war mit 35 Anlagen der damals größte Windenergiepark Europas.

ter Linie auf ehrgeizige Forschungs- und Entwicklungsprojekte für Großwindkraftanlagen konzentriert. Diese Projekte scheiterten jedoch weitgehend, sie gingen als „dead end" eines für kurze Zeit eingeschlagenen Entwicklungspfades in die Geschichte der Windenergie ein. Daraufhin sank das Volumen der staatlichen Förderung zunächst stark ab. Doch ab Mitte der 1980er-Jahre setze eine Umorientierung der Forschungspolitik ein. Neben der Anlagenentwicklung wurde der Anlageneinsatz zum zweiten Standbein der Forschung. Die Demonstrationsprogramme des Forschungsministeriums entfalteten ihre Wirkung und trugen maßgeblich zur Verbesserung der Prototypen bei.

Abbildung 11: 1986-1990: Phase des Aufbruchs

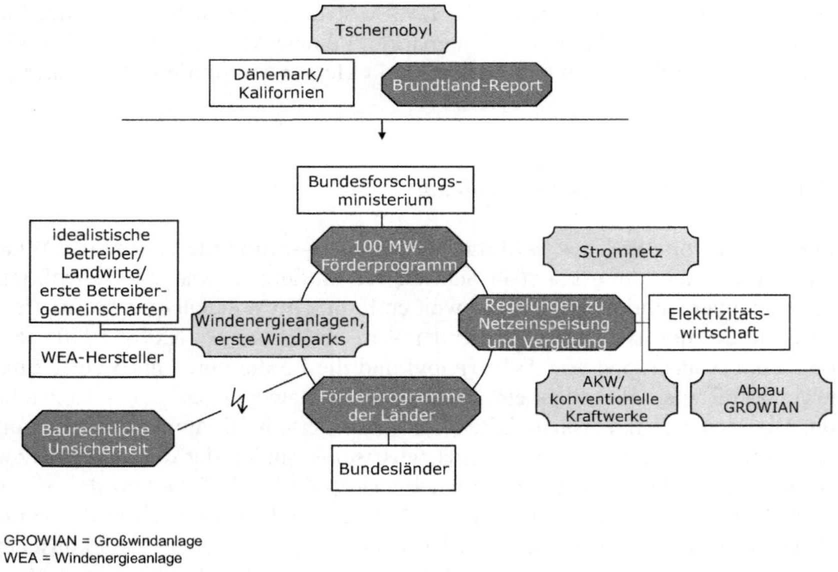

Quelle: eigene Darstellung in Bruns et al. 2008[97]

97 Als Quelle für die Abbildung der Konstellationen wird jeweils der Bericht des Forschungsprojektes „Innovationsbiographie der Windenergie" angegeben, weil die Konstellationen nicht allein von der Verfasserin, sondern im interdisziplinären Team erstellt wurden.

Zentrale Akteure der weitgehend isolierten und durch individuelle Investitionen geschützten Nische waren zum einen engagierte Technikentwickler insbesondere aus dem alternativen Milieu, die ein noch breites technologisches Spektrum an Windenergieanlagen (vgl. Kapitel 4.1.7) in kleinen Eigeninitiativen entwickelten. Neben diesem Gründer- und Entwicklungselan spielten Landwirte und Betreiberkonsortien von Bürgerwindanlagen eine bedeutende Rolle. Landwirten war die Windenergie zur Deckung des eigenen Strombedarfs sowie als zweite Einkommensquelle willkommen. Parallel dazu breitete sich das Modell der Betreibergemeinschaften aus, angetrieben durch die Vision einer Stromversorgung aus regenerativer Energie.

Diese Akteure trugen zu einer Aufbruchstimmung bei, es konnte sich jedoch noch kein stabiler Markt für die neue Technologie etablieren. Ein „Boom" der Innovationsentwicklung war Ende der 1980er Jahre noch nicht in Sicht. Auch reichte die Förderung des Bundesforschungsministeriums nicht aus, um eine solche Entwicklungsdynamik in Gang zu setzen. Aber die Akteure in der Nische erhielten eine erste, noch nicht sehr umfangreiche finanzielle Unterstützung in Form von Förderprogrammen des Bundes und der Länder. In der Folge war ein erster Schritt von individuellen Akteurs- und Technikkonzepten hin zur Bildung von Allianzen (Betreibergemeinschaften) und größeren technischen Einheiten (Anlagen-Gruppen) zu beobachten.

Die Förderprogramme waren auf diese Periode konzentrierte, auf den Bedarf der Akteure, des Marktes und der Technologie zugeschnittene Kurzzeitmodelle, die geeignet waren, die Ideengebung zu fördern. Im Hinblick auf die Ziele und die Motivation der beteiligten Akteure in der Nische waren sie konsistent und entfalteten mehr Wirkung als die Vorläuferprogramme zur Großwindanlagenforschung. Die Förderprogramme knüpften an bestehende Strukturen in der Nischenkonstellation an. Der noch fehlende rechtliche Rahmen (Bau- und Planungsrecht sowie Energiewirtschaftsrecht) wirkte jedoch restriktiv auf die Ausbreitung der neuen Technologie. Insgesamt bestand also nur geringer Diffusionsspielraum für die Windenergie.

Die Akteure der energiewirtschaftlich dominanten Konstellation grenzten durch eine restriktive Regulierung der Netzeinspeisung und eine niedrige Vergütung des aus Windenergie eingespeisten Stroms die Expansionsmöglichkeiten der Nische ein. Die Elektrizitätsversorger sahen keine Vorteile in der Entwicklung dieses Technologiepfades, wollten Umverteilungen vermeiden und wirkten daher hemmend auf die Entwicklung ein (vgl. Heymann 1995: 420 ff., 443).

4.3 1991 bis 1995: Phase des Durchbruchs

4.3.1 Situative Kontextbedingungen

Die folgende Phase ist geprägt durch die internationale Klimaschutzdiskussion und das an Bedeutung gewinnende Leitbild der nachhaltigen Entwicklung. Die Vereinten Nationen bekannten sich 1992 zu diesem Leitbild und verabschiedeten in Rio de Janeiro ein globales Aktionsprogramm, die Agenda 21. Zu den 170 Unterzeichnerstaaten der Agenda 21 gehörte auch Deutschland, das sich damit bereit erklärte, das Leitbild in allen Politikbereichen umzusetzen.

Die Klimarahmenkonvention, die 1992 bei der UN-Konferenz für Umwelt und Entwicklung in Rio unterzeichnet wurde und im April 1994 in Kraft trat (vgl. z. B. Simonis 1996a: 41, 1996b: 32 ff.; Gehring & Oberthür 1997: 9 ff; Ott 1997: 201 ff.), schuf völkerrechtlich verbindliche Grundlagen für die internationale Zusammenarbeit zur Verhinderung einer weltweiten Klimaerwärmung und unterstrich damit die Notwendigkeit einer Energiewende. Die Klimarahmenkonvention, die eine Stabilisierung der Treibhausgaskonzentration in der Atmosphäre zum Ziel hat, war der erste internationale Vertrag, der die Gefahren einer globalen Klimaveränderung hervorhob und die Staatengemeinschaft[98] zum Handeln verpflichtete, insbesondere zu einer Senkung der CO_2-Emissionen. Sie hatte erheblichen Einfluss auf die Energiepolitik in Deutschland, die Ziele der Energiepolitik für das vereinte Deutschland wurden neu gewichtet. Neben ökologischen Aspekten gewann auch die Einbindung der nationalen Energiepolitik in den europäischen Binnenmarkt an Bedeutung. Die Nische der Windenergie konnte sich unter diesen Kontextbedingungen entfalten. Auch die Natur trug zum Erfolg der Windenergie in diesem Zeitfenster bei: Die Jahre 1992 bis 1995 (und später 1998 und 1999) waren überdurchschnittlich gute Windjahre (vgl. Abbildung 12).

Die Entwicklung des Ölpreises wirkte dem Fortschritt der Windenergie jedoch in dieser Phase entgegen. Anfang der 1990er Jahre sank der Ölpreis auf knapp 10 Dollar, in der Folge nahm das globale Interesse an erneuerbaren Energien ab. Die Zukunft der Windenergie war in dieser Phase noch durch erhebliche Unsicherheiten charakterisiert. So prognostizierten drei in den Jahren 1990 und 1991 veröffentlichte Szenarien zur Windenergienutzung in Deutschland für das Jahr 2005 installierte Leistungen zwischen 360 und 2.640 Megawatt[99] (im Jahr 1990 betrug die installierte Leistung 56 MW).

Von der europäischen Ebene gingen in diesem Zeitabschnitt nur wenige Impulse aus, die Einfluss auf die Windenergieentwicklung in Deutschland hatten.

---

98 186 Staaten haben die Klimarahmenkonvention ratifiziert.

99 LBS 1990, Fichtner 1991, WISA 1990, zitiert bei Staiß 2003.

Sie beschränkten sich im Wesentlichen auf das WEGA-Projekt (1993-1997), ein wissenschaftliches Evaluationsprogramm für große Windenergieanlagen, mit dem die ersten MW-Anlagen in Europa unterstützt wurden (Twele 2005: 26).[100] An diesem Programm waren auch deutsche Projektpartner beteiligt (das Deutsche Windenergie-Institut mit Aeolus II und Enercon mit E-66, ebenda). Es umfasste Aspekte wie Qualitätssicherung, technische Unterstützung sowie Zusammenstellung und Auswertung der Messdaten, die an zwölf verschiedenen europäischen Prototypen der MW-Klasse erhoben wurden.

Abbildung 12: Windjahre in Prozent, 1993 bis 2006

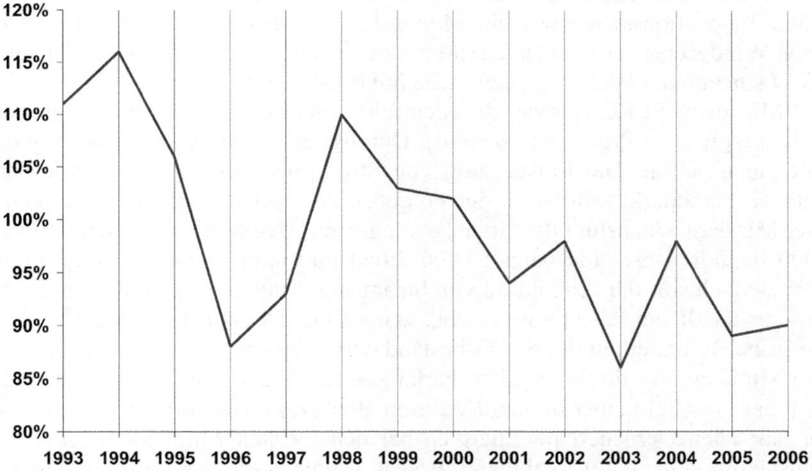

Quelle: eigene Darstellung nach ISET (REISI[101])

100 In dieser Phase wurde – im Dezember 1991 - auch die europäische Energiecharta von den Mitgliedstaaten der EU mit dem Ziel verabschiedet, eine Energiegemeinschaft zwischen West- und Osteuropa einschließlich der Nachfolgestaaten der Sowjetunion zu schaffen. Sie regelte den politischen Rahmen für die wichtigsten Bereiche einer energiewirtschaftlichen Zusammenarbeit der europäischen Staaten (Investitionsschutz, Zugang zu den Energievorkommen und Märkten, Liberalisierung des Handels, Transit von Energieerzeugnissen, Technologietransfer). Die Energiecharta hatte jedoch kaum Einfluss auf die Entwicklung der Windenergie in Deutschland.

101 Renewable Energy Information System On Internet, http://reisi.iset.uni-kassel.de

4.3.2 *Das Stromeinspeisungsgesetz*

Das Stromeinspeisungsgesetz (StrEG) war der maßgebliche Steuerungsimpuls, durch den der Beginn der neuen Phase in der Biographie der Windenergie markiert wird. Es wurde nach intensiven Bemühungen von Bundestagsabgeordneten aller Fraktionen und nach langwierigen und heftigen Auseinandersetzungen am 7.12.1990 mit überwältigender Mehrheit vom Bundestag verabschiedet und trat am 1.1.1991 in Kraft.[102] Mit dem Gesetz setzte eine dynamische Entwicklung der Windenergie in Deutschland ein. Aufgrund der im StrEG geregelten Abnahme und Vergütung von Strom[103] sowie des Netzzugangs für erneuerbare Energiequellen stiegen sowohl die durchschnittliche Nennleistung der Windenergieanlagen als auch die installierte Leistung in rasantem Tempo (vgl. Abbildung 13). Dieser Innovationsschub war ein Meilenstein auf dem Weg zu der inzwischen durch Windenergie erbrachten Leistung und eine der wichtigsten Grundlagen für das Wachstum der Windenergiebranche in Deutschland.

Mit dem StrEG wurde die deutsche Elektrizitätsindustrie verpflichtet, Windenergie zum Preis von 90 % des Durchschnittserlöses aus dem Stromverkauf einzuspeisen. Die Einspeisung von Strom aus Windenergie wurde damit rentabel. Windparks wurden in der Folgezeit zu einer nachgefragten Kapitalanlage. Mit dem Wachstum der Branche stiegen die Beschäftigtenzahlen von unter 2.000 im Jahr 1991 auf knapp 10.000 direkt und indirekt Beschäftigte im Jahr 1995. Jedoch war die Produktion von Strom aus Wind zu diesem Zeitpunkt trotz weiterer staatlicher Investitionszuschüsse noch nicht konkurrenzfähig.[104]

Eine Besonderheit des StrEG bestand darin, dass es – ohne eine Vorlage aus dem Ministerium - direkt aus dem Parlament initiiert wurde und dass das Parlament das Gesetz in einer breiten Koalition aller Fraktionen verabschiedete. Zwar fiel das Thema erneuerbare Energien bei den meisten Mitgliedern der Regierungskoalition nicht auf fruchtbaren Boden. Dennoch erhob die Bundesregierung und die sie tragende Koalition das Gesetz zum Beweisstück ihrer umweltpolitischen Handlungsbereitschaft zur Umsetzung der CO_2-Emissionsreduktionsziele. Allerdings war das zuständige Wirtschaftsministerium nicht bereit, das StrEG in

102 Gesetz über die Einspeisung von Strom aus erneuerbaren Energien in das öffentliche Netz (Stromeinspeisungsgesetz) vom 7. Dezember 1990. In: Bundesgesetzblatt Z 5702 A vom 14.12.1990, Nr. 67, S.2633 f.

103 Der Preis für die zu vergütende kWh Windstrom wird bei Abnahmepflicht der EVU von durchschnittlich 9,3 Pfg. auf 16,6 Pfg. angehoben.

104 Bereits wenige Jahre später, zu Beginn des neuen Jahrtausends, war die Windenergie vielerorts konkurrenzfähig (Rede von Bundesumweltminister Jürgen Trittin am 1.11.2004 in Bejing; www.bmu.de/reden/doc/6627.php). Die Konkurrenzfähigkeit war jedoch noch stark abhängig vom Standort der Windkraftanlage.

ein umfassendes Förderprogramm einzubetten. Es wurde auch nicht – wie rechtlich möglich – in das Energiewirtschaftsgesetz als Grundlage der Stromwirtschaft integriert. Damit kam die geringe Bereitschaft des BMWi zum Ausdruck, tatsächlich neue Wege in der Energiepolitik zu beschreiten. Dennoch wurde das Gesetz auch von seinen Kritikern respektiert: es belastete den Bundeshaushalt nicht, bürdete den Energieversorgungsunternehmen (EVU) nur geringe zusätzliche Ausgaben auf und demonstrierte dennoch gegenüber der Öffentlichkeit eine positive Einstellung zu den erneuerbaren Energien (Kords 1993: 90 ff.).

Das StrEG ermöglichte die Öffnung des Strommarktes für private Erzeuger regenerativen Stroms, der zuvor durch das Leitungs- und Versorgungsmonopol am Energiemarkt geprägt war. Nach dem StrEG waren (sind) Elektrizitätsversorgungsunternehmen verpflichtet, den in ihrem Versorgungsgebiet erzeugten Windstrom abzunehmen und mit mindestens 90 % des Durchschnittserlöses der Stromabgabe an Endverbraucher im jeweils vorletzten Jahr zu vergüten. Dabei wurden keine öffentlichen Budgets verwendet - die durch das Gesetz auferlegte Last wurde ausschließlich von Elektrizitätsversorgern und ihren Kunden getragen. Die Gestaltung der Einspeisevergütung stellte sicher, dass vor allem neu errichtete Anlagen von dem Gesetz profitierten. Die Dauer der Vergütung war zwar zeitlich nicht festgesetzt, trotzdem stellte die Regelung für die Betreiber regenerativ betriebener Anlagen eine Art „Vertrauensschutz" dar (Langniß 2003: 182).

1991 betrug der Vergütungssatz 16,6 Pfennig (Hemmelskamp 1998b: 40). Die Vergütung war damit deutlich höher als in bis dahin geltenden Verbändevereinbarungen festgelegte Vergütungstarife und führte zusammen mit der Bundes- und Länderförderung dazu, dass die Netzeinspeisung deutlich an Attraktivität gewann, insbesondere natürlich an günstigen Küstenstandorten.

Zum Schutz der Energieversorgungsunternehmen forderte der Wirtschaftsausschuss des Bundestages das Einfügen einer so genannten Härteklausel (§ 4) in das Gesetz, nach der die Verpflichtungen zur Vergütung des eingespeisten Stroms (nach §§ 2 und 3) nicht bestehen, wenn dies eine unbillige Härte für das Elektrizitätsversorgungsunternehmen darstellt. In diesem Falle gehen die Verpflichtungen auf das vorgelagerte EVU über. Eine solche unbillige Härte liegt dann vor, wenn das EVU seine Stromabgabepreise spürbar über die Preise gleichartiger oder vorgelagerter EVU hinaus anheben müsste.[105]

Die Energieversorger, die mit dem Gesetz zur Abnahme und Vergütung von Strom aus erneuerbaren Energien verpflichtet wurden, selbst aber von der Vergütung aus eigenen Anlagen ausgenommen waren, aber auch der Deutsche Indus-

---

105 Beschlussempfehlung und Bericht des Ausschusses für Wirtschaft zum Gesetzentwurf der Fraktionen CDU/CSU und FDP (Deutscher Bundestag 1990b).

trie- und Handelstag (DIHT) und der Bundesverband der deutschen Industrie (BDI) haben das Gesetz heftig angegriffen. Aus ihrer Sicht waren die gesetzlich festgelegten Vergütungssätze für die Abnahme des Wind-Stroms überhöht, reflektierten nicht den Wert der erzeugten Energie und seien daher aus volks- und stromwirtschaftlicher Perspektive nicht geeignet.[106] Der zentrale Streitpunkt war die Höhe der Erzeugungskosten von Windstrom im Vergleich zu denen der konventionellen Stromerzeugung aus fossilen oder nuklearen Brennstoffen (Hemmelskamp & Jörg 1999: 86). Beanstandet wurde darüber hinaus das Fehlen eines effizienten Mechanismus, der die entstehende Last gleichmäßig über die Regionen verteilt. Als ungerecht beklagten die Gegner des Gesetzes auch, dass die in den windreichen Küstenländern tätigen Stromversorger den Hauptanteil der Einspeisevergütung zu tragen hatten. Das regionale Ungleichgewicht bei der Einspeisemenge von Energie aus Strom bot den betroffenen EVU ein wichtiges Argument gegen das StrEG. Dem standen allerdings im Vergleich zu vielen anderen Branchen sehr hohe Gewinnmargen gegenüber (Tacke 2004: 173). Der Gesetzentwurf wurde trotz der Einwände angenommen und blieb von 1991 bis zur Verabschiedung des Nachfolgegesetzes (Erneuerbare Energien Gesetz) im Jahr 2000 in Kraft.

Wie kam es dazu, dass das StrEG eine Zustimmung aller Fraktionen im Bundestag erhielt und auch im Bundesrat mehrheitlich angenommen wurde? Eine politische Konstellation, bestehend aus der Initiative einer kleinen Gruppe von nicht der engeren Fraktionsführung angehörenden Abgeordneten aus unterschiedlichen Fraktionen (Wolfgang Daniels, Die Grünen und Matthias Engelsberger, CDU/CSU sowie in einem vorangehenden Antrag Erich Maaß und Harry Peter Carstensen, beide CDU) verhalf dem Gesetzentwurf zu einer Annahme aller Fraktionen im Bundestag.[107]

---

106 Die Abweichung vom Grundsatz der freien Preisbildung sollte mit dem neuen Gesetz auf das notwendige Minimum beschränkt bleiben. Anlagen, die sich zu mehr als 25 Prozent im Eigentum der öffentlichen EVU befanden, sollten vom Anwendungsbereich des Gesetzes nicht erfasst werden, da diese Unternehmen in der Lage waren, ihre Kosten für erneuerbare Energien in den Strompreisen weiter zu geben. Insgesamt ging es zur Zeit der Verabschiedung des Gesetzes um eine Begünstigung von ca. 4000 in Betrieb befindlichen, von erneuerbaren Energien angetriebenen Anlagen mit einer Leistung von ca. 470 MW bzw. einer Einspeisung von gut 1 Mrd kWh. Dies entsprach nur ca. 0,25 % der Stromerzeugung.

107 Im Bundestagsausschuss für Forschung und Technologie waren viele Fürsprecher der erneuerbaren Energien vertreten. Hier konzentrierte sich das Expertenwissen für erneuerbare Energien. Durch die in jahrelanger Zusammenarbeit entwickelte inhaltliche Übereinstimmung hatten sich interfraktionelle Interessensüberschneidungen gebildet. Dieser konsensfördernde Hintergrund spielte eine wesentliche Rolle beim Zustandekommen der gemeinsamen Initiative von konservativen und grünen Abgeordneten.

Die beiden Abgeordneten Maaß und Carstensen stammen aus norddeutschen Wahlkreisen, in denen der Betrieb von Windenergieanlagen getestet wurde. Die Windenergie hatte in den strukturell geschwächten Regionen bereits durch zahlreiche im Betrieb und Bau von Windenergieanlagen engagierte mittelständische Betriebe einen wirtschaftspolitischen Stellenwert (Kords 1993: 51). Der bayrische CSU-Abgeordnete Engelsberger war selbst Betreiber eines Wasserkraftwerks und hatte schon in der vorangehenden Legislaturperiode auf das wenig genutzte Potenzial der Wasserkraft hingewiesen (Kords 1993: 54). Er war seit 1978 der Präsident des Bundesverbandes der Deutschen Wasserkraftwerke und setzte sich für eine erhöhte Vergütung von Strom aus Wasserkraft ein (Köpke 2001: 16 ff.). Daniels war forschungspolitischer Sprecher der Grünen und befasste sich intensiv mit dem nuklearen Widerstand. Grund für sein Engagement für die erneuerbaren Energien war insbesondere das Ziel, den Atomausstieg zu befördern (Kurdziel 2005 mdl.). Sie erreichten es, die prinzipiell von vielen Akteuren anerkannten Vorteile der erneuerbaren Energien auf der politischen Agenda zu platzieren. In den darauf folgenden Monaten der Lobbyarbeit arbeiteten Wasserkraftbetreiber, die damals noch relativ unbedeutenden Windenergielobbyisten[108] sowie der neu gegründete Bundesverband erneuerbare Energien eng zusammen. Dabei wurden sie von ca. 80 Fraktionskollegen, die ihre Unterschriften auf die Gruppenanträge setzten, einer positiven Medienberichterstattung sowie dem BMU unterstützt. Die Entstehungsgeschichte des Gesetzes und das Vorgehen mit fraktionsübergreifenden Gruppenanträgen[109] stellten im parlamentarischen Alltag einen Ausnahmefall dar.

Eine maßgebliche Vorarbeit zum Stromeinspeisungsgesetz hatte die Enquete-Kommission „Vorsorge zum Schutz der Erdatmosphäre“ geleistet, deren Ergebnisse von der Bundesregierung mehrfach aufgegriffen wurden (vgl. Kapitel 4.2.2). Die Enquete-Kommission empfahl in ihrem Abschlussbericht eine Verminderung der energiebedingten klimarelevanten Emissionen um etwa 30 % für die Bundesrepublik bis zum Jahr 2005, bezogen auf das Jahr 1987 (BMU 1991: 1).[110] Zudem hatte die Expansion der Windenergieentwicklung in Dänemark und Kalifornien die Bedeutung einer angemessenen Einspeisevergütung vor Augen geführt (vgl. Kapitel 4.1.2).

---

108 Vertreter der Windenergie waren in der „Deutschen Gesellschaft für Windenergie“ und im „Interessenverband Windkraft Binnenland“ organisiert.

109 Gruppenantrag nach § 76 der Bundestagsgeschäftsordnung (GOBT).

110 Zu einer ähnlichen Empfehlung kam eine vom Bundesministerium für Umwelt, Naturschutz und Reaktorsicherheit (BMU) und vom Umweltbundesamt (UBA) durchgeführte Analyse, die als Grundlage für eine Kabinettsvorlage diente. Das Kabinett beschloss am 13. Juni 1990 eine Reduktion der energiebedingten CO_2-Emissionen um 25 % bezogen auf das Jahr 1987 (BMU 1991: 1).

Darüber hinaus scheint auch die Zurückhaltung anderer Akteure eine Rolle gespielt zu haben. Weder der VDEW noch das BMWi nahmen den Vorgang so ernst, dass sie ein Entgegenwirken z. B. durch Gegenanträge veranlassten (vgl. Kords 1993: 94). Rückblickend wird vermutet, dass die weit reichende Wirkung des Gesetzes zu seiner Entstehungszeit von den meisten Beteiligten unterschätzt wurde (Tacke 2004: 172; Staiß 2003: 68 f.). Es konnte aus Sicht der etablierten Stromwirtschaft und des BMWi kaum „Schaden anrichten" (Kords 1993: 94). Auch die rechts-liberale Koalition aus CDU, FDP und CSU unter Bundeskanzler Kohl rechnete nicht ernsthaft mit dem durchschlagenden Erfolg des Gesetzes.

Abbildung 13: Anzahl der Windenergieanlagen in Deutschland, kumuliert und jährlicher Zubau

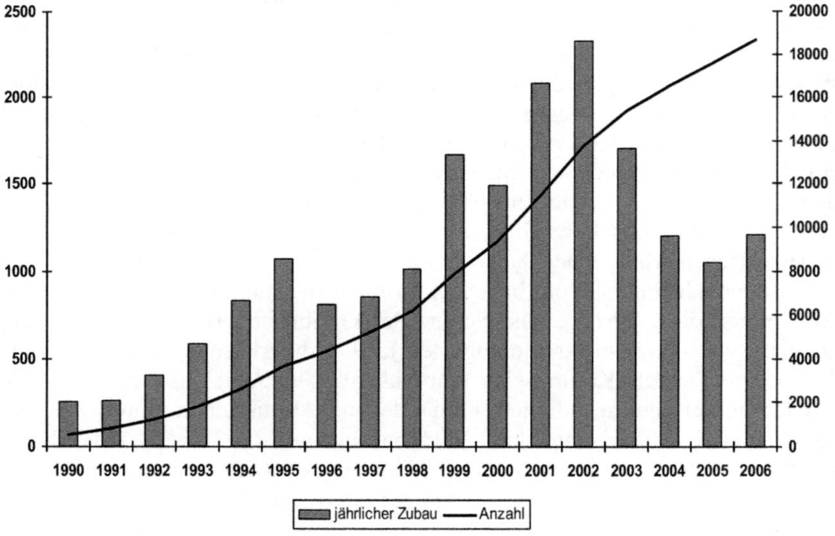

Quelle: DEWI[111]

111 Erhebung des DEWI im Auftrag des BWE und des VDMA, vgl. www.wind-energie.de/de/statistiken.

Das Wachstum im Zubau von Windenergieanlagen im Anschluss an die Verabschiedung des StrEG übertraf selbst die optimistischsten Erwartungen. Die installierte Leistung, die 1989 nur 18,8 MW betrug, konnte bis 1995 auf 1094 MW gesteigert werden (Staiß 2003: 69; vgl. Abbildung 13). Maßgeblich für dieses Wachstum waren neben der Höhe auch die Langfristigkeit der gesetzlich festgelegten Einspeisevergütung und die damit geschaffene Planungssicherheit. Hierdurch entstanden günstige Voraussetzungen für Investitionen in Produktionsanlagen, den Aufbau von Vertriebsstrukturen und die technische Weiterentwicklung (Staiß 2003: 69).

Novellierung des Stromeinspeisungsgesetzes 1994
Im Jahr 1994 wurde das Stromeinspeisungsgesetz erstmals novelliert (vgl. StrEG 1994). Mit der Novelle wurde die Vergütung von 90 % des Durchschnittserlöses für Strom aus Windenergie nicht verändert. Von der Vergütung sollten nach wie vor v. a. kleine und mittlere Anlagen (unter 5 MW) profitieren. Für Strom aus Wasserkraft, Deponie- und Klärgas, Produkte oder Rest- und Abfallstoffe der Land- und Forstwirtschaft wurde jedoch die Vergütung von 75 auf 80 % des Durchschnittserlöses heraufgesetzt. Das BMWi als federführendes Ressort begegnete der Novellierung mit heftigem Widerstand, dennoch setzten Bundestag, Umweltministerium[112] und die einschlägigen Verbände die Neuerungen durch. Umweltministerin Merkel (1994-1998) sowie der parlamentarische Staatssekretär Hirche (FDP) setzten sich maßgeblich für die Weiterentwicklung des StrEG ein. Auch seitens des Kanzleramtes gab es Unterstützung für die Fortentwicklung des Gesetzes. Durch dieses massive Einwirken auf das BMWi konnte dieses sich letztlich einer Novellierung nicht entziehen (Dürrschmidt 2007, mdl.).

4.3.3 Energie- und Förderprogramme von Bund und Ländern

Angesichts der Veränderungen im energiepolitischen Umfeld – insbesondere die möglichen Risiken des Treibhauseffektes, die Fortschritte der europäischen Integration und die Vereinigung Deutschlands – legte die Bundesregierung am 11.12.1991 ihre neuen Leitlinien in einem Energieprogramm mit dem Titel „Energiepolitik für das vereinte Deutschland“ vor. Danach sollten die Ziele der Energiepolitik - Versorgungssicherheit, Wirtschaftlichkeit, Umweltverträglichkeit und Ressourcenschonung - neu gewichtet werden.

---

112 Das BMU (vertreten durch Herrn Dr. Dürrschmidt, damals Mitarbeiter im Referat Klimaschutz) war in dieser Phase im Rahmen der Ressortabstimmung beteiligt.

Förderpolitik des Bundesforschungsministeriums

Das Bundesministerium für Forschung und Technologie hatte noch bis Ende der 1980er Jahre eine Vielfalt technischer Lösungen gefördert, ohne eine frühzeitige Standardisierung der Anlagentechnik zu forcieren. Zu den geförderten technischen Konzepten gehörten u.a. (Twele 2005: 22):

- Zwei- und Dreiblattrotoren (horizontal) im Leistungsbereich 20 bis 30 kW
- Dreiblattrotoren (horizontal) im Leistungsbereich 100 bis 200 kW
- Dreiblattrotoren (horizontal) im Leistungsbereich 1 MW
- Zweiblattrotoren (horizontal) im Leistungsbereich 3 MW
- Einblattrotoren (horizontal) im Leistungsbereich 10 kW und 400 kW
- Darrieusrotoren (vertikal, 30 kW)
- Windkonzentrator-Anlagen (5 kW).

Aus diesen Forschungs- und Entwicklungsansätzen resultierte allerdings keine kommerziell verfügbare Technologie, da die Anlagen den Status von Prototypen nicht überschritten und keine Serienreife erreichten. Vor allem waren die Anlagen nicht mit dänischen Anlagen konkurrenzfähig, die bereits einem einheitlichen Konzept folgten (Twele 2005: 22). Das BMBF änderte daher seine Förderpolitik ab 1989 in drastischer Weise. Die - im Volumen abnehmenden – Forschungs- und Entwicklungsprogramme wurden um ein Markteinführungsprogramm ergänzt, das keinen eigenen Forschungsansatz aufwies (Twele 2005: 22 f.). Insbesondere das 250-MW-Programm (s.u.) hatte eine massive Wirkung auf die Entwicklung der Technik und des Marktes. Ab Mitte der 1990er Jahre wurde die bundesstaatliche Forschungsförderung – bis auf die Verpflichtungen der (aus)laufenden Programme – weitgehend zurückgefahren (Twele 2005: 18 f.).

250-MW-Wind-Programm

Das vom Bundesforschungsministerium 1989 initiierte 100- bzw. 250-MW-Wind-Programm[113] hatte das Ziel, die Windenergie in energiewirtschaftlich nennenswerter Größenordnung zu erproben, Langzeiterfahrungen zu sammeln und

113 Ursprünglich wurde das Programm als 100-MW-Programm konzipiert und wegen hoher Nachfrage auf 250 MW aufgestockt. Mit Hilfe des Förderprogramms sollte eine installierte Leistung von 100 MW bzw. nach der Aufstockung von 250 MW erreicht werden. Es wurde vom Bundesforschungsministerium initiiert und ging später in den Zuständigkeitsbereich des BMU über. Über einen Zeitraum von insgesamt 16 Jahren wurden damit Bau und Betrieb von WEA sowie ein Mess- und Evaluationsprogramm (WMEP) mit insgesamt fast 190 Mio Euro gefördert (Christmann 2006: 273).

Anreize für die Installation einer größeren Anzahl von Windenergieanlagen durch unterschiedliche Betreiber an unterschiedlichen Standorten zu schaffen (Hemmelskamp & Jörg 1999: 85). Das Programm löste eine Flut von Anträgen für den Betrieb von privaten Windrädern aus,[114] so dass das ursprünglich auf 100 MW ausgelegte Programm im Februar 1991 zum 250 MW-Wind-Programm erweitert wurde (Hemmelskamp 1998: 37; vgl. Kapitel 4.2.3). Es trug dazu bei, dass der Weg für das Modell der gesetzlichen Einspeiseregelung für erneuerbare Energien geebnet werden konnte, denn erstmals wurde an Stelle eines Investitionszuschusses eine ertragsbezogene Förderung gewährt.

Abbildung 14: Fördermittel des BMFT: 250-MW-Programm, WMEP und Eldorado-Programm von 1989 bis 2002 (in T €)

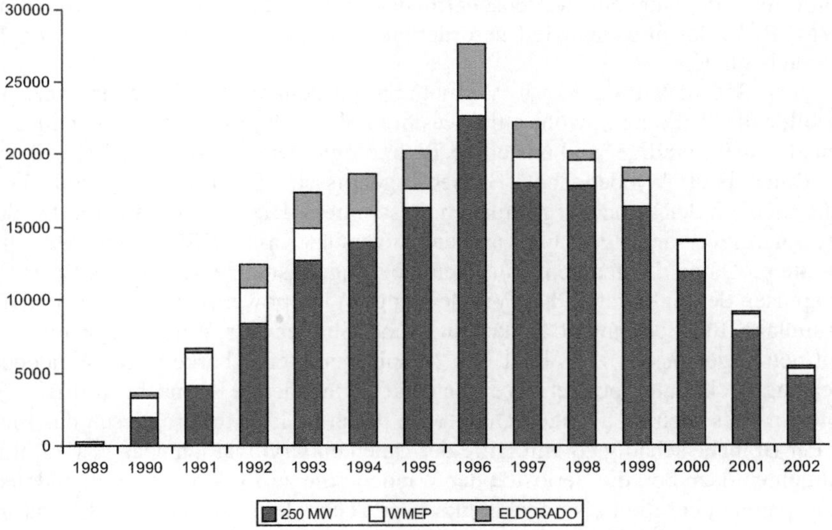

Quelle: Twele 2005: 23

114 Bis Juni 1991 lagen dem BMFT 2400 Anträge mit einer beantragten Gesamtleistung von 550 MW vor, mehr als das Doppelte der beabsichtigen Förderung (Tacke 2004: 177). Mit Hilfe dieses Programms konnten bereits 1994 4 % des Schleswig-Holsteinischen Strombedarfes über die Windkraft abgedeckt werden.

Im Rahmen des 250-MW-Wind-Programms wurden Förderungen für die Installation und den Betrieb von Windenergieanlagen an geeigneten Standorten vergeben.[115] Die teilnehmenden Anlagenbetreiber erhielten für ins öffentliche Netz eingespeisten Strom neben der Vergütung nach dem Stromeinspeisungsgesetz eine Zulage von 8 Pfg/kWh (bei Programmbeginn) bzw. 6 Pfg/kWh (seit 1991) oder wahlweise einen einmaligen Investitionskostenzuschuss von maximal 60 % (Hemmelskamp & Jörg 1999: 85; Hoppe-Kilpper 2003: 42; Christmann 2006: 274).

Das Programm, das 1996 auslief, förderte insgesamt 1.577 Windanlagen mit einer gesamten Nennleistung von 390,5 MW (bzw. eine Leistung von 250,25 MW bei 10 m/s Windstärke). Die Anträge auf Förderung wurden zu 63 % von privaten Betreibergemeinschaften, zu 19 % von Gewerbebetrieben und zu 18 % von Energieversorgungsunternehmen gestellt (Hoppe-Kilpper 2003: 42). Teil des Fördermodells war ein wissenschaftliches Mess- und Evaluationsprogramm (WMEP)[116], das alle finanziell geförderten Anlagen für einen Zeitraum von 10 Jahren begleitete.

Das 250-MW-Progamm in Verbindung mit dem WMEP hatte eine vertrauensbildende Wirkung sowohl auf Investoren als auch auf Anteilseigner in eine damals noch ‚windige' und unsichere Technologie. Die Aufgabe des WMEP war es, Daten bzgl. Windangebot, Betriebsergebnissen, Zuverlässigkeit und Wirtschaftlichkeit der Windenergieanlagen zu sammeln. Die von dem Institut für Solare Energieversorgungstechnik an der Universität Kassel (ISET) seit 1990 aufbereiteten Daten dienten den deutschen Übertragungsnetzbetreibern als Basis für Prognosen der zu erwartenden Windleistung (Wind power management) und als Grundlage für Beratung, Begutachtung und Studien zur Windenergienutzung. Mit den Ergebnissen, z. B. bzgl. der technischen Verfügbarkeit von Windenergieanlagen, konnte letztlich Werbung für Windenergie gemacht werden. Es konnten aber auch „schwarze Schafe", die durch fehlerhafte Prognosen das Image der Branche schädigten, mit Hilfe der Daten entlarvt werden. Das WMEP trug zum einen dazu bei, die Seriosität der Windenergie zu fördern und zum anderen, Transparenz über die Leistungsfähigkeit der Technologie zu schaffen. Es war insofern eine wichtige Basis für die Ermittlung der Herstellungskosten von Wind-

---

115 Das Fördervolumen bezog sich dabei auf die von den Windenergieanlagen bei 10 m/s Windgeschwindigkeit abgegebene Leistung.

116 Mit der messtechnischen Überwachung, Datensammlung und Auswertung wurde das Institut für Solare Energieversorgungstechnik in Kassel (ISET e.V.) beauftragt. Die Daten zur technischen und wirtschaftlichen Entwicklung der geförderten Anlagen werden jährlich durch das ISET ausgewertet und veröffentlicht (vgl. z. B. ISET 1997) und liefern Informationen über die Qualität und Effizienz der verschiedenen technischen Optionen (vgl. z. B. ISET 2006).

energie. Auf Grundlage der Daten wurden auch technische Fortschritte vorangetrieben.[117]

Zinsvergünstigte Darlehen
Das Bundesministerium für Wirtschaft (BMWi) gewährte zur Finanzierung von Windenergieanlagen in dieser Phase langfristige, zinsvergünstigte Darlehen über die bundeseigene Deutsche Ausgleichsbank im ERP-Umwelt- und Energiesparprogramm[118] sowie im Rahmen des DtA-Umweltprogramms[119], mit Zinssätzen, die ca. ein bis zwei Prozentpunkte unter dem üblichen Marktzins lagen und die Möglichkeit für zwei tilgungsfreie Jahre boten (Hoppe-Kilpper et al. 1997: 143). Mit diesem Programm wurde in den Folgejahren die Finanzierung des weitaus größten Teils der in Deutschland errichteten Windenergieanlagen unterstützt. Durch eine Kombination aus ERP-Programm und DtA-Umweltprogramm war eine Finanzierung von bis zu 75 % der Investitionssumme möglich (Hemmelskamp & Jörg 1999: 87).[120]

Landesförderung
Auch Landesförderprogramme spielten in dieser Phase eine wichtige Rolle (Staiß 2003, I-163; Hoppe-Kilpper 2003: 74 ff.). So wurden zum Beispiel in Brandenburg im Zeitraum von 1992 bis 1999 Einzelanlagen im Rahmen des Landesimmissionsschutzprogramms[121] sowie im Rahmen des REN-Pro-

117 Eine weitere Schadensdatenbank wird seit 1993 von der Arbeitsgemeinschaft Windenergiedaten Schleswig-Holstein (AWD) gepflegt. Die AWD wertet Schäden an Turbinen aus und veröffentlicht diese in den Praxisergebnissen für Windenergie der Landwirtschaftskammer Schleswig-Holstein. In der AWD arbeiten die Ingenieur-Werkstatt Energietechnik (IWET), die Windtest Kaiser-Wilhelm-Koog sowie die Landwirtschaftskammer Schleswig-Holstein zusammen (Weinhold 2006: 25).

118 ERP-Mittel waren ursprünglich Mittel aus dem European Recovery Programme (ERP), die 1948 als "Marshallplanhilfe" für den Wiederaufbau der deutschen Wirtschaft bereitgestellt wurden. Daraus entstand später das ERP-Sondervermögen des Bundes, aus dem die KfW Förderbank verschiedene Programme refinanziert (vgl. www.kfw-foerderbank.de/DE_Home/Umweltschutz/ERP-Umwelt93/index.jsp, zuletzt aufgerufen am 2.5.2007).

119 Umweltprogramm der Deutschen Ausgleichsbank (DtA). Die Deutsche Ausgleichsbank ist im Juli 2003 in der neu gegründeten KfW-Mittelstandsbank (Kreditsanstalt für Wiederaufbau) aufgegangen. Die Förderprogramme der ehemaligen DtA werden von der KfW Mittelstandsbank fortgeführt.

120 Insgesamt flossen seit 1990 mit 2.855 Mio. DM über 80% der Mittel aus den ERP- und DtA-Umweltprogrammen in Windkraftprojekte, die Laufzeit der Kredite betrug in der Regel 12-15 Jahre. Die Kredite sind reine Refinanzierungsprogramme, die Abwicklung der Kredite erfolgt über die Hausbanken der Kreditnehmer. Das Kreditrisiko tragen somit die Hausbanken, weshalb diese die erforderlichen Sicherheitsleistungen individuell festlegen (Hemmelskamp & Jörg 1999: 87).

121 Ein Programm des Ministeriums für Ländliche Entwicklung, Umwelt und Verbraucherschutz (MLUV).

gramms[122] gefördert. Die Investitionsbanken der Länder Schleswig-Holstein, Brandenburg, Niedersachen vergaben zinsvergünstigte Kredite für den Bau von Windenergieanlagen. Die erste Hälfte der 1990er Jahre war der Höhepunkt der Windenergie-Förderung der norddeutschen Bundesländer (vgl. Abbildung 15).

Im Verlauf der 1990er Jahre fand eine deutliche Verschiebung der Länderförderung von der Windenergie hin zu Biomasse und Solarthermie statt, so dass im Jahr 2001 die Windenergie-Förderung der Länder nur noch ca. 1,8 Mio Euro betrug (nicht inbegriffen sind dabei Gelder für Forschung, Entwicklung sowie Beratung und Schulung sowie Fördergelder einzelner Bundesländer, die bei der Ausweisung ihrer Fördermittel nicht nach Technologien differenzierten, vgl. Staiß 2003: I-166).

Die Bundesländer unterstützten die Markteinführung durch nicht zurückzahlbare Investitionskostenzuschüsse und durch Zinszuschüsse. Für einen kurzen Zeitabschnitt innerhalb der hier beschriebenen Phase überschnitten sich die Förderungen der Länder mit dem 250 MW-Programm des Bundes (Hemmelskamp & Jörg 1999: 86). Die war von Bedeutung für den Durchbruch der Innovation der Windenergie, denn in diesem Zeitfenster bestand die Möglichkeit, Fördermittel zu kumulieren, während sich die Antragsteller später zwischen der Landes- und Bundesförderung entscheiden mussten (Hemmelskamp 1998b: 38).

Dabei verfolgten die Bundesländer jeweils unterschiedliche Förderstrategien. Baden-Württemberg unterstützte vor allem Forschungs- und Entwicklungstätigkeiten, Nordrhein-Westfalen investierte mehr in die Breitenförderung (Staiß 2003: 163). Auch die Förderkriterien der Bundesländer unterschieden sich. Insbesondere die Küstenländer verankerten die Einhaltung eines bestimmten Schallpegels und Netzverträglichkeitskriterien in ihren Förderrichtlinien (Hemmelskamp 1998b: 79). Ende der 1990er Jahre wurde die Länderförderung sukzessive reduziert und schließlich weitestgehend eingestellt.

Steuerrechtliche Abschreibungsmöglichkeiten

Seit Inkrafttreten des Stromeinspeisungsgesetzes erkennt die Finanzverwaltung die Absicht der Gewinnerzielung von Windenergieprojekten an. Es wird davon ausgegangen, dass Windenergieanlagen betrieben werden, um wirtschaftliche Vorteile zu erzielen und dass die Einnahmen die Ausgaben des Projektes überschreiten (Hemmelskamp & Jörg 1999: 87). Damit haben sich die steuerlichen Rahmenbedingungen für Investitionen in Windenergieprojekte verändert. Zum einen kann die Wertminderung der Anlagen als Anlagegut bzw. Betriebsvorrichtung steuerlich abgeschrieben werden (§ 7 Abs. 1 EStG, vgl. Hemmelskamp &

---

122 REN= Richtlinie des Ministeriums für Wirtschaft des Landes Brandenburg zur Förderung der Rationellen Energieverwendung und Nutzung Erneuerbarer Energiequellen.

Jörg 1999: 87).[123] Zum anderen können bei Windenergieprojekten entstehende Verluste aus der Anlaufzeit mit zukünftigen Gewinnen verrechnet werden, um die Besteuerung der Leistungsfähigkeit über die gesamte Betriebsdauer zu gewährleisten. Bei Personengesellschaften besteht damit die Möglichkeit, entstandene Anlaufverluste direkt steuerlich geltend zu machen (Hemmelskamp & Jörg 1999: 88). Damit wird die in dieser Phase aufscheinende Bedeutung der Windenergie als wirtschaftlicher Investitionsgegenstand verdeutlicht.

Abbildung 15: Für die Windenergie aufgewendete Mittel der Bundesländer in Mio Euro

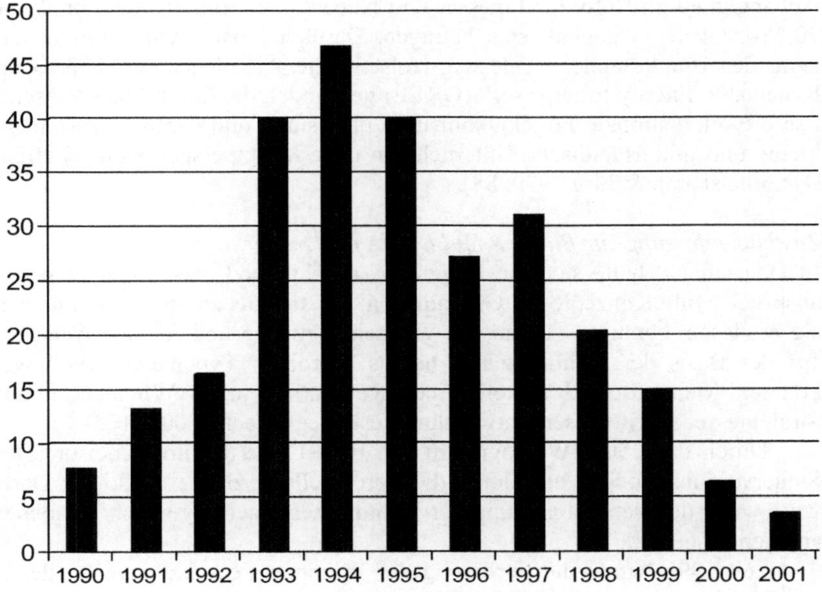

Quelle: eigene Darstellung nach Hoppe-Kilpper 2003: 79 f.

123 Dazu werden Anschaffungs- und Herstellungskosten auf die betriebsgewöhnliche Nutzungsdauer von 10 Jahren bzw. ab Juni 1997 von 12 Jahren verteilt (Hemmelskamp & Jörg 1999: 87).

Marktanreizprogramm des Bundeswirtschaftsministeriums
Von 1994 bis 1997 wurden in einem auf eine kurze Zeitspanne befristeten Programm des BMWi Anlagen zur Nutzung erneuerbarer Energien gefördert. Die Förderung durch Investitionskostenzuschüsse belief sich auf ca. 7 Prozent des Investitionsvolumens. Im Rahmen dieses Marktanreizprogramms wurden Windenergieanlagen zwischen 1995 und 1997 mit ca. 2,5 Mio. EUR (4,8 Mio DM) gefördert (BMU 1999a: 23).

Exportförderung
Zwischen 1991 und 1995 wurden im Rahmen des Eldorado-Programms des BMFT Demonstrationsvorhaben deutscher Windenergieanlagenhersteller in ausgewählten Ländern anderer Klimazonen unterstützt. Die Förderhöhe wurde in Abhängigkeit zu Rotordurchmesser und Nabenhöhe ermittelt und konnte bis zu 70 Prozent der Anlagenkosten betragen. Darüber hinaus wurde mit Unterstützung des Bundeslandes Schleswig-Holstein die Arbeitsgemeinschaft „German Renewable Energy Enterprises" (GREE) gegründet, die durch Messepräsentationen die internationale Projektakquisition unterstützt und damit insbesondere für kleine und mittelständische Unternehmen neue Marktperspektiven schaffen soll (Hemmelskamp & Jörg 1999: 88).

Zusammenfassung zur Bundes- und Länderförderung
In Deutschland hatte sich die Erkenntnis durchgesetzt, dass weniger neue und anspruchsvolle Konzepte für Großanlagen, die sich als zu teuer und unzuverlässig erwiesen, benötigt wurden, als vielmehr einfache und robuste Anlagen, die auf der Basis der Erfahrung mit bereits erprobten Typen entwickelt werden konnten. Man hatte sich anstelle einer ‚Revolution' in der Windenergie auf die Strategie der schrittweisen Entwicklung festgelegt (Tacke 2004: 173).

Durch das 250-MW-Programm des BMFT, das Stromeinspeisungsgesetz, Steuervergünstigungen und durch die Bereitstellung zinsvergünstigter Darlehen wurde eine deutliche Steigerung der inländischen Nachfrage nach Windenergieanlagen ausgelöst.

Seit 1993 wurde die Förderung der Windenergie sukzessive wieder reduziert, in den folgenden Jahren waren vor allem die Vergütung nach dem StrEG und die zinsvergünstigten Darlehen der Deutschen Ausgleichsbank für die Wirtschaftlichkeit der Windenergie bedeutsam (Rehfeldt & Schwenk 1997: 68 f.). Innovationsaktivitäten der Hersteller zur Weiterentwicklung der Effizienz von Windenergieanlagen wurden insbesondere durch die ertragsabhängige Förderung stimuliert. Die Marktnachfrage richtete sich aufgrund der ertragsabhängigen Förderung durch das Stromeinspeisungsgesetz auf die jeweils größten und effizientesten Anlagen, was einen Anreiz für die Hersteller zur Schaffung kontinuierlicher Kostensenkungen gab. Aber auch die Schaffung von Planungssicherheit durch das Stromeinspeisungsgesetz war eine zentrale Voraussetzung für Investitionen in den Aufbau von Produktionsanlagen, Vertriebsstrukturen und die technische Weiterentwicklung (Staiß 2003: 69).

Dass Deutschland in Folge des Stromeinspeisungsgesetzes und der begleitenden Förderprogramme einen weltweit einzigartigen Boom der Windenergieerzeugung erfahren würde, wurde von den Initiatoren nicht erwartet. Es wird vermutet, dass die positiven Wirkungen des Stromeinspeisungsgesetzes zur Zeit seiner Entstehung von den Beteiligten unterschätzt wurden. Das tatsächliche Wachstum übertraf selbst optimistische Annahmen. Da die Technik jedoch noch nicht ausgereift war, waren Kauf und Betrieb von Windenergieanlagen trotz des neuen Gesetzes noch ein wirtschaftliches Risiko. So hat auch der unternehmerische Mut der Betreiber dazu beigetragen, dass sich die Windenergie aus einer Nischenanwendung zu einer breit und kommerziell angewandten Technologie entwickeln konnte (Schlegel 2005: 36).

4.3.4 Entwicklung der Markt- und Betreiberstrukturen

Nachdem zuvor vor allem die Industrie Gelder aus Forschungsprogrammen erhalten hatte (in der Großwindanlagenforschung), waren es nun private Betreiber, die eine Förderung beanspruchen konnten. Förderprogramme und garantierte Abnahmepreise machten Windenergieanlagen oder Beteiligungen an Windparks zu wirtschaftlich attraktiven Investitions- und Abschreibungsobjekten. Mit zunehmender Ökonomisierung und Professionalisierung entwickelte sich ein Markt für Windenergieanlagen und damit auch eine Konkurrenz der Hersteller um Marktanteile, die zur beschleunigten Entwicklung der Technologie beitrug. Daneben wurde ein großer Teil der Anlagen von Betreibergemeinschaften betrieben. Auch das kommunale Engagement verstärkte sich: mehrere Stadtwerke betrieben Windparks oder Einzelanlagen.

Die neuen Betreibermodelle sind von besonderer Relevanz für die Entwicklung der Nischentechnologie: In der ersten Hälfte der 1990er Jahre waren die Eigentümer der meisten Anlagen landwirtschaftlichen Betrieben zuzuordnen.[124] Die Ende der 1980er Jahre auf dem Markt verfügbaren Anlagen hatten zumeist Nennleistungen von 30 bis 150/200 kW und konnten unter Berücksichtigung der damaligen Förderbedingungen auch durch kleine und mittlere Betriebe errichtet und abgesichert werden. Mit dem Beginn der 1990er Jahre wurden mit zuneh-

124 ISET 2002 und 2004.

menden Projektgrößen private Betreiber, z. B. Landwirte, durch Rechtsformen wie GmbH oder GmbH & Co. KG zur Reduzierung des persönlichen Haftungsrisikos abgelöst. Dabei handelt es sich um die so genannten Bürgerwindparks, in der Regel von lokal ansässigen Personen organisiert.

Abbildung 16: Betreiberstruktur im 250 MW-Programm im Jahr 1995

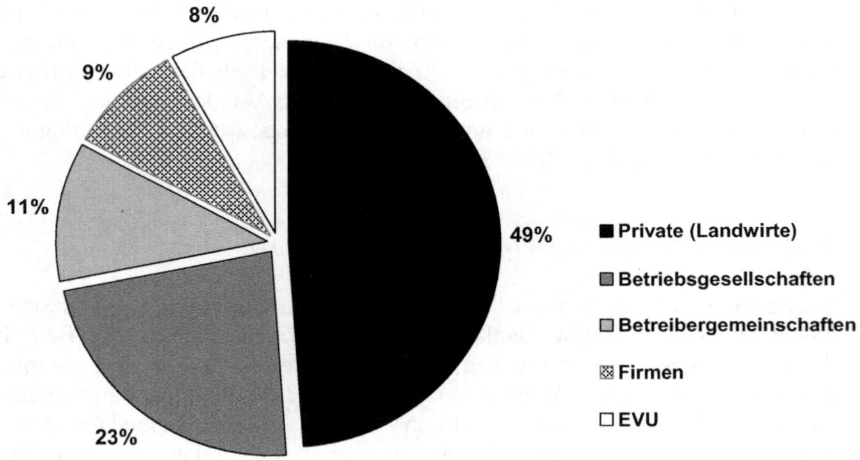

Quelle: Durstewitz et al. 2003: 4 [125]

Das *Betreibermodell Bürgerwindpark* breitete sich seit Ende der 1980er bis Ende 1990er Jahre explosionsartig aus. Byzio et al. sprechen von einem „Grün-

125 Private Betreiber: Privatpersonen, meist Landwirte;
Betriebsgesellschaften: kommerzielle Gesellschaften, meist in der Gesellschaftsform GmbH im allgemeinen zum Betrieb von Windparks mit reinem Netzparallelbetrieb;
Betreibergemeinschaften: private Gemeinschaften, meist mit der Gesellschaftsform GbR, oft Weilerkonzepte mit Energieeigennutzung mehrerer Betreiber;
EVU: regionale und kommunale Energieversorgungsunternehmen;
Firmen: Gewerbebetriebe, z. B. Hotelbetriebe, Zuckerfabrik etc. die nicht eigens für den Betrieb von Windenergieanlagen gegründet wurden (ISET 2004: 35).

dungsfieber“ von Bürgerwindanlagen (Byzio et al. 2002: 310 ff.)[126]. Diese Initiativen mussten zunächst selbst einen Institutionalisierungsprozess durchlaufen – es ging darum, die passende Rechtsform, die geeignete Kooperationsform, Regelungen zur Arbeitsteilung sowie finanzielle Beteiligungsformen zu finden, die den Bedürfnissen der örtlichen Bevölkerung entsprachen (Byzio et al. 2002: 296 ff. und 398 ff.). Viele Betreibergesellschaften entschieden sich für die Gesellschaftsform der GmbH & Co KG, was gewisse steuerliche Vorteile hatte. Diese spezielle und für die Betreiber vorteilhafte Struktur trug zum ersten Boom der Windenergie in Deutschland bei.

Die anfänglichen Betreibergesellschaften betrieben zunächst nur bis zu drei Anlagen, deren Finanzierung, Besitz und Betrieb auf mehrere Schultern verteilt wurde. Die rechtliche Gesellschaftsform der GmbH & Co. KG (Kommanditgesellschaft) bietet eine Haftungsbeschränkung für alle Beteiligten. Diese Betreiberform erfreute sich großen Zuspruchs und breitete sich - vor allem durch Nachahmung - aus: 1989 wurden 221 Bürgerwindanlagen betrieben, 1992 waren es 1.149 und im Jahr 1995 bereits 3.625 (Byzio et al. 2002: 273).

Meist wurden die Geschäfte der Bürgerwindinitiativen ehrenamtlich geführt, was das Bedürfnis nach Expansion vielfach in Grenzen hielt. Ein Teil der Initiativen vergrößerte sich daher nicht. Ein anderer Teil der Betreibergesellschaften nutzte das akkumulierte Know-how dazu, weitere Anlagen an unterschiedlichen Standorten, zumeist (noch) mit regionalem Bezug, aufzustellen. Wegen der fortschreitenden technischen Entwicklung handelte es sich nun um Windenergieanlagen mit oft sehr unterschiedlichen Nennleistungen. Bei jeder Neuaufstellung von Einzelanlagen oder Gruppen von Anlagen wurde jeweils eine neue Kommanditgesellschaft gegründet. Im Gegensatz zu den vorrangig idealistischen Motiven der frühen Bürgerwindinitiativen nahm das Ziel des Geldverdienens an Bedeutung zu, auch erhöhte sich der Druck zur Professionalisierung.

Die Gründergemeinschaften aus den 1980er Jahren entwickelten sich unterschiedlich: Teilweise setzte die bestehende Gesellschaft Folgeprojekte um, ohne neue Kommanditgesellschaften zu gründen; es erfolgte keine Änderung des formalen Trägers. In der Konsequenz hatten die Gesellschaften oft sehr viele Mitglieder, was zu einer aufwändigen buchhalterischen und steuerlichen Betreuung führte. Potenzielle neue Anleger wurden dadurch eher abgeschreckt (vgl. Byzio et al. 2002: 306). Alternativ dazu wurde zur Finanzierung neuer Projekte jeweils eine neue Kommanditgesellschaft gegründet.

---

126 Im Jahr 1989 gab es 221 Bürgerwindanlagen, im Jahr 1992 bereits 1.149, diese Anzahl stieg bis zum Jahr 1995 auf 3.625 Bürgerwindanlagen und ist im Jahr 2001 auf ca. 10.000 angewachsen. (Byzio et al 2002: 273).

Diese zivilgesellschaftlichen Akteure spielten eine tragende Rolle bei der Diffusion der Windenergie in Deutschland (vgl. Byzio et al. 2002: 272 ff.). Der Zusammenschluss von Gleichgesinnten, die ein gemeinsames praktisches Ziel verwirklichen wollten, zu einem Betreiberprojekt war eine sozialökologische Innovation, die die Entwicklung der technischen Innovation begleitete und maßgeblich unterstützte. Die hatte ohne Zweifel eine Akzeptanz fördernde Wirkung für die Windenergienutzung.

Bis etwa 1995 waren ca. 50 % der Windenergieanlagen als Eigentum von privaten Betreibern gemeldet. Der Anteil der kommerziellen Betreiber (Firmen und Energieversorgungsunternehmen) liegt im selben Zeitraum bei rund 20 % (vgl. Abbildung 16). In der anschließenden Phase ab 1995 vergrößerte sich der Anteil gewerblicher Projekte. Die starke Zunahme großer Investitionsprojekte auf Basis von Beteiligungen führte zu einem stetig sinkenden Anteil von privaten Betreibern.[127]

4.3.5 Hersteller von Windenergieanlagen

Seit Anfang der 1990er Jahre veränderte sich die Marktstruktur auf der Herstellerseite. Als Folge der ertragsorientierten Betreiberförderung und der steuerlichen Abschreibungsmöglichkeiten fand eine zunehmende Verlagerung vom Qualitäts- hin zum Preiswettbewerb statt, der eine steigende Marktkonzentration nach sich zog - mittlerweile dominierten wenige Anbieter den Herstellermarkt. Zwar traten noch immer neue Anbieter in den Windenergiemarkt ein, diese hatten jedoch kaum Einfluss auf die führende Position der fünf Anbieter Enercon, Micon, Vestas, Tacke und AN Windenergie[128]. Vor allem der Zeitvorsprung gegenüber der Konkurrenz bei der Vermarktung einer neuen Windenergieanlage erwies sich für die Unternehmen als wichtig - alle großen Anbieter versuchten, möglichst schnell große Anlagen mit mehr als einem MW Leistung zu entwickeln und auf den Markt zu bringen. Viel Aufmerksamkeit wurde zudem auf Prozessinnovationen gelegt (Hemmelskamp & Jörg 1999: 92 ff.). Der Grad der technischen Ausreifung der Windenergietechnik war bereits weit fortgeschritten, so dass eine eigenständige Forschung und Entwicklung nur noch von wenigen

---

127 Eine Statistik mit einem Überblick über die Entwicklung der Betreiberformen im Zeitverlauf war leider nicht verfügbar.

128 Die Marktanteile der Hersteller im Jahr 1998: Enercon 32,5%, NEG Micon 14,4%, Vestas Deutschland 13,0%, Tacke Windenergie 12,9%, AN Windenergie 9,8%, Nordex Balcke-Dürr 7,4%, Husumer Schiffswerft 1,5%, Südwind 1% und Sonstige 6%. In: Wind Energie Aktuell 8/98. www.windkraft.de/wea (zuletzt aufgerufen am 10.02.2008).

Anlagenherstellern durchgeführt wurde. Damit ging die Vielfalt der Innovationsaktivitäten zurück und der Einfluss einzelner Technologieproduzenten auf die weitere technische Entwicklung stieg.

Die deutschen Hersteller, wie z. B. die Husumer Schiffswerft (HSW), Enercon und Tacke, entwickelten in kurzen Produktentwicklungszyklen immer leistungsstärkere und größere Anlagen. Zwar wurde der Leistungszuwachs nach der Einführung der Programme überwiegend durch die küstennahen Gebiete mit guten Windverhältnissen getragen, jedoch wurden aufgrund der erreichten Effizienzsteigerungen zunehmend auch windschwächere Standorte für Investoren interessant.

In dieser Phase sank das Engagement der Energieversorgungsunternehmen, die sich vor allem an der Großwindanlagenforschung beteiligt hatten (Hemmelskamp & Jörg 1999: 94 mit Bezug auf ISET-Daten). Die Energieversorger begründeten ihr geringes Interesse u.a. mit zu hohen Stromgestehungskosten der Windenergie und der Unbeständigkeit des Windes, die keine Substitution vorhandener fossiler und nuklearer Kraftwerke ermögliche. Die Entwicklung der Windenergie – einschließlich aller damit verbundenen Risiken - wurde also vor allem von kleinen und mittleren Unternehmen getragen.

4.3.6 Genehmigungspraxis

Mit zunehmender Anzahl der Windenergieanlagen in Deutschland gewannen genehmigungsrechtliche Fragen an Bedeutung. Das Zusammenwirken von Einspeisevergütung sowie Bundes- und Länderförderung führte zu einer enormen Steigerung der Nachfrage nach Standorten und entsprechenden Gesuchen auf Baugenehmigung. Damit nahm auch die Bedeutung des baurechtlichen Genehmigungsrahmens für die Erreichbarkeit energiepolitischer Ziele zu.

Bislang waren Windenergieanlagen als privilegierte Anlagen im Außenbereich im Sinne des Baugesetzbuchs behandelt worden, obwohl sie die Voraussetzungen für eine privilegierte Genehmigung nicht mehr erfüllten (Bruns et al. 2008). Die Anlagen waren in den 1980er Jahren angesichts ihrer Dimensionen und ihrer Leistungsfähigkeit noch als (kleine) Nebenanlagen und vorwiegend zur Eigenversorgung eingesetzt und entsprechend in den Genehmigungsverfahren behandelt worden. Dies änderte sich jedoch nach Einführung des StrEG und der Förderprogramme, die eine sprunghaft steigende Nachfrage nach Standorten für immer größere Windenergieanlagen nach sich zogen. Die Bestimmungen des Baugesetzbuchs (BauGB) erwiesen sich angesichts dieses Dimensionssprungs in Anzahl und Größe der Anlagen als nicht mehr adäquat – die privilegierte Genehmigung war von anderen Voraussetzungen ausgegangen. Die Schaffung der planungsrechtlichen Voraussetzungen (Ausweisung von Sondergebieten in Flächennutzungsplänen mit darauf aufbauender Bebauungsplanaufstellung) erforderte zudem einen hohen Zeitaufwand. Bau- und Raumordnungsrecht mussten dieser Entwicklung angepasst werden.

1994 setzte ein Urteil des Bundesverwaltungsgerichts[129] der bisherigen Genehmigungspraxis ein Ende. Es erzwang die Neufassung der Privilegierungsregelung im BauGB, anderenfalls wären die Genehmigungsverfahren und damit die dynamische Steigerung der Aufstellungszahlen blockiert worden. Das schließlich Mitte 1996 verabschiedete Gesetz sah vor, Windenergieanlagen zwar baurechtlich privilegiert zu behandeln, die Genehmigung der Aufstellung jedoch einem Planvorbehalt[130] sowohl auf Ebene der Flächennutzungsplanung als auch der Raumplanung zu unterziehen. Die Regelung wurde zum 01.01.1997 wirksam (vgl. Kapitel 4.4).

Die neuen Bundesländer, in denen keine Erfahrungen mit der baurechtlichen Genehmigung von Windenergieanlagen vorlagen, wurden nach der Wiedervereinigung von der Nachfrage nach Standorten überrollt und mit der Herausforderung konfrontiert, Ordnungs- und Begrenzungsmechanismen zu entwickeln. Die Landespolitik versuchte, die Entwicklung durch eine Freihaltung von Landschaftsräumen einerseits und eine Konzentration auf geeignete Gebiete andererseits zu steuern. Mecklenburg-Vorpommern entwickelte als erstes Bundesland flächendeckend Regionalpläne mit Windenergienutzungsgebieten (Bruns et al. 2008).

Windenergie-Erlasse auf Länderebene

Insbesondere die nördlichen Bundesländer sahen angesichts der steigenden Standortnachfrage das Erfordernis, die Grundsätze zur Planung von Windenergieanlagen zu ändern und die Planung zu systematisieren (vgl. Amtsblatt Schleswig-Holstein 1991, Nr. 38, S. 560-562). Auf Landesebene wurde die Windenergieentwicklung durch Erlasse mit immissionsschutzrechtlich begründeten Vorgaben gesteuert, wie z. B. Lärmgrenzwerten oder Abstandsvorgaben zu empfindlichen Nutzungen wie Wohnbebauungen oder Schutzgebieten. Die Er-

---

129 BVerwG-Urteil vom 16. Juni 1994 (DVBl. 1994, S. 1141 ff.)

130 Mit der Ergänzung des § 35 Abs. 3 BauGB um den Satz 4 haben die Gemeinden und die Landesplanungsbehörde die Möglichkeit, Flächen zur Nutzung der Windenergie im Flächennutzungs- bzw. Regionalplan festzulegen. Damit können sie die Errichtung von Windenergieanlagen im übrigen Planungsraum ausschließen. Dieser „Planvorbehalt" wurde damit begründet, dass dem sich abzeichnenden „Wildwuchs" mit einem rechtswirksamen Instrument der Beschränkung auf Konzentrationszonen auf der Grundlage eines gesamträumlichen Konzeptes zu begegnen sei. Das Land Schleswig-Holstein, das eine solche Planvorbehalts-Regelung bereits 1991 in einem Erlass auf Landesebene vorgesehen hatte, zeigte sich hier abermals als Vorreiter.

lasse hatten in dieser Phase eine wichtige Funktion als Hilfestellung für eine vereinheitlichte Rechtsauslegung und enthielten darüber hinaus weitergehende Festlegungen für den planerischen Umgang mit der Windenergienutzung. Vorgesehen wurde die Ausweisung von für Windenergieanlagen geeigneten Flächen in den Flächennutzungsplänen von Gemeinden in windhöffigen Gebieten[131]. Dabei wurde davon ausgegangen, dass ohne eine Bauleitplanung die Gefahr einer ungeordneten und sonst nicht steuerbaren Entwicklung und damit einer unvertretbaren Belastung von Natur, Landschafts- und Ortsbild besteht und die Akzeptanz der Windenergie auf Dauer gefährdet würde (ebd., S. 560). Die neuen Bundesländer adaptierten vielfach die Kriterien und Abstandswerte aus den alten Bundesländern. Für Antragsteller wurden allerdings die Genehmigungsverfahren durch die Anwendung der baurechtlichen Regelungen in Verbindung mit den Windkrafterlassen und immissionsschutzrechtlichen Auflagen zunehmend aufwendig.

Die kommunale Ebene erwies sich nach wie vor als „Flaschenhals" für die Anlagenzulassung – denn die Kommunen standen einerseits unter dem Druck der Antragsteller, andererseits richtete sich auf sie auch der Widerstand der lokalen Windenergiegegner (Bruns et al. 2008).

Als Basis für raumordnerische und politische Entscheidungen sowie Festlegung von Förderbedingungen wurden Windkarten[132] herangezogen. Als Anfang der 1990er Jahre in Niedersachsen, Schleswig-Holstein und Nordrhein-Westfalen Landesförderprogramme für die Windenergie aufgelegt wurden, dienten Windpotenzialstudien nicht nur zur Abschätzung der möglichen Erzeugungsmengen sowie für Wirtschaftlichkeitsberechnungen, sondern auch den Gemeinden als Grundlage für die Ausweisung von Eignungsgebieten. Windpotenzialstudien können als ein Ausdruck dafür betrachtet werden, dass der Windenergienutzung nennenswertes Potenzial zugetraut wurde.

---

131 Als besonders geeignet für die Windenergienutzung gelten Standorte, die in windhöffigen Gebieten mit einer mittleren (Jahresdurchschnitt) Windgeschwindigkeit von 5m/sec in 10m Höhe bzw. 6,1 m/sec in 30m Höhe, einer möglichst geringen Oberflächenrauhigkeit und keiner besonderen Naturausstattung liegen (Amtsblatt Schleswig-Holstein 1991, Nr. 38: 561).

132 Bereits seit den 1970er Jahren erstellt der deutsche Wetterdienst bundesweite Windkarten, die auch bei der Suche nach günstigen Standorten für die Windenergienutzung eingesetzt wurden. Die Karten wurden von anderen Anbietern, wie dem DEWI oder der Deutschen Windguard, stetig weiter entwickelt und verfeinert, wobei als eine wichtige (und sich stetig verbessernde) Datenquelle auch die Erträge bereits bestehender Windenergieanlagen genutzt werden. Jedoch dienen diese Karten vor allem einer ersten Sondierung von windgünstigen Gebieten. Für die Realisierung eines Windprojektes sind die Anforderungen an die Genauigkeit der Windmessung sehr hoch, was eine gesonderte Untersuchung für den jeweiligen Standort erforderlich macht.

Institutionalisierung von Interessen und Wissen

Die frühe Etablierung einer windenergiespezifischen Verbands- und Institutsstruktur hat vermutlich zur dynamischen Entwicklung der Windenergie beigetragen, obwohl über einen Zeitraum von etwa einem Jahrzehnt zwei teilweise konkurrierende Verbände die Windenergie vertraten. Der Aufbau einer Verbandsstruktur betrifft nicht nur die hier betrachtete, sondern insbesondere auch die vorangehenden Phasen, erfuhr in dieser Zeit jedoch eine starke Stabilisierung (vgl. Tabelle 1). Die Deutsche Gesellschaft für Windenergie (DGW) war der traditionsreichere von zwei Verbänden mit mehreren Vorläufern: 1974 war der Verein für Windenergieforschung und -anwendung (VWFA) gegründet worden, der um 1980 zum Deutschen Wind-Energie-Verein (DWEV) wurde und ab 1982 den Namen DGW trug. Doch hatte die wachsende Klientel unterschiedliche Interessenschwerpunkte: Mitglieder aus dem Binnenland störte die zunehmende Dominanz der Küstenregionen. Sie gründeten als eine Abspaltung des DGW 1985 den bis heute existierenden Interessenverband Windkraft Binnenland (IWB) mit Sitz in Osnabrück als eigene Interessenvertretung. Auch die Fördergesellschaft Windenergie e.V. (FGW) gründete sich 1985 und vertritt noch heute mit knapp 100 Mitgliedern die Interessen der Windenergie Der Interessenverband Windkraft Binnenland (IWB) und die Deutsche Gesellschaft für Windenergie (DGW) schlossen sich 1996 zum Bundesverband Windenergie (BWE) zusammen (mit insgesamt ca. 3.300 Mitgliedern). Als Interessenvertretung von ca. 100 Unternehmen, die in Deutschland Windparks und Einzelanlagen planen, realisieren und betreiben, gründete sich zeitgleich mit dem Zusammenschluss von IWB und DGW im Oktober 1996 in Hamburg der stark auf die wirtschaftlichen Interessen fokussierende Wirtschaftsverband Windkraftwerke e.V. (WVW).[133] So schlossen sich einerseits Verbände zusammen, um mehr politisches Gewicht zu erlangen, während andererseits die neuen Ausgründungen verdeutlichen, dass sich in der wachsenden Branche unterschiedliche Interessensschwerpunkte herausbildeten.

Im Jahr 1991 schlossen sich die Fachverbände der Erneuerbaren Energien zum Bundesverband Erneuerbare Energie (BEE) zusammen. Mitglieder dieses Dachverbandes sind keine Personen oder Unternehmen, sondern Verbände aus den Bereichen Wasserkraft, Windenergie, Biomasse, Solarenergie und Geothermie. Langfristiges Ziel des BEE ist die vollständige Umstellung der Energienutzung auf erneuerbare Energien.

Das Land Niedersachsen gründete 1990 das Deutsche Wind-Energie-Institut (DEWI) mit der Aufgabe, Forschung und Dienstleistungen für die Windenergieindustrie durchzuführen. Das DEWI ist bis heute eines der international führen-

133 Vgl. www.wvwindkraft.de/seite2.shtm?http://www.wvwindkraft.de/wir/1/ziele.htm, Pressemitteilung des WVW vom 17.07.2003

den Beratungsinstitute für Windenergie (Messungen, Studien, Weiterbildungsangebote, technische, ökonomische und politische Beratung für Industrie, Windpark-Entwickler, Banken, Regierungen und öffentliche Verwaltungen) und führt auch selbst Forschungsarbeiten durch. Daneben versucht das DEWI durch die Ausbildung ausländischen Personals die Rahmenbedingungen für den Export von Windenergieanlagen ins Ausland zu verbessern.

Tabelle 1: Windenergiespezifische Verbände und Institute

1974	Gründung des Vereins für Windenergieforschung und -anwendung (VWFA)
1980	Nachfolger des VWFA wurde der Deutsche Wind-Energie-Verein (DWEV)
1982	Nachfolger des DWEV wird die Deutsche Gesellschaft für Windenergie (DGW)
1985	Gründung des Interessenverbands Windkraft Binnenland (IWB)
1985	Gründung der Fördergesellschaft Windenergie e.V. (FGW)
1988	Gründung des Instituts für Solare Energieversorgungstechnik e.V. (ISET)
1990	Gründung des Deutschen Wind-Energie-Instituts (DEWI)
1991	Zusammenschluss der Fachverbände der Erneuerbaren Energien zum Bundesverband Erneuerbare Energie (BEE)
1993	Gründung der „Interessengemeinschaft Windenergie“ (IGWKA) im Verband deutscher Maschinen und Anlagenbau (VDMA)
1996	Zusammenschluss von IWB und DGW zum Bundesverband Windenergie (BWE)
1996	Gründung des Wirtschaftsverbands Windkraftwerke e.V. (WVW)

Quelle: eigene Darstellung

1993 wurde im Verband deutscher Maschinen und Anlagenbau (VDMA) die „Interessengemeinschaft Windenergie im VDMA“ (IGWKA) ins Leben gerufen. Die Gründung dieser Interessengemeinschaft geschah auf Initiative des Bundesforschungsministeriums, das unter den Windenergieanlagen*herstellern* einen gemeinsamen Ansprechpartner in Fragen der Windenergieforschung und –förderung benötigte. Da in den Jahren nach 1995 das Stromeinspeisungsgesetz zu kippen drohte (vgl. Kapitel 4.4.2), verlagerte sich die ursprüngliche Aufgabe der Interessengemeinschaft jedoch bald auf politische Lobby- und die Öffentlichkeitsarbeit, um diese Entwicklung zu verhindern (Tacke 2004: 206; Schiel 2005 mdl.).

Darüber hinaus unterstützt die Arbeit des Instituts für Solare Energieversorgungstechnik (ISET) an der Universität Kassel die Weiterentwicklung der Windenergie. Beim ISET werden die Daten aus dem „Wissenschaftlichen Mess- und Evaluationsprogramm" (WMEP) zum 250-MW-Wind-Programm gesammelt und ausgewertet. Die Auswertung der Daten hinsichtlich meteorologischer Bedingungen, Vorhersagbarkeit der zu erwartenden Leistung, Zuverlässigkeit, Störfällen und Kosten der Windenergie liefert für Politik, Wissenschaft und Industrie wichtige Informationen im Hinblick auf technologische Optimierungs- und Weiterentwicklungspotenziale auch im Hinblick auf die Offshore-Windenergienutzung (ISET 2005: 64). Für die Windenergielobby ist die Arbeit des ISET von hoher Bedeutung, sie unterfüttert deren Argumentation mit technischem Datenmaterial.

Auch konnten sich in Deutschland verschiedene Fachzeitschriften etablieren. 1981 erschien die erste Ausgabe des Windkraft-Journals als offizielles Mitteilungsblatt des Windenergie Vereins e.V. (DWEV) und des Vereins für Windenergie e.V. Hannover (VWE). Weitere Fachzeitschriften trugen zur Stabilisierung der Branche bei, wie z. B. die Zeitschrift „Neue Energie" und die „Wind/ Energie/ Aktuell", heute „Erneuerbare Energien".

4.3.7 Entwicklung der Technik

In der Phase von 1991 bis 1995 konnte die Effizienz der Anlagentechnologie in Deutschland deutlich gesteigert werden: 1992 lag die durchschnittliche Nennleistung von neu installierten Windenergieanlagen bei 180 kW. In Schleswig-Holstein wurde die Nutzung der Windenergie geprägt von Anlagen der Größenklasse 100-300 kW Nennleistung. Auf dem Kaiser-Wilhelm-Koog, auf dem früher der Growian stand, führte die Windtest GmbH Messprogramme durch, testete Anlagen, berechnete Leistungskurven und führte Qualifikationsmaßnahmen für Windtechniker durch. Der Kaiser-Wilhelm-Koog galt als Know-how-Knotenpunkt in Sachen Windenergie (Rave 1992: 352). Gründungsgesellschafter des hier entstandenen „Windenergieparks Westküste" waren die Entwicklungsgesellschaft Brunsbüttel (Kreise Steinburg und Dithmarschen) mit 30 %, die Hamburgische Electricitätswerke AG (HEW, heute Vattenfall) mit 20 % sowie die Schleswag (heute E.ON Hanse) mit 50 %.

Im Zuge der Entwicklung schlug die Technik verschiedene Pfade ein. Hinsichtlich des räumlichen Einsatzes und des Zwecks der Windenergienutzung wurden die Anlagen differenzierter. Mittlerweile ist eine Vielfalt von Windenergieanlagen unterschiedlichster Klassen, Größenordnungen und Preise auf dem Markt. Je nach finanziellem Potenzial des Investors können niedrige, mittlere oder hohe Leistungssegmente gewählt werden. Speziell für den Einsatz im Binnenland und an gemäßigteren Windstandorten wurden Anlagen mit großer Nabenhöhe sowie großem Rotordurchmesser entwickelt, um den Wirkungsgrad zu steigern. Für schwer zugängliche Standorte gibt es Windenergieanlagen in modularer Bauweise, die mit herkömmlichen Hubkränen errichtet werden können. Für den Einsatz in der Nähe von Siedlungen wird verstärkt auf eine geräuscharme Technologie geachtet.

Abbildung 17: Entwicklung der Marktanteile von stall- und pitch-geregelten Windenergieanlagen

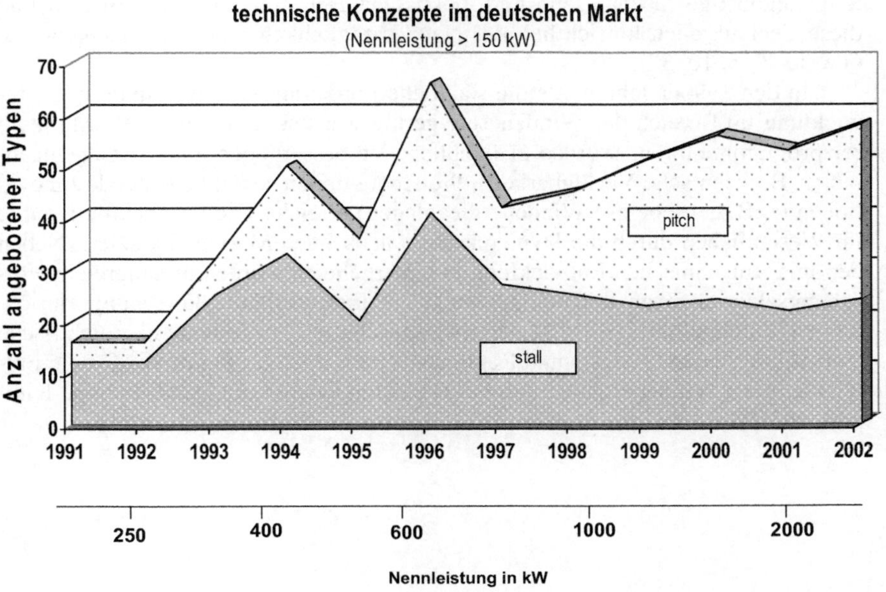

Quelle: Twele 2005: 38

Unterschiedliche technologische Grundlagen der Hersteller trugen zur technischen Differenzierung der Anlagen bei. So ist beispielsweise der Hersteller Tacke Windtechnik aus einem Getriebehersteller hervorgegangen. Die Husumer Schiffswerft und das Unternehmen Jacobs-Energie nutzten den Windenergieanlagenbau zur Erweiterung ihrer zuvor auf den Schiffsbau konzentrierten Produktion (Hemmelskamp & Jörg 1999: 94). Die vom Elektroingenieur Aloys Wobben gegründete Firma Enercon traf eine wegweisende Entscheidung, indem sie die Technologie ihrer Anlagen änderte und von der Getriebetechnik auf die getriebelose Technik umstieg.[134] Diese Fertigkeiten und unterschiedlichen Erfahrungen der in verschiedenen Technikbereichen spezialisierten Hersteller hatten Einfluss auf die jeweilige Weiterentwicklung der Windenergietechnologie (v. Radecke 2005 mdl.).

Nachdem zu Beginn der 1990er Jahre das Konzept der stall-geregelten Anlagen mit fixen Rotorblättern (vgl. Kapitel 4.1.6) vorherrschte, setzten sich zunehmend pitch-geregelte Anlagen mit verstellbarem Blattwinkel durch (vgl. Abbildung 17). Grund dafür ist vor allem, dass bei großen Anlagen mit Stallregelung ungünstige mechanische und elektrische Belastungsspitzen auftreten und diese Technik auch hinsichtlich der Netzverträglichkeit deutliche Nachteile hat (Twele 2005: 10, 37).

In den 1990er Jahren, als die staatliche Förderung von Forschung und Entwicklung im Bereich der Windenergie gering war und an deren Stelle Marktanreizprogramme traten, wurden maßgebliche Verbesserungen in der Anlagentechnik (z. B. technische Verfügbarkeit), Preisreduktionen sowie bedeutende Innovationen (z. B. getriebelose Windenergieanlagen) erreicht. Die Entwicklung wurde im Wesentlichen durch die Dynamik des wachsenden Marktes induziert. Neben der anlagentechnischen Entwicklung in Unternehmen wurden umfangreiche Forschungsaktivitäten an universitären und außeruniversitären Forschungseinrichtungen durchgeführt (z. B. Materialwissenschaften, Aerodynamik, elektrische Versorgungstechnik, Mess- und Reglungstechnik, Meteorologie), die für die Entwicklung der Windenergie von großer Bedeutung waren (und sind) (Hoppe-Kilpper 2003: 95).

---

134 Der Firma Enercon gelang 1991 ein großer technologischer Entwicklungssprung mit der Entwicklung und Fertigung der 500 kW-Anlage E-40, der weltweit ersten getriebelosen Windenergieanlage (Hoppe-Kilpper 2003: 91).

4.3.8 Charakteristika der Konstellation

In der Phase von 1991 bis 1995 entfaltet sich die Nische der Windenergie. Sie weitet sich aus und geht weitere Schritte in Richtung einer Pluralisierung und Stabilisierung.

Abbildung 18: 1991-1995: Phase des Durchbruchs

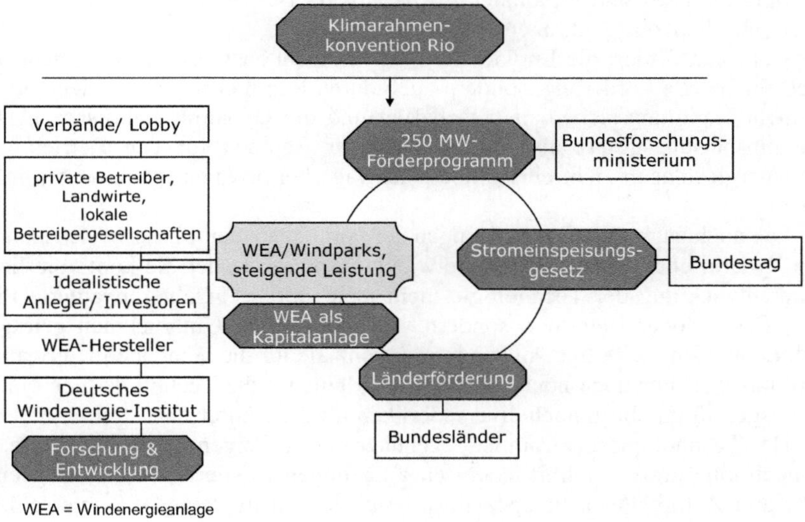

Quelle: eigene Darstellung in Bruns et al. 2008

Die Phase kann daher als eine Phase des Durchbruchs der Windenergie charakterisiert werden - auch wenn sie sich im gesamten Energieversorgungssystem noch immer als eine Nische darstellt. Die Abbildung der Konstellation (vgl. Abbildung 18) zeigt, dass sich heterogene Elemente (Technologie, Regulation, Ökonomie, Betreiber etc.) in eine funktionierende Konfiguration zusammen fügen. Die Elemente richten sich auf die Technologieentwicklung aus und stehen in Einklang miteinander.[135] Die Nische kann sich in dieser wie auch in der vorangehenden Phase weitgehend unbehelligt vom herkömmlichen Energieversorgungssystem entwickeln.

Das klimapolitisch aktive Umfeld trägt dazu bei, dass das Zeitfenster für die Windenergieentwicklung offen bleibt. Der Innovations- und Diffusionsprozess wird - vor diesem Hintergrund - *induktiv* vorangetrieben, d.h. aus der Konstellation heraus. Die treibenden Impulse gehen von den zentralen Elementen in der Konstellation aus. Die Relevanz mehrerer politisch-administrativer Ebenen wird in dieser Phase besonders sichtbar. Es wirken sowohl Regelungen auf internationaler Ebene (Klimarahmenkonvention), als auch auf Bundes- (StrEG), Landes- (Windkrafterlasse) und regionaler Ebene (lokale Betreiber, Genehmigungsverfahren) auf die Konstellation ein.

Der Staat fördert die Entwicklung der Nischenkonstellation nicht mehr nur durch finanzielle Förderung, sondern auch durch Regulierungen, die den Akteuren mehr Handlungssicherheit verschaffen und die Dynamik stabilisieren. Das Stromeinspeisungsgesetz als neu geschaffener Rahmen für den Betrieb von Windenergieanlagen zieht eine große Nachfrage bei privaten Interessenten nach sich.

Die noch zaghaften Entwicklungen der vorangehenden Phase weiten sich zu einer dynamischen, euphorischen Entwicklungsphase, in der die kontinuierliche Weiterentwicklung der Technologie nicht mehr durch einzelne engagierte Pioniere, Bastler oder Betreiber, sondern vor allem durch Unternehmen getragen wird. Es werden vielfältige Anwendungspotenziale für die Windenergie erwartet, allerdings bestehen auch noch viele Unsicherheiten – die Technik ist noch nicht voll ausgereift und birgt noch diverse Risiken für die Käufer.

Das Technologiespektrum ist gegenüber den Anfängen der Windenergie, in der noch eine große Vielfalt technischer Lösungen existierte, bereits eingeengt (z. B. drei Rotorblätter). Es spezialisiert sich jedoch in Bezug auf unterschiedliche Schwerpunkte der Anwendung (z. B. standortangepasste Größe oder Bauweise). In dem sich bildenden Markt finden Lernprozesse auf Basis der technologischen Anwendung statt.

Die Akteursvielfalt nimmt weiter zu (Betreibermodelle). Allerdings kommt es auf Seiten der Hersteller durch Konkurrenz auf dem entstandenen Markt bereits zu Konzentrationsprozessen. In den vorangehenden Phasen waren die Akteure vor allem idealistisch motiviert, dies ändert sich mit der zunehmenden Wirtschaftlichkeit der Windenergie. Professionelle, organisierte und ökonomisch

135 Die Ausrichtung der Einflussfaktoren auf ein angestrebtes Ziel wird in der Innovationsforschung als „alignment“ bezeichnet.

orientierte Akteure gewinnen an Gewicht. Sie tragen dazu bei, dass die Nische der Windenergie reorganisiert, professionalisiert und kommerzialisiert wird. Die vormals eher informellen, vertrauten Kontakte verändern sich, sie gehen über in zunehmend marktwirtschaftliche Geschäftbeziehungen. Hinzu kommen eine steigende räumliche Bedeutung und eine kapitalintensivere Größenordnung der Einzelanlagen und Windparks. Diese Entwicklungen erfordern eine stärkere rechtliche und planerische Formalisierung der Windenergienutzung. Die Konstellation hat in dieser Phase einen relativ stabilen Zusammenhalt, die Elemente sind in produktiver Weise miteinander verknüpft.

4.4 1995 bis 1998: Entwicklungsknick

Im Zuge von Rechts- und Planungsunsicherheiten sowie aufkommender Genehmigungsprobleme kam es Mitte der 1990er Jahre - trotz des Stromeinspeisungsgesetzes – zu einem „set back" in der schwungvollen Entfaltung der Windenergie. Es kam zu starken Unsicherheiten am Windenergiemarkt und Konkursen in der Branche. Dieser Entwicklungsknick, der durchaus das Potenzial des Kippens[136] der Entwicklung in sich trug, ist ablesbar an der Kurve der jährlich installierten Leistung und des jährlichen Zubaus an Anlagen (vgl. Abbildung 13 in Kapitel 4.3.2). Auch die Beschäftigtenzahlen der Branche gingen zeitweise zurück (vgl. Abbildung 21 in Kapitel 4.5.8).

4.4.1 Situative Kontextbedingungen

Die Konstellation der Windenergie entwickelte sich in dieser Phase weitgehend unbeeinflusst von gesellschaftlichen Rahmenbedingungen, die dem übergeordneten Kontext der Konstellation zuzuordnen sind (vgl. Abbildung 20). Übergeordnete Prozesse, wie etwa die Energie- oder Klimaschutzpolitik auf internationaler Ebene, hatten in dieser kritischen Phase der Windenergieentwicklung kaum Einfluss auf die konflikthafte Konstellation aus Akteuren, Technik, politischer Regulierung und sozio-ökonomischen Reaktionen. Zwar wurde der internationale Klimaschutzprozess mit dem im Dezember 1997 in Kyoto beschlossenen Klima-

136 Der Begriff des „Kippmoments" (kritische Situation mit dem Potenzial des Kippens) wird von Manfred Fischedick im Zusammenhang mit der Untersuchung von Ausbaudynamiken der erneuerbaren Energien benutzt, vgl. Fischdick et al. 2006: 2.

protokoll fortgesetzt.[137] Dieser Vertrag hatte jedoch in dieser Phase noch keine nennenswerten Auswirkungen auf den Innovationsprozess der Windenergie (vgl. Kapitel 4.5.1.1). Der Entwicklungsknick wurde also nicht durch situative Kontextbedingungen ausgelöst. Vielmehr ist die Phase geprägt durch Widerstände, Hemmnisse und Konflikte innerhalb der Konstellation, die von unterschiedlichen Akteuren und Einflussfaktoren ausgingen.

4.4.2 Konflikte um die Novellierung des Stromeinspeisungsgesetzes

Die mit dem Stromeinspeisungsgesetz (StrEG) neu geschaffenen Rahmenbedingungen für die Energieversorgung in Deutschland wurden von den Energieversorgungsunternehmen nicht widerstandslos hingenommen. Sie bekämpften das StrEG auf allen administrativen Ebenen. Das Gesetz drohte gekippt zu werden. Den Kern des Widerstands bildeten die in der Vereinigung deutscher Elektrizitätswerke e.V. (VDEW) zusammengeschlossenen Energieversorgungsunternehmen. Die Verbände warfen dem Gesetzgeber vor, er begünstige mit dieser Regelung die Betreiber von Windenergieanlagen auf Kosten der Verbraucher. Sie vertraten zudem die Ansicht, das Gesetz entspräche nicht den Regeln der Marktwirtschaft und zweifelten an seiner Verfassungskonformität (Bechberger 2000: 13). Eine Normenkontrollklage vor dem Bundesverfassungsgericht (nach Art. 93 des GG) gegen das StrEG wurde jedoch nicht termingerecht eingereicht, denn, so wird vermutet, die Verbände der Energieversorger hatten die Wirkung des StrEG bei seiner Verabschiedung im Jahr 1990 unterschätzt (Tacke 2004: 206 f.; vgl. Kapitel 4.3.2). Energieversorgungsunternehmen versuchten nun, einen zivilrechtlichen Musterprozess herbeizuführen und auf diesem Weg das Stromeinspeisungsgesetz doch noch zu kippen. Einige der Unternehmen kürzten - auf Empfehlung des VDEW - die gesetzlich vorgegebene Vergütung für einzelne Kunden, die Strom aus regenerativer Energie einspeisten.[138] Dieses Vorgehen der Energieversorger stieß in der Öffentlichkeit auf massive Kritik. Bundestagsabgeordnete aller Parteien äußerten ihre Missbilligung gegenüber diesem Vorge-

---

137 Im März 1995 war auf der Klimakonferenz in Berlin unter Vorsitz von Bundesumweltministerin Merkel der Grundsatzbeschluss zur Festlegung verbindlicher Treibhausgas-Reduzierungsziele für die Industrieländer gefasst worden. Ein entsprechendes Protokoll wurde im Dezember 1997 auf der dritten Vertragsstaatenkonferenz in Kyoto beschlossen (vgl. Kapitel 4.5.1.1).

138 Die Badenwerk AG in Karlsruhe, die Kraftübertragungswerke Rheinfelden und die Stadtwerke Geesthacht zahlten jeweils einem ihrer Strom aus regenerativer Energie einspeisenden Kunden nur die Sätze der Verbändevereinbarung (Tacke 2004: 207).

hen und forderten die Stromversorger auf, das Einspeisungsgesetz in der vom Bundestag beschlossenen Form zu respektieren.[139]

Über das Landgericht Karlsruhe, vor dem ein Prozess gegen das Badenwerk geführt wurde, wanderte die Klage 1996 bis vor das Bundesverfassungsgericht,[140] bis schließlich der Kartellsenat des Bundesgerichtshofs urteilte, dass das StrEG nicht gegen die Verfassung verstoße (AZ: KZR 19/95). Der Gesetzgeber sei vielmehr berechtigt, den Energieversorgungsunternehmen die Pflichten aus dem StrEG aufzuerlegen, zumal die finanzielle Belastung verhältnismäßig gering sei und das Gesetz eine Härteklausel enthalte. Die Stromunternehmen hätten in ihren Versorgungsgebieten jeweils eine monopolartige Stellung und trügen daher eine besondere Verantwortung dafür, dass bei der Energieversorgung auf das Erfordernis der Ressourcenschonung und die Belange des Klima- und Umweltschutzes Rücksicht genommen werde.

Novellierung des Stromeinspeisungsgesetzes 1998

Infolge des durch die Liberalisierung eingetretenen Wettbewerbs fielen die Strompreise, an die die Vergütung nach dem StrEG gebunden war. Zudem wurden nur 90 % der eingespeisten Energie vergütet. Vor diesem Hintergrund forderten die Betreiber von Windenergieanlagen eine Novellierung des StrEG mit neuen Vergütungssätzen.[141] Die norddeutschen Stromversorger forderten eine Nachbesserung des Stromeinspeisungsgesetztes; aufgrund der regionalen Konzentration der Windenergieanlagen in Norddeutschland sahen sich die Energieversorger dieser Gebiete größeren Belastungen ausgesetzt (Hemmelskamp 1998: 40). Auch die Höhe der Vergütung von Strom aus Windenergie wurde thematisiert – die CDU/CSU-Fraktion im Bundestag forderte eine Senkung der Vergütungssätze im Interesse der Verbraucher (CDU/CSU-Fraktion 1997).

Der Bundestag beschloss eine Reformierung des StrEG, bei der zwar – zur Erleichterung der Anlagenbetreiber – die Höhe der Vergütung unangetastet blieb, aber die bestehende Härtefallklausel durch die Einführung eines 5 %-Deckels verändert wurde (Hemmelskamp 1998: 41). Wenn der Windstromanteil eines Energieversorgers über 5 % der von ihm insgesamt abgesetzten Kilowattstunden anstieg, war der vorgelagerte Netzbetreiber verpflichtet, die sich ergebenden

139 Der Spiegel, 8.5.1995; Bundestags-Plenarprotokoll 13/39. 13. Wahlperiode, 39. Sitzung des Deutschen Bundestages am Freitag den 19. Mai 1995. Tagesordnungspunkte 12a-c und ZP10, S. 3107ff. Online abrufbar unter: http://dip.bundestag.de/btp/13/13039.pdf; zuletzt eingesehen am 21.09.2007.

140 Beschluss des Bundesverfassungsgerichts vom 9. Januar 1996 (2 BvL 12/95)

141 1997 lag die Vergütung entsprechend dem StrEG bei 17,15 Pf/kWh.

Mehrkosten zu erstatten. Beispielsweise wurden die 5 % beim norddeutschen Energieversorger Schleswag überschritten, so dass die vorgelagerte Preussen Elektra die Mehrkosten tragen musste. Wenn jedoch auch beim Netzbetreiber der Anteil erneuerbaren Stroms 5 % überschritt, bestand keine Abnahmepflicht mehr.[142] Auf Empfehlung des Wirtschaftsausschusses des Bundestags wurde schließlich das StrEG in das neue Energiewirtschaftsgesetz eingebunden und die Novellierung trat im April 1998 in Kraft.

Erneute juristische Auseinandersetzungen nach der StrEG-Novellierung
Kurz nach der Novellierung des StrEG, im Mai 1998, wurde erneut die Prüfung der Verfassungsmäßigkeit des Gesetzes durch das Bundesverfassungsgericht eingeleitet, in diesem Fall initiiert von der Preussen Elektra bzw. deren Tochterunternehmen Schleswag (Bechberger 2000: 13). Die Klage vor dem Landgericht Kiel wurde damit begründet, dass die regionalen Belastungen durch das StrEG gegen den Gleichheitsgrundsatz nach Art. 3, gegen die Berufsfreiheit nach Art. 12 sowie den Eigentumsschutz nach Art. 14 des Grundgesetzes verstießen[143]. Das Unternehmen sah in seiner Verfassungsbeschwerde auch europäisches Recht verletzt, denn mit der Novelle des StrEG seien Beihilfetatbestände geschaffen worden. Die Klage wurde an den Europäischen Gerichtshof überwiesen; die EU-Kommission beschloss am 20. Juli 1999 die Einleitung eines beihilferechtlichen Verfahrens gegen die Bundesregierung. Drei Jahre nach der Einleitung des Verfahrens durch das Bundesverfassungsgericht, im Urteil von 13. März 2001, kam der Europäische Gerichtshof zu dem Schluss, dass das deutsche Stromeinspeisungsgesetz mit dem EU-Recht vereinbar sei und keine rechtswidrige staatliche Beihilfe im Sinne des EG-Vertrags darstelle. Erst mit dieser Entscheidung bestand wieder Rechtssicherheit für die Windenergiebranche (vgl. Kapitel 4.4.6).

4.4.3 Schleppende Genehmigungspraxis und rückläufige Akzeptanz

Eine Flut von Anträgen auf die Errichtung immer größerer Anlagen144 und deren zum Teil unabgestimmte Bewilligung erforderte Änderungen in der Geneh-

---

142 Vgl. Johnsen 1997: 8, zitiert in Hemmelskamp & Jörg 1999: 86.

143 Auch die VEAG wandte sich im August 1998 mit einer Beschwerde gegen die Härteklausel des neu gefassten Stromeinspeisungsgesetzes, sie sah darin einen massiven Verstoß gegen das Prinzip der Chancengleichheit im Wettbewerb (Handelsblatt, 14.6.1998).

144 Bereits Mitte der 1990er Jahre kennzeichnen 70 m Nabenhöhe und 40 m Rotordurchmesser (bei > 600 MW Leistung) die neue Anlagengeneration.

migungspraxis. Aufgrund des Bundesverwaltungsgerichtsurteils von 1994, mit dem entschieden wurde, dass Windenergieanlagen keine privilegierten Vorhaben im Sinne des § 35 BauGB sind (vgl. Kapitel 4.3), kam es vermehrt zu Bauantragsablehnungen; zum Teil wurde die Entscheidung über die Genehmigung auf unbestimmte Zeit ausgesetzt (Heymann 1995: 442). Die Genehmigung vieler Windenergieanlagen war in Frage gestellt. Nach dem Urteil intensivierte sich die Debatte um die nunmehr eingereichten Gesetzesänderungsvorschläge für eine neue Privilegierungsregelung im Baugesetzbuch. Mit zunehmendem Nachdruck wurde eine Privilegierung von Windenergieanlagen im BauGB gefordert. Im Juni 1996 wurde schließlich eine Beschlussempfehlung zur Änderung des §35 BauGB verabschiedet (vgl. Kapitel 4.3).

Die im Zuge der Initiativen für eine Baurechtsänderung geführte Debatte um einen befürchteten „Wildwuchs" von Windenergieanlagen führte zu einer zunehmend kritischen Einstellung in der örtlich betroffenen Bevölkerung. Problematisiert wurde vor allem die Beeinträchtigung des Orts- und Landschaftsbildes durch die als „unmaßstäblich" wahrgenommenen Windenergieanlagen.[145] Anwohner befürchteten eine gesundheitliche Gefährdung durch Lärm, Infraschallemissionen und Schattenwurf (Diskoeffekt). Kritiker problematisierten Vogelschlag und die Störung bzw. Vertreibung von Vogelarten, Gefahren für Menschen (durch vereiste Rotorblätter) und den Flächenverbrauch durch Windenergieanlagen. Darüber hinaus befürchteten sie einen Wertverlust von Immobilien in der Nähe von Windenergieanlagen. Hinzu kamen vielfach Nachbarschaftskonflikte oder Vorbehalte gegen auswärtige Investoren (Rehfeldt et al. 2001: 38; BUND 2001, 2004).

Tatsächlich verursachten Windenergieanlagen aus der Anfangszeit messbare Belastungen durch Schlagschattenwurf und Lärmemissionen, da die Anlagen durch mangelnde Erfahrungen oder Vernachlässigung der Belastungen zu nah an Siedlungsräumen errichtet worden waren. In einzelnen Fällen mussten Anlagen nach Gerichtsbeschluss daher wieder abgebaut werden (Rehfeldt et al. 2001: 38).

Bislang hatten Windenergiegegner und Bürgerinitiativen in der Regel jeweils für sich und wenig koordiniert agiert. Dies änderte sich mit der Gründung des Bundesverbandes Landschaftsschutz (BLS) im Mai 1995. Dieser Verband etablierte sich als Forum für Windenergiegegner, verschaffte ihnen Gehör in der

---

145 So kritisiert Hans Christoph Binswanger aus St. Gallen, ein prominenter Kritiker der Windenergie, das Entstehen „eintöniger Technikparks" als Beeinträchtigung des Landschaftsbildes. Er weist auf die knappen Ressourcen Boden und Lebensraum hin und warnt vor den ökologischen Schäden nicht nur der Windkraft, sondern jeglicher Energieart, deren Ausbau zu stark forciert werde. Er proklamiert stattdessen einen effizienteren Umgang mit Ressourcen (Binswanger et al. 1998).

Öffentlichkeit und unterstützte sie in ihrer Argumentation. Er geriet verstärkt in die Kritik, als personelle Verbindungen mit der Stromwirtschaft aufgedeckt wurden. Der Verband wies diese Zusammenhänge jedoch zurück und bestritt eine Unterstützung durch Energieversorgungskonzerne (Franken 1998a: 87-95; Franken 1998b: 257 ff.).

Verstärkt wurde die örtlich oder regional negative Stimmung durch kritische Veröffentlichungen, die die Windenergie als energiepolitische Alternative in Frage stellten. Windenergie könne – so die Argumentation - weder Kohle- noch Kernkraftwerke ersetzen und sei aufgrund der Unbeständigkeit des Windes ungeeignet, einen nennenswerten Beitrag zur Stromversorgung zu leisten.[146] Die Dezentralität der Anlagen wurde dabei als Hindernis für die Integration dieser Energieerzeugungsform in das Stromversorgungssystem betrachtet. Die staatliche Förderung der Windenergie wurde mit der Argumentation kritisiert, dass Windenergie ökonomische, soziale und ökologische Belastungen verursache sowie hohen Raumbedarf beanspruche[147] (Ohlhorst & Schön 2009: 5).

Es zeichnete sich eine Lagerbildung ab: Akteure, die wirtschaftlich von der Windenergienutzung profitierten und diejenigen, die darin eine ökologisch sinnvolle Form der Energieerzeugung sahen, standen der Windenergienutzung positiv gegenüber. Dagegen nutzten Akteure, die keinen Anteil an den Gewinnen hatten und sich lediglich den negativen Auswirkungen dieser zunehmend industrialisierten Form der Energieerzeugung ausgesetzt sahen, Argumente aus unterschiedlichen Argumentationszusammenhängen, um ihrem Unbehagen Ausdruck zu verleihen. Kritik an der Energiepolitik vermischte sich dabei mit Kritik an der ökonomischen Sinnhaftigkeit und mit Verweisen auf Belange des Naturschutzes.

146 1997 (und in der zweiten Auflage 1998) erschien das Buch „Windkraft – eine Alternative, die keine ist“ (2001-Verlag), herausgegeben von Otfried Wolfrum, als eines der ersten Bücher, die sich vehement gegen die Nutzung der Windenergie aussprachen. Die Autoren reagierten insbesondere auf die Änderung des § 35 Baugesetzbuch von Juni 1996, mit dem die Windenergie aus ihrer Sicht einen vollständig anderen Charakter erhalten habe: sie habe keinen Bezug mehr zur Umgebung, diene nicht mehr dem Zweck der Selbstversorgung, sondern sei auf maximalen Profit ausgerichtet, die bisherige Entwicklung der Windenergie sei durch eine „beispiellose Subventionierung“ möglich geworden. Demgegenüber würde das Problem des weltweit steigenden Energieverbrauchs stark vernachlässigt und entsprechende Maßnahmen nicht durchgesetzt (Wolfrum 1998: 256). Die Steigerung der Windenergieproduktion sei angesichts des steigenden Stromverbrauchs ein „verlorenes Rennen“ (Wolfrum 1998: 23). Im Zusammenhang mit dem Ziel, 20 % der benötigten Energie aus regenerativer Energie zu gewinnen, wurden Szenarien skizziert, in denen Windparks das Landschaftsbild landesweit dominierten. Der Naturschutzbund Deutschland (Landesverband Schleswig-Holstein), der Deutsche Gebirgs- und Wanderverein (Landesverband Niedersachsen) sowie der Bundesverband Landschaftsschutz unterstützen die in dieser Publikation vertretenen Ziele.

147 „The core contention of critics is that wind power entails economic, social and environmental costs“ (Szarka 2004a: 8).

Auch unter den Mitgliedern der Naturschutz- und Umweltverbände, die den Ausbau der Windenergie grundsätzlich befürworteten, fanden sich insbesondere im Zusammenhang mit der konkreten Planung neuer Windparks kritische Stimmen. Diese lokalen Konflikte veranlassten die Verbände dazu, ihre Position gegenüber der Windenergie kritisch zu überdenken[148] (vgl. Ohlhorst & Schön 2009: 13; vgl. auch Szarka 2004b: 317 ff.).

4.4.4 *Auslaufen der Länderförderung*

Ab 1995 wurde der Fördermitteleinsatz der Bundesländer sukzessive gesenkt (vgl. Abbildung 15 in Kapitel 4.3.3). Die Rückführung von Fördermitteln und die Senkung der Herstellungskosten verliefen nahezu im Gleichtakt. Damit konnte der Wegfall der Investitionsförderungen weitgehend kompensiert werden.[149] Das Ende der die Nachfrage extrem beflügelnden Parallelförderung ist daher zwar ein Faktor, nicht aber alleinige Ursache für den entstandenen Entwicklungsknick.

4.4.5 *Belastungsgrenzen des Stromnetzes*

Bereits Mitte der 1990er Jahre waren erste Belastungsgrenzen des bestehenden Stromversorgungsnetzes zu erkennen. Insbesondere die windhöffigen Standorte in Norddeutschland verfügten aufgrund der geringen Besiedlungsdichte über ein nur begrenzt belastbares Elektrizitätsversorgungsnetz. In den Förderrichtlinien der Küstenländer wurde jedoch durch entsprechende Netzverträglichkeitskriterien unterstrichen, dass eine intelligente Betriebsführung der Windenergieanlagen das Kapazitätsproblem mildern kann. Dies hatte zur Folge, dass mit zunehmenden Kapazitätsproblemen insbesondere Anlagen Vorteile erzielten, die mit entsprechender Technologie ausgerüstet waren (indirekte Netzkopplung über ein Wechselrichtersystem bei pitch-Regelung) und die Technologie in diese Richtung weiter entwickelt wurde. Die Belastbarkeit des Stromnetzes ist ein zentraler Konflikt, in dem auf der einen Seite auf die technischen Machbarkeitsgrenzen hingewiesen und auf der anderen Seite der Standpunkt vertreten wird, dass die Netzintegration eine Frage von Regelungstechnik und Management-Kompetenz

---

148 Eine Zusammenfassung der Positionen der Umwelt- und Naturschutzverbände findet sich hier: www.wind-energie.de/de/themen/mensch-umwelt/akzeptanz/umweltverbaende-zur-windenergie.

149 Vgl. Molly 2005 mdl.; Twele 2005: 24f.; Hoppe-Kilpper 2003.

sei (Molly 2005, mdl.; zur Integration der Windenergie in das Stromnetz vgl. Kapitel 4.6.5).

4.4.6 Verunsicherung der Akteure des Windenergiemarktes

Indem die Stromversorger im Jahr 1998 die Rechtmäßigkeit der per Gesetz festgelegten Vergütung von Strom aus erneuerbaren Energien in Frage stellten, verunsicherten sie die Branche erheblich – auch wenn der Entwicklungsknick in der Kurve der jährlich installierten Leistung und des Anlagenzubaus nur wie eine kurze Phase des Abschwungs erscheint (Abbildung 13). Noch im Herbstgutachten 1994/95 des Internationalen Wirtschaftsforums Regenerative Energien (IWR) „Zur Lage der Windkraftnutzung in Deutschland" wurde eine positive Entwicklung und eine hohe Investitionsbereitschaft potenzieller Anlagenbetreiber konstatiert.[150] Zugleich wurden bereits erste Verunsicherungen in der Branche festgestellt (Allnoch 1994: 14). Im Jahr 1996 stagnierte der Markt und konnte nach dem Aufschwung der vergangenen Jahre erstmals keine Zuwachsraten verzeichnen. Zwar stieg die durchschnittlich installierte Leistung je Windenergieanlage weiter an, denn es wurden serienmäßig Konverter in der Leistungsklasse oberhalb von 600 kW installiert, die Stückzahlen nahmen jedoch kaum zu.

Diese Marktlage traf insbesondere die Hersteller. Innerhalb kurzer Zeit hatte sich der Verkäufer- zum Käufermarkt gewandelt. Animiert durch die Konjunktur der Boomjahre überstieg das Angebot an Windenergieanlagen mit kräftig aufgestockten Produktionskapazitäten zur Einführung der Serienproduktion der 500-600 kW-Klasse die nachlassende Nachfrage. Zwar konnte ab 1996 eine Zunahme des bis dahin sehr geringen Engagements deutscher Hersteller auf dem Exportmarkt festgestellt werden (Hemmelskamp & Jörg 1999: 92). Die Steigerung des Exportumfangs der deutschen Hersteller konnte jedoch die inländische Marktschwäche nicht kompensieren. Zu den Ursachen für die geringen deutschen Ausfuhrzahlen gehörten eine erst im Aufbau befindliche Vertriebsstruktur, lange Zeitspannen zwischen Projektanbahnung und Projektrealisierung sowie logistische Probleme (Allnoch 1996: 516 ff.). Resultat war ein verschärfter Wettbewerb und ein von den Investoren ausgelöster Preisdruck, der die Hersteller in Schwierigkeiten brachte.

Zudem stellte das Entwicklungstempo in Bezug auf Größe und Leistungsfähigkeit der Anlagen eine große Herausforderung für die Hersteller dar, die sie zwang, dem Markt bei der Entwicklung neuer Anlagengenerationen zu folgen,

---

150 Befragt wurden 20 Hersteller, die zusammen über 95% des Marktvolumens repräsentierten.

um keine Konkurrenznachteile zu erleiden. Jedoch waren die Entwicklungsaufwendungen erheblich und stiegen überproportional mit der Baugröße der Windenergieanlagen. Derartige Aufwendungen verlangten Mindeststückzahlen des entwickelten Anlagen-Typs für die Refinanzierung, die bei zu geringem Marktanteil eines Herstellers nicht erreicht werden konnten. Dies war ein extremer Wettbewerbsnachteil für kleine Hersteller, was zu einer deutlichen Bereinigung des Marktes führte (Twele 2005: 24). Kurzarbeit, Entlassungen und auch Firmenzusammenbrüche waren die Folgen. Die direkte Beschäftigungszahl bei den Herstellern sank von ca. 1.400 im Jahr 1995 auf 1.200 im Jahr 1996 (vgl. auch Abbildung 21 in Kapitel 4.5.8), der Umsatz in den deutschen Unternehmen ging 1996 um bis zu 25 % zurück (Tacke 2004: 215; Allnoch 1997: 612 ff.).

Abbildung 19: Umsatzentwicklung der Windenergie in Deutschland 1990 bis 2003

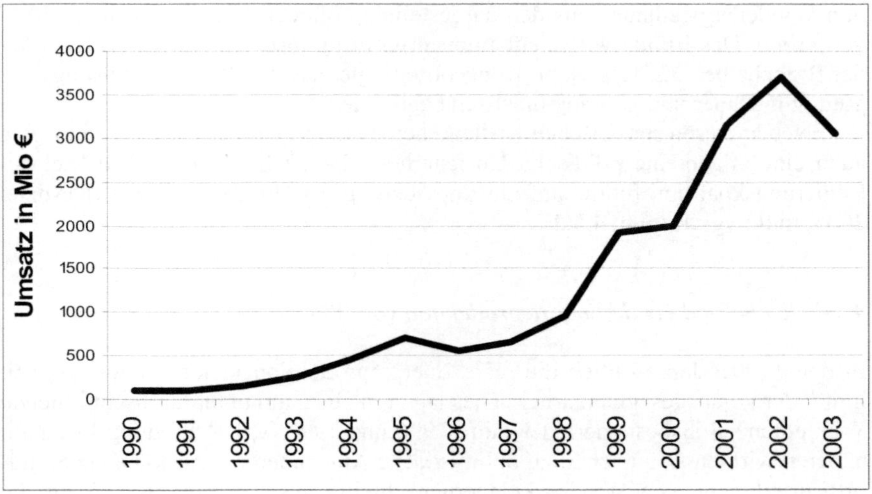

Quelle: eigene Darstellung nach BWE 2004

Mit ihrem Vorgehen hatten die Energieversorger auch die Banken - und damit indirekt viele Investoren - verunsichert, was massive Probleme bei der Finanzierung neuer Windpark-Projekte zur Folge hatte. Banken waren zentrale Akteure, denn sie gewährten – in Zusammenhang mit den Finanzierungsinstitutionen (KfW-Förderbank) – die Darlehen und waren damit ausschlaggebend für die Investitions-Motivation. Die Energieversorger hatten angekündigt, nach einem für sie positiven Urteilsspruch des Bundesverfassungsgerichtes den Anteil der Einspeisungsvergütung, der über die vermiedenen Kosten hinausgeht, zurückzufordern. Wegen der vermeintlich höheren Risiken hoben die Finanzierungsinstitute die Zinsen an, forderten höhere Eigenfinanzierungsquoten und zogen zum Teil Finanzierungszusagen an Planer und Hersteller zurück (Tacke 2004: 208). Im Falle des Herstellers Südwind führte dieses Handeln der Banken zum Konkurs[151]. Im Juli 1997 musste auch der zweitgrößte deutsche Hersteller Tacke Windtechnik GmbH & Co KG Konkurs beantragen. Das Unternehmen Fuhrländer, dessen Hausbank nach 30 Jahren einen Stopp der Kreditvergabe verkündete, verhängte – ebenso wie Vestas in Husum - einen Einstellungsstopp, Nordex musste Aufträge in Millionenhöhe auf Eis legen (Köpke 1997: 35).

Zudem führte das relativ windschwache Jahr 1996 sowohl Investoren als auch Banken vor Augen, dass die jährliche Produktion von Windstrom auch aufgrund der schwankenden Windausbeute sehr unterschiedlich ausfallen kann (Allnoch 1997: 660 ff.; vgl. Abbildung 12). Im Jahr 1996 mussten die Anbieter von Windenergieanlagen aus den dargestellten Gründen Einbußen von ca. 20 % verkraften. Das Bundeswirtschaftsministerium trug insofern zur Verunsicherung der Branche bei, als dass es ein Konzept vorlegte, das die Stromeinspeisungsvergütung in Dauer und Umfang drastisch begrenzte.[152]

Neben diesen spezifischen Unsicherheitsfaktoren wirkte sich in dieser Phase auch eine allgemeine politische Unsicherheit, die 1998 zu einem Wechsel der Regierungskoalition führte, auf die Entwicklung der Windenergie aus (Kurdziel 2005, mdl.; vgl. Kapitel 4.5.2).

4.4.7 Unbefriedigende Energieproduktion von Windparks

In den 1990er Jahren blieb die reale Energieproduktion vieler Windparks weit hinter der vorausgesagten zurück. Dies lag zum einen am unterdurchschnittlichen Windpotenzial insbesondere der Jahre 1996 und 1997 (vgl. Abbildung 12). Zum anderen wirkten sich auch allzu optimistische Annahmen oder inadäquate Standortbeurteilungen von Windparkplanern nachteilig aus. Charakteristisch für die Windenergie ist die stark schwankende Standortqualität in Abhängigkeit von der

---

151 Internationales Wirtschaftsforum Regenerative Energien, Forschungsgruppe Windenergie, Münster, 15.5.1996: „Südwind stellt Konkursantrag"; www.iwr.de/wind/neu/neu_96_2.html (zuletzt aufgerufen am 03.09.2007).

152 Die von Akteuren der Stromwirtschaft forcierte gänzliche Abschaffung des Stromeinspeisungsgesetzes scheiterte an einem Patt in der entsprechenden Arbeitsgruppe der Koalitionsfraktionen (Kurdziel 2005, mdl.).

Topographie der Erdoberfläche. Für eine realistische Potenzialanalyse eines Windenergieprojektes sind die Anforderungen an die Genauigkeit der Windmessung sehr hoch; es bedarf genauer Messungen in ausreichender Höhe direkt am jeweiligen Standort. Winddaten von meteorologischen Messstationen sind für die hohen Qualitätsansprüche unzureichend, insbesondere in komplexem Gelände. Da immer wieder Enttäuschungen über die Windausbeute das Resultat mangelhafter Messungen war, wurden ab Anfang der 1990er Jahre bundesweite Windpotenzialanalysen[153] durchgeführt, die auf Länderebene oder durch regionalisierte Analysen konkretisiert wurden. Diese Analysen wiesen die für die Windenergienutzung besonders geeigneten Gebiete aus und bildeten eine stark verbesserte Voraussetzung für eine gezielte Standortauswahl. Insbesondere angesichts der rasch abnehmenden Verfügbarkeit von Standorten, an denen der Windenergienutzung keine Restriktionen durch andere Nutzungen oder Ansprüche entgegenstanden, erlangten die Potenzialstudien zur Ausschöpfung von Grenzertragsstandorten im Verlauf der 1990er Jahre zunehmend an Bedeutung.

4.4.8 Technische Probleme

In der zweiten Hälfte der 1990er Jahre wurden aufgrund der boomenden Nachfrage die Standorte insbesondere in den Küstenbereichen knapp. Für die technische Entwicklung bedeutet die Verknappung von Standorten einen zunehmenden Druck zur Entwicklung größerer Windenergieanlagen, da diese knappe Grundflächen effizienter nutzen als kleinere Windenergieanlagen. Da die stark nachgefragten Küstenstandorte knapper wurden, verstärkte sich auch die Suche nach geeigneten Binnenlandstandorten. Dafür wurden Anlagen mit speziellen Binnenlandeigenschaften (große Rotordurchmesser, große Nabenhöhe) bevorzugt.

Mit der zunehmenden Anlagenzahl, die an die deutschen Stromnetze angeschlossen wurden, verstärkte sich die Forderung der Netzbetreiber nach einer Verbesserung der Netzverträglichkeit der Anlagen. Von einem Windpark wurde erwartet, dass er „wie ein Kraftwerk gefahren werden“ kann (Tacke 2004: 190). Entsprechend dieser sich verändernden Ansprüche musste die Technologie weiter entwickelt werden.

Jedoch wurden in dieser Phase nicht nur die wirtschaftlichen, sondern auch die technischen Auswirkungen eines harten Wettbewerbs spürbar. Der Profilierungsdruck der Hersteller hatte immer kürzere Innovationszyklen zur Folge, was

153 Der Deutsche Wetterdienst lieferte zeitlich und räumlich hoch aufgelöste Windprognosen. Zur Rolle der Windprognosen für die Projektfinanzierung vgl. Kaupmann 2005, mdl.

gelegentlich eine mangelnde Produktpflege nach sich zog und zu einer erhöhten Anfälligkeit für technische Störungen führte. Eine zentrale Herausforderung bestand darin, die in kurzer Folge auf den Markt kommenden Anlagengenerationen auch unter dem Aspekt der Störungsanfälligkeit zu optimieren. Einige Anlagentypen, die hohe Stillstandsquoten aufwiesen, galten schnell als Negativbeispiele und nährten Zweifel an der Zuverlässigkeit der Technologie.

Auch falsche Versprechungen der Hersteller bezüglich der Anlagenleistungen schlugen zum Teil negativ auf die Branche zurück. Einige Hersteller versprachen ihren Kunden viel zu optimistische Leistungskurven[154]. Die Vermutung liegt nahe, dass der hohe Konkurrenzdruck unter den Herstellern Ursache hierfür war. In diesem Zusammenhang wurde von „schwarzen Schafen“ der Windenergie-Branche gesprochen, die aufgrund ungenauer oder zu optimistischer Angaben die Erwartungen der Käufer, Anleger und Betreiber enttäuschten, was sich zum Teil negativ auf das Vertrauen in die Windenergie auswirkte und dem Image der Branche schadete (Dörner 2006, mdl; Molly 2005, mdl.).

4.4.9 Charakteristika der Konstellation

Die Nischenkonstellation der Windenergie hatte sich in der vorangehenden Phase, die als „Phase des Durchbruchs“ charakterisiert wurde, als erfolgreich und stabil erwiesen und konnte sich emanzipieren. In der hier abgebildeten, als „Entwicklungsknick“ charakterisierten Phase (vgl. Abbildung 20) sieht sich die emanzipierte Nischenkonstellation mit neuen Elementen und Allianzen konfrontiert. Die Phase ist durch Planungs- und Rechtsunsicherheit, ökonomischen Druck und einen daraus resultierenden Markteinbruch sowie sinkende Akzeptanz in der Bevölkerung gekennzeichnet.

Die Energiewirtschaft tritt mit massivem Widerstand in die Konstellation ein. Finanzwirtschaftliche Akteure gewinnen an Bedeutung, weil sie durch ihr Zögern oder ihren Rückzug zur Verunsicherung beitragen. Gleichzeitig wirkt ein einflussreicher staatlicher Akteur (BMWi) hemmend auf die Entwicklung ein. In der Folge treten vor allem rechtliche Elemente mit einer stark widerständigen Wirkung sowie wirtschaftlich belastende Faktoren in den Kern der Konstellation. Sie setzen die Nischenkonstellation unter hohen ökonomischen Druck, der zum

---

154 Vgl. Albers & Gerdes 1999. Es kam vor, dass Leistungskurven für Windkraftanlagen prognostiziert wurden, die auf Messungen an Prototypen basierten, die jedoch bei nicht-optimierter Anlageneinstellung unterschritten wurden. Auch sind bei der Beurteilung des Leistungsverhaltens einer Windkraftanlage die Alterung der Turbine sowie die Reaktion auf widrige Umwelteinflüsse zu berücksichtigen.

Teil rechtlich vermittelt ist. Zum anderen sieht sich die Nischenkonstellation mit Problemen konfrontiert, die aus der vorangehenden Boomphase resultieren und als Preis- und Innovationsdruck in Erscheinung treten. Zugleich nehmen Anzahl und Größe der Windenergieanlagen zu. Damit wird die Technologie sichtbarer, ihre Entwicklung wird von einer steigenden gesellschaftlichen Wahrnehmung begleitet, die zum Teil sehr kritisch ist. Naturschutz- und Umweltverbände sowie Bürgerinitiativen äußern verstärkt Kritik an dem zunehmend industriellen Charakter der Windenergiegewinnung.

Abbildung 20: 1995 – 1998: Entwicklungsknick

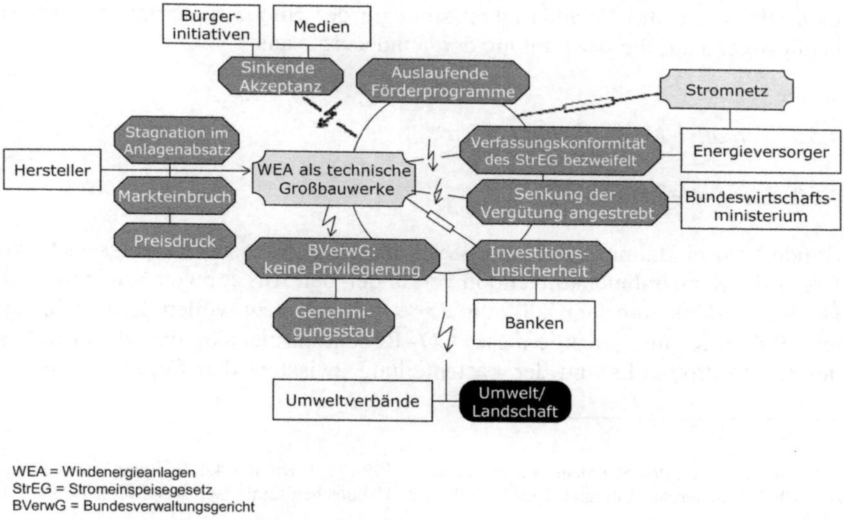

Quelle: eigene Darstellung in Bruns et al. 2008

Insgesamt ist die Entwicklung in dieser Phase durch eine starke Instabilität geprägt. Viele Elemente der Konstellation haben eine hemmende Wirkung, was in den konflikthaften Beziehungen zwischen den Elementen zum Ausdruck kommt (vgl. Kapitel 3.3). So kämpft die Nische in dieser Phase ums Überleben, während sie von Seiten der traditionellen Energiewirtschaft ökonomisch und rechtlich bekämpft wird. Der übergreifende Kontext spielt in dieser Phase keine bedeutende Rolle.

4.5 1998 bis 2002: Windenergieboom

Die Lage stabilisierte sich, als durch die Ausräumung von Rechtsunsicherheiten[155] und die damit gesicherte wirtschaftliche Basis ein regelrechter Boom in der Entwicklung der Windenergie einsetzte. Wie schon in der dritten Phase - der Phase des Durchbruchs - wurde die Entwicklung auch in dieser Phase von wichtigen Ereignissen im Kontext der Konstellation gesäumt. Die Vereinbarung des Kyoto-Protokolls, die EU-Binnenmarktrichtlinie für den Strommarkt und die EU-Richtlinie zur Förderung von erneuerbaren Energien waren bedeutende politische Ereignisse auf internationaler Ebene. Auch die Liberalisierung des Energiemarktes und die Nachhaltigkeitsstrategie der Bundesregierung wirkten sich begünstigend auf die Ausbreitung der Windenergie aus.

*4.5.1 Situative Kontextbedingungen^*

4.5.1.1 Kyoto-Protokoll

Bundeskanzler Helmut Kohl hatte 1995 anlässlich der ersten Vertragsstaatenkonferenz der Klimarahmenkonvention verkündet, den Ausstoß von Kohlendioxid in Deutschland bis zum Jahr 2005 um 25 % reduzieren zu wollen. Zwei Jahre später, 1997 in Kyoto,[156] wurde dieses CO_2-Reduktionsziel aktualisiert: Im Rahmen des Kyoto-Protokolls und der Lastenteilung zwischen den fünfzehn alten EU-

---

155 Novellierung des Stromeinspeisungsgesetzes 1998 (vgl. Kapitel 4.4.2), Energiewirtschaftsgesetz 1998, Erneuerbare-Energien-Gesetz 2000, EuGH-Entscheid 2001 (vgl. Kapitel 4.5.1, 4.5.3 und 4.5.4).

156 Das im Dezember 1997 in Kyoto beschlossene Klimaprotokoll hat eine Reduktion der globalen Treibhausgasemissionen zum Ziel. Die beteiligten Länder verpflichteten sich im Kyoto-Protokoll zu konkreten Reduzierungen der Treibhausgasemissionen bis 2012. Insgesamt soll von 2008 bis 2012 eine Reduzierung um 5,2 % gegenüber dem Niveau von 1990 erreicht werden. Da die Staaten im Rahmen des so genannten „Burden Sharing Agreement" in unterschiedlichem Maße zu den weltweiten Kohlendioxid-Emissionen beitragen sollen, legt das Kyoto-Protokoll für alle beteiligten Länder unterschiedliche Reduktionszahlen fest. Im Frühjahr 2001 hatte die neu gewählte US-Regierung erklärt, dass sie das Kyoto-Protokoll nicht mittragen werde (vgl. http://www.bmu.de/klimaschutz/internationale_klimapolitik/kyoto_protokoll/doc/20226.php). Das Protokoll trat nach der Ratifizierung durch Russland im November 2004 im Februar 2005 in Kraft.

Mitgliedstaaten verpflichtete sich Deutschland, nicht nur CO_2, sondern sechs Treibhausgase im Zeitraum 2008-2012 um 21 % gegenüber 1990 zu reduzieren.[157] Im Jahr 2001 ratifizierten Bundestag und Bundesrat das Kyoto-Protokoll einstimmig, damit war dieses Ziel für Deutschland verbindlich. Im April 2002 verabschiedete der Deutsche Bundestag das „Gesetz zu dem Protokoll von Kyoto vom 11. Dezember 1997 zum Rahmenübereinkommen der vereinten Nationen über Klimaänderungen (Kyoto-Protokoll)".[158] Seither ist das völkerrechtlich verbindliche Reduktionsziel von 21 % der Treibhausgase die erklärte Grundlage der Klimaschutzpolitik der Bundesregierung.[159] Im nationalen Klimaschutzprogramm der Bundesregierung[160] wird das Reduktionsziel bekräftigt. Die Umsetzung der Kyoto-Mechanismen[161] in deutsches Recht erfolgte über das „Gesetz zur Einführung der projektbezogenen Mechanismen nach dem Protokoll von Kyoto zum Rahmenübereinkommen der Vereinten Nationen über Klimaänderungen vom 11. Dezember 1997, zur Umsetzung der Richtlinie 2004/101/EG1 und zur Änderung des Kraft-Wärme-Kopplungsgesetzes".[162]

Jedoch wurde bzw. wird das Protokoll als schwierig umsetzbar und fragwürdig hinsichtlich seiner postulierten Wirkungen eingeschätzt. Um die Zielset-

---

157 Zu den EU-weit vereinbarten 8 % Reduktion der Treibhausgase tragen Deutschland und Dänemark mit nationalen Reduktionszielen von 21 %, Großbritannien mit 12,5 % bei. Sie ermöglichen damit anderen Staaten der EU wie Spanien, bis zu 15 % mehr Treibhausgase gegenüber 1990 auszustoßen.

158 Bundesgesetzblatt Jahrgang 2002 Teil II Nr 16, ausgegeben zu Bonn am 2. Mai 2002. Online abrufbar unter http://frei.bundesgesetzblatt.de/pdf/bgbl2/bgbl202s0966.pdf.

159 www.bmu.de/klimaschutz/aktuell/doc/print/35064.php

160 Vgl. Nationales Klimaschutzprogramm der Bundesregierung 2000 (BMU 2000a). Fünf Jahre später, im Klimaschutzprogramm von 2005, wird das Ziel gesetzt, „sicherzustellen, dass das von Deutschland auf europäischer und internationaler Ebene zugesagte Ziel einer Reduzierung der Treibhausgasemissionen im Zeitraum 2008 bis 2012 um 21 Prozent gegenüber 1990 erreicht (…) wird (…)." (vgl. BMU 2005a: 1). Das Emissionsreduktionsziel umfasst dabei neben CO2 sechs weitere den Treibhauseffekt verursachende Gase. Darüber hinaus setzt sich die Bundesregierung dafür ein, dass der Klimaschutz in Europa über die vereinbarten Emissionsminderungen hinaus vorankommt. Sie bot an, die deutschen Treibhausgasemissionen bis 2020 um 40 % gegenüber 1990 zu senken, wenn die EU sich zu einer Minderung von 30 % im selben Zeitrahmen verpflichtet (BMU 2005a: 5).

161 Die Kyoto-Mechanismen umfassen den Emissionshandel (emission trading) und die projektbezogenen Mechanismen Joint Implementation (JI) und Clean Development Mechanism (CDM). Diese flexiblen Mechanismen setzen auf eine Reduktion der Emissionen über den Markt. Ihnen liegt die Annahme zugrunde, dass es für den Klimaschutz keine Rolle spielt, wo Treibhausgasemissionen reduziert werden. Im Rahmen von JI investieren Staaten oder Unternehmen in Projekte in anderen verpflichteten Staaten, insbesondere in Transformationsländern, in denen eine Treibhausgasreduktion besonders kostengünstig möglich ist. Der CDM zielt auf Investitionen aus verpflichteten Staaten (staatliche oder unternehmerische Investitionen) in Projekte in nicht verpflichteten Staaten (Entwicklungsländer). Damit soll ein Beitrag zur nachhaltigen Entwicklung in den Entwicklungsländern und ein Technologietransfer vorangetrieben werden.

162 Vgl. www.bmu.de/files/gesetze_verordnungen/bmu-downloads/application/pdf/promechg.pdf.

zungen erreichen zu können, wurden politische Instrumente gefordert, die einen Umbau der Energieversorgung fördern und neue Energietechnologien auf den Markt bringen (Benedick 1998: 20; Simonis 1998: 13).[163] Dennoch war und ist in Deutschland das im Kyoto-Protokoll festgelegte Klimaschutzziel maßgeblicher Begründungskontext für die weitere Forcierung des Ausbaus der erneuerbaren Energien.

4.5.1.2 Initiativen auf europäischer Ebene

Auf europäischer Ebene verstärkten sich in dieser Phase die Bemühungen zur Liberalisierung des Strommarktes und zum Ausbau der erneuerbaren Energien.

Liberalisierung des Energiemarktes
Großtechnische Infrastruktursysteme wie das Stromnetz stellen eine zentrale Basisfunktion für die wirtschaftliche und soziale Integration in der EU dar. Daher gewann die Zusammenführung der bislang national konzipierten Infrastrukturen in der europäischen Politik zunehmend an Bedeutung. Ziel war es zunächst, die technischen Voraussetzungen für einen transnationalen Handel mit Energie zu schaffen und die transeuropäischen Energienetze auszubauen. 1988 hatte die europäische Kommission bereits mit dem Strategiepapier „Der Binnenmarkt für Energie“ eine umfassende Bestandsaufnahme hinsichtlich der Hemmnisse des europäischen Energiemarktes vorgelegt. Darin wurden die nationalen Energiemärkte als heterogen und abgeschottet charakterisiert und erstmals eine Anwendung vertraglicher Regelungen zur Integration des Energiemarktes in Aussicht gestellt (KOM 1988b). Mit dem Vertrag von Maastricht (1991) wurde ein Auftrag an die Mitgliedstaaten geschaffen, die Regelungen, die ein Funktionieren des Binnenmarktes betreffen, auch auf den Energiemarkt auszuweiten.

Eine konkrete Initiative zur Liberalisierung der europäischen Energiemärkte ergriff die Europäische Kommission 1992 mit dem Richtlinienvorschlag für einen Binnenmarkt für Elektrizität und Erdgas. Dieser relativ weitreichende Versuch, die europäischen Energiemärkte zu harmonisieren, stieß allerdings auf erheblichen Widerstand der Mitgliedstaaten. Erst nach mehrjährigen kontroversen Debatten konnte schließlich im Jahr 1996 die Binnenmarktrichtlinie für den

---

163 In Deutschland lagen bereits im Jahr 2001 die Treibhausgas-Emissionen um 18 % unter denen von 1990. Ende 2001 betrug die Reduzierung EU-weit jedoch nur 2,2 % womit das Ziel für 2008/2012 noch weit entfernt war (Ziesing 2003: 579).

Strommarkt verabschiedet werden[164]. Sie trat am 19.02.1997 in Kraft und leitete die Liberalisierung des bislang vor Wettbewerb geschützten europäischen Strommarktes ein, indem sie die Mitgliedsländer dazu verpflichtete, eine schrittweise Liberalisierung der Stromwirtschaft bis zum Jahr 1999 zu beginnen.

Ziel der Liberalisierung ist es, möglichst viele Segmente der leitungsgebundenen Energieversorgung dem freien Wettbewerb zugänglich zu machen. Die drei Kernbereiche des Liberalisierungsprozesses sind:

- die Netzzugangsgarantie Dritter zu den Übertragungs- und Verteilnetzen,
- die Regulierung der Netznutzungsentgelte und Netzanschlussbedingungen und
- die Entflechtung der Netzbetreiber (buchhalterische Entflechtung bzw. Unbundling) der Unternehmensbereiche Erzeugung, Übertragung und Verteilung, um Dritten den diskriminierungsfreien Netzzugang zu den Versorgungsnetzen zu ermöglichen.[165]

Eine Verweigerung des Netzzugangs ist nur dann möglich, wenn das Netz nicht die erforderlichen Kapazitäten für die Durchleitung aufweist. Über den Wettbewerb soll gewährleistet werden, dass die Verbraucher zu den günstigsten Konditionen marktgerecht versorgt werden. Die Versorgungsnetze können allerdings nicht sinnvoll dem Wettbewerb unterzogen werden. Die Netzbetreiber wurden dazu verpflichtet, ihre Netze gegen Entgelt zur Verfügung zu stellen, wobei die Netznutzungsentgelte staatlich reguliert werden können.

Die konkrete Ausgestaltung der Richtlinie ermöglichte erhebliche Gestaltungsspielräume für eine den nationalen Situationen angepasste Implementation. Dies führte allerdings dazu, dass in der Praxis von dem ursprünglichen Ziel einer

---

164 Die EU-Elektrizitäts-Binnenmarkt-Richtlinie 96/92/EG vom 19. Dezember 1996 trat am 19.02.1997 in Kraft (EU 1996).

165 Ziel des Unbundling war es, Quersubventionen zu verhindern und Kostentransparenz zu schaffen. Jedoch wurde keine unternehmensrechtliche Entflechtung vorgeschrieben (separate Gesellschaften), sondern die Versorgungsunternehmen wurden lediglich verpflichtet, ihre interne Rechnungslegung für die Funktionsbereiche Erzeugung, Übertragung und Verteilung zu trennen. Zudem haben die Mitgliedstaaten die Möglichkeit, Versorgungsunternehmen von der wettbewerbsorientierten Öffnung der Strommärkte freizustellen, wenn diese gemeinwirtschaftlichen Verpflichtungen unterliegen, die durch Anwendung der Richtlinie verhindert würden.
Aufgrund der Befürchtung wirtschaftlicher Risiken in einem liberalisierten europäischen Markt verstärkte sich jedoch nun der Trend zu einer Konzentration der Versorgungswirtschaft. Überkapazitäten in fast allen EU-Staaten erhöhten zusätzlich den Konkurrenzdruck (Bechberger 2000: 9). In der Folge wurden von den Energieunternehmen verstärkt die vorhandenen Rationalisierungspotenziale mit dem Ziel der Kostensenkung ausgeschöpft (Ziesing et al 2001: 146) und es kam zu einer deutlichen Senkung der Strompreise.

Harmonisierung und Integration der Energiemärkte abgewichen wurde (Monstadt 2004: 162).

Weißbuch der EU zur Energiepolitik

Im Weißbuch[166] zur Energiepolitik für die Europäische Union (KOM 1995) benennt die Europäische Kommission allgemeine Ziele und Instrumente zur Gestaltung einer gemeinsamen europäischen Energiepolitik. Das Weißbuch stellte einen Fortschritt auf dem Weg der Liberalisierung der Märkte für leitungsgebundene Energieträger innerhalb der EU dar. Die Energiepolitik muss sich, dem Weißbuch zufolge, in die allgemeinen Ziele der Wirtschaftspolitik der Gemeinschaft einfügen und darüber hinaus Wettbewerbsfähigkeit, Versorgungssicherheit und Umweltschutz miteinander in Einklang bringen.

Weißbuch der EU zum Ausbau der erneuerbaren Energieträger

Im November 1997[167] verabschiedete die Europäische Kommission das Weißbuch „Energie für die Zukunft: Erneuerbare Energieträger", das eine lebhafte politische Diskussion entfachte (KOM 1997). Darin wurde die Nutzung, der Ausbau und die technische Weiterentwicklung erneuerbarer Energien mit der Notwendigkeit begründet, die Abhängigkeit von Energieimporten zu verringern, Umwelt- und Klimaschutzverpflichtungen zu erfüllen sowie Arbeitsplätze zu schaffen. Zentrales, jedoch nicht bindendes Ziel auf EU-Ebene war die Verdopplung des Anteils erneuerbarer Energien am Bruttoenergieverbrauch von 6 % im Jahr 1995 auf 12 % bis zum Jahr 2010. Dieses Ziel war nach den Einschätzungen im Weißbuch vor allem durch den Ausbau der Biomassenutzung und an zweiter Stelle durch den Ausbau der Windenergienutzung zu erreichen.

Die im Weißbuch vorgeschlagene „Kampagne für den Durchbruch", die im Jahr 1999 durchgeführt wurde, war ein erster Schritt zur Erreichung dieses Ziels (KOM 1999). Für die Umsetzung der Kampagne stellte die Gemeinschaft Fördermittel in Höhe von einer Milliarde Euro bereit. Für den Windenergiebereich war das Etappenziel bis 2003, die installierte Leistung von 6.400 MW im Jahr 1998 europaweit auf 10.000 MW zu steigern. Dieses Ziel wurde jedoch bereits im Jahr 2001 mit einer installierten Leistung von 17.200 MW weit übertroffen (Staiß 2003: I 192 f.).

---

166 Weißbücher enthalten Vorschläge für Maßnahmen und Aktivitäten der Europäischen Gemeinschaft in einem bestimmten Bereich. Im Vorfeld werden häufig Grünbücher veröffentlicht mit dem Ziel, einen Konsultationsprozess auf europäischer Ebene einzuleiten.

167 Das Weißbuch wurde zwar 1997, also in der vorangehenden Phase verabschiedet, entfaltete seine Wirkung jedoch erst in der hier behandelten Phase von 1998 bis 2002 und wird daher hier aufgeführt.

Grünbuch der EU zur Energieversorgungssicherheit
Als Basis für eine umfassende Debatte über die Sicherung der Energieversorgung in der EU legte die Europäische Kommission im November 2000 das „Grünbuch: Hin zu einer europäischen Strategie für Energieversorgungssicherheit" vor (KOM 2000). Die Kommission weist darin auf die strukturellen Schwächen der Energieversorgung hin und warnt davor, dass bei unveränderten Energieversorgungsstrukturen „die Union ihren Energiebedarf in 20 bis 30 Jahren zu 70 % aus eingeführten Produkten (gegenüber 50 % zum gegenwärtigen Zeitpunkt) decken muss". Eine Handlungsoption für die Sicherung der Energieversorgung wird in der verstärkten Nutzung der erneuerbaren Energien gesehen.

EU-Richtlinie zur Förderung von erneuerbaren Energien
Zur Umsetzung des Ziels, den Anteil der erneuerbaren Energien am Bruttoenergieverbrauch zu verdoppeln, wurden Entwürfe für eine EU-Richtlinie verfasst, in denen die Kommission zunächst eine EU-einheitliche Regelung für den Marktzugang von erneuerbaren Energien vorsah. Dieses Konzept war jedoch mit der Regulierung in verschiedenen EU-Mitgliedsstaaten nicht vereinbar und erregte Widerspruch durch Verbände und das Europäische Parlament. Auch der damalige Umweltminister Jürgen Trittin sprach sich gegen eine solche Richtlinie aus, da sie mit einzelstaatlichen Klimaschutzmaßnahmen und - in Deutschland - mit dem StrEG bzw. dem EEG unvereinbar sei. Schließlich legte die Kommission einen Richtlinien-Entwurf vor, der auf ein EU-einheitliches Fördersystem verzichtete.

Am 27. September 2001 verabschiedeten das Europäische Parlament und der Rat die „Richtlinie zur Förderung der Stromerzeugung aus erneuerbaren Energiequellen im Elektrizitäts-Binnenmarkt" (EU 2001). Als zentrales Ziel wurde die Erhöhung des Anteils von Strom aus erneuerbaren Energien am Bruttostromverbrauch der EU von durchschnittlich 13,9 % im Jahr 1997 auf einen Anteil von 22,1 % im Jahr 2010 in der Richtlinie verankert. Dieses Ziel geht weit über das im Weißbuch genannte Ziel hinaus und wird entsprechend als sehr ehrgeiziges Projekt auf europäischer Ebene eingestuft.[168] Die Richtlinie verpflichtete die Mitgliedstaaten dazu, sich selbst Ziele für den Ausbau der erneuerbaren Energien zu setzten. Für Deutschland wurde als Ziel für 2010 eine Quote von 12,5 % Strom aus erneuerbaren Energiequellen festgelegt.[169] Die Staaten waren nach der Richtlinie gehalten, geeignete Instrumente zur Erreichung der jeweils

168 Dabei wird in der Richtlinie davon ausgegangen, dass die Mitgliedstaaten einen freien Netzzugang für Strom aus erneuerbaren Energien sicherstellen.
169 Im Jahr 2001 wurden in Deutschland ca. 7%, in 2002 wurden 8,1% des Stroms aus erneuerbaren Energiequellen erzeugt.

abgestimmten nationalen Ziele zu schaffen. Wie dies im Einzelnen erfolgen sollte, war den Mitgliedstaaten überlassen. Auch sieht die Richtlinie vor, dass die Mitgliedstaaten einen freien Netzzugang für Strom aus erneuerbaren Energien sicherstellen (vgl. Hirschl 2008: 279-282).

Die genannten Maßnahmen stellen die zentralen Pfeiler der Energiepolitik der EU in dieser Phase des Innovationsprozesses dar. Sie setzten wesentliche Impulse für die Umgestaltung der energiewirtschaftlichen Rahmenbedingungen in Europa und waren daher von hoher Bedeutung für die weitere Entfaltung der Windenergie. Die EU-Binnenmarktrichtlinie zur Förderung der erneuerbaren Energiequellen wirkte sich nicht nur in dieser, sondern vor allem in der nachfolgenden Phase als Kontextbedingung aus, die maßgeblichen Einfluss auf die Gestaltung der nationalen Rahmenbedingungen für die erneuerbaren Energien in Deutschland hatte. Insbesondere die Novellierung des EEG im Jahr 2004 wurde durch diese Richtlinie beeinflusst (vgl. Kapitel 4.6.1).

4.5.1.3 Liberalisierung des deutschen Energiemarktes

Der Energiemarkt der Bundesrepublik Deutschland war bis in die 1990er Jahre durch eine umfassende staatliche Präsenz charakterisiert – der Staat war als „Leistungsstaat" in den Sektor der Energieversorgung maßgeblich einbezogen. In den 1990er Jahren kam es jedoch zu einem beachtlichen Umbruch, als die staatlich geschützten Versorgungsmonopole der Stromwirtschaft dem Wettbewerb geöffnet wurden.

Die bis dahin ablehnende Haltung der Bundesregierung gegenüber einer strukturellen Reform im Energiebereich begann sich allmählich zu ändern, als die Europäische Kommission 1992 ihren ersten Richtlinienentwurf zur Liberalisierung der Energiemärkte vorlegte. Das Bundeswirtschaftsministerium legte nach Konsultationen von Verbänden, Bundesländern und Bundesministerien 1994 einen Referentenentwurf zur Liberalisierung der leitungsgebundenen Energieversorgung vor, der jedoch auf erheblichen Widerstand stieß (Monstadt 2004: 164). Ein modifizierter Entwurf mündete trotz vielfacher Proteste und kontroverser Auseinandersetzungen in die Verabschiedung des neuen Energiewirtschaftsgesetzes (EnWG), das am 29.04.1998 in Kraft trat. Diese Reform des bereits seit langem als unzeitgemäß kritisierten Energiewirtschaftsgesetzes von 1935 erhielt ihren entscheidenden Impuls durch die auf europäischer Ebene forcierte Liberalisierung der Stromwirtschaft auf Grundlage der 1996 verabschiedeten Direktive[170] (Grande & Eberlein 1999: 639).

Das reformierte Energiewirtschaftsgesetz ging weit über den europäischen Anforderungskatalog zur Marktöffnung hinaus, indem der Strommarkt vollständig und ohne Übergangsfristen dem Wettbewerb geöffnet wurde.[171] Umweltschutz wurde als gleichberechtigter Gesetzeszweck im neuen Energiewirtschaftsgesetz verankert. Die Liberalisierung und Deregulierung des Energiemarktes in Deutschland veränderte die Struktur des Energieversorgungsmarkts und wirkte sich so auch auf die weitere Entwicklung der Windenergie aus.

Das Energiewirtschaftsgesetz (EnWG) von 1998 sieht vor, dass eine Rechtsverordnung die Ausgestaltung der Netzkonditionen und -entgelte regelt. Damit hat Deutschland als einziger EU-Mitgliedsstaat den „verhandelten Netzzugang" zur Umsetzung der EU-Richtlinie gewählt und auf eine rechtliche Regulierung des Netzzugangs sowie den Einsatz einer Regulierungsbehörde, die Netzzugangstarife und -bedingungen festlegt, zunächst verzichtet. Die Aushandlung von Netznutzungspreisen und -konditionen erfolgt im Rahmen von so genannten Verbändevereinbarungen für den Strom- und Gassektor.

Der Bestandsschutz für regionale, geschlossene Versorgungsmonopole wurde aufgehoben und es wurden regionale Netzbetreiber benannt, die den Netzbetrieb sicherstellen, die interregionale Kooperation der Netze gewährleisten und den Netzzugang Dritter ermöglichen sollten. Die Betreiber der Übertragungs- und Verteilungsnetze wurden verpflichtet, Zugang zu ihren Netzen zu gewähren.

Damit verbesserten sich die Marktzutrittschancen für Windstromanbieter – es entstand eine weitgehend gesicherte Perspektive für den Netzzugang (Ziesing et al. 2001: 147). Allerdings verblieben die bestehenden Leitungsnetze im Besitz der Energieversorgungsunternehmen, die Aushandlung von Netznutzungspreisen und -konditionen erfolgt seither im Rahmen von Verbändevereinbarungen[172]. In der Praxis gestaltet sich daher der Zugang zum Stromnetz bzw. die Durchleitung von Strom nicht immer problemlos. Die zum Teil neu in den Markt eintretenden

---

170 Richtlinie 96/92/EG

171 Die wettbewerbsrechtliche Aufsicht wurde dem Bundeskartellamt zugewiesen. Für die Kunden ermöglicht das Gesetz die freie Auswahl eines Stromlieferanten und erlaubt damit die Bildung eines Marktes für „grünen Strom". Während sich jedoch der Markt in der Folgezeit auf Seiten der Anbieter sehr stark entwickelte, blieb die Nachfrage weit hinter den Erwartungen zurück.

172 Das EnWG sieht vor, dass die Ausgestaltung der Netzkonditionen und -entgelte durch eine Rechtsverordnung geregelt wird. Damit hat Deutschland als einziger EU-Mitgliedsstaat den „verhandelten Netzzugang" (Verbändevereinbarung) zur Umsetzung der EU-Richtlinie gewählt und auf eine rechtliche Regulierung des Netzzugangs und den Einsatz einer Regulierungsbehörde, die Netzzugangstarife und -bedingungen festlegt, verzichtet. Die konkrete Festlegung der Netzzugangstarife verbleibt in der Zuständigkeit des einzelnen Netzbetreibers.

Energie einspeisenden Unternehmen müssen mit den Netzbetreibern um Zugangsrechte und -entgelte verhandeln. Zwar kommen explizite Diskriminierungen beim Netzzugang selten vor[173], der Zugang wird jedoch zum Teil durch stark einengende Durchleitungsbestimmungen und hohe, im europäischen Vergleich an der Spitze liegende Gebühren behindert (Monstadt 2004: 170).

Die Europäische Kommission machte auf den Verbesserungsbedarf hinsichtlich der Zugangsbedingungen für neue Anbieter im Strommarkt aufmerksam und betonte, dass „den Marktteilnehmern ein fairer Zugang zu den Übertragungs-, Fernleitungs- und Verteilernetzen einschließlich aller damit verbundenen erforderlichen Hilfseinrichtungen gewährt" werden müsse. Sie beklagte zudem, dass die weiterhin große Marktmacht bisheriger Erzeugungsunternehmen den Marktzugang für neue Marktteilnehmer behindern kann (KOM 2003: 4).

4.5.1.4 Nachhaltigkeitsrat und -strategie der Bundesregierung

Im April 2001 berief die Bundesregierung (unter Bundeskanzler Gerhard Schröder) den Rat für Nachhaltige Entwicklung, bestehend aus 14 Personen des öffentlichen Lebens, als beratendes Gremium. Der Rat soll zur Umsetzung der nationalen Nachhaltigkeitsstrategie beitragen, konkrete Ziele, Indikatoren, Handlungsfelder und Projekte benennen und Nachhaltigkeit über einen gesellschaftlichen Dialog zu einem wichtigen öffentlichen Anliegen machen.[174] Eine nachhaltige Energieversorgung, Klimaschutz, Ressourceneffizienz und eine Kultur der globalen Verantwortung sind wichtige Themen des Rates.

Nachhaltige Entwicklung war bereits seit der UN-Konferenz für Umwelt und Entwicklung in Rio 1992 ein Ankerthema des ökologischen Diskurses (Huber 2001: 299). In Deutschland wurde das Leitbild ein Jahrzehnt später institutionalisiert. Im Vorfeld der UN-Konferenz über Nachhaltige Entwicklung in Johannesburg[175] und ein Jahr nach der Einberufung des Rates für Nachhaltige Ent-

---

173 Verstößt ein Netzbetreiber gegen das Gebot des diskriminierungsfreien Netzzugangs und angemessener Entgelte, kann die staatliche Wettbewerbskontrolle (Kartellbehörden) nachträglich eingreifen.

174 In der Amtszeit der Bundeskanzlerin Angela Merkel wurden Strategie und Arbeit des Rates fortgesetzt.

175 Vom 26.08.-04.09.2002 fand der „Weltgipfel für nachhaltige Entwicklung" („World Summit of Sustainable Development") in Johannesburg als Folgekonferenz der Konferenz über Umwelt und Entwicklung in Rio statt. Jedoch blieben die Ergebnisse des Weltgipfels in Johannesburg, von dem maßgebliche Fortschritte zur Bewältigung der globalen Probleme erhofft wurden, weit hinter den Erwartungen zurück (vgl. Brand 2002). Insbesondere der Widerstand der USA und der OPEC-Staaten verhinderte den Beschluss verbindlicher und ehrgeiziger Ziele zur Reduktion des Energieverbrauchs, zum Klimaschutz und zum Ausbau der erneuerbaren Energien. Das Aktionsprogramm wies daher nur

wicklung legte die Bundesregierung im April 2002 eine Strategie für nachhaltige Entwicklung vor, in der für zahlreiche Politikfelder konkrete Nachhaltigkeitsziele formuliert wurden[176]. Die Umsetzung sowie die Fortschreibung dieser nationalen Nachhaltigkeitsstrategie werden in Fortschrittsberichten dokumentiert. 2004 wurde die Strategie erstmals einem Monitoring unterzogen.

Klimaschutz durch den Einsatz erneuerbarer Energien ist Teil der Nachhaltigkeitsstrategie der Bundesregierung (Bundesregierung 2002: 3, 97, 155 ff.). Der Anteil der erneuerbaren Energien am Primärenergieverbrauch soll entsprechend der Strategie gegenüber 2000 bis zum Jahr 2010 auf 4,2 % erhöht und ihr Anteil am Stromverbrauch auf 12,5 % verdoppelt werden. Ein weiteres Ziel lautet, dass die erneuerbaren Energien bis zur Mitte des Jahrhunderts rund die Hälfte des Energieverbrauchs decken sollen. Windenergie wird dabei als eine der maßgeblichen Technologien hervorgehoben. Es wird jedoch betont, dass der Ausbau der Windenergie nicht isoliert, sondern unter Beachtung eines umfassenden Indikatorensystems und in naturverträglicher Weise erfolgen soll. Der Bau von Offshore-Windparks soll einen wichtigen Beitrag für die künftige Energieversorgung der Bundesrepublik leisten. Damit soll sowohl die Abhängigkeit von Energie-Importen verringert als auch die Umweltverträglichkeit der Energieerzeugung verbessert werden (Bundesregierung 2002: 157).

4.5.1.5 Atomkonsens

Am 14. Juni 2000 vereinbarten Bundesregierung und Energieversorgungsunternehmen einen langfristigen Ausstieg aus der Atomenergienutzung, der 2002 durch eine Novellierung des Atomgesetzes rechtlich manifestiert wurde. Mit diesem so genannten Atomkonsens akzeptierten die vier großen Energieversorgungskonzerne die Neubewertung der Atomenergienutzung durch die Bundesregierung. Kern der Gesetzesnovelle ist das Verbot des Neubaus kommerziell genutzter Atomkraftwerke sowie eine Befristung der Regellaufzeit bestehender Kernkraftwerke auf durchschnittlich 32 Jahre seit Inbetriebnahme.

---

eine unverbindliche Forderung nach dem verstärkten Einsatz erneuerbarer Energien auf. In der Endphase des Weltgipfels legte die Europäische Union eine Erklärung gleichgesinnter Staaten zur Erhöhung des Anteils erneuerbarer Energien vor. Über 80 Zeichnerstaaten der „Johannesburg Renewable Energy Coalition“ (JREC) kündigen in der Erklärung „The way forward on renewable energy“ an, ambitionierte Ziele auf globaler, regionaler und nationaler Ebene mit konkreten Zeitplänen zur Erhöhung des Einsatzes erneuerbarer Energien zu setzen und neue Finanzierungsinstrumente für erneuerbare Energien zu entwickeln (BMU 2003a).

176 Vgl. Die Bundesregierung 2002: Perspektiven für Deutschland. Unsere Strategie für eine nachhaltige Entwicklung, 17.4.2002.

4.5.2 Regierungswechsel 1998

Die energiepolitischen Prioritäten der Bundesregierung wurden mit dem Regierungswechsel im Herbst 1998 deutlich zugunsten umweltpolitischer Schwerpunkte verschoben. In der Koalitionsvereinbarung der neuen rot-grünen Regierung vom 20.10.1998 wurde ein forcierter Wandel der Energieträgerstruktur und die Einleitung des Ausstiegs aus der Atomenergie festgeschrieben, verbunden mit einer verstärkten Förderung erneuerbarer Energien. Auch wurde eine Neugestaltung des Energierechts angekündigt (vgl. Jänicke 2000b: 49). Betont wurde dabei die Bedeutung des diskriminierungsfreien Netzzugangs durch eine klare rechtliche Regelung und die Schaffung und Sicherung fairer Marktchancen unter anderem für regenerative Energien.[177] Diese Maßnahmen sollten dem in der Koalitionsvereinbarung bekräftigten Ziel dienen, die CO_2-Emissionen bis zum Jahr 2005 gegenüber 1990 um 25 % zu reduzieren.

Anlässlich der fünften Klimakonferenz in Bonn[178] formulierte Bundeskanzler Gerhard Schröder das Ziel, „den deutschen Anteil an erneuerbaren Energien bis 2010 zu verdoppeln". Damit wurde in Deutschland bereits im Jahr 1999 das europäische Verdopplungsziel aus dem Weißbuch von 1997 übernommen. Das vom Bundeskanzler formulierte Ziel wurde in das am 18.10.2000 beschlossene Klimaschutzprogramm der Bundesregierung aufgenommen. Ebenfalls im Jahr 2000 wurde die Deutsche Energie-Agentur (dena) gegründet.[179]

4.5.3 Das Erneuerbare Energien Gesetz (EEG)

Die Vergütung nach dem StrEG reichte nach Ansicht der neuen rot-grünen Regierungskoalition nicht mehr aus, um das (deutsche und europäische) Ziel zur Verdoppelung des Anteils erneuerbarer Energien am Strommix und deren breite Markteinführung anzustoßen[180]. Zudem wurde in einigen Regionen das Errei-

---

177 SPD/Bündnis90/Die Grünen 1998: 20 f.

178 Die fünfte Vertragsstaatenkonferenz des Rahmenübereinkommens der Vereinten Nationen über Klimaänderungen (kurz: die 5. Klimakonferenz, engl.: COP 5) fand im November 1999 zum ersten Mal am Sitz des Klimasekretariats in Bonn statt.

179 Die Deutsche Energie-Agentur (dena) wurde am 29.09.2000 als Gesellschaft der Bundesregierung und der Kreditanstalt für Wiederaufbau gegründet. Ziel war es, ein Kompetenzzentrum für Energieeffizienz und erneuerbare Energien zu schaffen. Die dena initiiert, koordiniert und moderiert nationale und internationale Projekte und Programme. Sie richtet sich als Ansprechpartner und Dienstleister sowohl an Endverbraucher als auch an Politik, Wirtschaft, Wissenschaft und Verbände.

180 Die Vergütung aus dem StrEG war an den durchschnittlichen Strompreis gekoppelt, dieser sank infolge der fortschreitenden Liberalisierung des Energiemarktes. Auch die Einnahmen der Windstromproduzenten gingen daraufhin zurück.

chen des „zweiten 5-Prozent-Deckels“ erwartet.[181] Angesichts der vorgesehenen EU-Rahmenrichtlinie für Strom aus erneuerbaren Energien war eine Novellierung des StrEG notwendig. Plan der rot-grünen Regierungskoalition war es daher, zum 1. Januar 2000 eine neue Regelung für die Einspeisung von Strom aus erneuerbaren Energien in Kraft zu setzen.

Ein Entwurf zur Novellierung des Stromeinspeisungsgesetzes wurde Anfang November 1999 vom Bundesministerium für Wirtschaft vorgelegt.[182] Unter hohem Zeitdruck und in rasantem Tempo fanden in den nachfolgenden Monaten die Ressortabstimmung sowie der Einbezug der Stellungnahmen von Verbänden statt, bis der Prozess der Gesetzesänderung im März 2000 in das EEG mündete. Der Zeitdruck war u. a. dadurch entstanden, dass die Preussen Elektra für ihr Versorgungsgebiet ein Überschreiten der 5-Prozent-Grenze noch bis Ende des Jahres 1999 angekündigt hatte.

Inhaltlich befassten sich die Entwürfe vor allem mit der Ausgestaltung der Vergütungshöhe, dem Belastungsausgleich sowie dem Netzzugang[183]. Eckpunktepapiere der Bündnisgrünen und der SPD sprachen sich u. a. für eine Verbesserung der Windenergievergütung mit degressiven Vergütungssätzen sowie ein Referenzertragsmodell aus (Bechberger 2000: 22 f.). Sowohl der BEE als auch das BMU stimmten den Vorschlägen in ihren Stellungsnahmen mehrheitlich zu (BMU 1999b; Bechberger 2000: 24 ff.).

Jedoch gab es einen Dissens zwischen BMU und BMWi insbesondere hinsichtlich der Höhe der Vergütung. Das BMWi hatte in seinem Referentenentwurf auf der Basis eines Fachgutachtens eine maximale Vergütung in Höhe von 16,5 Pf/kWh vorgeschlagen.[184] Die Berechnungen, auf die sich das BMU stützte, sahen dagegen eine Vergütung von mindestens 17,8 Pf/ kWh vor.

---

181 Vgl. Grüne Fraktion im Bundestag 1999: 23. Mit der Novelle des StrEG im Jahr 1998 wurde der 5%-Deckel im Rahmen der Härtefallklausel eingeführt. Wenn der Windstromanteil eines Energieversorgers über 5% der von ihm insgesamt abgesetzten Kilowattstunden anstieg, war der vorgelagerte Netzbetreiber verpflichtet, die sich ergebenden Mehrkosten zu erstatten. Wenn auch beim vorgelagerten Netzbetreiber der Anteil des erneuerbaren Stroms 5% überschritt, endete die Abnahmepflicht (vgl. Kapitel 4.4.2).

182 Zur Novellierung des StrEG und zum Entstehungsprozess des EEG vgl. Bechberger 2000: 5 ff.

183 Bechberger (2000) stellt die verschiedenen Arbeits-, Referenten- und Gesetzesentwürfe ausführlich einander gegenüber.

184 Laut Bundesverband Erneuerbarer Energien (BEE) wurden dabei Nebenkosten, Fremdkapitalzinsen, Inflationsrate, Ersatzinvestitionen, Betriebskosten vom beauftragten Institut Enerko zu niedrig angesetzt. Der BEE warf dem BMWi vor, das Änderungsverfahren zum Stromeinspeisungsgesetz zu Lasten der deutschen Windindustrie zu beeinflussen (Anschreiben des BEE e.V. vom 25. November 1999 an Bundeswirtschaftsminister Müller).

Nach kontroversen Debatten konnten sich das Wirtschafts- und das Umweltministerium[185] auf einen gemeinsamen Gesetzentwurf einigen: das Gesetz für den Vorrang erneuerbarer Energien oder Erneuerbare Energien Gesetz (EEG). Ein zentrales Ziel dieses Gesetzes, das langfristige Festpreise für die Einspeisung von Strom aus erneuerbaren Energien vorgab, war es, ein Signal an die Finanzbranche zu geben, in erneuerbare Energien zu investieren. Es sollte eine dynamische Entwicklung in Gang setzen, privates Kapital mobilisieren und damit den Einstieg in die Serienproduktion von Windenergieanlagen ermöglichen. Im Gesetz wurde auch das Ziel festgeschrieben, den Anteil der erneuerbaren Energien an der Elektrizitätserzeugung bis zum Jahr 2010 zu verdoppeln.[186]

Das EEG trat zum 1. April 2000 in Kraft.[187] Für Strom aus Windenergie betrug die Vergütung mindestens 17,8 Pfennige pro Kilowattstunde für die Dauer von fünf Jahren; es wurde eine sukzessive Degression der Vergütungssätze für einen Zeitraum von zwanzig Jahren vorgesehen. Die Energieversorgungsunternehmen wurden verpflichtet, den regenerativ erzeugten Strom zu Mindestpreisen abzunehmen. Für die Windenergiebranche entstand damit eine hohe Investitions- und Planungssicherheit für zwanzig Jahre. Die Höhe der Vergütung gewährleistet einen wirtschaftlichen Betrieb von Windenergieanlagen. Diese Vergütungssätze werden über die Verbraucher durch eine Umlage auf die Stromrechnung finanziert. Im EEG ist eine Überprüfung im Rhythmus von zwei Jahren vorgesehen, die dazu dienen soll, die gesetzlichen Rahmenbedingungen für einen weiteren Ausbau der erneuerbaren Energien unter Berücksichtigung der Verbesserung der Anlagentechnik weiter zu entwickeln.

Die wesentlichen Änderungen des EEG im Vergleich zum StrEG (Stand 1998) waren:

- Die Abkehr von der Kopplung der Vergütung an den Durchschnittsstrompreis; feste Vergütungssätze pro kW/h sollten Planungs- und Investitionssicherheit unabhängig von der Strompreisentwicklung schaffen.
- Die Vergütung wurde nunmehr nicht nur für den Geltungszeitraum des Gesetzes, sondern auf 20 Jahre garantiert.
- Die Höhe der Vergütung wurde nach Sparten und nach Anlagengrößen differenziert.

---

185 Dissenspunkte waren z. B. Vergütungssätze, Rotorflächenmodell vs. Referenzertragsmodell, Aufteilung der Netzanschluss- und Netzverstärkungskosten; Vgl. Vermerk aus dem Arbeitsgebiet Z II 6 des BMU vom 05.11.1999.

186 Entwurf eines Gesetzes zur Förderung der Stromerzeugung aus erneuerbaren Energien (EEG) sowie zur Änderung des Mineralölsteuergesetzes vom 29.11.1999.

187 Erneuerbare-Energien-Gesetz vom 29. März 2000, BGBl. I S. 305.

Mit dem EEG wurde die besondere Ausgleichsregelung für die stromintensive Industrie erheblich ausgeweitet. Danach waren stromintensive Unternehmen und Schienenbahnen von einem erheblichen Teil der Kosten, die ihnen ohne diese Regelung von den Stromversorgern für Strom aus erneuerbaren Energien hätte in Rechnung gestellt werden können, ausgenommen. Auch wurden die Energieversorgungsunternehmen, die bisher von den Vergütungen aus dem StrEG ausgenommen waren, in die Vergütungsregelungen des EEG einbezogen – auch sie hatten nun die Möglichkeit einer Vergütung regenerativ erzeugten Stroms zu den festgesetzten Tarifen. Aufgrund dieser Neuerung befürchtete der Bundesverband Erneuerbare Energien massive Konsequenzen, denn er sah eine Gefährdung des Mittelstands der Branche durch den Wettbewerb um Netzkapazitäten und auch durch den Finanzierungswettbewerb mit der Energiewirtschaft.

Die Verabschiedung des EEG im Jahr 2000 in seiner spezifischen Ausgestaltung (langfristige Planungssicherheit für Investoren, technologiespezifische Vergütung) war eine zentrale Maßnahme der neuen Bundesregierung für den Ausbau der regenerativen Energien in Deutschland (vgl. Reiche 2004: 61 ff.). Für Anlagenbetreiber ist mit dem EEG das Risiko geringer geworden, durch Konkurrenten vom Markt verdrängt zu werden. Für sie besteht jedoch der Anreiz, Kosten zu senken, denn dadurch können sie ihre Gewinne erhöhen. Es besteht daher eine hohe Motivation zur Effizienzsteigerung nach dem Vertragsabschluss im EEG.

4.5.4 Urteil des Europäischen Gerichtshofes

Am 13. März 2001 urteilte der Europäische Gerichtshof, dass das deutsche Stromeinspeisungsgesetz mit dem EU-Recht vereinbar sei und keine verbotene staatliche Beihilfe im Sinne des EG-Vertrags darstelle. Auch verstoße es nicht gegen den freien Warenverkehr in der EU.[188] Damit wurden die Zweifel an der Vereinbarkeit des deutschen EEG mit dem europäischen Beihilferecht ausgeräumt.

Das Ende des von der ehemaligen Preussen Elektra und deren Tochterunternehmen Schleswag angestrengten Rechtsstreits wurde von der Windenergiebranche mit großer Erleichterung aufgenommen. Es beendete eine drei Jahre währende Rechtsunsicherheit.

188 Vgl. Urteil 13.3.2001/ Rs. C-379/98 „Die Vereinbarkeit des Stromeinspeisungsgesetzes und des EEG mit dem primären Europarecht". Natur und Recht 2002, S. 148.

4.5.5 *Baugesetznovelle und Genehmigungspraxis*

Im Juni 1996[189] wurde nach langen Verhandlungen im Ausschuss für Raumordnung, Bauwesen und Städtebau des deutschen Bundestags eine Beschlussempfehlung zur Änderung des § 35 Baugesetzbuch (BauGB)[190] verabschiedet, die am 01.01.1997 in Kraft trat. Mit der Verabschiedung dieser Novelle änderten sich die Rahmenbedingungen für die Genehmigung und Errichtung von Windenergieanlagen. Anlagen im Außenbereich[191] haben seither den Status eines privilegierten Vorhabens. Für solche Vorhaben besteht grundsätzlich ein Rechtsanspruch auf Baugenehmigung, es sei denn, gewichtige öffentliche Belange wie zum Beispiel Belange des Naturschutzes, die Erholungsfunktion der Landschaft oder die Verunstaltung des Ortsbildes sprechen dagegen.[192]

Mit dieser Gesetzesnovellierung wurde die Privilegierung zugleich durch Einführung eines so genannten Planungsvorbehalts eingeschränkt, der die Planungshoheit der Gemeinden sicherstellen und eine undifferenzierte Bebauung mit Windenergieanlagen ausschließen sollte. Auf regionaler Ebene sollten sog. „Eignungsgebiete" für die Windenergienutzung, in Städten und Gemeinden sollten innerhalb einer bestimmten Frist „Konzentrationszonen" für Windenergie im Flächennutzungsplan ausgewiesen werden.[193] Diese Form der „Positivauswie-

---

189 Die Baugesetzbuchnovelle wurde bereits in der vorangehenden Phase verabschiedet, wirkt sich aber in der hier beschriebenen Phasen von 1998 bis 2002 aus und wird daher hier behandelt.

190 Die Errichtung von Windkraftanlagen bedarf grundsätzlich einer Baugenehmigung. Im Baugesetzbuch ist die zulässige Nutzung des Anlagenstandortes geregelt (§§ 29 bis 35 BauGB). Bei der Baurechtsnovelle handelt es sich um die Neufassung des § 35 Abs. 3 BauGB.

191 Als Außenbereich werden alle Gebiete bezeichnet, die nicht im Geltungsbereich eines Bebauungsplanes (§ 30 BauGB) und auch nicht innerhalb eines im Zusammenhang bebauten Ortsteiles (§34 BauGB) liegen. Grundgedanke der Vorschrift (§35 BauGB) war, den Außenbereich von baulichen Anlagen freizuhalten.

192 Das Bauordnungsrecht regelt die Anforderungen an die Errichtung, Gestaltung, Änderung, Benutzung, Unterhaltung und den Abbruch von baulichen Anlagen. Bei der Errichtung von Windkraftanlagen müssen in den Genehmigungsverfahren kleinräumige Gefahrenpotenziale und Umwelteinwirkungen berücksichtigt werden. Auch die TA Lärm, in der je nach Gebietsstruktur unterschiedliche maximale Lärmemissionen festgelegt sind, spielt in den Genehmigungsentscheidungen für Windenergieanlagen eine Rolle. Darüber hinaus müssen natur- und landschaftsschutzrechtliche Normen berücksichtigt werden. Die Zulässigkeit hängt davon ab, ob der Eingriff vermeidbar ist oder nicht. Dabei werden beispielsweise die Beeinträchtigungen des Zug-, Rast- und Brutverhaltens von Vögeln, der Einfluss auf avifaunistisch bedeutsame Gebiete oder das Landschaftsbild geprüft. Im Regelfall wird bei der Errichtung einer Windenergieanlage von einem unvermeidbaren Eingriff ausgegangen, der jedoch durch landschaftspflegende Maßnahmen oder die Zahlung einer Abgabe ausgeglichen werden muss (Hemmelskamp & Jörg 1999: 89).

193 Die Gebietsausweisung auf regionaler Ebene richtet sich nach den Raumordnungsgesetzen (LROGs) der Bundesländer. Vor 1998 gab es die Kategorie Vorranggebiet im ROG, diese Vorranggebiete wurden jedoch nicht für Windenergie ausgewiesen. Anlässlich der Problematik der räumli-

sung“ bestimmter Gebiete für eine bestimmte Nutzung war ein Novum in der Regionalplanung und hatte eine nachhaltige Wirkung auf die Genehmigungspraxis.[194]

Raumordnungsbehörden und Kommunen konnten Windenergieanlagen im Rahmen der Flächennutzungsplanung auf dafür geeignete Flächen konzentrieren. Wurden solche Eignungsgebiete bzw. Konzentrationszonen ausgewiesen, so dürfen nur noch auf diesen Flächen Windenergieanlagen errichtet werden. Zugleich wurde für die übrigen Flächen eine Ausschlusswirkung für die Errichtung von Windenergieanlagen wirksam - ein „Wildwuchs“ der Verbreitung von Windenergieanlagen sollte so verhindert werden. Dieser Planungsvorbehalt für die Kommunen wurde (auf Anregung des NABU und des Deutschen Städtetages) bis zum 31.12.1998 verlängert. Die Kommunen hatten also zwei Jahre Zeit, ihre Flächennutzungsplanung im Hinblick auf die Windenergienutzung zu überarbeiten.

Jedoch machten – selbst in Bereichen hoher Nachfrage - längst nicht alle Kommunen von der Ausweisung von Konzentrationszonen Gebrauch, denn eine Änderung der Flächennutzungsplanung ist zeit- und kostenaufwendig. Vielfach wiesen Kommunen Flächen für die Windenergienutzung nur deshalb aus, weil sie auf diese Weise die Expansion der Windenergie durch die eintretende Ausschlusswirkung für andere Flächen begrenzen konnten. Einigen Kommunen, die für die Windenergienutzung unattraktive Standorte als Konzentrationszonen auswiesen, wurde eine gezielte Verhinderungsplanung unterstellt (Bruns et a.l 2007).[195]

Die Privilegierungsregelung war lange umstritten. Nach § 35 BauGB war die Errichtung von Industrieanlagen im Außenbereich grundsätzlich nicht zulässig. Die Möglichkeit einer Ausnahme gab es vor der Gesetzesnovellierung nur für Windenergieanlagen, die der Energieversorgung eines bestehenden land- und forstwirtschaftlichen Betriebs dienten.[196]

Gegner der neuen Regelung (Privilegierung) fürchteten einen Freibrief zur Landschaftsverschandelung. Von den Befürwortern jedoch wurde eine Privile-

---

chen Steuerung der Windenergienutzung wurde mit der BauROG-Änderung von 1998 die Kategorie der Eignungsgebiete neu hinzugefügt. Die norddeutschen Bundesländer haben ihre Raumordnungsgesetze entsprechend angepasst. Auf kommunaler Ebene heißen die Gebiete, mit denen die Bereiche für Windenergienutzung festgelegt werden, Konzentrationszonen. Die Bezeichnung und Ausweisung richtet sich nach dem 1997 novellierten BauGB (Tandemregelung aus Privilegierung einerseits und planerischer Kontrolle durch Konzentration andererseits).

194 Vgl. Rehfeldt et al. 2001; Neumann 2001; Neumann et al. 2002.

195 Durch Bundesverwaltungsgerichtsurteil 4 C 15.01 vom 17.12.2002 wurde klargestellt, dass eine solche Praxis rechtswidrig ist und eine entsprechende Planung anfechtbar ist.

196 Da davon ausgegangen wurde, dass die Errichtung von Windkraftanlagen im öffentlichen Interesse liegt, wurde die Aufstellung dennoch in vielen Fällen bewilligt.

gierungsregelung zur Klärung der Zulässigkeitsvoraussetzungen als unabdingbar bezeichnet; entsprechend nahmen die Interessenvertreter der Windbranche Einfluss auf die politische Diskussion. Die Änderung des BauGB wurde insbesondere deshalb als notwendig erachtet, weil in den Genehmigungsbehörden hinsichtlich der Rechtslage für die Behandlung von Baumaßnahmen im Außenbereich große Unsicherheit herrschte. Baugenehmigungen waren ohne klare Entscheidungsgrundlage mehr oder weniger willkürlich erteilt oder abgelehnt worden. Die sich über drei Jahre hinziehenden Beratungen über die Präzisierung des §35 im Baugesetzbuch waren jedoch kontrovers und hatten sich lähmend auf den deutschen Windenergiemarkt ausgewirkt.

Sind nun in einem Bebauungsplan Eignungsgebiete für die Windenergienutzung ausgewiesen, ist die Bewilligung zur Errichtung von Windenergieanlagen relativ einfach zu erhalten. Ist hingegen eine solche Festsetzung nicht erfolgt, dann ist in der Regel nur die Errichtung kleiner Anlagen möglich, die der Versorgung einzelner Grundstücke oder eines Baugebietes dienen. Die Errichtung von *Windparks* im Innenbereich von Gemeinden wird durch die Vorschriften der Baunutzungsverordnung auf größere Gewerbegebiete eingeschränkt (Hemmelskamp & Jörg 1999: 89).

Bereits Anfang der 1990er Jahre war insbesondere auf Initiative der alten Bundesländer damit begonnen worden, die Genehmigungsverfahren für Windenergieanlagen (in der Regel Baugenehmigungsverfahren) zu vereinheitlichen und damit für alle Beteiligten zu erleichtern (Maier 1992: 60). Letztlich wurden im Zuge der Novellierung der Landesraumordnungsgesetze die Voraussetzungen dafür geschaffen, tätig zu werden. Die Bundesländer legten daraufhin ab Ende der 1990er Jahre Regionalpläne vor. Bezüglich der genehmigungsrechtlichen Bestimmungen (Baugenehmigung) konnten die östlichen Bundesländer von den Erlassen in den alten Bundesländern profitieren; die Bestimmungen (z. B. Lärmgrenzwerte, Abstände zu Wohngebieten) wurden vielfach übernommen oder adaptiert.

Mit den Änderungen des Bau- und Raumordnungsrechts wurde eine administrative Nachsteuerung vorgenommen. Das Wirksamwerden der Privilegierung in Verbindung mit dem Planungsvorbehalt erforderte ein Zusammenwirken der regionalen und der kommunalen Ebene. Neue Akteure aus den Bereichen Raumordnung und Landesplanung sowie aus den Umwelt- und Naturschutzverwaltungen der Länder erhielten eine wichtige Bedeutung im Prozess, denn sie trugen erheblich zur Verminderung der Konflikte um den weiteren Diffusionsprozess der Windenergienutzung bei (vgl. Bruns et al. 2008).

4.5.6 *Bildung von Netzwerken*

Unterstützt wurde diese Boomphase in der Entwicklungsgeschichte der Windenergie durch die so genannte „Aktion Rückenwind“. Das Bundeswirtschaftsministerium hatte 1997 – wie oben erwähnt – eine Senkung der Einspeisungstarife angekündigt, was von einem breiten Akteursspektrum jedoch abgelehnt wurde.

Bei einem Experten-Hearing im Wirtschaftsausschuss hatten der Wirtschaftsverband Windkraftwerke (WVW), der Verband Deutscher Maschinen- und Anlagenbau (VDMA) und der Interessenverband Windkraft Binnenland (IWB) ihren Standpunkt für den Erhalt des StrEG verdeutlicht (Tacke 2004: 214). Ein Bündnis unterschiedlichster Akteure organisierte für den 23. September 1997 – einen Tag bevor der Bundestag den Vorschlag des Bundeswirtschaftsministers zur Senkung der Einspeisungstarife beraten sollte - eine Demonstration in Bonn für erneuerbare Energien und zur Verteidigung des StrEG mit ca. 5000 Teilnehmer(inne)n. Das Bündnis bestand aus Umweltverbänden (NABU) und Umweltgruppen, Verbänden der erneuerbaren Energien, dem Deutschen Bauernverband, Anlagenherstellern, evangelischer Kirche und der IG Metall (Tacke 2004: 214). Hauptorganisator der Veranstaltung war der erst wenige Monate zuvor gegründete Bundesverband Windenergie (BWE). Darüber hinaus sprachen sich Vertreter aller im Bundestag vertretenen Parteien für eine Förderung erneuerbarer Energien aus. Eine solche Allianz für den Ausbau der erneuerbaren Energien hatte es bis dahin in Deutschland noch nicht gegeben. Der Protest trug dazu bei, dass von einer Senkung der Einspeisungsvergütungen abgesehen wurde.

Nicht nur zivilgesellschaftliche Akteure vernetzten sich mit politischen Organisationen und Wirtschaftsverbänden, auch wissenschaftliche Forschung und Praxis verstärkten die Zusammenarbeit. Trotz der lokalen Verankerung hinsichtlich der Stromerzeugung pflegten deutsche Akteure aus Windenergieforschung, -entwicklung und -betrieb schon früh einen internationalen Austausch z. B. mit Forschungseinrichtungen und Betreiber(inne)n in den USA, den Niederlanden und in Dänemark. Auch auf der Ebene der produzierenden mittelständischen Unternehmen und der Entwicklungsbüros gab es regen Erfahrungsaustausch, einen offenen Umgang mit Betriebsergebnissen und eine produktive Zusammenarbeit bei der Behebung von Schwachstellen (Rave 1999: 169). Die hohe Markttransparenz erwies sich als förderlich für die Entwicklung der Windenergiebranche in Deutschland.

4.5.7 *Entwicklung und Differenzierung der Technologie*

Kennzeichnend für die Windenergietechnologie in dieser Phase waren die weiter stark steigende Leistung und die technische Differenzierung der Anlagen, die Größenordnung der geplanten Windparks und die geplante Offshore-Windenergienutzung.

Bei den Anlagen für die Windenergienutzung an Land zeichneten sich zwei dominante Anlagendesigns ab: Bei kleineren Windenergieanlagen dominiert der drehzahlstarre Betrieb eines netzgekoppelten Asynchrongenerators. Die Rotorblätter sind bei diesem Modell starr mit der Nabe verbunden und erlauben keine Leistungsregelung. Die Leistungsbegrenzung wird dabei durch die Stall-Regelung gewährleistet, d.h. bei Erreichen einer bestimmten Windstärke erfolgt ein Strömungsabriss. Vorteil dieser technischen Lösung sind geringere Herstellungskosten und ein wartungsarmer Betrieb.

Bei größeren Windenergieanlagen setzten sich jedoch technisch aufwendigere Konstruktionen mit der Pitch-Regelung durch, bei der die Rotorblätter verstellt werden können. Diese wurde mit einer drehzahlvariablen Betriebsführung[197] kombiniert. Die Verbindung aus beidem erlaubt den Ausgleich kurzfristiger Lastwechsel und die Abmilderung von Leistungsschwankungen[198] und ermöglicht so eine Optimierung der Netzkompatibilität der Anlagen (Heier 1997: 95 ff.). Zudem kommt bei einigen großen Anlagentypen ein getriebeloses Triebstrangkonzept mit Vielpolgeneratoren zum Einsatz (Hemmelskamp & Jörg 1997: 84).[199]

Vielfach waren (und sind) in Deutschland neue Installationen von Windenergieanlagen an den Ausbau des Stromnetzes gebunden. Einzelne regionale Netzbetreiber waren mittlerweile gezwungen, mit Leistungsanteilen des Windstroms umzugehen, die zeitweise die gesamte Netzlast deckten. Seit Ende der 1990er Jahre (bei Eon ab 1998) beinhalten daher neu abgeschlossene Einspeiseverträge in Norddeutschland Regelungen zum Schutz vor überlasteten Netzen, falls bei Netzstörungen der Strom nicht abtransportiert werden kann. Damit sind Netzbetreiber berechtigt, im Rahmen eines „Erzeugungsmanagements“ die

---

197 Drehzahlvariable Anlagen haben den Vorteil, Strom in der geforderten Netzfrequenz unabhängig von der Drehzahl herstellen zu können.

198 Der Windenergienutzung wird häufig eine Diskrepanz zwischen installierter und tatsächlich erbrachter Leistung und damit geringe Effizienz vorgeworfen. Dem ist entgegen zu halten, dass im Vergleich der verfügbaren und zur Stromerzeugung genutzten Energieträger die Windenergie neben der Wasserkraft (Laufwasser) die geringsten externen Kosten verursacht (Krewitt & Schlomann 2006: 37f.).

199 Lediglich von der Fa. ENERCON hergestellt, die durch die drehzahlunabhängige Leistungsabnahme ein Alleinstellungsmerkmal entwickelte.

Windrotoren bei Überlast abzuschalten. An windreichen Tagen wird die Windstromeinspeisung gedrosselt oder gänzlich gekappt.[200] Die Notwendigkeit und Dauer der Begrenzung liegt im Ermessen des Netzbetreibers, wobei dieser gegenüber den Anlagenbetreibern nicht entschädigungspflichtig ist. Vielfach unterstellen Betreiber von Windenergieanlagen den Netzbetreibern, vom Erzeugungsmanagement zu Ungunsten der Anlagenbetreiber übermäßig gebrauch zu machen und damit die Wirtschaftlichkeit der Windparks zu schmälern.

Die Windleistung muss somit in Lastfahrplänen und in der Kraftwerkseinsatzplanung berücksichtigt werden. Sie wird ggf. über die Grenzen regionaler Netze hinaus transportiert und beeinflusst so in wachsendem Ausmaß den Strommarkt. Die möglichst genaue Vorhersage der schwankenden Windstromeinspeisung in unterschiedlichen Zeithorizonten wurde zu einer wichtigen Herausforderung für die Übertragungsnetzbetreiber und auch für Stromhändler. Die Vorhersagemethoden reichen von statistischen Berechnungen der langfristig zu erwartenden Windstromproduktion bis hin zu einer stetig fortgeschriebenen 48-Stunden-Prognose, die bei Übertragungsnetzbetreibern eingesetzt wird (Ziesing et al. 2001: 147). Die Netzanschlussrichtlinien und die Übergangsmaßnahmen des Windenergieerzeugungsmanagements hatten unmittelbaren Einfluss auf die Auswahl der Technik: Drehzahlvariable Windenergieanlagen mit Umrichter sind das einzige Konzept, das diesen Anforderungen gerecht wird. Stall-geregelte Anlagen können die Anforderungen der Netzanschlussrichtlinien nicht erfüllen (Twele 2005: 45).

Für den Export sind wiederum kompatible Netzeinspeisesysteme erforderlich, die die jeweiligen Netzanschlussbedingungen erfüllen, damit die Windenergieanlagen in die örtlichen Versorgungs- und Verteilstrukturen integriert werden können. Durch Turmvarianten unterschiedlicher Nabenhöhe können Anlagen flexibel an der Küste oder im Binnenland eingesetzt werden. Auch werden Anlagen von mittlerer Leistungsfähigkeit speziell für den Einsatz auf Inseln entwickelt – diese Technologie ist weit komplexer als die herkömmliche (vgl. Twele 2005). Besondere technische Anforderungen für den Offshore-Einsatz bestehen im Hinblick auf die Baugröße, die Leistungsstärke, den Korrosionsschutz sowie den Wartungsaufwand.

Diese Differenzierung der Technologie hat zur Stabilisierung und Ausbreitung der Windenergie beigetragen. Sie führte dazu, dass verschiedene Anlagenvarianten mit spezifischen Vorteilen jeweils standortangepasst eingesetzt werden konnten. In dieser Phase wurden kaum noch grundlegende technische Verände-

---

200 Nach Berechnungen des Bundesverbandes Windenergie gingen vielen Windparks in Schleswig-Holstein auf diese Weise im Jahr 2005 sieben Prozent der Erträge verloren, im Jahr 2006 beträgt der Minderertrag mancherorts 15 Prozent (taz, 30.06.2006).

rungen vorgenommen. Stattdessen konzentrierte man sich vor allem auf Korrekturen, Verbesserungen der technischen Details und Fortschritte im Hinblick auf die Leistungsfähigkeit der Anlagen wie Wirkungsgrad, Leistung, Lebensdauer und Stromqualität.

4.5.8 Windenergiemarkt: Regionale Struktureffekte, Beschäftigungswirkung und Betreibermodelle im Wandel

Windenergieanlagen haben für viele strukturschwache Gebiete eine wichtige wirtschaftliche Bedeutung. Strom aus Windenergie wird überwiegend in ländlichen Gebieten erzeugt. Rund 55 % der bundesweiten Windenergie-Leistung waren 1998 in Schleswig-Holstein und Niedersachsen installiert (Rehfeldt 1998: 18), vor allem in den Landkreisen an der Nordsee: Nordfriesland, Dithmarschen, Cuxhaven, Wesermarsch, Friesland, Wittmund und Aurich. Sie alle waren wirtschaftlich strukturschwache Regionen. Die Windenergie schafft Arbeitsplätze und sichert die Kaufkraft der Region durch Einkommen, durch Erträge aus Eigenbetrieb, durch Anteile an Betreibergesellschaften, durch Pachterträge sowie durch Gewerbesteuereinnahmen aus Bau und Betrieb. Die meisten Hersteller von Windenergieanlagen haben ihren Firmensitz in den vom Wind begünstigten Regionen im Norden; hinzu kommen regionale Auftragnehmer wie z. B. Wartungs- und Serviceunternehmen. Da die Wertschöpfung aus der Stromproduktion mit der Windenergie zum größten Teil in der Region verbleibt, stärkt sie deren wirtschaftliche Perspektiven.

Die Entwicklung der Arbeitsplätze in der Windenergie verzeichnete in dieser Phase hohe Zuwachsraten (vgl. Abbildung 21). Während 1998 erst ca. 22.000 Personen in diesem Sektor beschäftigt waren, stieg diese Zahl bis zum Jahr 2002 auf ca. 47.000 Personen (UBA 2004: 6). Mit ca. 5.200 Anlagen standen im Jahr 1998 in Deutschland mehr Windräder als in den bislang führenden USA (BMU 1998).[201] Somit liegt Deutschland in der Nutzung der Windenergie weltweit an der Spitze. Allerdings spiegelt sich dieser „Weltrekord" nicht in den internationalen Marktanteilen der Hersteller. Der Anteil der deutschen Hersteller von Windenergieanlagen an der weltweiten Produktion liegt nur bei 30 Prozent - hier ist Dänemark mit 43 Prozent (noch) führend (BUND 2004: 24).

---

201 Den größten Marktanteil - gemessen an der 2003 neu in Deutschland installierten Leistung – hatte die Firma Enercon (33,4%), gefolgt von Vestas (23,5%), GE Wind Energy (11,2%), REpower Systems (10,7%), NEC Micon (8,2%), AN Windenergie (5,0%), Nordex (4,8%), DeWind (1,3%), Fuhrländer (0,9%) und sonstigen (0,9%). Etwa zwei Drittel der in Deutschland aufgestellten Windenergieanlagen stammen von deutschen Herstellern.

Bereits im November 1996 hatten Vertreter der deutschen Windindustrie auf Initiative des Deutschen Windenergie-Instituts (DEWI) damit begonnen, Strategien zur Steigerung des bislang eher geringen Exportanteils zu entwickeln und die Aktivitäten im Hinblick auf den Export von Windenergieanlagen zu bündeln (Rehfeldt 1997: 81). Mit der im Jahr 2002 ins Leben gerufenen „Exportinitiative Erneuerbare Energien“[202] wurde versucht, den Export von Windenergieanlagen und damit die Entwicklung des Arbeitsmarktes in der Branche zu stabilisieren.

Aber auch im Inland zielten die Bestrebungen der Windbranche auf eine Ausweitung ihres Marktanteils. Trotz der Widerstände seitens der etablierten Energiewirtschaft (vgl. Kapitel 4.5.1.3) erschloss die Windenergiebranche in dieser Phase zusätzliche Marktsegmente. Planer und Betreiber professionalisierten und differenzierten ihre Geschäftsbereiche (vgl. Exkurs in diesem Kapitel). Die Hersteller automatisierten zunehmend den Fertigungsprozess und stellten größere Stückzahlen her. Unternehmen der Branche strebten danach, die Potenziale des Massenmarktes für sich zu erschließen.

Insbesondere angesichts der Herausforderungen eines internationalen Marktes wurden die Unternehmen der Windenergiebranche in dieser Phase vor beträchtliche Herausforderungen gestellt. Um erfolgreich zu sein bzw. zu bleiben, mussten sie die Windenergie in das konventionelle Sortiment des Strommarktes integrieren, den richtigen Standort wählen, sich mit einem ausreichenden Marktvolumen behaupten und sich fortschreitend professionalisieren. Viele sahen sich dazu veranlasst, den Wertschöpfungsprozess arbeitsteilig zu gestalten, entsprechende Kommunikations- und Distributionsstrukturen sowie Know-how und Netzwerke aufzubauen und mit einem professionellen Marketing eine Marke zu etablieren (Villinger et al. 2000: 51 ff.).

Die Herstellerstrukturen veränderten sich im Verlauf der Entwicklung. Die Anzahl der Hersteller sank, während die Umsätze stiegen. Die kleinbetrieblichen Produktionsweise ging zurück (vgl. Tabelle 2, Kapitel 4.3.5 und 4.4.6). Ökologisch motivierten Idealisten erschien jedoch die Transformation der Unternehmen, die nun nennenswerte Gewinne erwirtschafteten, zuweilen verdächtig. Der Übergang von einer ökologischen Marktnische zu Konzepten, die sich am Mas-

---

202 Die Deutsche Energie-Agentur GmbH (dena) wurde im Sommer 2002 vom Deutschen Bundestag beauftragt, die Exportinitiative Erneuerbare Energien aufzubauen und umzusetzen (Bundestagsantrag 14/8278). Ziel der Exportinitiative ist es, deutsche Unternehmen durch Informationsangebote, die Vernetzung von bestehenden Initiativen und Aktivitäten sowie die aktive Begleitung von Auslandsprojekten beim Export von Technologien der erneuerbaren Energien zu unterstützen (vgl. Deutscher Bundestag 2003).

senmarkt orientieren, wurde auch als „Trade-Off zwischen Moral und Professionalität" beschrieben (Wüstenhagen 2000: 289-291).

Exkurs: Firmengeschichte eines Projektentwicklers

Die stark geraffte Firmengeschichte der Firma Windwärts illustriert den Wachstums- und Professionalisierungsprozess der Betriebe in der Windenergiebranche nach der Verabschiedung des Stromeinspeisungsgesetzes:

Die Firma Windwärts-Energie GmbH wurde im Januar 1994 in das Handelsregister eingetragen. Bereits 1991 hatten sich ein Elektrotechniker und ein Planer, der an einer Windenergie-Potenzialstudie für die Region Hannover mitgewirkt hatte und daher beste Kenntnisse über das Stromeinspeisungsgesetz besaß, auf einer Studentenparty kennen gelernt und die Realisierung einer modernen Windenergieanlage beschlossen. Ein Beteiligungsprospekt für das erste Windenergieprojekt in Laatzen bei Hannover wurde größtenteils nachts in Privatwohnungen geschrieben, bevor das kleine, neu gegründete Unternehmen ein eigenes Büro bezog. Insbesondere wegen der Verunsicherungspolitik der etablierten Stromwirtschaft gestalteten sich jedoch die Baugenehmigungsverfahren sowie das Einwerben von Kommanditkapital für die Betreibergesellschaften für die Windenergieprojekte in den folgenden Jahren nur schleppend. Es kam immer wieder vor, dass die Unternehmensgründer der Firmenkasse keine Gehälter entnehmen konnten.

Nach der Überwindung dieser ersten Durststrecke kamen die Geschäfte jedoch ins Rollen. Windwärts streckte seine Fühler von Anfang an auch ins Ausland aus und wurde in Südamerika, der Türkei, Frankreich, Griechenland, Polen sowie Italien aktiv, zum Teil wurden Firmengründungen mit regionalen Kooperationspartnern in die Wege geleitet. Nach einer Ausweitung der Geschäftstätigkeit auf die Realisierung von Photovoltaikanlagen und –fonds wurde das ursprünglich basisdemokratische Entscheidungsmodell der Betriebsführung immer weniger praktikabel, so dass ab 2001 eine Firmenstruktur entwickelt wurde, die der zunehmenden Komplexität des Unternehmens gerecht wird. Das Unternehmen mit inzwischen über 30 Mitarbeiter/inne/n bezog größere Geschäftsräumlichkeiten, in denen neben den Abteilungen Projektentwicklung In- und Ausland, Finanzierung, Marketing und Unternehmenskommunikation sowie Betriebsführung auch die Verwaltung der Betriebsgesellschaften und die technische Betriebsführung der Anlagen Platz finden (Schaffeld o.J.).

Die Gründung von Betriebs- oder Betreibergesellschaften hatte der Windenergie in der ersten Hälfte der 1990er Jahre zum Durchbruch verholfen. Die Geschäfte dieser „Bürgerwindinitiativen" wurden in der Regel ehrenamtlich und mit einem starken privaten Engagement geführt, was jedoch den Wunsch zur Expansion einschränkte. Ein Teil der Initiativen vergrößerte sich nicht, sondern breitete sich nur durch Nachahmung aus (Byzio et al 2002: 272 ff.). Jedoch stieg mit zunehmender Bedeutung der Gewinnerwirtschaftung auch der Professionalisierungsdruck. Daher nutzte ein anderer Teil der Initiativen das akkumulierte Know-how zur Professionalisierung und Expansion.

Die ursprünglichen institutionellen Formen der „Bürgerwindbewegung" veränderten sich - Betreiberfirmen gründeten sich nun von Anfang an als professionelle, gewinnorientierte Betriebe (vgl. Exkurs in diesem Kapitel). Das Investitionsvolumen für einen Windpark lag bei bis zu 50 Mio Euro (je nach Anzahl und Größe der Anlagen). Diese preislichen Dimensionen konnten von Bürgerinitiativen nicht mehr bewältigt werden.

Abbildung 21: Beschäftigte in der Windindustrie 1991 bis 2006

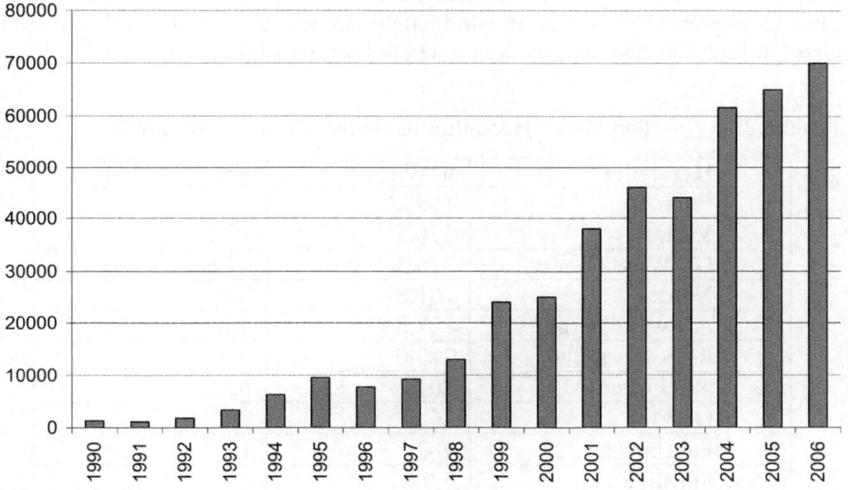

Quelle: BWE[203]

Während die Neugründungen von Betreibergesellschaften zunächst noch mit regionalem Bezug erfolgten, wurden zunehmend bundesweit Standorte und Kapitalgeber gesucht.[204] Windfonds[205] wurden zu einer weit verbreiteten Form des Betreibens von Windparks. Die Beteiligungen waren unter den gegebenen Förderbedingungen attraktive Investitions- und Abschreibungsobjekte, wobei

---

203 Statistik des BWE zu den Beschäftigten in der Windindustrie, vgl. http://www.wind-energie.de/de/statistiken/

204 Damit die Windparks in der Region auf Akzeptanz stießen, bemühte man sich oftmals um Kommanditisten im regionalen Einzugsbereich der Anlagen. Aber die Anleger haben immer seltener Bezug zu der Region, in der die Windparks errichtet werden, Idealismus als Beweggrund für die Anlage ist die Ausnahme (Kaupmann 2005 mdl.).

205 In einem Windfonds bündelt eine Kapitalanlagegesellschaft das Geld vieler Anleger, um es in einer Windkraftanlage oder einem Windpark mit mehreren Anlagen anzulegen und fachmännisch zu verwalten. Der Begriff "Windfonds" bezeichnet also das gesamte von den Anlegern eingezahlte Geld sowie die hierfür angeschafften Werte.

steuerliche Vorteile eine maßgebliche Rolle spielten.[206] Die Windparks werden in der Regel mit dem Gesellschaftermodell der GmbH & Co. KG betrieben (Kommanditbeteiligung), wobei der Fondsteilhaber als Kommanditist in die Windparkgesellschaft einsteigt. Mehr als die Hälfte aller in Windparks getätigten Investitionen erfolgen über geschlossene Beteiligungsfonds (Staiß 2003: I-156)[207]. In der Regel ist dabei das Risiko der Kommanditisten auf die Höhe der Einlage begrenzt.[208] Die Kommanditisten können bedingt (Mehrheitsverhältnisse) auf die Entscheidungen der Geschäftsführung Einfluss nehmen.[209]

Tabelle 2: Top 10 der Hersteller in Deutschland im Jahr 2002

	Hersteller	**MW**	**Anteil (in %)**
1.	Enercon	1098,6	34,7
2.	Vestas	576,5	18,2
3.	GE Wind Energy	426,3	13,5
4.	Nordex	281,8	8,9
5.	AN windenergie	227,8	7,2
6.	REpower systems	219,0	6,9
7.	NEG Micon	207,6	6,5
8.	DeWind	76,9	2,4
9.	Fuhrländer	48,0	1,5
10.	Sonstige	5,9	0,2
	Gesamt	3.168,4	100,00

Quelle: IWR 2003[210]

206 Die Verluste aus der Investitionsphase können mit dem zu versteuernden Einkommen verrechnet werden.

207 Die Finanzierungsstruktur basiert in der Regel auf einer Kombination des ERP- mit dem DtA-Umweltprogramm. Das erforderliche Eigenkapital, durchschnittlich 30 % des Investitionsvolumens, stammt aus Beteiligungen.

208 Im Gegensatz dazu haften die an einer GbR Beteiligten auch mit ihrem Privatvermögen. Etwa die Hälfte der Anleger beteiligt sich mit 10.000 bis 25.000 Euro, die andere Hälfte investiert eine höhere oder niedrigere Summe (BWE 2004; Staiß 2003: I-156). Die Mindestbeteiligung beträgt in der Regel 5000,- Euro.

209 Allerdings sind die Initiatoren von Windfonds in der Regel noch kleinere Unternehmen oder Experten der Branche, während etwa bei Immobilienfonds die Initiatoren oft Tochterunternehmen von Banken sind (Kaupmann 2005 mdl.).

210 http://www.iwr.de/wind/markt/iwrwindmarkt2002.pdf

Erste Planungs- und Entwicklungsgesellschaften wagten den Gang zur Börse. Als Aktiengesellschaften zielen sie darauf ab, auf dem anonymen Kapitalmarkt agieren und in der Konkurrenz um immer teurere Standorte und Großanlagen mithalten zu können. Auch Akteure des traditionellen Energieversorgungsregimes entwickelten Interesse am Windenergiemarkt. So beantragte E.ON im Jahr 2001 die Aufnahme in den BWE und die deutsche Shell kündigte an, eine „weltweit führende Position im Offshore-Bereich" erreichen zu wollen (Der Spiegel 21/01: 189). Während also die Nische der Windenergie noch Ende der 1980er Jahre von politisch motivierten Gruppen geprägt war, ist der Windenergiesektor inzwischen eine zunehmend zentralisierte Branche, in der die Kapitalakkumulation und –konzentration dem traditionellen System immer ähnlicher wird.

4.5.9 Zuspitzung der Konflikte zwischen Umwelt- und Naturschutz

Während die Diffusion und Leistungssteigerung der Technik boomten, spitzten sich in dieser Phase die Konflikte zwischen Klima- und Immissionsschutz einerseits und Natur- und Landschaftsbildschutz andererseits zu. Einerseits sollten der Klimaschutz und die CO_2-Minderung hohe Priorität haben, andererseits wurden auf EU-Ebene aber auch Richtlinien zum Schutz der Biodiversität auf den Weg gebracht, die die Mitgliedsstaaten verpflichteten, entsprechende Schutzausweisungen[211] vorzubereiten. So schlossen etwa strikte Artenschutzbestimmungen insbesondere bei Vorkommen bestimmter Vogelarten die Errichtung von Windenergie-Anlagen aus.

Die Naturschutzverbände[212] in Deutschland sahen sich mit einem internen Zielkonflikt konfrontiert. Viele Verbände konnten weder eine durchgängig ablehnende noch eine klar befürwortende Haltung gegenüber der Windenergie einnehmen. Der Zwiespalt zwischen einer Befürwortung der Windenergienutzung als Beitrag zum Klimaschutz und einer Ablehnung aus Gründen des Natur- und Landschaftsschutzes wurde durch „Sowohl-als-auch-Positionen" relativiert. Die Nutzung der Windenergie wurde generell begrüßt, sollte aber nur mit Rücksicht auf Schutzerfordernisse von Natur und Landschaft ausgebaut werden. Die Lösung der Zielkonflikte zwischen Naturschutz und Klimaschutz sollte auf der Ebene des konkreten Einzelfalls erfolgen (vgl. Bruns et al. 2008).

---

211 Gemeint sind die Umsetzung der FFH-Richtlinie in nationales Recht sowie die Vorbereitung der Ausweisung von FFH-Gebieten mit striktem Schutzregime im Netz Natura 2000.

212 Vgl. z. B. das Positionspapier des BUND - Landesverband Niedersachsen e.V. 1996.

Von Seiten des Naturschutzes wurden insbesondere der Eingriff in das Landschaftsbild und Auswirkungen auf bestimmte Vogelarten kritisch betrachtet. Die Standortvorauswahl für geplante Windparks wurde durch die Festlegung von Schutzgebieten eingegrenzt. Der behördliche Naturschutz kennzeichnete besonders empfindliche Bereiche als Schutzgebiete. Ebenso wurden in den Windenergie-Erlassen der Bundesländer Tabu- oder Abstandskriterien für geplante Windparks festgelegt. Die Antragsteller waren verpflichtet, im Rahmen des Zulassungsverfahrens Gutachten über die voraussichtlichen Auswirkungen auf das Landschaftsbild und die Vogelwelt erstellen zu lassen, was in Einzelfällen zu erheblichen Zeitverzögerungen in der Umsetzung führte. Daher wurde den Akteuren des Naturschutzes in der öffentlichen Wahrnehmung oft die Rolle des „Bremsers" zugeschrieben, obwohl sie Windenergie durchaus als eine ökologisch sinnvolle Technologie im Sinne des Klimaschutzes befürworteten. Allerdings entstand im Verlauf der kritischen Auseinandersetzung mit den Belangen des Naturschutzes auch eine Reihe von Planungsgrundsätzen und Kriterien (wie die beschriebenen Windenergie-Erlasse), die zur Lösung auftretender Konflikte beitragen konnten (Bruns et al. 2008: 54 f.).

4.5.10 Charakteristika der Konstellation

Windenergie kann in dieser fünften Phase kaum noch als Nische bezeichnet werden. Sie ist keine „quantité négligeable" mehr (Mautz & Byzio 2005: 63), sondern hat sich etabliert und ist zu einem eigenständigen Sektor des Energieversorgungssystems geworden – am Ende dieser Phase, im Jahr 2002, lieferte sie einen Anteil am Nettostromverbrauch Deutschlands von 4,7 %.[213]

Die Abbildung der Konstellation (Abbildung 22) zeigt, dass eine Kombination aus umwelt- und wirtschaftspolitischen Zielen und Leitbildern ideale Rahmenbedingungen für die Windenergieentwicklung schafft. Die auf internationaler Ebene erfolgten Zielsetzungen und Regulierungen stellen in dieser Phase ein begünstigendes Zeitfenster für die Diffusion der Windenergie dar, denn sie fordern und fördern sowohl den Klimaschutz, eine nachhaltige Entwicklung, die Liberalisierung der Energiemärkte als auch die Weiterentwicklung der erneuerbaren Energien.

---

213 Anteil des potenziellen Jahresenergieertrags aus WEA am Nettostromverbrauch. Quelle: BWE, DEWI, VDMA o.J.: Status der Windenergienutzung in Deutschland. Stand: 31.12.2002. http://www.loy-energie.de/download/status_wind_2002.pdf.

Abbildung 22: 1998 bis 2002: Windenergieboom

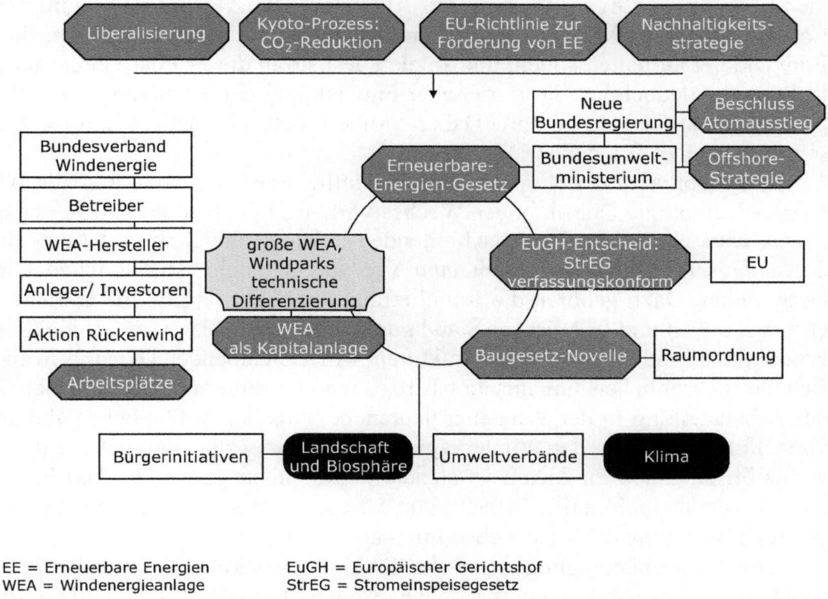

Quelle: eigene Darstellung in Bruns et al. 2008

Auch auf nationalstaatlicher Ebene erfolgen wirkungsvolle rechtliche Regulierungen, die zentral sind für die weitere Entwicklung und Diffusion der Technologie. In der Raumordnung und Landesplanung wird mit den Eignungsgebieten eine neue Gebietskategorie zur Steuerung der Windenergienutzung eingeführt. Diese Regelung greift die Auswirkungen der bisherigen Diffusion sowie die Hemmnisse der vorangehenden Phase auf. Mit der Marktliberalisierung werden die Markteintrittsbarrieren weiter abgesenkt. Anlagenhersteller können die Effizienz durch die Vermarktung von Serienprodukten steigern. All dies findet seinen Ausdruck in der weiteren Verbreitung sowie der steigenden Größenordnung und Leistungsfähigkeit von Windenergieanlagen. Durch diese Leistungssteigerung wiederum werden Windparks zunehmend interessant für Kapitalanleger. Im Kern der Konstellation finden sich die entsprechenden Zeichenelemente, die den vorangehenden Entwicklungsknick (Kippmoment) beenden, die Konstellation stabilisieren und eine boomende Entwicklung auslösen.

Die Akteure des Windenergiesektors kooperieren und vernetzen sich zunehmend, sie bilden Organisationen und Allianzen. Die Akteure des traditionellen Energieversorgungssektors dagegen sind erfolglos mit ihren Initiativen, die die Entwicklung aufhalten sollen, und spielen deshalb in dieser Phase keine zentrale Rolle mehr. Jedoch hat die florierende Entwicklung der Technologie zur Wahrnehmung von Risiken geführt. Daher formiert sich eine neue Teilkonstellation sehr heterogener Windenergiekritiker.

Die Abbildung der Konstellation verdeutlicht des Weiteren, dass die Windenergietechnologie sich in enger Wechselwirkung mit Institutionalisierungsprozessen entwickelt. Mit der fortschreitenden Leistungsfähigkeit und Ausbreitung der technischen Innovation geht eine Veränderung der institutionellen Umgebung einher. Dazu gehören die Regulierung, die Finanzierung, die Bildung von Organisationen und technischer Standards sowie der Aufbau von Entwicklungs-, Produktions- und Vermarktungsstrukturen. Mit zunehmender Dynamik wandeln sich die betrieblichen Organisationsstrukturen, Betreibermodelle und der Grad der Arbeitsteilung in der Windenergiebranche. Aus den anfänglichen Zukunftsvorstellungen, die mit der Windenergie in Verbindung standen, und aus den umweltpolitisch gesetzten Zielen ist soziale Wirklichkeit geworden. Die Entwicklung dieser institutionellen Infrastruktur ist eine zentrale Voraussetzung für die Weiterentwicklung der technischen Innovation.

Die Rahmenbedingungen für die Technikentwicklung und -diffusion sind weitgehend klar und antizipierbar.[214] Die Entwicklung der Technologie wird beschleunigt durch den über die Vergütungsdegression ausgeübten Druck zur Effizienzsteigerung. Zugleich besteht jedoch noch immer ein geschützter Raum für die Windenergie.[215] Die notwendigen Ressourcen werden durch den Staat – vermittelt über den rechtlichen Rahmen (EEG, Privilegierung im BauGB) – bereitgestellt. Diese bilden den „Schutzraum“ für die Innovation und glätten den Übergang in den ungeschützten Markt.[216] Es ist jedoch noch offen, wann dieser Übergang abgeschlossen sein wird.

---

214 Die Frage, ob die Netzkapazitäten die vermehrte Einspeisung von Windstrom zulassen oder nicht, wird weiterhin kontrovers diskutiert. Dieser Dissens ist in diesem Zeitabschnitt jedoch nicht von starkem Einfluss auf die Technologieentwicklung und wurde daher nicht als ein Element in der Konstellation abgebildet.

215 Zum „Schutzraum für hoffnungsvolle Monstrositäten“ vgl. Rip & Schot 2002: 162.

216 Vgl. Die Zeit vom 27.09.2007: 33. In dem Artikel zur Windenergiemesse „Husumwind“ wird beschrieben, dass die Windkraft trotz glänzender Erfolge noch immer auf die „Schützenhilfe“ der Politik angewiesen ist.

4.6 2002 bis 2008: Gabelung des Technikpfads und Konsolidierung

Die Phase von 2002 bis 2008 ist gekennzeichnet durch eine Konsolidierung des Windenergieausbaus in Deutschland. Die Windenergie „boomte" nicht mehr wie in der vorangehenden Phase, erwarb jedoch ansehnliche Anteile des Strommarktes und begann mit den herkömmlichen Energieversorgungstechnologien in Konkurrenz zu treten.[217] Allerdings überschritt die Expansion der Windenergie in dieser Phase zunächst ihren Zenit: Seit dem Rekordjahr 2002 (mit einer neu installierten Leistung von 3200 MW) ging der Zubau an Windenergieleistung im Inland pro Jahr um ca. 30 % zurück.[218] Jedoch konnte der sinkende Absatz durch den Export von Anlagen kompensiert werden.

Für die Bundesregierung nahm in dieser Phase neben dem Handlungsdruck zum Klimaschutz die Frage der Sicherung der Energieversorgung an Bedeutung zu. Sowohl die Endlichkeit der Ressourcen Gas und Öl, die Abhängigkeit von politischer Stabilität in den Ländern der Energielieferanten wie z. B. Russland sowie die allseits spürbare Steigerung der Energiepreise rückten in den Mittelpunkt der Argumentationen für den Einsatz von erneuerbaren Energien. Windenergie wurde so zu einem festen Bestandteil der Diskussionen um die zukünftige Energieversorgungsstruktur in Deutschland.

Um den Anteil der Windenergie an der Energieversorgung trotz stagnierender Ausbauzahlen an Land zu vergrößern, wurde eine Strategie für die Erzeugung von Windstrom auf dem Meer (offshore) entwickelt. Damit eröffneten sich neue technische, ökonomische und administrative Handlungsfelder. Der einsetzende „run" auf Offshore-Windparkstandorte verdeutlicht, dass die Branche hier bedeutende Potenziale sieht. In dieser Phase beteiligen sich auch die großen deutschen Energieversorgungsunternehmen an der Planung von Offshore-Windparks. Beginnt die Phase angesichts der für die Offshore-Entwicklung vorangetriebenen Weichenstellungen im planerischen und administrativen Bereich zunächst zuversichtlich, tritt jedoch zum Ende der Phase eine gewisse Ernüchterung hinsichtlich einer wirtschaftlich tragfähigen Realisierung von Offshore-Windparks ein.

Die Frage nach der Integration zunehmender Windstrommengen in das Elektrizitätsversorgungsnetz nimmt in dieser Phase weiter an Bedeutung zu. Die-

217 Windenergie trug im Jahr 2006 mit 5 % zum Stromverbrauch in Deutschland bei (BMU 2007a: 11).

218 Im Jahr 2006 wurde eine überraschend positive Bilanz gezogen: Die installierte Leistung nahm in diesem Jahr um 23% zu, Windenergie lieferte damit 5,7% des deutschen Stromverbrauchs. Grund für diese Entwicklung waren Sondereffekte: aufgrund von Kapazitätsengpässen auf dem Weltmarkt wurden Anlagen, die ursprünglich für die Aufstellung in 2005 geplant waren, erst später errichtet (die zusätzlich installierte Leistung in 2005 betrug 4,3%).

ser Integrationsprozess wird begleitet von Konflikten um die Machbarkeit technischer und organisatorischer Lösungen.

4.6.1 Situative Kontextbedingungen

EU-Richtlinie zur Förderung der erneuerbaren Energien

Die „Richtlinie zur Förderung der Stromerzeugung aus erneuerbaren Energien im Elektrizitätsbinnenmarkt“ (EU 2001) hatte maßgeblichen Einfluss auf die Windenergieentwicklung sowohl in der vorangehenden als auch in dieser Phase. Sie wurde im Herbst 2001 verabschiedet und entfaltet in der Phase ab 2002 eine bedeutende Wirkung, denn sie stabilisierte den rechtlichen Rahmen für die Windenergieentwicklung. Ihr wichtigstes Ziel ist die Erhöhung des Anteils von Strom aus erneuerbaren Energien am Bruttostromverbrauch der EU von durchschnittlich 13,9 % im Jahr 1997 auf rund 22 % im Jahr 2010 (vgl. Kapitel 4.5.1.2).

Stern-Report

Am 30. Oktober 2006 wurde der Bericht des ehemaligen Weltbank-Chefökonomen und dann Leiters des volkswirtschaftlichen Dienstes der britischen Regierung, Nicholas Stern veröffentlicht: Der Report erhielt eine besondere mediale Aufmerksamkeit und schärfte die öffentliche Wahrnehmung für die Risiken der globalen Erwärmung und die daraus abzuleitenden Maßnahmen. Der im Auftrag der britischen Regierung erstellte Stern-Report[219] wies insbesondere auf die wirtschaftlichen Folgen der globalen Erwärmung hin.

Stern prognostizierte im Falle einer fortschreitenden Erderwärmung schwerwiegende Folgen für die Weltwirtschaft. Im Report wird dazu geraten, ca. 1 % des Bruttoinlandproduktes in Klimaschutz-Sofortmaßnahmen zu investieren. Wenn nicht gehandelt wird, würden nach Stern die Kosten des Klimawandels dem Verlust von wenigstens 5 % des globalen Bruttoinlandsprodukts entsprechen. Unter Berücksichtigung weiterer Risiken und Einflüsse könnten die Schäden auf 20 % oder mehr des Bruttoinlandsprodukts ansteigen.

Zwar kritisierten einige Vertreter der Wissenschaft (Klimaökonomen) diese Zahlen des Reports als wenig substanziell, über die daraus abgeleitete Folgerung, dass der Klimawandel gestoppt werden müsse, wurde jedoch kein grundlegender Zweifel geäußert. Das große internationale Medienecho auf den Stern-Report hat die Klimakrise noch einmal sehr stark in den Vordergrund gerückt und einer

219 Englischer Titel: “The Economics of Climate Change. The Stern Review.”

breiten Öffentlichkeit den Handlungsbedarf bzw. die Konsequenzen unterlassener Handlungen verdeutlicht.

Die internationale Offshore-Konkurrenz
In Dänemark und Großbritannien gab es in dieser Phase bereits Offshore-Windparks. Vor diesem Hintergrund wurde (und wird) die deutsche Windenergiebranche von der Sorge getrieben, ihre in der Onshore-Windenergienutzung erkämpfte führende Position angesichts der in Dänemark und Großbritannien einsetzenden technologischen und wirtschaftlichen Offshore-Entwicklungen zu verlieren.

4.6.2 Neufassung des EEG

4.6.2.1 Das novellierte Gesetz zum Vorrang erneuerbarer Energien von 2004

Nach einer zwei Jahre währenden kontroversen Debatte trat die im April 2004 beschlossene Novellierung des EEG am 1. August 2004 in Kraft. Bereits im Jahr 2002 war das EEG in einer „kleinen Novelle" modifiziert worden.[220] Von Bedeutung für die Windenergie-Branche war insbesondere, dass eine neuerliche Überprüfung des Gesetzes durch einen Erfahrungsbericht erst für Ende 2007 vorgesehen wurde.

Gegenüber der vorherigen Gesetzesfassung enthält das novellierte Gesetz zahlreiche Neuerungen: Die Vergütung für die Stromeinspeisung aus Windenergieanlagen an Land wurde gesenkt (die Degression von bislang 1,5 Prozent wurde auf zwei Prozent erhöht)[221] mit dem Ziel, mittelfristig Wettbewerbsfähigkeit mit anderen Stromerzeugungstechnologien zu erreichen. In der EEG-Novelle wurde die Begrenzung der Förderung von Windstrom auf Anlagen mit mindestens 60 % eines Referenzertrags festgelegt - und damit die vom Bundesrat geforderte Anhebung dieser Grenze auf 65 % fallengelassen. Nach Ansicht der Regierungskoalition hätte dies zu überzogenen Einschnitten geführt. Netzbetreiber

---

220 Vor dem Hintergrund der bevorstehenden Wahlen war eine erste so genannte „kleine Novelle" des EEG bereits im Jahr 2002 vorgenommen worden. Sie wurde aus Zeitgründen im Rahmen eines so genannten Artikelgesetzes an eine Novellierung des Energiewirtschaftsgesetzes (EnWG) angehängt. Mit dieser ersten EEG-Novelle wurde die so genannte „Härteklausel" zur Entlastung stromintensiver Betriebe eingeführt, bei der es sich um eine besondere Ausgleichsregelung für stromintensive Unternehmen handelt (Kreutzmann & Siemer 2002).

221 In der vorangehenden Gesetzesfassung war eine Vergütung von 8,8, Cent pro Kilowattstunde vorgesehen, dieser Satz wurde auf 8,7 Cent für die meisten Binnenlandstandorte für einen Zeitraum von 20 Jahren herabgesenkt.

sind mit der Gesetzesnovellierung nicht verpflichtet, Strom aus Anlagen zu vergüten, die an dem geplanten Standort nicht mindestens 60 % des Referenzertrages erzielen können. Damit soll es unattraktiver werden, Anlagen an windschwachen Standorten zu errichten.

Tabelle 3: Festlegungen zur Vergütung der Windenergie nach StrEG und EEG

StrEG 1990	90 % der Durchschnittserlöse
StrEG 1994	90 % der Durchschnittserlöse
StrEG 1998	90 % der Durchschnittserlöse
EEG 2000	Vergütung für einen Zeitraum von 20 Jahren; Degression 1,5 % ab 2002 Onshore: Erste 5 Jahre: 9,10 Ct, danach 6,19 Ct (bei 150 % Referenzertrag), ansonsten Fristverlängerung von 2 Monaten je 0,75 % Referenzertrag um den der Ertrag der Anlage geringer ist als 150 % des Referenzertrages. Offshore: Anlagen bis Ende 2006: 9 Jahre 9,1 Ct, 9 Jahre 6,19 Ct
EEG 2004	Vergütung für einen Zeitraum von 20 Jahren; Degression Land: 2 % ab 2005, Degression Offshore: 2 % ab 2008 Onshore: erste 5 Jahre: 8,7 Ct, danach 5,5 Ct (bei 150 % Referenzertrag); ansonsten wie EEG 2000 Repowering: alte Anlagen ersetzen und die installierte Leistung mindestens um das Dreifache erhöhen. Fristverlängerung: 2 Monate je 0,6 % Referenzertrag, um den der Ertrag 150 % des Referenzertrags unterschreitet. Offshore-Anlagen bis Ende 2010: 12 Jahre 9,10 Ct, danach 6,19 Ct. Fristverlängerung: Anlagen, die mindestens 12 Seemeilen entfernt und mind. 20m tief errichtet sind: 0,5 Monate je zusätzliche volle Seemeile Entfernung und 1,7 Monate je zusätzlicher voller Meter Wassertiefe.
EEG 2009	Onshore: Anfangsvergütung (5 Jahre): 9,2 Ct; danach 5,02 Ct, Degression 1% ab 2010 Repowering: mind. 10 Jahre nach ersetzten Anlage in Betrieb, Leistung muss mind. um das Zweifache, max. um das Fünffache erhöht werden. Anfangsvergütung erhöht sich um 0,5 Ct. Systemdienstleistungs-Bonus: +0,5 Ct Anfangsvergütung für Onshore-Anlagen die vor 2014 in Betrieb gehen und neue technische Anforderungen erfüllen. Offshore: Anfangsvergütung (12 Jahre): 13 Ct, Anlagen bis Ende 2015 errichtet: 15 Ct; Degression Offshore: 5% ab 2015. Keine Vergütung für neue Anlagen in Naturschutzgebieten.

Quelle: eigene Darstellung nach StrEG, EEG und jeweiligen Novellen

Ein Ziel der Novellierung des EEG war es, durch Kalkulierbarkeit der Erlöse wirtschaftliche Anreize für das Repowering zu setzen. Insbesondere für die Küstenstandorte sind durch § 10 Abs. 2 EEG besondere Anreize für das Repowering vorgesehen (Fristverlängerung einer erhöhten Vergütung). Allerdings hatte die Absenkung der Vergütung für Strom aus Windenergie auch negative Auswirkungen auf das erwünschte Repowering, das nur schleppend begann (vgl. Kapitel 4.6.6.2).

Der erhöhte Anfangsvergütungssatz für Windenergieanlagen auf See von maximal 9,1 Cent/ kWh wurde mit der Novellierung für mindestens zwölf statt bislang für neun Jahre gewährt. Dies gilt für Anlagen, die bis Ende 2010 (bisher bis Ende 2006) in Betrieb genommen werden. Der Vergütungsanspruch entfällt jedoch für Anlagen, die innerhalb eines Schutzgebietes installiert werden. Zudem wird die Degression der Vergütung für Anlagen auf See bis zum Jahr 2008 ausgesetzt. Auch wurde eine Koppelung der erhöhten Anfangsvergütung an Wassertiefe und Küstenentfernung eingeführt.[222] Diese Regelungen, die auf eine räumliche Steuerung der marinen Windenergienutzung über ökonomische Einflussgrößen abzielen, sollen umweltbezogene Interessenkonflikte vermeiden.[223]

4.6.2.2 Akteure und Interessen im Vorfeld der EEG-Novellierung

Enquete-Kommission „Nachhaltige Energieversorgung"
Im Vorfeld der EEG-Novellierung hatte die Enquete-Kommission „Nachhaltige Energieversorgung unter den Bedingungen der Globalisierung und der Liberalisierung" im Juli 2002 ihren Bericht an den Bundestag übergeben. In den Handlungsempfehlungen[224] empfahl die Mehrheit der Experten die politische Zielsetzung einer Reduktion der Treibhausgasemissionen von 40 % bis zum Jahr 2020 und eine möglichst dezentrale Energieversorgungsstruktur. Als eine der zentralen

---

222 Für Offshore-Windparks außerhalb der 12-Seemeilenzone erhöht sich der Zeitraum der maximalen Vergütung entsprechend der Entfernung von der Küste sowie der Wassertiefe über die 12-Jahresfrist hinaus.

223 Im Interesse der Markttransparenz, des Verbraucherschutzes und der Begrenzung der im Fördersystem entstehenden Kosten wurden weitere Regelungen neu eingeführt. Dazu zählen die Einrichtung einer Clearingstelle zur Klärung von Anwendungsfragen des EEG, die Schaffung eines Registers für Anlagen, die Strom aus erneuerbaren Energien erzeugen sowie Regelungen für die Ausstellung des Herkunftsnachweises (Angaben über die zur Stromerzeugung eingesetzten Energien).

224 Die Handlungsempfehlungen der Enquete-Kommission wurden nicht in einem breiten Konsens abgegeben, sondern mit einem Mehrheitstext und Minderheitenvoten.

Maßnahmen des hierfür einzusetzenden Policy-Mix wurde die Weiterentwicklung des EEG als alternativlos betrachtet.[225]

Aktionstag „Deutschland ist erneuerbar"

Während der Debatten um die Ausgestaltung der EEG-Novellierung fanden die Befürworter des EEG eine gewichtige öffentliche Unterstützung. Am 05.11.2003 demonstrierten vor dem Brandenburger Tor ca. 10.000 Menschen unter dem Motto „Deutschland ist erneuerbar" für eine Fortsetzung des EEG und einen verstärkten Ausbau erneuerbarer Energien.[226] Initiator dieses Aktionstags war das „Aktionsbündnis Erneuerbare Energien", das sich aus mehreren Umwelt-, Verbraucher- und Wirtschaftsverbänden sowie der IG Metall zusammen setzte. Das Bündnis hatte sich kurz zuvor mit der Unterzeichnung der gemeinsamen Erklärung „Aufbruch in eine neue Zeit – Chancen der erneuerbaren Energien nutzen" gegründet[227] und trat für den Erhalt und die Weiterentwicklung des EEG ein.

Verlagerung der Zuständigkeit für erneuerbare Energien ans BMU

Im Jahr 2002 wurde der Kompetenzbereich für die erneuerbaren Energien vom Wirtschafts- in das Bundesumweltministerium verlegt.[228] Dieser „Schachzug" des Umweltministers Trittin und der Fraktion Bündnis90/ die Grünen hatte zwar eine kurze Phase unklarer Zuständigkeiten zur Folge. Das BMU hatte jedoch mit dieser neuen Kompetenz für erneuerbare Energien erheblich bessere Möglichkeiten, auf das Wirtschaftsgeschehen im Energiemarkt Einfluss zu nehmen. Sowohl die Revision des EGG als auch die Betreuung und Abwicklung der Förderprogramme zu den erneuerbaren Energien lag nun im Geschäftsbereich des BMU.

Zielsetzung der Bundesregierung war es, bis 2006 mindestens 500 MW und bis 2010 Offshore-Windenergie im Umfang von 2000 bis 3000 MW ans Netz zu bringen (BMU et al. 2002). Die Novellierung des EEG sollte zur Erreichung dieses Ziels beitragen. Im Zuge der Novellierung musste sich das BMU jedoch mit heftigen Angriffen aus der traditionellen Energiewirtschaft auseinandersetzen.

---

225 Deutscher Bundestag 2002: 60 f.

226 www.aktionstag-ee.de, zuletzt aufgerufen am 2.4.2006.

227 Zu den Erstunterzeichnern gehörten die IG Metall, der Bundesverband mittelständische Wirtschaft (BVMW), ver.di, der Deutsche Bauernverband (DBV), der Bundesverband Erneuerbare Energie (BEE) und die Vereinigung EUROSOLAR.

228 In der Bundesrepublik sind insgesamt neun Ministerien mit Energiepolitik befasst. Eine herausragende Rolle spielt dabei das BMWi als nach wie vor federführendes Ministerium in der Energiepolitik, dort verbleibt die Zuständigkeit für die fossilen und nuklearen Energieträger und auch ein Referat für erneuerbare Energien, wobei die Zuständigkeit für „Reaktorsicherheit" wiederum in den Kompetenzbereich des BMU fällt (vgl. Webseiten der beiden Ministerien).

Vertreter dieses Wirtschaftszweiges waren immer wieder bestrebt, der Förderung des Stroms aus erneuerbaren Energien Grenzen zu setzen.

Einer der ersten Schritte zur Novellierung des EEG war ein Eckpunkte-Papier des BMU zur Novellierung des EEG vom Januar 2003 (BMU 2003b). In einem weiteren Schritt legte Bundesumweltminister Trittin am 14.08.2003 einen Referentenentwurf vor. Darin wurde bereits eine Absenkung der Vergütungssätze für Strom aus Windenergieanlagen und eine hohe Vergütung für Offshore-Anlagen für mindestens 12 Jahre vorgeschlagen, wenn die Anlagen bis 2010 in Betrieb gehen.

Unterschiedliche Positionen zum Referentenentwurf

Die geplante EEG-Novellierung erregte den Widerspruch der großen Stromversorger. Sie argumentierten, dass die zum Ausgleich von Schwankungen des aus Windenergie eingespeisten Stroms notwendige Regelenergie sowie die Bereitstellung des Stromnetzes hohe Kosten verursache.[229] Der BDI forderte, die Kosten für Regelenergie und Netzausbau nicht mehr dem Netzbetreiber anzulasten und verlangte darüber hinaus eine Änderung des EEG-Umlageverfahrens[230]. Vertreter energieintensiver Industriesektoren wie etwa der Aluminiumindustrie sahen durch das EEG Arbeitsplätze gefährdet[231].

Demgegenüber argumentierte das BMU, die Netzbetreiber könnten ihre Kosten durch verlässlichere Prognosen, ein effizienteres Netzmanagement und durch flexiblere Kraftwerke im Zuge des ohnehin anstehenden Ersatzes alter Kraftwerke durch umweltfreundlichere Kraftwerke erheblich senken.[232]

Die CDU/CSU-Fraktion im Bundestag hatte im Zusammenhang mit der EEG-Novellierung die Energiepolitik der Bundesregierung als konzeptionslos und ideologisch orientiert verurteilt und verwies dabei auf ein Gutachten des

---

229 Der BWE wiederum argumentiert, dass durch optimierte Prognosen die notwendige Regelenergie stark reduziert werden kann. So erzielt z. B. E.ON bereits seit Jahren durch optimierte, das Windklima berücksichtigende Prognoseprogramme wirtschaftliche Vorteile bei der Bereiststellung von Regelenergie. Bei 48-Stunden-Prognosen für die Windleistung im Netz liegen die Abweichungen bei ca. 10%, bei den 3-6-Stunden-Prognosen nur noch bei 5% (BWE-Stellungnahme zum BDI-Papier zum EEG, 11. Dezember 2002).

230 Positionspapier des BDI: BDI-Vorschläge zur Novellierung des Gesetzes für die Förderung erneuerbarer Energien, 25. November 2002, Berlin. Der BWE wirft dem BDI vor, mit dem Positionspapier einseitig die Interessen einzelner Stromkonzerne und Großverbraucher zu vertreten, jedoch die Interessen der gesamten Branche der erneuerbaren Energie außer Acht zu lassen (Pressemitteilung des BWE vom 11.12.2002 „Problematische Aussagen des BDI zum EEG".)

231 „Resolution zur Gefährdung der Arbeitsplätze in der deutschen Aluminiumindustrie durch die EEG-Gesetzgebung", August 2002.

232 Rede des Bundesumweltministers Jürgen Trittin am 28.Januar 2003 beim Neujahresempfang BWE/FV Biogas/ VDMA in Berlin.

Wissenschaftlichen Beirats beim BMWA „Zur Förderung erneuerbarer Energien“ vom Januar 2004.[233] Bundeswirtschaftsminister Clement hielt die Förderung der Windenergie im Novellierungsentwurf für zu hoch und forderte die Streichung der Vergütungen an windarmen Standorten. Demgegenüber befürwortete er die zügige Erschließung von Windenergiestandorten auf See. Zugleich setzte er sich für die Kohle als Energieträger in Deutschland ein (Handelsblatt, 26.08.2003). Auf sein Drängen wurde der Referentenentwurf zur Novellierung des EEG in etlichen Punkten modifiziert[234]. So wurden die Mindestvergütungen für Strom aus neuen Windenergieanlagen ab 2005 um 2 % anstelle von 1,5 % gesenkt. Anlagen an windschwachen Standorten sollten nach diesem Entwurf ein Limit von 65 % anstelle von 60 % des Referenzertrags erreichen, andernfalls würde keine Vergütungspflicht für die Netzbetreiber bestehen. Die Windstrombranche befürchtete daraufhin eine Ausgrenzung von zahlreichen Binnenlandstandorten für Windenergieanlagen.

Einigung im Vermittlungsausschuss
Der Bundesrat rief im Vorfeld der Gesetzesverabschiedung den Vermittlungsausschuss an, weil mehrere der vorgesehenen Festlegungen vor allem in den unionsregierten Ländern auf Widerspruch gestoßen waren.[235] Mit einer am 13. Februar 2004 verabschiedeten Entschließung hatte der Bundesrat gravierende Einwände gegen das „Gesetz zur Neuregelung des Rechts der Erneuerbaren Energien im Strombereich“ (EEG-Novelle) erhoben und die Novelle am 14. Mai 2004 abgelehnt. Schließlich erzielte der Vermittlungsausschuss am 17. Juni 2004 eine Einigung. Nach dieser Einigung wurde die Novellierung des EEG schließ-

---

233 Der Wissenschaftliche Beirat beim damaligen Bundesministerium für Wirtschaft und Arbeit hatte in seinem Gutachten "Zur Förderung erneuerbarer Energien" das Verhältnis der Förderung der erneuerbaren Energien durch das EEG und dem künftigen System des CO2-Emissionshandels untersucht (Wissenschaftlicher Beirat 2004). Die gutachterliche Stellungnahme stand im zeitlichen Zusammenhang mit der Novellierung des EEG. Das EEG wurde darin als ein volkswirtschaftlich teures Instrument bewertet, das bei funktionierendem Emissionshandel keine zusätzlichen Emissionsreduktionen erwarten lasse. Der Beirat bezweifelte insbesondere, dass das EEG im Zusammenhang mit dem europäischen Emissionshandel wirksam sein kann.

234 Vgl. Hintergrundpapier des BMU und BMWA zur Novelle des EEG, Stand 05.11.2003.

235 Der Bundesrat hatte darauf gedrängt, angesichts der ungelösten netztechnischen Probleme das Ziel, bis zum Jahr 2020 den Anteil erneuerbarer Energien auf mindestens 20 Prozent zu erhöhen, zu streichen. Anlagen zur Erzeugung von Strom aus erneuerbaren Energien sollten nur dann an das Stromnetz anzuschließen sein, wenn dadurch der sichere Netzbetrieb nicht gefährdet wird. Netzbetreiber sollen außerdem nicht verpflichtet sein, Strom aus Anlagen zu vergüten, die an den geplanten Standorten nicht mindestens 65 Prozent des Referenzertrages erzielen können.

lich am 2. April 2004 verabschiedet und trat am 1. Augustr 2004 in Kraft.[236] Die Novelle gilt als wichtige Weichenstellung für die weitere Entwicklung der Windenergie in Deutschland.[237]

Das EEG war jedoch auch in der Folgezeit Gegenangriffen ausgesetzt.[238] So stellte z. B. der Verband der Elektrizitätswirtschaft (VDEW) auf einem Kongress am 8. Juni 2005 in Berlin ein – wie es hieß - alternatives Modell („Integrationskonzept") zur künftigen Förderung erneuerbarer Energien vor, das das EEG ablösen sollte.[239] Der Hauptvorwurf des VDEW gegen das EEG lautete, dass es zu hohe Kosten verursache und nicht marktkonform sei.[240] Jedoch war der Vorstoß des VDEW nicht erfolgreich. Der Windenergiebranche machte die designierte Bundeskanzlerin Merkel Mut, als sie während ihres Wahlkampfes im Jahr 2005 die Windenergie zum Thema machte mit dem Versprechen: „Die Windenergie hat eine große Zukunft" (Alt 2007).

Die wiederholte Novellierung und Anpassung der Vergütungssätze über die regelmäßige Novellierung des EEG kann als Beispiel für eine fortlaufende „Nachsteuerung" des Innovationsprozesses der Windenergieentwicklung in Deutschland gesehen werden. Im europäischen Vergleich gilt das Konzept garan-

---

236 Bundesgesetzblatt Jahrgang 2004, Teil I, Nr.40, Bonn, 31.Juli 2004. Die Vergütungspflicht der Netzbetreiber für Strom aus Windenergieanlagen wurde mit der Novelle auf 60 % des Referenzbetrags begrenzt (vgl. Deutscher Bundestag 2004a und b).

237 Allerdings missbilligte der BWE die neue Regelung, da sie insbesondere Projekte in Süddeutschland verhindere. Jedoch standen die Länder Bayern und Baden-Württemberg dem Ausbau der Windkraft im Binnenland an mäßigen Binnenlandstandorten sehr kritisch gegenüber (vgl. Bernward Janzing in: TAZ, Nr. 7359 vom 15.5.2004, S. 7). Der Vorsitzende des Wirtschaftsverbandes Windkraftwerke e.V. (WVW) zeigte sich zufrieden, da er von dieser Maßnahme eine zügige Steigerung der Leistungsfähigkeit von Windenergieanlagen durch technische Innovationen erwartete (Pressemitteilung des WVW vom 09.07.2004, „Windenergie auf Zukunftskurs").

Allgemein positiv wurde bewertet, dass mit der Einigung nun das Inkrafttreten der Novelle endlich absehbar war und damit die Investitionssicherheit wieder hergestellt wurde. Die Einigung im Vermittlungsausschuss wurde am 18.06.2004 vom Bundestag angenommen.

238 Der „Verband für Gesundheits- und Landschaftsschutz" (www.sturmlauf.de) leitete gemeinsam mit weiteren Initiativen eine Verfassungsbeschwerde gegen das EEG ein. Darin wurde argumentiert, dass der Ausbau der erneuerbaren Energien über eine Umlage obligatorisch von allen Stromkunden bezahlt werde und somit nicht jeder Bürger aus freiem Willen entscheiden könne, ob und wieviel er dafür zahlen will. Die Beschwerde wurde zugelassen

239 Das Integrationskonzept des VDEW sah ein Fördersystem mit einer fixen Zielmenge für Strom aus erneuerbaren Energien vor und hätte damit den Ausbau von Wind-, Wasser- und Solarenergieanlagen begrenzt. Die Stromeinspeisungsvergütung hätte sich dann nicht mehr nach festen Sätzen gerichtet, sondern wäre an einem Zertifikatemarkt durch Angebot und Nachfrage bestimmt worden (Süddeutsche Zeitung, 7.Juni 2005).

240 Vgl. Bundesverband erneuerbarer Energie (o.J.): Hintergrundpapier zum VDEW-Integrationsmodell. O.O. www.energie-antworten.de/uploads/Hintergrundpapier%20zum%20VDEW-Integrationsmodell.pdf.

tierter Einspeisevergütungen in Verbindung mit Abnahmeverpflichtungen der Energieversorger als das erfolgreichste.[241] Der stärkste Anreiz zum Zubau von neuen Windenergiekapazitäten ging von Einspeisemodellen und nicht von Quoten- oder Ausschreibungsmodellen aus.[242] Spanien, Frankreich, Österreich und Tschechien sind bald dem Beispiel gefolgt und haben dem EEG vergleichbare Gesetze geschaffen.

4.6.2.3 Meseberger Energie- und Klimaprogramm

Im August 2007 beschloss das Bundeskabinett in Meseberg ein ambitioniertes Energie- und Klimaprogramm mit 29 Eckpunkten. Das Programm wurde bereits am 5. Dezember 2007 zum Auftakt der Welt-Klimakonferenz in Bali in Form eines Pakets mit 14 Gesetzen und Verordnungen konkretisiert, weitere Rechtsetzungsvorhaben folgen. Mit den beschlossenen Maßnahmen sollte eine Reduktion von etwa 36 % der Treibhausgasemissionen (gegenüber 1990) und damit der größte Schritt zur Erreichung des zuvor festgelegten Klimaschutzziels von 40 % bis 2020 erreicht werden (BMU 2007c, 2 f.). Im Energie- und Klimaprogramm wurde das Ziel der Bundesregierung bestätigt, den Anteil der erneuerbaren Energien im Strombereich von zu diesem Zeitpunkt über 13 % auf 25-30 % im Jahre 2020 zu erhöhen. Dieses Ziel sollte unter anderem durch die Novellierung des EEG und die darin neu geregelten Vergütungen für Offshore-Windparks erreicht werden.[243] Es wurde eine Novelle des Energiewirtschaftsgesetzes für 2008 geplant, die einen stabilen Stromnetzbetrieb und einen langfristigen, reibungslosen Ausbau der erneuerbaren Energien sicherstellen sollte. Hierzu gehörte auch ein gebündeltes Zulassungsverfahren für Seekabel zur Anbindung von Wind-Offshore-Anlagen.

---

241 Vgl. die vom Bundesumweltministerium in Auftrag gegebene Studie "Analyse der Vor- und Nachteile verschiedener Modelle zur Förderung des Ausbaus von Offshore-Windenergie in Deutschland“ (ISUSI 2005a und b).

242 http://www.bmu.de/erneuerbare_energien/downloads/doc/35617.php.

243 Entwurf eines Gesetzes zur Neuregelung des Rechts der Erneuerbaren Energien im Strombereich und zur Änderung damit zusammenhängender Vorschriften; www.bmu.de/files/pdfs/allgemein/application/pdf/entwurf_ee_recht.pdf, Aufruf 15.03.2008.

4.6.2.4 Die Neufassung des EEG 2009

Im Januar 2009 trat die Novellierung des EEG in Kraft. Die Windenergiebranche hatte aufgrund der gegenüber dem Jahr 2004 um 10% gestiegenen Stahl- und Kupferpreise eine höhere Vergütung für Windkraftanlagen gefordert. Die Anfangsvergütung für neue Windenergieanlagen an Land wurde ab dem 1. Januar 2009 heraufgesetzt, sie betrug nun 9,2 ct/kWh (bisher 8,03 ct/kWh). Dieser Wert wird für neu in Betrieb genommene Anlagen wird jedes Jahr um eine Prozent gesenkt (bisher zwei Prozent).

Um das Repowering voranzutreiben, erhöht sich mit dem neuen EEG die Anfangsvergütung für WEA an Land um 0,5 ct pro kWh. Eine neue Anlage muss jedoch mindestens die doppelte Leistung der ersetzten Anlagen erreichen und darf zugleich die fünffache Leistung nicht überschreiten. Außerdem müssen die ersetzten Anlagen aus dem gleichen oder einem benachbarten Landkreis stammen und mindestens zehn Jahre alt sein.

Der Anschluss und die Vergütung des Stroms von neu an das Netz gehenden Windenergieanlagen an Land wurde mit dem neuen EEG erstmals an die Voraussetzung geknüpft, dass bestimmte technische Anforderungen an die Netzintegration der Anlagen erfüllt werden[244]. Ziel der neuen Regelung war es, einen Mindeststandard für die verbesserte Netzintegration und das Verhalten von Windenergieanlagen im Fehlerfall zu schaffen. Indem die technischen Anforderungen im Gesetz verankert wurden, wurde dem Aspekt der Netzintegration von Windenergieanlagen eine besondere Bedeutung zugeschrieben. Darüber setzt die EEG-Novelle Anreize zur freiwilligen Nachrüstungen von Altanlagen. Mit diesen Neuerungen reagiert das EEG u.a. auf den in der dena-Netzstudie festgestellten Handlungsbedarf.

Anschlussvoraussetzung ist nun eine Einrichtung an der Windkraftanlage, die eine ferngesteuerte Reduzierung der Einspeiseleistung bei Netzüberlastung erlaubt. Erfüllen die Anlagen diese Netzanforderungen, erhalten sie zusätzlich zur EEG-Vergütung einen Systemdienstleistungsbonus (0,5 ct pro kWh). Bei Nicht-Erfüllung haben Neuanlagen keinen Anspruch auf die EEG-Vergütung. Die Anforderung gilt ab dem 1. Januar 2011 auch für Altanlagen, die nun entsprechend nachgerüstet werden müssen[245]. Bei kleineren Einzelanlagen können die Kosten für die Nachrüstung den Betreiber empfindlich treffen. Bei Turbinen mit stall-Regelung ist nur ein Not-Stopp, aber keine fließende Reduzierung der Leistung möglich.

---

244 Vgl. www.eeg-aktuell.de, Abruf am 02.02.2009.
245 § 66 Abs. 1 Nr. 1 EEG

Strom aus erneuerbaren Energien ist vom Netzbetreiber vorrangig abzunehmen. Für im Rahmen des Einspeisemanagements nicht abgenommene Energiemengen muss der Netzbetreiber eine finanzielle Kompensation zahlen. Netzbetreiber sind mit dem neuen EEG ausdrücklich nicht nur zum Netzausbau, sondern auch zur Optimierung und Verstärkung vorhandener Netze verpflichtet.

4.6.3 Medienberichterstattung

Die Massenmedien haben im Kontext ökologischer Problemlagen eine große Bedeutung. Sie generieren gesellschaftliche Aufmerksamkeit für ein Problem und können auf diese Weise den politischen Handlungsdruck verstärken. Die Auswahl der Ereignisse, die als berichtenswert erachtet werden, erfolgt jedoch in der Regel nach der Einstufung ihres Nachrichtenwertes, der unter anderem dann als besonders hoch eingestuft wird, wenn individuelle Betroffenheit, Konflikte, Schäden[246], ungewöhnliche Leistungen oder Prominenz der handelnden Personen gegeben sind und so Neugier und Spannung erzeugt werden können (vgl. Lönker 2006 mdl.; Jänicke 2007; Meyer et al. 2000, Mez 2007; Zundel et al. 2003: 79).

Spannungen in Bezug auf die Windenergie waren insbesondere im Zusammenhang mit dem „Boom" der Windenergie nach Inkrafttreten des EEG im Jahr 2000, im Vorfeld der EEG-Novellierung im Jahr 2004 und im Vorfeld von Wahlen Gegenstand der medialen Berichterstattung.[247] Die Anzahl der Berichte mit negativer Tonalität stieg nach dem Jahr 2000 steil an, während sich die Anzahl der Berichte mit neutraler oder positiver Tonalität im selben Zeitraum nicht veränderte[248]. Die Berichterstattung über die Windenergie spiegelt vor allem die Ängste und Bedenken in der Bevölkerung bzgl. möglicher Beeinträchtigungen durch Windenergieanlagen wider. In der Woche vor der Verabschiedung der EEG-Novelle findet die kritische Berichterstattung einen Höhepunkt in der Titelgeschichte „Der Windmühlen-Wahn" des Nachrichtenmagazins Der Spiegel.[249]

Windenergie wird darin als unwirtschaftlich, unökologisch und von der Bevölkerung nicht gewollt dargestellt. Die Titelstory stieß auf deutliche Kritik von

---

246 Dies wird durch die sprichwörtliche Verleger-Erkenntnis „bad news are good news" zum Ausdruck gebracht.

247 So produzierte etwa der Bayerische Rundfunk für das Magazin „Plusminus" vom 25.11.2003 einen Beitrag mit dem Titel „Windkraft – Welche Vermögensverluste auf Anwohner zukommen." Die Bild-Zeitung vom 25.08.2003 titelte mit der Schlagzeile „Wer stopft sich bei der Windkraft die Taschen voll?"

248 Vgl. Sunbeam 2006; Landau Media 2004; Krentel 2003.

249 Die Titelgeschichte des Magazins Der Spiegel Nr. 14 vom 29.03.2004 lautete „Der Windmühlenwahn".

Seiten der Windenergiewirtschaft. Der Bundesverband Windenergie (BWE) beklagte die dünne Faktenlage des Artikels und warf dem Blatt Einseitigkeit und Undifferenziertheit in der Berichterstattung vor.[250] Der Artikel gilt seither als ein Beispiel für undifferenzierte Berichterstattung über Windenergie. Er nutzt die unmittelbare, lokale Betroffenheit, die in Protesten und der Gründung von Bürgerinitiativen gegen die Windenergie zum Ausdruck kommt. Deren Argumente werden auch von anderen Medien oft ungeprüft aufgegriffen, da sie wirksamer sind als sachliche Fakten oder die Abwägung lokaler Belastungen vor dem Hintergrund differenzierter Zusammenhänge.[251] Das allgemeine öffentliche Bild der Windenergie wurde jedoch nur zum Teil durch eine undifferenzierte Medienberichterstattung beeinflusst. Repräsentative Umfragen konstatieren eine Zustimmung zum Ausbau der Windenergie durch den überwiegenden Anteil der Bevölkerung (vgl. Allensbach-Studie 2003; Umweltbundesamt 2004 - Emnid-Umfrage; forsa 2004 und 2005).

4.6.4 Arbeitsplätze und regionale Wertschöpfung

Die gestiegenen Arbeitsplatzzahlen der Windbranche und die Möglichkeiten der regionalen Wertschöpfung demonstrieren die positiven wirtschaftlichen Effekte der fortschreitenden Diffusion. Ende 2004 waren ca. 61.600 Menschen in der Windenergieindustrie beschäftigt, ca. 23.500 der Arbeitsplätze entfielen auf die Herstellung von Windenergieanlagen für den Inlandsmarkt, ca. 9.100 Arbeitsplätze auf Betriebsführung und Instandhaltung bereits laufender Anlagen in Deutschland und 29.000 auf die Herstellung von Anlagen für den Auslandsmarkt.[252] Für das Jahr 2007 ermittelte der BWE aufgrund des stark wachsenden Weltmarktes eine Steigerung auf ca. 73.800 Arbeitsplätze (BWE 2007a: 1; vgl. Abbildung 21).

In den nordwestdeutschen Küstenländern, in denen der Schub für die regionale Wirtschaft durch die Onshore-Windenergienutzung bereits abnehmende

---

250 So entsteht im dem Bericht zum Beispiel der Eindruck, Kommunen hätten keinen Einfluss auf den Standort von Windkraftanlagen. Jedoch geben die Vorschriften des Baugesetzbuches den Kommunen explizit die Möglichkeit, Ausschlussgebiete und Konzentrationszonen für Windenergie festzulegen (vgl. Kapitel 4.5.5 zur Baugesetznovelle).

251 Insbesondere Lokalzeitungen verfügen häufig nicht über die personellen Kapazitäten, um über komplexe Themen auf der Basis ausreichender Recherchen differenziert zu informieren. Große Zeitungen dagegen verfügen in der Regel über Fachredakteure, die zu differenzierteren Einschätzungen gelangen können. Teilweise existieren hier jedoch enge Beziehungen zwischen Energieredaktionen und großen Energiekonzernen (Lönker 2006, mdl.).

252 BWE o.J.; vgl. auch http://www.wind-energie.de/de/statistiken/.

Tendenz hat, werden nun starke Hoffnungen in den Ausbau der Offshore-Windenergie gesetzt. Eine hohe regionale Wertschöpfung wird unter anderem dadurch erwartet, dass einzelne Häfen als Stützpunkte für bautechnische Großgeräte und Wartungsschiffe ausgebaut werden (Byzio et al 2005: 39-48).

4.6.5 Integration in das bestehende Energieversorgungssystem

Bei starkem Wind stoßen die Hochspannungsleitungen an die Grenzen ihrer Transportkapazitäten. Dies gilt vor allem für die nördlichen Bundesländer. Die Aufnahmekapazitäten des Stromnetzes im Küstenbereich sind begrenzt (vgl. Hemmelskamp & Jörg 1999: 95; dena 2005: 3 ff.).[253] Insbesondere der Ausbau der Windenergienutzung auf See wird eine starke räumliche Konzentration von Windenergieleistung in Norddeutschland mit sich bringen, einer Region, die eine nur geringe Stromnachfrage aufweist. Notwendig sind daher neben neuen Umspannwerken, die Zugang zur Hoch- und Höchstspannungsebene schaffen, Leitungsneubauten auf den oberen Spannungsebenen, um den Windstrom großräumig in die Ballungsgebiete transportieren zu können (vgl. Bruns et al. 2008).

Nach einer Netzstudie der Deutschen Energieagentur (dena) müssen neue Hochspannungstrassen mit einer Länge von 850 km gebaut und bestehende Trassen auf einer Länge von 400 km verstärkt werden, um den Windstrom zu den Verbrauchern zu transportieren. Hinzu kommt der Ausbau von Knotenpunkten in der Nähe der Küste. Verglichen mit der Netzerweiterung der vergangenen Jahre ist der als notwendig ausgewiesene Netzausbau sehr ambitioniert (dena 2005: 7 f.). Neuralgische Aspekte sind zum einen die zeitliche Synchronisierung des Netzausbaus (langfristige Raumordnungsverfahren) mit dem Bau der geplanten Offshore-Windparks und zum anderen die Anzahl der notwendigen durch das Wattenmeer zu verlegenden Kabeltrassen.

In der politischen Debatte in den nordwestdeutschen Küstenländern nahm die Relevanz des Themas Netzausbau in Verbindung mit der Windenergienutzung in dieser Phase zu.[254] Die Fragen der Stromnetzverträglichkeit großer Mengen von Windstrom, Fragen der Versorgungssicherheit sowie die Fragen des Stromtransportes zu den Verbrauchszentren betreffen allerdings nicht mehr nur einzelne Regionen bzw. regionale Netzbetreiber. Die von der dena (2005) darge-

---

253 Das deutsche Stromnetz ist an den historischen Kraftwerkstandorten orientiert.

254 Ein Antrag der CDU-Fraktion von 2002 beispielsweise forderte die schleswig-holsteinische Landesregierung auf, ihre Konzeption für den Ausbau der Stromnetzkapazitäten aufgrund gestiegener Windstromeinspeisungsmengen vorzulegen; Vgl. Drs. 15/1859: Antrag der Fraktion der CDU vom 03.05.2002.

legten Aspekte der Netzintegration und des langfristig erforderlichen Netzausbaus werden bundesweit kontrovers diskutiert.

Das Ende 2006 in Kraft getretene Infrastrukturplanungsbeschleunigungsgesetz[255] soll dazu beitragen, die Planungszeiten für den Trassenausbau zu verkürzen. Das BMU weist darauf hin, dass bis zur Realisierung des notwendigen Ausbaus technische Übergangslösungen zur Verfügung stehen, mit denen der Netzbetrieb optimiert und damit zusätzliche Netzkapazitäten geschaffen werden können (BMU 2007b: 20).

Die bedarfsorientierte Steuerung des Elektrizitätsflusses erfolgt durch zentrale Steuerungseinrichtungen der großen Netzbetreiber. Je mehr Strom aus fluktuierenden Stromquellen eingespeist wird, desto stärker sind die Auswirkungen auf den technischen Netzbetrieb und desto höher sind die Anforderungen an das Lastmanagement. In küstennahen Regionen mit hohem Windenergieanteil sind diese Auswirkungen bereits spürbar. Gefordert ist daher zum einen ein Energiemanagementsystem, das dieser Herausforderung gerecht wird (Ramesohl et al. 2002: 36 ff.), zum anderen jedoch auch die Kooperationsbereitschaft der traditionellen Stromwirtschaft sowie der Netzbetreiber (Mautz & Byzio 2005: 124).

Dissens besteht jedoch darüber, in welchem Umfang die Kapazitäten der Leitungsnetze erweitert werden müssen bzw. in welchem Umfang die vorhandenen Kapazitäten durch eine intelligente Betriebsführung der Windenergieanlagen und des Stromnetzes effektiver genutzt werden können. Ein weiterer Streitpunkt der Auseinandersetzung sind die Kosten, die der Ausbau des Stromnetzes verursacht und die Frage danach, wer diese Kosten zu tragen hat.[256]

Die Energieversorger und Netzbetreiber sind verpflichtet, eine störungsfreie öffentliche Energieversorgung zu gewährleisten. Angesichts der steigenden Anzahl vieler kleiner Stromerzeugungseinheiten mit zudem windbedingten Leistungsschwankungen steht das Lastenmanagement des Stromnetzes, das für die Regelung und eine Anpassung von Energieverbrauch und Energieverfügbarkeit verantwortlich ist, vor einer großen Herausforderung. Potenzielle Lösungen werden in einem intelligenten Energiemix gesehen (virtuelle Kraftwerke), die mit zuverlässigen Wetterprognosesystemen und der Ausnutzung von Energiespeichermöglichkeiten kombiniert werden. Aus dieser Perspektive ist es eine Frage des Netzmanagements, der Motivation und der sozio-technischen Organi-

---

255 Gesetz zur Beschleunigung von Planungsverfahren für Infrastrukturvorhaben; informeller Kurztitel: Infrastrukturplanunsgbeschleunigungsgesetz.

256 Auch dazu trifft das Gesetz von November 2006 eine Regelung: Die Stromkonzerne dürfen Hochspannungsleitungen weiterhin oberirdisch bauen, wenn sie bis zum 1.7.2007 darlegen, wie und wann das künftige Energienetz an Land aussehen soll. Sie sollen verpflichtet werden, den jeweiligen Baufortschritt anschließend zu dokumentieren.

sation, ob ein großer Windenergieanteil an der Stromversorgung ermöglicht werden kann. Aus einer kritischen Perspektive sind der Expansion der Windenergie durch die technische Machbarkeit der Stromeinspeisung Grenzen gesetzt und es sind erhebliche Erweiterungen des bestehenden Stromnetzes notwendig, um die aus Windenergie erzeugten Strommengen einspeisen und transportieren zu können (vgl. Tiedemann 2005, mdl.)

Der Neubau von Hochspannungsleitungen ist ausgesprochen konfliktträchtig, denn die Beeinträchtigungen für die Anwohner können nicht direkt durch einen Nutzen für die Region oder einen persönlichen Nutzen ausgeglichen werden. Mit der Konfliktträchtigkeit steigt die Planungsdauer für neue Kabeltrassen auf bis zu 10 Jahre, denn angesichts der heterogenen Interessenlagen der beteiligten Träger öffentlicher Belange ist für die Herstellung von Übereinkunft ein hoher Zeitaufwand zu erwarten (vgl. Projektbericht).[257]

Die mit dem notwendigen Netzausbau verbundenen Folgewirkungen für das Landschaftsbild werden in der öffentlichen Diskussion auch der geplanten Offshore-Windenergienutzung zugeschrieben. Die umstrittenen Windparks in der Nordsee sind noch nicht gebaut, da formiert sich bereits Widerstand gegen die Folgen an Land. So wurden etwa im niedersächsischen Landtag die Perspektiven der geplanten Offshore-Windenergienutzung unter Verweis auf die negativen Auswirkungen des geplanten Netzausbaus diskutiert. Dies macht deutlich, dass die erhoffte Konfliktminimierung durch ein Ausweichen auf Offshore-Standorte (vgl. Kapitel 4.6.7) nur bedingt eintritt, wenn die Offshore-Entwicklung über den Trassenausbau mit negativen Auswirkungen für Kommunen und Bürger/innen in Verbindung gebracht wird.[258]

Die Auseinandersetzungen um die technischen Möglichkeiten und Grenzen der Netzintegration, die Erweiterung des Stromnetzes und die Übernahme von Kosten stehen in engem Zusammenhang mit kontroversen Interessen auf dem Strommarkt.[259] Mit dem Ausbau der Windenergie und der damit einhergehenden Zunahme der Marktanteile von Anlagenbetreibern spielen Kontroversen eine immer stärkere Rolle, die insbesondere das Netzzugangsregime in Deutschland betreffen. Den Betreibern der Versorgungsnetze wird vorgeworfen, die eigenen vorhandenen Überkapazitäten schützen, mit der Einforderung überhöhter Netzzugangsentgelte Monopolgewinne abschöpfen und die tatsächlichen Kosten-

---

257 Der Herstellung von Übereinkünften mit den Trägern öffentlicher Belange wird bei konfliktträchtigen Vorhaben wie Hochspannungstrassen hohe Aufmerksamkeit geschenkt, da potenzielle rechtliche Klagen die Realisierung des Vorhabens beeinträchtigen bzw. noch stärker verzögern können.

258 Vgl. u. a. Positionspapier des Niedersächsischen Städte- und Gemeindebundes „Windenergietrassen in Niedersachsen" vom 10.02.2005 (NSGB 2005, 38).

259 Vgl. Ohlhorst & Schön 2009, im Erscheinen.

strukturen verdecken zu wollen (Blazejczak et al. 1999: 31). Dieser Vorwurf schließt die Annahme ein, dass das bestehende großtechnische Energiegewinnungs- und Transportsystem zur Zentralisierung und Ausprägung marktbeherrschender Stellungen tendiert. Mit der Kontrolle über das Stromnetz ist ein enormer Einfluss auf das gesamte Stromversorgungssystem verbunden.

Neben technischen Fragen zur Integration der Windenergie in das Stromnetz stellt sich die Herausforderung der Integration unterschiedlicher sozio-kultureller Weltbilder. Reiche unterscheidet zwischen einer ökonomischen und einer ökologischen Koalition[260] der Akteure mit jeweils unterschiedlichen „belief systems“ (Reiche 2004: 140 ff.). Die ökonomische Koalition fokussiert auf die Wirtschaftlichkeit der Energieversorgung und die Vermeidung von Wettbewerbsnachteilen in einem liberalisierten Markt. Die ökologische Koalition hat dagegen eine Substitution fossil-atomarer Energiequellen zum Ziel. Sie geht von einer hohen Wirtschaftlichkeit regenerativer Energiequellen aus, weil diese weit weniger externe Kosten verursachen als fossile und atomare Energiequellen und langfristig zur Verfügung stehen. Diese Koalition ist allerdings charakterisiert durch den innerökologischen Konflikt, der zwischen einer stärker auf Naturschutzbelange und einer stärker auf Klimaschutz ausgerichteten Position verläuft (ebenda: 143). Auch die Akteure der Windenergiebranche selbst sind dieser Koalition zuzuordnen. Sie befinden sich in einem Lernprozess, in dem sie sich immer weniger als Mitglieder einer „alternativen Szene“ und immer mehr als professionelle Kraftwerksbetreiber und -hersteller verstehen (müssen) und sich in der Weiterentwicklung der Technologie auf die Anforderungen der Netzbetreiber mit regelbaren Windenergieanlagen einstellen (Vahrenholdt 2005, mdl.).

4.6.6 Die Entwicklung der Onshore-Windenergie

4.6.6.1 Eingeschränkte Ausbaupotenziale durch planungsrechtliche Restriktionen

Nach dem Jahr 2002 nahmen die Zubauraten von Windenergieanlagen auf dem Land ab. Bei der Suche nach potenziellen Standorten ergaben sich Einschränkungen vor allem durch die in den Windkrafterlassen der Länder verankerten und in der Regionalplanung angewandten Abstands- und Tabukriterien. Zudem schränkten die großflächigen FFH-Gebietsausweisungen die Standortsuche ein (vgl. Bruns et al. 2008: 87 ff.). Allgemeines Ziel der regionalplanerischen Steue-

260 Reiche bezieht sich dabei auf das von Sabatier entwickelte Konzept der „advocacy coalitions“ (vgl. Sabatier 1993).

rung war es, eine räumliche Konzentration von Windparks durch die in den Regionalplänen ausgewiesenen Eignungsgebiete sowie durch kommunale Konzentrationsgebiete zu erreichen (vgl. Kapitel 4.5.5).

In der vorangehenden (fünften) Phase hatte sich die Ausweisung von Eignungsgebieten positiv auf die Windenergiediffusion ausgewirkt, weil damit Planungssicherheit und Raum für die Errichtung von Windparks geschaffen wurde. In der Phase ab 2002 jedoch wirkten sich die Gebietsausweisungen zunehmend restriktiv aus. Die jährlichen Zuwachsraten neu installierter Leistung sank, weil die Verfügbarkeit wirtschaftlich lohnenswerter Standorte ohne planungsrechtliche Restriktionen abnahm (Voigt 2006: 117). Das technische Ausbaupotenzial der Windenergie in Deutschland wurde durch die vorgenommenen Gebietsausweisungen verknappt, was nach Auffassung einzelner Betreiber (vgl. z. B. Diwald 2006, mdl.) politisch motiviert war.

In der Landes- und Regionalplanung sah man im Allgemeinen die Grenzen der Windenergienutzung in Bezug auf die Umwelt- und Sozialverträglichkeit erreicht. Der Umweltausschuss in Niedersachsen stellte Grenzen der Expansion von Windenergieanlagen fest (Sättigung), da diese das Landschaftsbild in einigen Teilräumen stark dominierten.[261] Auch in Schleswig-Holstein wurde unter Verweis auf die Zumutbarkeit für die Bevölkerung betont, dass man den bisher ausgewiesenen Anteil von 1 % der Landesfläche nicht erweitern werde (Voigt 2005 mdl.). In beiden Bundesländern sind die in den 1990er Jahre gesteckten Ziele zum Ausbau der Windenergie erreicht, in einigen Regionen sogar überschritten.[262] Unter Verweis auf diesen Erfolg lehnen die Landesregierungen von Schleswig-Holstein und Niedersachsen einen weiteren Anlagenzubau ab. Perspektiven für einen weiteren Ausbau der Windenergienutzung werden nur ohne weiteren Flächenverbrauch, also durch Repowering und durch verstärkte Offshore-Nutzung[263] gesehen. Darüber hinaus arbeitet die Branche an Verbesserungen im Detail – Windenergieanlagen sind zu leistungsstarken Hightech-Produkten geworden.

261 Beschlussempfehlung des Umweltausschusses an den Niedersächsischen Landtag, Drs. 15/1615 vom 03.12.2003.

262 In Schleswig-Holstein wurden Ende 2003 rund 25 % des Stromverbrauchs durch Windenergie gedeckt. Dieser Anteil war im Energiekonzept Schleswig-Holstein von 1992 als Ziel für das Jahr 2010 formuliert worden (Die Ministerpräsidentin des Landes Schleswig-Holstein 1998: 85).

263 Vgl. Voigt mdl. 2006.

4.6.6.2 Repowering

Angesichts der weitgehenden Ausschöpfung von geeigneten Gebieten für die Windenergienutzung ist die Branche bestrebt, alte Windenergieanlagen durch neue, leistungsstärkere Anlagen zu ersetzen – das sogenannte Repowering. Nicht grundlegende technische Veränderungen, sondern schrittweise technische Verbesserungen in der Anlagenentwicklung haben z. B. eine Verlängerung der Lebensdauer, eine Erhöhung des Wirkungsgrades, eine Verminderung der Störungsanfälligkeit in Verbindung mit einer kontinuierlichen Leistungsüberwachung, eine Verbesserung der Stromqualität und auch eine Verringerung der Geräuschemissionen bewirkt.

Im Austausch der Anlagen wird ein erhebliches Zuwachspotenzial für die installierte Leistung gesehen. Als wichtiges Argument für das Repowering wird auch die Reduktion der Anlagenzahl angeführt, da eine große Anzahl alter und kleinerer Anlagen durch eine kleinere Anzahl größerer Anlagen ersetzt werde kann. Dabei wird unterstellt, dass eine Verringerung der Zahl der Windräder mit einer Verringerung der visuellen Belastungswirkungen einhergeht. Potenzialanalysen kommen für den norddeutschen Küstenraum zu dem Schluss, dass durch das Repowering eine nennenswerte Steigerung der installierten Leistung erwartet werden kann, selbst wenn die durch Abstandskriterien bewirkten Einschränkungen eingerechnet werden[264].

Erklärter politischer Wille der Bundesregierung ist es, neben der Förderung der Offshore-Windstromerzeugung die Bedingungen für das Repowering zu verbessern (Koalitionsvertrag 2005: 42). Das Repowering schreitet jedoch nur zögerlich voran. Hierfür sind zum einen betriebswirtschaftliche Gründe ausschlaggebend[265]. Die in der Zeit des ersten Windenergiebooms errichteten Anlagen sind zu einem großen Teil noch nicht vollständig abgeschrieben (betriebswirtschaftlich zu ermittelnder Wertverlust). Wenn die Investitionskosten für eine Anlage noch nicht refinanziert sind (meist erst 10 Jahre nach Kreditaufnahme), ist es zudem schwieriger, für die neuen Anlagen das erforderliche Investitionskapital aufzubringen. Hinzu kommt die Degression der Einspeisevergütung. Anlagen höherer Leistungsklassen kommen oft nicht lange genug in den Genuss eines profitablen Vergütungssatzes, um die Investitionskosten innerhalb eines bestimmten Zeitraumes zu refinanzieren. Damit wird ein Repowering wirtschaftlich uninteressant. Hinzu kommt, dass aufgrund erforderlicher Service-Einrichtungen ein Repowering häufig erst dann lohnenswert ist, wenn nicht nur Einzelanlagen, sondern eine größere Anzahl von Anlagen gleichzeitig ersetzt wird

---

264 Deutsche WindGuard 2005a und 2005b.
265 Vgl. Köpke 2004; Köpke 2005a.

(Vahrenholt 2005, mdl.). Neu angeschlossene Windturbinen unterliegen grundsätzlich Verträgen, nach denen die Anlagen bei Netzengpässen zeitweise gedrosselt oder vom Stromnetz abgekoppelt werden. Dadurch werden die Gewinnerwartungen geschmälert bzw. für den Betreiber schlechter kalkulierbar. Das Repowering verläuft infolge dessen „im Kriechgang" (Köpke 2004).

Zudem stehen dem Repowering oft planungs- und baurechtliche Hindernisse entgegen: Baugenehmigungen für Anlagen außerhalb bauplanungsrechtlich gesicherter Flächen erlöschen, wenn diese abgebaut werden. Liegt der Standort einer Anlage nicht innerhalb eines ausgewiesenen Eignungsgebietes, ist eine erneute Anlagengenehmigung an diesem Standort unwahrscheinlich. Eine wesentliche Restriktion besteht auch durch die bauplanungsrechtlich festgelegten Höhenbegrenzungen sowie durch Abstandsregelungen. Die Höhenbegrenzungen entsprechen vielfach nicht mehr den neuen Anlagendimensionen. Eine Änderung kommunaler und regionaler Pläne ist jedoch ein zeitaufwendiges Verfahren, da die Zustimmung der kommunalen und regionalen Gremien und der Bevölkerung erforderlich ist. Bisher fehlt im geltenden Recht eine planvolle Strategie des Repowerings (Klinski 2007b: 5 ff.).

In einzelnen Ländern wie in Nordrhein-Westfalen[266] spitzt sich die Situation weiter zu. Mit einem neuen Windkrafterlass wurden ab Herbst 2005 die Spielräume der Anlagenbetreiber stark eingeschränkt.[267] Restriktive Höhenbegrenzungen und Abstandsregelungen werden gezielt eingesetzt, um die Möglichkeiten für ein Repowering zu begrenzen. Die Höhenbegrenzung macht jedoch den Einsatz moderner Windräder der 2-MW-Klasse und darüber unwirtschaftlich. Es wird sogar befürchtet, dass der Ausbau der Windenergie mit dem Erlass praktisch zum Erliegen kommt.[268] Zugleich stellte das Land Nordrhein-Westfalen im

---

266 Das Bundesland Nordrhein-Westfalen (NRW) gehört zu den wichtigsten Binnenland-Märkten für die Windenergie, die nicht an der Küste gelegen sind. Nur Brandenburg verfügt unter den Binnenländern über eine höhere Kapazität an Windkraft. In NRW waren 2005 mehr als 2300 Anlagen mit einer installierten Leistung von ca. 2150 MW aufgestellt (Köpke 2005b: 17).

267 Das Land Nordrhein-Westfalen verabschiedete im September 2005 einen neuen Windkrafterlass, der einen Mindestabstand von 1500 Metern zwischen Windturbinen und einer geschlossenen Wohnbebauung vorschreibt. Die Kommunen erhielten die Möglichkeit, neue Anlagen auf eine Gesamthöhe von 100 Metern zu begrenzen. Auch wurde vorgesehen, in der Regionalplanung Vorrang- und Konzentrationszonen für größere Windanlagen festzulegen. Beabsichtigt war eine möglichst restriktive Steuerung der Windenergie, um eine weitere „Verspargelung" der Landschaft zu verhindern (Köpke 2005b: 17; Veröffentlichung des Erlasses im Ministerialblatt für das Land NRW, Nr. 49 vom 17. November 2005; BWE 2005d).

268 Die Landespolitik in Bezug auf die Windkraft widerspricht jedoch arbeitsmarktpolitischen Zielen: in NRW sind ca. 10.000 Menschen in der Windbranche beschäftigt, deren Arbeitsplätze indirekt von dieser landespolitischen Strategie betroffen sein können. Fünf der weltweit führenden Getriebezulieferer für Windturbinen haben ihren Sitz in NRW (Köpke 2005: 17).

September 2005 einen Antrag zur Abschaffung der Privilegierungsregelung[269]. Beide Vorstöße gegen die Windenergienutzung beeinträchtigten die Erfolgsaussichten hinsichtlich des Repowerings auf dem Windenergiemarkt erheblich.

Dem Repowering von Windenergieanlagen stehen zudem die Aufnahmekapazitäten des Stromnetzes entgegen. Das Netz muss für die punktuell höheren Strommengen aufnahmebereit sein. Der Bau neuer Anlagen kollidiert jedoch häufig mit Netzengpässen. Neu angeschlossene Anlagen laufen daher Gefahr, aufgrund mangelnder Netzkapazitäten zeitweise vom Stromnetz abgekoppelt zu werden. Das Deutsche Windenergieinstitut (dewi) rechnet aufgrund der betriebswirtschaftlichen Hemmnisse erst ab 2010 mit einem nennenswerten Repowering in Deutschland.[270]

4.6.6.3 Exportentwicklung

Vor dem Hintergrund einer durch die planungsrechtlichen Rahmenbedingungen bewirkten Verknappung der Standorte und den damit einhergehenden rückläufigen Aufstellungszahlen an Land erhöhte sich der Wettbewerbsdruck der Hersteller. Deutschland ist ein hart umkämpfter Markt, der als zunehmend gesättigt und „weitgehend aufgeteilt" (Köpke 2005) eingeschätzt wird. Eine Konzentration auf große Anbieter, teils über Fusionen (Nordtank und Micon 1997, Vestas und NEG 2004), Konkurse kleiner Anbieter (Südwind, Frisia, Lagerwey, Tacke) oder die Übernahme durch global agierende Konzerne (Enron, General Electrics, Siemens) hat zu deutlichen Veränderungen am Markt geführt (Schiel 2006, mdl). Kleinere Unternehmen, die neue Märkte suchen, haben angesichts dieser Situation immer weniger Aussicht auf Erfolg - ihnen werden allenfalls als lokale Anbieter im internationalen Markt noch Chancen auf das Füllen von Marktnischen zugeschrieben (Twele 2005: 44 ff.).

Die Hersteller sind entsprechend bemüht, die rückläufigen Zahlen im deutschen Markt durch verstärkten Export zu kompensieren. Bereits seit Mitte der 1990er Jahre wurde der Windenergiemarkt zunehmend auf Export ausgerichtet.[271] Der Exportanteil deutscher Hersteller konnte kontinuierlich von 12 % im

---

269 Vgl. Gesetzesantrag des Landes Nordrhein-Westfalen an den Bundesrat vom 30. September 2005 (DS 718/05) zur Änderung des Baugesetzbuches. Der Antrag hatte jedoch keinen Erfolg.

270 Vgl. Molly 2005, mdl.; BWE 2005a; Deutsche WindGuard GmbH 2005a; BWE 2005c. Genaue Zahlen für Exportsteigerungen in der hier behandelten Phase von 2002 bis 2007 liegen nicht vor.

271 1990 gab es eine spezielle Export-Förderung für Hersteller, das ELDORADO-Programm, mit dem Ziel, durch die Förderung von Serienanlagen deutschen Herstellern den Einstieg in den Export zu erleichtern.

Jahr 2000 auf 59 % in 2004 und 78 % im Jahr 2007 gesteigert werden.[272] Für den Export sind jedoch kapitalstarke Anbieter unerlässlich (Schiel 2005, mdl.). Die intensiven Anstrengungen der deutschen Hersteller, sich im Exportmarkt zu behaupten, stehen einer massiven dänischen und spanischen Konkurrenz gegenüber.

In diesem Zusammenhang ist die Konferenz „Renewables 2004" zu erwähnen. Im Jahr 2004 lud Bundeskanzler Schröder zu einer internationalen Konferenz für erneuerbare Energien nach Bonn ein[273] und bekannte sich in seiner Eröffnungsansprache ausdrücklich zum gewählten (aber international umstrittenen) Instrumentarium (Kurdziel 2005, mdl.). Die Ergebnisse der „Renewables 2004"[274] wurden in einer politischen Deklaration und einem internationalen Aktionsprogramm festgeschrieben. Sie hatten weitreichende internationale Implikationen, denn in dem Aktionsprogramm wurden zahlreiche internationale Kooperationen anvisiert (vgl. Renewables 2004 - Conference Report).

Exportsteigerungen von Windenergieanlagen erfordern zum Teil erhebliche technische Entwicklungen, da viele Modelle, die für den deutschen Markt konstruiert wurden, für den Export nicht geeignet sind. Die Anforderungen bestehen zum einen im Hinblick auf den Transport und zum anderen bzgl. der Einsatzbedingungen im Zielland. Sofern es sich um Märkte in Europa handelt (z. B. Spanien, Österreich, Italien, Griechenland), sind die Unterschiede in den technischen Anforderungen gering, in Asien (z. B. Indien, China, Japan) kommen dagegen deutlich andere Rahmenbedingungen zum Tragen (Twele 2005: 46).

In der Windenergiebranche wird erwartet, dass sich zunächst ein expandierender Exportmarkt entwickelt, im Zuge des damit einhergehenden Know-how-Transfers jedoch auch die Produktion der Anlagen ins Ausland verlagert wird. In diesem Zusammenhang wird betont, dass intensive Bemühungen notwendig sind, um die Bereiche der Dienstleistungen rund um die Windenergie sowie die Forschungs- und Entwicklungsaktivitäten zur Windenergietechnologie in Deutschland zu erhalten (Voigt 2005 mdl.).

---

272 Vgl. Ender & Molly 2004; www.wind-energie.de/de/statistiken/datenblatt-2007.

273 Bereits beim „World Summit of Sustainable Development" im Jahre 2002 hatte Kanzler Schröder diese Konferenz angekündigt.

274 Die Konferenz wurde von ca. 3.600 Teilnehmenden aus aller Welt besucht (Regierungsdelegationen, internationale Organisationen, NGOs, Wirtschaftsvertreter etc.), darunter auch das deutsche „Aktionsbündnis Erneuerbare Energien".

4.6.6.4 Technische Alternativen

Eine Variante der Technologieentwicklung sind Windenergieanlagen mit vertikaler Achse, die ursprünglich von dem Franzosen Darrieus entwickelt wurden (vgl. Kapitel 4.3.3). Sie haben den Vorteil, dass sie auf einer deutlich einfacheren Technologie basieren (kein machanisches Steuerungs- und Regelungssystem), einfacher zu warten sind und daher geringere Investitions- und Betriebskosten aufweisen. Ob sich diese Technolologie, die immer wieder als potenzielle Alternative erwähnt wird, aber bisher kaum investive Unterstützung findet, tatsächlich durchsetzen kann, ist jedoch zum Zeitpunkt des Abschlusses dieser Studie nicht absehbar.

4.6.7 Vorbereitungen für die Offshore-Windenergie

Der zur Erreichung der staatlichen Klimaschutzverpflichtungen sowie der Substitutionsziele der Bundesregierung[275] erforderliche Zuwachs der erneuerbaren Energien an der Energieversorgung wird, so die Einschätzung der Bundesregierung zu Beginn dieser Untersuchungsphase, nur durch die Gewinnung von Windenergie auf dem Meer (Offshore) erreicht werden können (vgl. BMU et al. 2002). Mit der Nutzung von Offshore-Windenergie verbindet die Bundesregierung die Hoffnung, die ökonomischen Potenziale und ökologischen Vorteile dieser Energiequelle verbinden zu können. Energie- und klimapolitische Ziele sollen zu einer „win-win-Situation" verbunden, die Abhängigkeit von Energieimporten verringert und ein wesentlicher Beitrag zur Energieversorgung geleistet werden. Auch unter arbeitsmarktpolitischen Gesichtspunkten sollte die Offshore-Windenergie sich positiv auswirken. Mit der Offshore-Windenergienutzung verbindet sich zudem die Hoffnung, dass durch die küstenferne Erschließung des Meeres weniger soziale Konflikte auftreten.

Mit der Planung von Offshore-Windparks vor den Küsten der Nord- und Ostsee traten neue Akteure in die Konstellation ein. Hierbei handelte es sich vor allem um Interessenvertreter aus den Bereichen Fischerei, Tourismus, Militär, Seeschifffahrt und Meeresschutz. Für die 12-Seemeilen-Zone kamen die Nationalparkämter der Länder sowie die Inselgemeinden als Akteure hinzu. Diese der

275 Als wichtiger Teil ihrer Nachhaltigkeitsstrategie hat die Bundesregierung das Ziel formuliert, dass der Anteil erneuerbarer Energien an der gesamten Stromgewinnung bis 2010 von ca. 6 % im Jahr 2000 auf einen Anteil von 12,5 % (auf mehr als 22.500 Megawatt in Deutschland) verdoppelt werden soll. Bis zum Jahr 2030 soll eine Stromversorgung zu 25 % aus erneuerbaren Energien erreicht sein (BMU 2001: 4).

Offshore-Windenergie gegenüber zumeist kritisch eingestellten lokalen und regionalen Akteure fürchten die Eigendynamik des Prozesses und beklagen nicht intendierte bzw. nicht absehbare Folgen des Baus großflächiger Offshore-Windparks (vgl. Kapitel 4.6.7.5).

4.6.7.1 Offshore-Windenergie in Großbritannien und Dänemark

In Großbritannien erlangte Klimaschutz verstärkte Bedeutung mit der Unterzeichnung des Kyoto-Protokolls im Jahr 1998. Als Reaktion auf die Zielvorgaben der EU wurden 2003 langfristige Ziele der britischen Energiepolitik festgelegt. Bis zum Jahr 2010 sollten 10% des Stroms aus erneuerbaren Energien zu Verfügung stehen, dieser Anteil sollte bis 2015 auf 15,4 % gesteigert werden.

Für den beschleunigten Ausbau der Windenergie an Land wurden Kriterien für die Ausweisung und Genehmigung von Windstandorten festgelegt. Die bis dahin für die Windenergieentwicklung in Großbritannien maßgebliche NFFO (Non Fossil Fuel Obligation) wurde 2002 durch ein komplexes Fördersystem – ein Quoten-Modell mit Zertifikate-Handel – abgelöst („Renewables Obligation").[276] Seither kam es zu einer deutlichen Belebung und des Zubaus von Windenergieanlagen in Großbritannien (ISUSI 2005b: 21), wobei die Regierung prioritär auf den Ausbau der Offshore-Windenergie setzte.[277] Windenergienutzung erfuhr in Großbritannien erstmals eine breitere politische Unterstützung, weil im Offshore-Bereich nationale Wettbewerbsvorteile durch einen Erfahrungsvorsprung in der marinen Gas- und Ölgewinnungstechnologie bestanden. Die Regierung erhoffte sich aufgrund des vorhandenen Know-hows eine führende Rolle im internationalen Wettbewerb um die groß-technologische Offshore-Windenergie einnehmen zu können, die zudem Kompatibilität mit dem Technologieverständnis der Regierung und der Betreiber (große EVU) aufwies. Zudem ging man davon aus, dass bei der Offshore-Windenergienutzung Konflikte mit Anwohnern minimiert werden können.

Die erforderlichen rechtlichen Rahmenbedingungen zur Einrichtung einer an das Küstenmeer angrenzenden „Renewable Energy Zone" (REZ) wurden

---

276 Die Entscheidung für ein Quotenmodell – und nicht für ein Einspeisevergütungsmodell – ist neben der grundsätzlichen Wettbewerbsorientierung v. a. auf die Einflussnahme der großen (wettbewerbsfähigen) Energieversorger zurückzuführen. Die Verpflichtung („Obligation") der RO gilt für lizensierte Stromanbieter, die eine jährlich festgelegte Quote ihres Portfolios aus bereits erzeugter erneuerbarer Energie decken müssen. Alternativ kann eine Strafgebühr gezahlt werden (Bruns et al. 2008: 147).

277 Zwar gibt es bis heute keine konkreten Offshore-Ausbauziele, die bisherigen Ausschreibungsrunden lassen jedoch 8.000 MW erwarten (Kruppa 2007: 163).

2004 mit dem Energy Act geschaffen. In zwei Ausschreibungsrunden (2001 und 2003) wurden Offshore-Lizenzen versteigert.[278] Inzwischen sind vier Offshore-Windparks mit insgesamt 213,8 MW in Betrieb. Weitere 19 Offshore-Projekte mit einer Gesamtkapazität von knapp 5.000 MW sind bereits genehmigt, im Bau oder in Planung (Bruns et al. 2008: 146-150).

In Dänemark ließ zwar das Engagement für die Windenergie nach der Wahl der konservativen Regierung im Jahr 2001 stark nach.[279] Dennoch wurde hier frühzeitig erkannt, dass die ehrgeizigen Ausbauziele durch die Potenziale an Land allein nicht zu realisieren waren. Daher wurden strategische Überlegungen sowie die Realisierung von Testanlagen auch auf Offshore-Standorte erweitert. 2004 verabschiedeten die Regierung und eine große Mehrheit der Parteien im Parlament ein „Energieübereinkommen", in dem die Fortsetzung eines Repowering-Plans Onshore[280] und die Ausschreibung von zwei großen Offshore-Windparks[281] festgelegt wurden. Zur Erleichterung der Realisierung von Offshore-Projekten oblag die Netzanbindung von Offshore-Windparks ab 2004 einem staatlichen Netzbetreiber (Energinet.dk), damit wurden die Projektbetreiber von den Anschlusskosten entlastet.[282]

2004 eröffnete die Danish Energy Authority (DEA) das Ausschreibungsverfahren für den Offshore-Windenergieausbau. Mit dem markt- bzw. wettbewerbsorientierten Ausschreibungsmodell sollte allen interessierten Bewerbern der Zugang zum Betrieb von Offshore-Anlagen eröffnet werden. Allerdings konkurrierten die Bieter um den günstigsten Einspeisepreis, so dass sich faktisch nur große Bieterkonsortien an der Ausschreibung beteiligten, die wirtschaftlich und technologisch in der Lage waren, ein solches Projekt umzusetzen (Kruppa 2007: 115).

Die Offshore-Entwicklung Dänemarks war von Beginn an durch eine aktive staatliche Steuerung geprägt. Ein Aktionsplan zur Offshore-Windenergie, die staatliche Verordnung zur Durchführung von Demonstrationsprojekten, das Screening potenzieller Standorte, die Implementation des Ausschreibungsmo-

---

278 Versteigerung durch das „Crowns Estate", der Eigentümerin der Meeresgründe.

279 Der Wechsel des Vergütungssystems für Onshore-Anlagen zu einem Quotenmodell mit Zertifikate-Handel hat den Zubau von Windenergieanlagen in Dänemark gebremst. Außerdem bewirkte die mittlerweile erreichte Sättigung der windhöffigen Standorte eine Stagnation der Zubauraten (Bruns et al. 2008: 163).

280 Nach dem Repowering-Plan konnten Windkraftanlagen mit einer Leistung kleiner als 100 kW mit einer drei Mal so großen Leistung ersetzt werden, während Turbinen zwischen 100 und 150 kW bis Ende 2003 mit der doppelten Leistung ersetzt werden konnten (Bruns et al. 2008: 163).

281 Zwei Ausbaustufen mit je 200 MW in Horns Rev und Rødsand.

282 Das Übereinkommen sieht neben der Verstaatlichung des Hochspannungsnetzes (oberhalb 132 kV), die einen gleichberechtigten Netzzugang für alle Nutzer gewährleisten soll, auch die Aufhebung der Abnahmeverpflichtung für Strom aus Windkraft vor (ISUSI 2005b: 5-8).

dells für Offshore-Windparks sowie die staatliche Regelung zur Übernahme der Netzanschlusskosten durch einen staatlichen Netzbetreiber verdeutlichen die hohe Bedeutung staatlicher Steuerung in der dänischen Offshore-Entwicklung (vgl. Kruppa 2007: 126). Letztlich erwies sich die stufenweise, mit Rückkopplungen versehene Vorgehensweise in Dänemark („learning by doing“) als sehr förderlich.

Indem Dänemark und Großbritannien die ersten Offshore-Windparks realisierten, nahmen sie in diesem Bereich gegenüber Deutschland eine Vorreiterrolle ein.

4.6.7.2 Strategie zur Nutzung der Offshore-Windenergie

In Deutschland wurde die „Strategie zum Ausbau der Windenergienutzung auf See“ Ende Januar 2002 veröffentlicht, sie ist Teil der im April 2002 beschlossenen nationalen Nachhaltigkeitsstrategie der Bundesregierung (BMU et al. 2002). Ziel ist ein Zuwachs des Anteils der Windenergie am Stromverbrauch innerhalb der nächsten drei Jahrzehnte auf mindestens 25 % (BMU et al. 2002: 8). Es wird davon ausgegangen, dass allein mit der Offshore-Windenergienutzung ein Anteil von 15 % erreichbar ist. Mit der Strategie, die federführend vom BMU erstellt und ressortübergreifend abgestimmt wurde, setzte man einen wichtigen Impuls für die Windenergieentwicklung auf See.

Die Offshore-Strategie der Bundesregierung sieht vor, dass der Ausbau der Windenergie auf dem Meer umweltverträglich, d. h. unter Vermeidung ökologischer Risiken für die Meeresumwelt erfolgen soll. Diese Prämisse soll durch ein für den Energiesektor innovatives Stufenkonzept erreicht werden, bei dem die Realisierung der jeweils nächsten Stufe ein positives und belastbares Ergebnis hinsichtlich der Umwelt- und Naturverträglichkeit voraussetzt.[283] Auch wurde eine ökologische Begleitforschung[284] zur Verbesserung der Grundlagen für die Beurteilung von Umweltauswirkungen initiiert (vgl. Kapitel 4.6.7.2). Aktuelle Forschungserkenntnisse sollen damit fortlaufend in die Genehmigungsverfahren einfließen.

283 Das Stufenkonzept sieht ein Vorgehen in folgenden Schritten vor: Pilotanlagen, Monitoring, Entscheidung über die Endausbaustufe. Dabei fließen aktuelle Forschungserkenntnisse der ökologischen Begleitforschung in die weitere Anlagengenehmigung ein (vgl. Bruns 2002; Köppel et al. 2002; Kruppa 2007: 36, 89 ff.; SRU 2003: 3 ff.; SRU 2004b; Zucco & Merck 2004: 261 ff.).

284 Ökologische Begleitforschung im Rahmen des Zukunftsinvestitionsprogramms (ZIP).

Die Entwicklung der Offshore-Windenergienutzung soll sich auf die deutsche „Ausschließliche Wirtschaftszone“ (AWZ)[285] konzentrieren, denn die großflächigen Nationalparkgebiete zum Schutz des Wattenmeers in Schleswig-Holstein und Niedersachsen sowie zum Schutz der Boddenlandschaften in Mecklenburg-Vorpommern gelten als Tabuzonen für die Windenergienutzung. Zusätzlich engt die Ausweisung von EU-Vogelschutzgebieten sowie FFH-Gebieten die Möglichkeiten ein, küstennahe Standorte für die Windenergienutzung zu wählen. Strom aus Offshore-Windenergie soll in Deutschland aus Gründen des Küsten,- Meeres- und Naturschutzes fern der Küste produziert werden.

Rechtsgrundlagen für die Etablierung von Genehmigungsverfahren wurden zum Teil bereits 1997 mit der Seeanlagenverordnung[286] geschaffen. Weitere Regelungen zum Genehmigungsverfahren sowie zur Ausweisung von Eignungsgebieten enthält das novellierte Bundesnaturschutzgesetz von 2002[287]. Eine Steuerung der Standortwahl soll durch die Ausweisung von Eignungsgebieten erreicht werden[288]. Mit der Novellierung des Raumordnungsgesetzes des Bundes[289] im Jahre 2004 wurden in § 18a ROG schließlich die rechtlichen Voraussetzungen für eine Raumordnung auf dem Meer geschaffen.

Zur Minderung der sich auch auf See abzeichnenden Umweltkonflikte gab das Umweltbundesamt 2003 eine Begleitstudie zur Offshore-Strategie in Auftrag, in der Ansätze zur Problemlösung und Folgerungen für die Strategiegestaltung formuliert sind (Klinski et al. 2007a). Hierbei nehmen die Fortentwicklung des planungs- und genehmigungsrechtlichen Rahmens auf See, die Netzanbindung über Seekabel sowie der Ausbau der Übertragungsnetze an Land breiten Raum ein.

---

285 Nord- und Ostsee sind in Sektoren mit bestimmten Nutzungen eingeteilt. Die Ausschließliche Wirtschaftszone (AWZ) schließt seewärts an das Küstenmeer (12-Seemeilenzone, in der nationales Hoheitsrecht gilt) an. Sie darf nach dem internationalen Seerechtsübereinkommen maximal 200 Seemeilen breit sein. Sie gehört nicht zum Hoheitsgebiet des Küstenstaates. Von den insgesamt 33 in der AWZ beantragten Windparks liegen 27 in der Nordsee und 6 in der Ostsee, sie umfassen zum Teil mehrere hundert einzelne WEA. Für Genehmigungsverfahren in der AWZ ist das Bundesamt für Seeschifffahrt und Hydrographie (BSH) zuständig (Bundesamt für Seeschifffahrt und Hydrographie 2006).

286 Verordnung über Anlagen seewärts der Begrenzung des deutschen Küstenmeeres, in der Fassung vom 23.1.1997.

287 Gesetz zur Neuregelung des Rechts des Naturschutzes und der Landschaftspflege und zur Anpassung anderer Rechtsvorschriften vom 25.3.2002 (vgl. BNatSchG 2002).

288 Eignungsgebiete im Sinne der Seeanlagenverordnung (§ 3a SeeAnlVO) bzw. § 18a Absatz 3 ROG.

289 Raumordnungsgesetz (ROG) vom 18. August 1997 (BGBl. I S. 2081, 2102), geändert durch Artikel 2 des Gesetzes zur Anpassung des Baugesetzbuches an EU-Richtlinien (Europarechtsanpassungsgesetz Bau – EAG Bau) vom 24. Juni 2004 (BGBl. I S. 1359, 1379).

In der Vorbereitungsphase, die für die Jahre 2001 bis 2003 angesetzt wurde, sollten für die Offshore-Windenergienutzung geeignete Flächen identifiziert, entsprechende Forschungsaktivitäten durchgeführt und die Startphase der Realisierung vorbereitet werden. Für die Startphase von 2003 bis 2007 waren Bau und Betrieb erster Pilot-Windparks mit einer installierten Leistung von 500 MW geplant, anhand derer auswertbare Erfahrungen gesammelt werden sollten. Ziel für die Ausbauphase von 2007 bis 2010 war die Installation einer Leistung von 2000 bis 3000 MW; in weiteren Ausbauphasen sollten mit zunehmender Wirtschaftlichkeit bis zu 25.000 MW installiert werden (BMU 2001). Diese zeitlichen Ausbauziele können jedoch – so der Stand zum Zeitpunkt des Abschlusses der vorliegenden Untersuchung - voraussichtlich nicht eingehalten werden.

4.6.7.3 Forschungsförderung für die Offshore-Windenergie

Im Zukunftsinvestitionsprogramm (ZIP) der Bundesregierung[290] standen dem BMU von 2001 bis 2003 insgesamt rund 30 Mio. € zur Verfügung[291], wovon für den Bereich der Offshore-Windenergienutzung 4,2 Mio. Euro u. a. für eine „Ökologische Begleitforschung" aufgewendet wurden. Damit bildete die Offshore-Forschung den Schwerpunkt der Windenergieforschung[292].

Ziel dieser Begleitforschung ist es, die Umweltwirkungen von Offshore-Anlagen auf Meeressäuger, Seevögel, Fische, die Tierwelt des Meeresbodens sowie den Vogelzug intensiv zu untersuchen. Insgesamt soll der Kenntnisstand über die Verbreitung der einzelnen Arten im deutschen Meeresbereich und über ihr Verhalten gegenüber Windenergieanlagen verbessert werden.[293] Ergänzend wurde

---

290 Das "Zukunftsinvestitionsprogramm 2001-2003" (ZIP) wurde aus den Einnahmen aus der Versteigerung der UMTS-Mobilfunk-Lizenzen finanziert.

291 Die Förderung umfasst solarthermische Kraftwerke, geothermische Stromerzeugung und ökologische Begleitforschung in den drei Bereichen Offshore-Windenergie, Biomassenutzung sowie Brennstoffzellen.

292 Vgl. Welke & Nick-Leptin 2005: 5.

293 Es ist davon auszugehen, dass Offshore-Windparks das marine Ökosystem beeinträchtigen. Unklar ist jedoch, in welchem Umfang Schäden zu erwarten sind. Für eine tragfähige Prognose waren Untersuchungen über das Vorkommen von Arten und Lebensgemeinschaften in der AWZ von Nord- und Ostsee notwendig, die hierzu vorhandenen Daten waren nicht ausreichend. Die im Rahmen der ökologischen Begleitforschung (2002-2006) durchgeführten Untersuchungen bezogen sich daher im Wesentlichen auf die Ermittlung von Grundlagendaten zum Vorkommen, Verbreitung, und Verhalten z. B. von Zug- und Rastvögeln, marinen Säugern sowie der benthischen Lebensgemeinschaften. Untersucht wurden darüber hinaus die potenziellen, vorhabensbezogenen Belastungen (z. B. Lärm). Die Daten dienen Betreibern und Projektplanern als Anhaltspunkte bei der Bewertung der Umweltverträglichkeit bzw. der negativen Auswirkungen der Offshore-Projekte.

im Rahmen des ZIP-Programms des Bundeswirtschaftsministeriums der Bau von zwei Messplattformen in Nord- und Ostsee finanziert, die diese Grundlagenforschung unterstützen.

Die Forschungsförderung trug in dieser Phase dazu bei, die Spekulationen hinsichtlich möglicher negativer Folgen der Offshore-Windenergienutzung für das marine Ökosystem sowohl in Fachkreisen als auch in der öffentlichen Diskussion zu versachlichen und damit die Akzeptanz der geplanten Offshore-Projekte zu verbessern.

Forschungsplattformen FINO

Das BMU fördert seit 2002 Errichtung und Unterhalt von drei Forschungsplattformen in Nord und Ostsee. Die Plattformen dienen unter anderem der wissenschaftliche Untersuchung möglicher Auswirkungen von Offshore-Windenergieanlagen auf Meeressäuger, Seevögel, den Vogelzug, auf die Tierwelt des Meeresbodens sowie auf Fische.

FINO I wurde im Juli 2003 in der Nordsee am Borkumriff errichtet. Das Forschungsprojekt stellt seit 2003 Messungen über die meteorologischen und hydrologischen Bedingungen auf See bereit und soll Auswirkungen von Offshore-Windkraftanlagen auf die marine Flora und Fauna ermitteln. Die Erkenntnisse sollen EVU‘s, Planern, Betreibern, Zertifizierungsorganisationen und Genehmigungsbehörden als Grundlage für die technische und ökologische Bewertung der Offshore-Projekte bieten. Herstellern sollen die gewonnenen Kenntnisse zur optimierten Anpassung der Anlagen an die Offshore-Bedingungen dienen. Der Germanische Lloyd (GL) koordiniert den Bau, die Aufstellung und Inbetriebnahme sowie den Betrieb der Forschungsplattform. Institut aus verschiedenen Fachgebieten führen die meteorologischen, hydrologischen, biologischen und sonstigen Untersuchungen auf der Forschungsplattform durch.

Die Errichtung der Plattform FINO II wurde 2007 fertig gestellt. Der Standort liegt 35 km nördlich von Rügen in der Nähe des geplanten Offshore-Windparks Kriegers Flak. Hier werden vor allem meteorologische Daten, Daten zum Schiffsverkehr sowie Informationen zu Benthos gesammelt.

FINO III soll 2009 in der Nordsee, 80 km westlich von Sylt in unmittelbarer Nähe von drei Windparkprojekten (DanTysk, Sandbank24, Nördlicher Grund) entstehen. Als Forschungsschwerpunkte sind hier das Gründungsverhalten, Blitzschutz und Meteorologie vorgesehen.

4.6.7.4 Wirtschaftlich-technische Rahmenbedingungen der Offshore-Windenergie

Mit der am 1. August 2004 in Kraft getretenen EEG-Novelle wurden die Bedingungen für die Windenergienutzung auf See verbessert (vgl. Kapitel 4.6.2.1).[294] Die Einspeisevergütung nach EEG und das beträchtliche Windpotenzial auf See hat das Interesse vieler Investoren an Offshore-Windparkprojekten von Nord- und Ostsee hervorgerufen. Offshore-Windenergieanlagen müssen jedoch hohe technische Anforderungen erfüllen, um einen störungsarmen Betrieb mit den Belastungen durch starken Wind, Wellen und Salzwasser zu gewährleisten. Sie sind entsprechend teurer als Onshore-Anlagen.

Vielfach bestehen bautechnische Unsicherheiten für Offshore-Windparks. Die Projekte wiesen einen hohen geotechnischen Schwierigkeitsgrad auf[295]. Zunächst sind die Baugrundverhältnisse des heterogen aufgebauten Meeresbodens in Nord- bzw. Ostsee zu erkunden [BSH 2008]. Eine genaue Kenntnis der geotechnischen Eigenschaften des Untergrundes ist von hoher Bedeutung für die Konzeption des Fundaments, das in Einzelanfertigung erstellt wird und ca. 25 % der Kosten ausmacht. Nach erfolgter Baugrunderkundung müssen die Bauteile (Unterwasserstruktur mit Fundament und Verankerung im Meeresboden, Turm, Generator, Rotorblätter) an der Küste montiert, über das Meer transportiert und vor Ort installiert werden. Die Ausmaße und das Gewicht der Bauteile stellen eine Herausforderung dar, die nur mit großen Kranschiffen bewältigt werden kann – es besteht jedoch ein Mangel an solchen Spezialschiffen. Eine weitere Herausforderung ist die Auslegung der Materialien und Tragstrukturen auf die örtlichen Belastungen durch Seegang und Wind. In Deutschland können die Hersteller – anders als in Großbritannien – nicht auf eine entwickelte Offshore-Technologie aus der Öl- und Gasbranche zurückgreifen. Darüber hinaus wirken sich mangelnde Wartungskonzepte, gestiegene Rohstoffkosten sowie die herzustellende Stromnetzanbindung hemmend auf den Offshore-Ausbau aus.

Offshore-Regelungen im EEG 2009

Die Entwicklung der Offshore-Windparks schritt nur langsam voran. Als zentraler Grund dafür wurden die hohen Kosten für die Anlagen auf See betrachtet. Daher wurde der Vergütungssatz im EEG 2009 erneut angehoben – auf ein mit andern EU-Ländern vergleichbares Niveau. Die Anfangsvergütung für Winden-

---

294 Die Verbesserungen greifen jedoch nur, soweit die Anlagen nicht innerhalb der deutschen ausschließlichen Wirtschaftszone, in einem Gebiet von gemeinschaftlicher Bedeutung oder in einem Vogelschutzgebiet liegen.

295 http://www.bsh.de/de/Produkte/Buecher/Standards_Windenergie/7004-2008.pdf

ergieanlagen auf See (Offshore) beträgt nun 15 ct/kWh bis Ende 2015. Im Gegenzug wurde die Endvergütung abgesenkt: nach 2015 wird Strom aus neu in Betrieb genommen Anlagen nur noch mit 13 Cent/kWh vergütet und dieser Satz wird jedes Jahr um fünf Prozent verringert.

Nach einer Einschätzung des Bundesverbandes Windenergie e.V. (BWE) sind die Voraussetzungen für die Offshore-Windenergienutzung in Deutschland im Vergleich zu den europäischen Nachbarstaaten ungünstiger, weil die Projekte in Entfernungen von 30 bis 100 km von der Küste und in bis zu 40 m tiefem Wasser errichtet werden sollen (BWE 2005b: 1 ff.). Die bau- und gründungstechnischen Anforderungen sind entsprechend höher als beim Bau in flacheren Gewässern direkt vor der Küste, wie es z. B. in Dänemark möglich ist.

Aufgrund der hohen Investitionskosten wiederum sind größere Anlagen mit höheren Leistungen erforderlich, um Windenergie wirtschaftlich betreiben zu können. Auch die Größe der Windparks - sowohl ihre flächenmäßige Ausdehnung als auch die Zahl der Anlagen pro Windpark - übertreffen die bisher an Land gebauten Einheiten. Nur große Windparks gelten aus Sicht der Investoren als profitabel.

Die für Offshore-Projekte erforderliche Finanzkraft wirkt sich auf die Struktur der Investoren aus.[296] Die Planung und Umsetzung seetüchtiger Anlagen liegt vornehmlich in der Hand mittelständischer Aktien- und Betreibergesellschaften, international agierender Konzerne sowie großer Stromproduzenten, gestützt durch Banken und Versicherungen. Somit bildet sich in der Offshore-Teilkonstellation eine neue ökonomische Allianz (vgl. Abbildung 23).

Jedoch werden auch von vielen kleinen und mittleren Unternehmen der Küstenregionen, wie zum Beispiel von Anbietern für Meerestechnologie, von Planungs- und Entwicklungsgesellschaften sowie der Hafenindustrie, Gewinne aus der Offshore-Windenergieindustrie erwartet. Insbesondere die nördlichen Bundesländer Niedersachsen und Schleswig-Holstein erhoffen sich einen deutli-

---

296 Beispielhaft seien hier die Entwicklungen in der Hamburger REpower Systems AG genannt: Der Hersteller von 5-MW-Anlagen musste aufgrund der hohen erforderlichen Investitionen in die für den Offshore-Betrieb vorgesehenen Anlagen Einsparungen im Personalbereich sowie eine Aufstockung des Grundkapitals mit dem Kapital großer ausländischer Investoren vornehmen. Im Herbst 2005 wurde bei der REpower Systems AG eine Absenkung des 13. Gehalts der Mitarbeiter für 2 Jahre sowie eine Erhöhung der wöchentlichen Arbeitszeit auf 41,5 Stunden beschlossen. Im selben Jahr erwarb der französische Atomenergiekonzern Areva, eins der weltweit führenden Unternehmen im Energiebereich, einen Anteil von 21,1% an der REpower Systems AG. Das portugiesische Stahlbauunternehmen Matifers hält 29,7% des Grundkapitals bei REpower, so dass das ehemals deutsche Unternehmen sich nun mehrheitlich in portugiesisch-französischer Hand befindet (http://www.erneuerbareenergien.de/een/een_10-2005.pdf, zuletzt aufgerufen am 02.09.2007).

chen Anstieg der regionalen Wertschöpfung durch die Windenergienutzung auf See (Voigt 2006: 115).

Eine Besonderheit unter den beantragten Offshore-Projekten stellt der „Bürgerwindpark Butendiek" westlich von Sylt dar[297], der bisher einzige als Bürgerwindpark und damit als Modell der partizipativen Gewinnaufteilung konzipierte Offshore-Windpark. Es wird versucht, überwiegend mit den Investitionen von Privatanlegern aus dem Raum Schleswig-Holstein einen Offshore-Bürgerwindpark zu realisieren und damit das an Land vielfach bewährte Betreibermodell auf den Offshore-Bereich zu übertragen. Die Realisierung dieses Vorhabens gestaltet sich jedoch angesichts der Forderungen der Banken und Versicherungen[298] als schwierig (vgl. Franken 2006; Jensen 2006). Zudem stellte sich heraus, dass die Kosten für das Projekt höher ausfallen werden als geplant. Es zeigt sich, dass das ursprüngliche Modell der gemeinschaftlich getragenen Risiken, Belastungen und Kosten von Bürgerwindenergieanlagen mit der Offshore-Windenergienutzung kaum noch zu realisieren ist. Der geplante Windpark Butendiek ist darüber hinaus besonders konfliktträchtig, da er in einem zukünftigen Natura 2000 Schutzgebiet entstehen soll und die bereits erfolgte Genehmigung des Projektes Klagen von Naturschutzverbänden und einer Küstengemeinde nach sich zog (Kruppa 2007: 2, 24).

4.6.7.5 Räumliche Steuerung auf dem Meer

Auch auf dem Meer soll für die umweltverträgliche Standortplanung von Offshore-Windparks das Prinzip der räumlichen Konzentration angewandt werden.

Hierzu sollte die an Land bereits erprobte Steuerung über die Festlegung von Eignungsgebieten[299] auf die Ausschließliche Wirtschaftszone und das Küstenmeer übertragen werden.[300] Für eine räumliche Steuerung der Windenergienutzung auf dem Meer galt es nun, Eignungsgebiete nach der Seeanlagenverord-

---

297 Vgl. Offshore-Bürger-Windpark Butendiek GmbH & Co. KG: http://www.butendiek.de; http://www.bmu.de/presse/2002/pm305.php; www.bmu.de/presse/2002/pm305.php; vgl. auch: BSH (Bundesamt für Seeschiffahrt und Hydrographie), Pressemitteilung vom 18. Dezember 2002: Offshore-Windenergie - BSH genehmigt Offshore-Windpark "Butendiek" westlich von Sylt.

298 Die Versicherungen fordern finanzkräftige Bürgen. Diese wollen in der Regel an der Rendite beteiligt werden.

299 Hier: Besondere Eignungsgebiete für Windenergieanlagen gemäß § 3a der Seeanlagenverordnung.

300 Verfahrensführende Behörde für Genehmigungsverfahren von Offshore-Windparks ist das Bundesamt für Seeschifffahrt und Hydrografie in Hamburg (BSH). Die Zuständigkeit für Windparkstandorte innerhalb der 12-Seemeilen-Zone sowie für den Leitungsbau innerhalb des Küstenmeeres liegt weiterhin bei den Bundesländern.

nung (vgl. Köppel et al. 2004) festzulegen. Jedoch begann, noch bevor diese Gebiete definiert werden konnten, ein „run" auf die vermeintlich besten Standorte – ausgelöst durch die Vergütungsregelung des EEG.

Die Option einer Vergütung von auf See erzeugtem Windstrom löste eine Flut von Genehmigungsanträgen aus.[301] Heute liegen die bewilligten Standorte für Offshore-Windparks (vgl. Tabelle 4) zwar mehrheitlich innerhalb, einige aber auch außerhalb der festgelegten Eignungsgebiete (vgl. Kruppa 2007: 73), so dass der bisherige Steuerungserfolg begrenzt ist. Grund dafür ist, dass die Windparkplanung und die Maßnahmen zur räumlichen Steuerung nicht synchron erfolgten.[302] Steuernd wirkt in diesem Zusammenhang jedoch das EEG: Nach § 10 Abs. 7 dieses Gesetzes entfällt ein Vergütungsanspruch für Anlagen, die innerhalb eines Natur- oder Landschaftsschutzgebiets liegen. Dadurch werden zumindest Standorte mit naturschutzrechtlichem Schutzstatus wirtschaftlich unattraktiv.

Parallel zur Ausweisung von Eignungsgebieten auf See erfolgt die Umsetzung der EU-Richtlinie zur Ausweisung von Natura 2000-Gebieten auf See (FFH-Gebiete und Vogelschutzgebiete). Zusammen mit den nationalen Schutzgebietskategorien (Nationalpark Wattenmeer, nationale Meeresschutzgebiete) engen sie den Spielraum für die Standortsuche beträchtlich ein, zumal auch aufgrund anderer Nutzungen (z. B. Schifffahrt, militärische Nutzung, Sand- und Kiesgewinnung) bereits große Bereiche nicht für eine Offshore-Nutzung in Frage kommen. Insofern werden auch bei der Windenergienutzung auf See die ökologischen Zielkonflikte zwischen Landschafts-, Natur- und Biodiversitätsschutz einerseits sowie Klimaschutz andererseits deutlich (vgl. Byzio et al. 2005).

Bisher wurden insgesamt 33 Genehmigungsverfahren für Offshore-Windparks in der Ausschließlichen Wirtschaftszone eingeleitet, davon 27 in der Nordsee und 6 in der Ostsee. Zum Teil umfassen sie mehrere hundert einzelne Windenergieanlagen. Weitere Anträge wurden für Windparks in der 12-Seemeilenzone bei den zuständigen Stellen der Bundesländer eingereicht. 19 Windparks in Nord- und Ostsee wurden genehmigt (Stand: Juni 2008; vgl. Tabelle 4). Die Bewilligung von zwei Windparks in der Ostsee wurde aus naturschutzfachlichen Gründen abgelehnt.

---

301 Die Antragstellung erfolgte zunächst nach dem ‚first come first served'-Prinzip. Ab 2004 wurde jedoch die Regelung eingeführt, dass mit der Annahme des Antrags der Standort für den Betreiber nur für eine gewisse Frist als ‚reserviert' galt. Innerhalb dieser Frist mussten die Genehmigungsunterlagen vervollständigt werden, sonst verfiel der Anspruch auf den Standort.

302 Nach Kruppa 2007 könnte ein Ausschreibungssystem zur Vergabe von (Flächen-)Nutzungsrechten in Verknüpfung mit der Raumordnung die Steuerbarkeit der Offshore-Nutzung verbessern (vgl. Kruppa 2007: III).

Tabelle 4: Genehmigte Offshore-Windparkprojekte, Stand: Juni 2008

	Windpark	Genehmigt
	Nordsee	
1	„Borkum West", Prokon Nord	09.11.2001
2	"Butendiek", OSB Offshore Bürger- Windpark Butendiek GmbH & Co. KG	18.12.2002
3	„Borkum Riffgrund", PNE2 Riff I GmbH	25.02.2004
4	„Borkum Riffgrund West", Energiekontor AG	25.02.2004
5	„Amrumbank West", Amrumbank West GmbH	09.06.2004
6	„Nordsee Ost", WINKRA Offshore Nordsee Planungs- und Betriebsgesellschaft mbH	09.06.2004
7	"Sandbank 24", Sandbank 24 GmbH & Co KG	23.08.2004
8	„ENOVA Offshore Northsea Windpower", ENOVA Offshore Projektentwicklungsgesellschaft mbH & Co. KG	11.02.2005
9	„DanTysk", Gesellschaft für Energie und Oekologie mbH	23.8.2005
10	„Nördlicher Grund", Nördlicher Grund GmbH	01.12.2005
11	"Global Tech I", Nordsee Windpower GmbH & Co.KG	24.05.2006
12	„Hochsee Windpark Nordsee", EOS Offshore AG	05.07.2006
13	„Godewind", Plambeck Neue Energien AG	28.08.2006
14	"BARD Offshore 1", BARD Engineering GmbH	11.04.2007
15	„Meerwind Ost" und „Meerwind Süd", Meerwind Südost GmbH & Co Rand KG und Meerwind Südost GmbH & Co Föhn KG	16.05.2007
16	„Hochsee Windpark He dreiht", EOS Offshore AG	20.12.2007
17	„Borkum West II", Prokon Nord Energiesysteme GmbH	13.06.2008
	Ostsee	
1	„Kriegers Flak", Offshore Ostsee Wind AG	06.04.2005
2	„Arkona-Becken Südost", AWE Arkona-Becken-Entwicklungs-GmbH	15.03.2006
3	„Ventotec Ost 2", Ventotec Ost 2 KG	16.05.2007

Quelle: BSH[303]

303 www.bsh.de/de/Meeresnutzung/Wirtschaft/Windparks/index.jsp

4.6.7.6 Konflikte um Offshore-Windparks

Mit dem Einstieg in die Offshore-Windenergienutzung gehen spezifische Interessen- und Zielkonflikte einher. Nicht nur die Windenergienutzung an Land, sondern auch die Offshore-Windenergie induziert einen Zielkonflikt, der mit unterschiedlichen ökologischen Leitbildern verbunden ist. Diese Leitbilder basieren auf ökologisch begründeten Motivationen und konkurrieren miteinander.

Auf der einen Seite handelt es sich um das Leitbild der ökologischen Modernisierung des Energiesektors, das mit dem Ziel des Klimaschutzes gekoppelt ist. Auf der anderen Seite steht das Leitbild des Naturschutzes mit dem zentralen Anliegen der Sicherung von Biodiversität. Dabei beschränkt sich der Naturschutz nicht mehr auf die Bewahrung isolierter Naturreservate, sondern orientiert sich an systemischen Zielen wie dem europäischen Natura-2000-Programm, das den Aufbau eines multinationalen Schutzgebietsnetzwerks anstrebt (Byzio et al. 2005: 152 ff.; Kruppa 2007: 72 ff.).[304] Die Zentralisierung regenerativer Energieerzeugung in Form großflächiger Windparks auf dem Meer kollidiert mit dem Ziel des Naturschutzes, schutzwürdige und zusammenhängende marine Bereiche vor industrieller Nutzung zu bewahren.

Vor dem Hintergrund dieses Zielkonflikts analysieren Byzio et al. die Konstellation der Akteure, in der sich ökologisch orientierte Interessenverbände zwar grundsätzlich zum Offshore-Windausbau als Klimaschutzmaßnahme bekennen, jedoch zugleich die Genehmigungsverfahren mit Verweis auf Naturschutzbelange angreifen (vgl. Byzio et al. 2005: 109; vgl. auch Teske 2001, 2004; Söker et al. 2000; Kruppa 2007: 40). Ein häufiges Argument lautet, dass die Erschließung der Offshore-Windenergie in zu hohem Tempo und ohne ausreichende Kenntnisse über die Auswirkungen des Baus und Betriebs der Anlagen auf die Meeresumwelt erfolgen soll. Die Umweltakteure sind sich jedoch darüber uneinig, welche Entwicklungsschritte in Anbetracht der bestehenden Wissensdefizite vertretbar sind, welcher Umfang der Pilotprojekte angemessen ist und welche Standorte geeignet sind (Byzio et al. 2005: 110 ff.).

Neben den ökologischen werden auch ökonomische Risikowahrnehmungen deutlich. Die stark vom Tourismus geprägten Insel- und Küstengemeinden sowie die Küstenfischer befürchten, Verlierer eines Offshore-Windenergiebooms zu

---

304 Mit der Novellierung des Bundesnaturschutzgesetzes im Jahr 2002 wurde die Möglichkeit geschaffen, auch in der AWZ „geschützte Meeresflächen“ als Gebiete des NATURA-2000-Netzes auszuweisen (Kruppa 2007: 72). Die Auswahl und Abgrenzung der Flächen sowie die Entwicklung von Erhaltungszielen befindet sich jedoch noch in den Anfängen. Bisher ist nicht geklärt, inwiefern Windenergie-Offshore-Vorhaben den Erhaltungszielen eines NATURA-2000-Gebietes widersprechen.

sein. Die Sorge der Fischer richtet sich auf den Verlust wichtiger Fanggebiete durch die Offshore-Windparks. In den Badeorten befürchtet man eine Beeinträchtigung des Tourismus und ein Ausbleiben der Gäste bei weithin sichtbaren Windenergieanlagen (Homp 2005, mdl.). Zudem erfüllt das Risiko der Kollision eines Öltankers viele Menschen mit großer Besorgnis. Eine solche Havarie hätte sowohl ökologisch als auch ökonomisch verheerende Folgen für den gesamten Küstenbereich (vgl. Byzio et al. 2005: 73 ff.; Ohlhorst & Schön 2009: 15). Und schließlich bringen Militär, Schifffahrt und Rohstoffwirtschaft ihre der Offshore-Windenergienutzung entgegen stehenden Interessen vor.

Für andere Akteursgruppen dagegen, etwa die Anbieter maritimer Technik, Unternehmen der Windenergiebranche, Zulieferer sowie Umweltgruppen birgt die Offshore-Windenergie vornehmlich Chancen und Potenziale –Energiewende und Klimaschutz können aus ihrer Sicht mit einem vorteilhaften regionalem Strukturwandel (regionales Wirtschaftswachstum, Arbeitsplätze, Wohlstandssteigerung in einer strukturschwachen Region) verbunden werden (Byzio et al. 2005: 39 ff.).

Seit 2005 werden neben den direkten Folgewirkungen zunehmend die negativen Folgewirkungen des notwendigen Infrastrukturausbaus gegen die Offshore-Nutzung angeführt. Dabei werden die entstehenden Belastungen durch den Netzausbau, der äußerst konfliktträchtig ist, mit der Offshore-Windenergienutzung in Verbindung gebracht.[305] Von energiewirtschaftlicher Seite wird der Offshore-Windenergie vor allem die mangelnde Verfügbarkeit ausreichender Netzkapazitäten zur Einspeisung des offshore erzeugten Stroms entgegengehalten (vgl. dena 2005; zu Konflikten hinsichtlich des Netzausbaus vgl. Kapitel 4.6.5). Die Konflikte um die Windenergienutzung auf dem Meer erhalten eine besondere Schärfe dadurch, dass die Gruppe der potenziellen Gewinner sich kaum noch mit der Gruppe der potenziellen Verlierer überschneidet (Byzio et al 2005: 78 ff.).

4.6.7.7 Referenzprojekt alpha ventus und Forschungsinitiative RAVE

Das Offshore-Windpark-Testfeld „alpha ventus“ soll als Demonstrationsprojekt die Initialzündung für die Nutzung der Windenergie in der deutschen Nord- und Ostsee sein. Es ist in unmittelbarer Nähe der Forschungsplattform FINO 1 geplant, 45 Kilometer nördlich der Insel Borkum. Das Testfeld, das gemeinsam

---

305 Vgl. NSGB 2005 „Windenergietrassen in Niedersachsen“. Der Titel suggeriert, dass der Trassenausbau nur erfolgt, um Strom aus Windenergie abtransportieren zu können, nicht etwa, weil ein Ausbau auch zur Gewährleistung der Energieversorgung und zur Vermeidung von Störungen erforderlich sei.

von den Energieversorgungsunternehmen E.ON, EWE und Vattenfall betrieben wird, umfasst die Errichtung von 12 WEA, darunter sechs vom Typ Multibrid M5000, sowie eine Umspannwerk-Plattform. Die Anlagen werden zusammen eine installierte Leistung von 60 MW haben.

Mit Konstruktion, Bau, Betrieb und Netzintegration von alpha ventus sollen grundlegende Erfahrungen im Hinblick auf die zukünftige kommerzielle Nutzung von Offshore-Anlagen gesammelt werden.[306] Durch Schlechtwetterbedingungen verzögerte sich der für 2008 geplante Baubeginn zum wiederholten Mal und ist nun für 2009 angesetzt.

Mit der umfangreiche Forschungsinitiative „RAVE – Research at alpha ventus" wird das Projekt unter verschiedenen Fragestellungen begleitet, um eine breite Basis an Erfahrungen und Erkenntnissen für den Bau und Betrieb zukünftiger Offshore-Windparks zu gewinnen.[307] Die Palette der Themen reicht von der Konstruktion der Anlagen und Fundamente über deren Errichtung und Anbindung bis zu ökologischen Auswirkungen von Bau und Betrieb. „RAVE" wird vom Bundesministerium für Umwelt, Naturschutz und Reaktorsicherheit (BMU) mit 50 Mio. Euro gefördert und umfasst wissenschaftliche Aktivitäten der Anlagenhersteller und einer Vielzahl von Forschungsinstituten. Das ISET in Kassel leitet das Koordinationsprojekt, mit dem die einzelnen, assoziierten Forschungsprojekte vernetzt und repräsentiert werden sollen.

4.6.7.8 Verzögerte Umsetzung geplanter Offshore-Windparks

Bisher (Stand: Anfang 2009) wurde in Deutschland noch keiner der genehmigten Offshore-Windparks verwirklicht. Das ursprüngliche Ziel der Bundesregierung, bis zum Jahr 2010 auf See insgesamt 2.000 bis 3.000 MW an Windenergieleistung zu installieren, wird nicht realisiert werden können, denn der für 2003/2004 vorgesehene Beginn der Offshore-Installationen (vgl. BMU et al. 2002: 8) wurde auf das Jahr 2009 verschoben.

Zwar sind in dieser Phase die Auftragsbücher der meisten deutschen Hersteller und Zulieferer aufgrund des expandierenden Weltmarktes voll, jedoch hat sich die Entwicklung der 5-MW-Klasse, mit der die Hersteller einen weiteren, bedeutenden Entwicklungsschritt erreicht haben,[308] aufgrund der verzögerten Entwicklung der Offshore-Windenergie bisher nicht ausgezahlt. Diese Technolo-

---

306 http://www.alpha-ventus.de/index.php?id=21.

307 http://www.rave-offshore.de.

308 Dabei handelt es sich nicht um eine sprunghafte, sondern um eine fortgesetzte, inkrementelle Weiterentwicklung (Up-Scaling) der bereits vorhandenen Technologie (Twele 2005: 45).

gie ist für Onshore-Standorte aufgrund ihrer Dimensionen und Spezifikationen weitgehend ungeeignet (Hemmnisse sind z. B. erhöhte Anforderungen an den Transport und Kranfahrzeuge, Korrosionsschutz, Wartungskonzepte; vgl. Twele 2005: 45).

Grund für die Verzögerungen sind vor allem die hohen bzw. unsicheren Kosten der Offshore-Windenergieprojekte, aber auch die Tatsache, dass in Deutschland bisher kaum praktische Erfahrungen mit dieser Technologie vorliegen (Schiel 2005 mdl.; vgl. Kapitel 4.6.7). Selbst ein so erfolgreicher Windpionier wie Aloys Wobben[309] warnt vor unkalkulierbaren Risiken. Indem der Bundestag im November 2006 per Gesetz regelte, dass die Netzbetreiber für die Leitungen zwischen Windpark und Land zuständig sind, wurde allerdings ein Teil der finanziellen Unklarheiten geklärt.

Mittlerweile kristallisiert sich heraus, dass die Ausbauziele von 20.000 bis 25.000 MW bis 2025 bzw. 2030 wahrscheinlich nicht erreicht werden können. Branchenexperten halten bis zu 16.000 MW für diesen Zeitrahmen für realistisch, auch wenn die Ausbaustrategie der Bundesregierung weiterhin eine installierte Leistung von 23.000 MW bis 2030 vorsieht (BMU 2008: 75). Neben offenen Finanzierungs- und Versicherungsfragen sowie technischen Herausforderungen trug die im Jahr 2008 einsetzende Finanzkrise dazu bei, dass der Offshore-Ausbau deutlich langsamer voran kam als geplant. Für einige Projekte wurde der Baubeginn aufgrund der Zurückhaltung der Banken und Investoren verschoben. Auch die explodierenden Stahlpreise machten den Planern der Hochsee-Windparks zu schaffen, weil sie den Finanzbedarf für die Projekte erheblich steigerten.

4.6.8 Charakteristika der Konstellation

In der letzten der hier betrachteten Phasen der Windenergieentwicklung in Deutschland bilden sich zwei Teilkonstellationen, eine Onshore- und eine Offshore-Konstellation. Damit ist ein Gabelungspunkt in der Entwicklung der Technologie erreicht. Die (verlangsamte) Diffusion an Land durch Zubau, Repowering und Export einerseits sowie die beginnende Umsetzung der Windenergieer-

309 Der Geschäftsführer der Enercon GmbH Wobben positioniert sich gegen den Offshore-Einsatz der Windenergie wegen der zu hohen technischen und finanziellen Risiken. Er sieht noch große Entwicklungsmöglichkeiten an Land und plädiert für eine Anzahl von ca. 6000 großen WEA an Land, die ca. 25% der deutschen Stromversorgung liefern könnten (ISET-Symposium am 29.3.2006 in Berlin, mdl.).

zeugung auf See andererseits bilden zwei unterschiedliche Pfade der Entwicklung.

Abbildung 23: 2002 bis 2007: Gabelung des Technikpfads und Konsolidierung

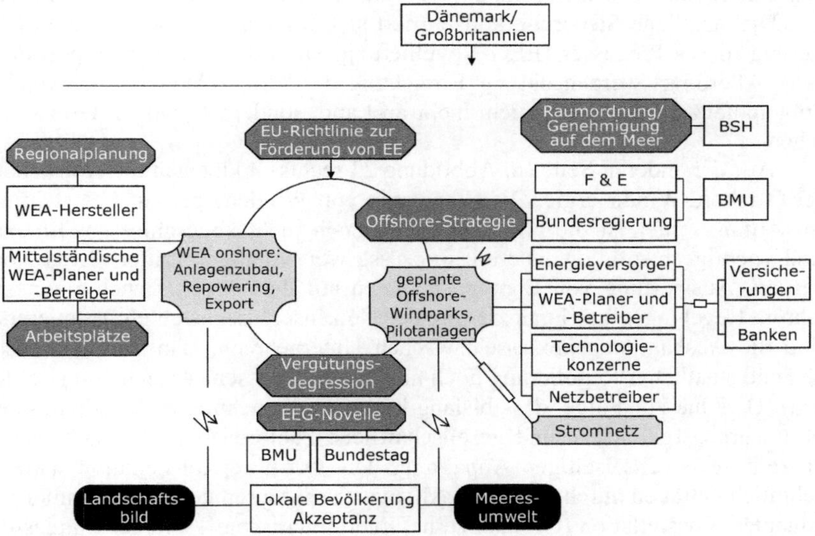

EE = Erneuerbare Energien EU = Europäische Gemeinschaft BMU = Bundesministerium für Umwelt, Naturschutz, Reaktorsicherheit MW = Megawatt
WEA = Windenergieanlage EEG= Erneuerbare Energien Gesetz BSH = Bundesamt für Seeschifffahrt und Hydrographie F&E = Forschung und Entwicklung

Quelle: eigene Darstellung in Bruns et al. 2008

Das sozio-technische Regime zur Erzeugung von Strom aus Windenergie in Deutschland hat sich – was die Onshore-Windenergie betrifft - weitgehend etabliert (in Abbildung 23 links). Die „Kinderkrankheiten" der Technologie wurden ausgestanden und überwunden. Sie hat ein Stadium erreicht, in dem ein weltweiter Ausbau wahrscheinlich ist. Die Innovation konnte erfolgreich durch regulative Elemente auf internationaler, nationaler und regionaler Ebene, durch ökonomische Einflussfaktoren, Institutionalisierungsprozesse, die Ausweitung der Infrastruktur sowie durch Leistungssteigerungen der Technologie stabilisiert werden. Es geht nun nicht mehr um das „Ob", sondern um das „Wie" der zukünftigen Windenergienutzung.

Allerdings wird die fortgesetzte Aufstellung von Windenergieanlagen an Land aufgrund von immer knapper werdenden planungsrechtlich gesicherten Standorten schwieriger. An Land stößt die Windenergie an die Grenzen ihres Wachstums. Im Kern der Onshore-Konstellation findet sich die Erschließung neuer Geschäftsfelder (vor allem Repowering und Export), die notwendig ist, um die Stabilität des Windenergiemarktes aufrecht zu erhalten. Der Erfolg eröffnet den Unternehmen in Deutschland die Möglichkeit, ihr Know-how zu exportieren. Die staatliche Steuerung konzentriert sich im Wesentlichen auf die Stabilisierung dieses Prozesses (EEG-Novellierung, Unterstützung von Exportinitiativen). Allerdings werden die zur Erreichung der Klimaschutzziele notwendigen Zubaupotenziale zukünftig nicht mehr an Land, sondern vor allem Offshore gesehen.

Auf der anderen Seite (in Abbildung 23 rechts) bildet sich die Konstellation der Offshore-Windenergie. Die Erzeugung von Windenergie auf See steht noch am Anfang – hier ist die Nischenbildung noch nicht abgeschlossen. Einerseits sind wichtige Institutionalisierungsprozesse weit vorangeschritten (EEG-Novellierung, Ausweisung von Eignungsgebieten auf dem Meer, Genehmigungsverfahren, Regelungen zur Finanzierung der Netzanschlusskosten etc.), andererseits sind die Aushandlungsprozesse zwischen Unternehmen, Banken, Versicherungen und staatlicher Regulierung noch nicht abgeschlossen (Absicherung der Risiken). Dies hat zur Folge, dass bislang keiner der genehmigten Windparks realisiert wurde. Technische und gesellschaftliche Faktoren befinden sich noch im Prozess der wechselseitigen Anpassung. Die Offshore-Konstellation wird vornehmlich getragen durch eine neue Allianz aus Akteuren der – noch immer – dominanten Konstellation (Großkonzerne, Energiewirtschaft) und der Bundesregierung. Der ökonomische Erfolg der Onshore-Windenergie sowie die Vorreiter Dänemark und Großbritannien treiben die Entwicklung an.

Die zentralen Zielsetzungen der Windenergieentwicklung haben sich in dieser Phase verändert. Es geht vornehmlich um die Sicherung der wirtschaftlichen Stabilität der Branche (Arbeitsplätze) sowie darum, einen Beitrag zur Gewährleistung der Energieversorgungssicherheit zu leisten; diese Ziele werden ergänzt durch klimapolitische Argumentationen. Gleichzeitig setzen sich die Zentralisierungs- und Konzentrationsprozesse fort. Die für das Repowering eingesetzten Anlagen bestätigen den Trend der eingeschlagenen technologischen Entwicklung zur Großtechnologie (Multimegawatt-Anlagen). Mit den Offshore-Windparks wird die Idee der kleinteiligen dezentralen Energieversorgung mit Hilfe der Windenergie aufgegeben. Windenergie, nun zunehmend industrialisiert, soll in bisher nicht gekannten Größenordnungen zur nationalen Energieversorgung beitragen.

Die Kritiker dieser Entwicklung finden sich in einer relativ schwachen Teilkonstellation aus lokalen und regionalen Akteuren sowie den Konfliktfeldern Landschaftsbild und Meeresumwelt (in Abbildung 23 unten). Diese Akteure fürchten und beklagen nicht intendierte Folgen sowie die durch den „Dimensionssprung“ verursachte Eigendynamik des Prozesses, die die Möglichkeiten der Einflussnahme durch die lokale Bevölkerung mindert.

Die Phase ist darüber hinaus gekennzeichnet durch die Herausforderungen, die sich mit der Integration der sich ausbreitenden neuen Technologie in das bestehende Energieversorgungssystem stellen. Mit zunehmendem Nischenwachstum werden die Fragen der Integration immer drängender. Zum einen nehmen die technischen Inkompatibilitäten zwischen dem zentralisierten Energieversorgungssystem und der steigenden Anzahl dezentraler Energiequellen mit schwankenden Stromeinspeisungsmengen zu; es müssen technische und organisatorische Voraussetzungen für die Integration großer durch Windenergie generierter Strommengen in das bestehende Netz geschaffen werden. Zum anderen geht es neben der Integration zweier unterschiedlicher technischer Systeme um die Integration sozio-kultureller Unterschiede von Akteursgruppen, die verschiedenen ‚belief-systems’ angehören. Die staatliche Steuerung steht vor der Herausforderung, die Rivalitäten zwischen zwei verschiedenen Paradigmen der Energieversorgung aufzulösen.

5 Stabilisierende Einflussfaktoren

In den folgenden Kapiteln erfolgt eine Auswertung der Fallstudie zur Windenergieentwicklung in Deutschland anhand der eingangs aufgeworfenen Fragestellungen (vgl. Kapitel 1.3). Dabei werden die in Kapitel 2 dargestellten Modelle zur Untersuchung von Innovationsprozessen aufgegriffen. Die Auswertung erfolgt in vier Schritten: Zunächst wird die Frage aufgenommen, welche Kräfte, welche Einflussfaktoren im Prozess gewirkt und dazu beigetragen haben, dass die Nischenkonstellation sich stabilisieren und expandieren konnte (Kapitel 5). In einem zweiten Schritt wird Bezug genommen auf die Frage nach der Charakteristik der Phasenkonstellationen und es wird eine Typologie der Phasen entworfen (Kapitel 6.1). Daraufhin sollen verallgemeinerbare Annahmen über den Verlauf von Innovationsprozessen formuliert werden (Kapitel 6.2).

Auf dieser Basis – der Darstellung heterogener Einflussfaktoren einerseits und dem Modell einer periodischen Abfolge von Phasen des Innovationsprozesses andererseits – wird die Frage nach den Möglichkeiten der Governance von Innovationsprozessen aufgenommen (Kapitel 7). Die zuvor dargestellte Situationsdynamik (Prozess) und das Zusammenwirken der Einflussfaktoren (Konstellationen) werden dabei als Ausgangspunkt für politische Steuerung konzipiert.

Welche Kräfte stabilisieren die Nische?

Zu Beginn des Untersuchungszeitraums fand die Windenergietechnologie kaum Unterstützung durch steuernde Eingriffe, auch hatte sie keinen Markt und keine Lobby. Wie konnte die anfangs noch labile Nische überleben und wachsen? Welche Einflussfaktoren und Wirkungsmechanismen spielten dabei eine zentrale Rolle und wie haben sie gewirkt? Die Beschreibung der Konstellationen in der empirischen Aufarbeitung der Fallstudie (Kapitel 4) hat gezeigt, dass der Innovationsprozess der Windenergie nicht durch einfache Kausalitäten oder singuläre treibende Kräfte vorangetrieben wurde. Im Folgenden werden die unterschiedlichen Faktoren erläutert, die das Innovationsgeschehen beeinflussten, die Nische stabilisierten und den Prozess aktivierten.

5.1 Kontext der Konstellationen

Die Untersuchung des Windenergie-Prozesses hat gezeigt, dass die Konstellation zeitlichen Veränderungen unterworfen war. Das Innovationsgeschehen wurde vom jeweiligen situativen Kontext beeinflusst, in den die Konstellation eingebettet war.[310] Der Kontext bildete den Hintergrund oder – in Anlehnung an Geels (2005) – die „Landschaft", durch die bestimmte Entwicklungen im Innovationsprozess katalysiert werden können. Kontextereignisse können Spannungen, Konflikte oder Handlungsdruck in bestehenden Konstellationen erzeugen und auf diese Weise hemmend auf den Entwicklungsgang einwirken oder aber bestimmte Entwicklungen begünstigen und damit zeitlich begrenzte Gelegenheitsfenster (Windows of Opportunity) für die Entwicklung und Diffusion von technischen Neuerungen öffnen.

Im Prozess der Windenergieentwicklung haben Kontextereignisse mehrfach stark auf die Konstellation eingewirkt. So trugen zu Beginn der Entwicklung die Ölpreiskrisen und die Erkenntnis der „Grenzen des Wachstums" zu einer krisenhaften Situation bei, die maßgeblichen Handlungsdruck auf die Entwicklung energiepolitischer Alternativen ausübte. Der Reaktorunfall in Tschernobyl veränderte als ein schockierendes Ereignis die gesellschaftliche Problemwahrnehmung hinsichtlich der Risiken nuklearer Energieerzeugung erheblich und löste einen dynamischen Aufbruch in der Entwicklung der Windenergie aus. Die veränderte Problemwahrnehmung setzte das etablierte Akteursregime der Energieversorgung unter Legitimationsdruck und beeinflusste die Veränderung von vorherrschenden gesellschaftlichen Leitbildern. Weitere Beispiele für einflussreiche Ereignisse und Prozesse im Kontext der deutschen Konstellation waren die Klimarahmenkonvention (Kapitel 4.3), der Kyoto-Prozess, die Liberalisierung des Energiemarktes (Kapitel 4.5.) sowie „front runner" wie Dänemark und Kalifornien (Kapitel 4.1), die durch ihre Vorbildwirkung die Entwicklung antrieben.

Für die Windenergie waren diese Entwicklungen und Ereignisse im Kontext der Konstellation jeweils Faktoren, die eine *Öffnung* des Prozesses bewirkten. Sie bildeten eine begünstigende Umgebung, die gezielt für innovations- und umweltpolitische Maßnahmen genutzt werden konnte.

---

310 Zum hier verwendeten Begriff des Kontextes vgl. Kapitel 3.3.

5.2 Akteure des politischen Systems

Die erfolgreiche Expansion der Windenergie ist maßgeblich auf die Politik der Bundesregierung als Initiatorin und Gestalterin des rechtlich-ökonomischen Rahmens zurückzuführen. Staatliche Steuerung nimmt eine Schlüsselrolle im Innovationsprozess der Windenergie ein – durch sie wurde die technische Entwicklung gefördert und die Marktnachfrage gestärkt (vgl. Kapitel 7).

In diesem Zusammenhang ist der normative Charakter von Umweltinnovationen von Bedeutung. Das staatliche Handeln, das auf die (Weiter-)entwicklung der Umweltinnovation Windenergie zielte, basierte auf der Übereinkunft, dass es sich bei der Windenergie um eine *erwünschte* Innovation handelte, für deren Entwicklung der Schutzraum der Nische (vgl. Rip 2002: 39) notwendig war. In den frühen Phasen der Entwicklung beschränkte sich allerdings dieser Konsens der Erwünschtheit auf bestimmte gesellschaftliche Teilgruppen. Erst mit der rot-grünen Regierungsübernahme im Jahr 1998 zeigte sich, dass der Ausbau der erneuerbaren Energien politisch und gesellschaftlich mehrheitsfähig war – er ging in den Zielkanon der neuen Regierungskoalition ein. Dieser Wandel der Machtverhältnisse trug maßgeblich zur Öffnung des Innovationsprozesses bei. Die unter der neuen Regierung ergriffenen politischen Maßnahmen verschafften der Entwicklung der Windenergie einen dynamischen Schub, wobei auf einer bereits vor dem Regierungswechsel begonnenen Entwicklung aufgebaut werden konnte.

5.3 Zivilgesellschaftliche Akteure als Pioniere

Der Innovationsprozess der Windenergie ist geprägt durch eine große Vielfalt und Heterogenität der beteiligten Akteure. Neben Akteuren aus den Bereichen Staat, Forschung und Markt spielten zivilgesellschaftliche Akteure der Umweltbewegung eine zentrale Rolle für die innovative Dynamik. Selbstorganisierte zivilgesellschaftliche Multiplikatoren haben den Prozess insbesondere in den ersten Phasen der Innovationsentwicklung maßgeblich mitgetragen. Sie bildeten eine eigenständige Quelle gesellschaftlich relevanter Neuerungen und entfalteten insbesondere dann ihr Potenzial, als Markt und Staat zunächst versagten: Zivilgesellschaftliche Akteure engagierten sich, als sich unternehmerisches, kommerziell ausgerichtetes Engagement noch nicht lohnte und der Staat noch wenig Handlungs- und Regelungsbedarf sah.

Maßgeblich inspiriert durch die sich in den 1970er und 1980er Jahren entfaltende Umweltbewegung bildeten sich selbst organisierte Projekte und dezentrale Betreibergesellschaften zum Bau einzelner Windenergieanlagen. Diese dezentrale Organisation der Akteure war insbesondere in den Anfangsphasen charakteristisch für den Entwicklungsprozess der ebenfalls dezentralen Technologie. Windenergie wurde maßgeblich von ihren Nutzern, von Bastlern, Atomkraftgegnern und von Landwirten, die die Windenergie zur eigenen Energieversorgung nutzen wollten, aus der Wiege gehoben. Die Akteure handelten unter Inkaufnahme hoher technologischer Unsicherheiten und ökonomischer Risiken, denn die Windenergie stellte für sie eine „promising technology" (Van Lente 1993) dar, die eng mit viel versprechenden Zukunftsverheißungen verknüpft war.[311] Ihr Interesse wurde verstärkt durch zwar kleine, aber konkrete Erfolge in der Technologieentwicklung. Die neue Technologie konnte, so war die Überzeugung der Akteure, zur Verwirklichung ihres Zukunftsbildes der Energieversorgung beitragen.

Durch die regulierenden Eingriffe des Staates nahmen die Unsicherheits- und Risikofaktoren teilweise ab und die Technologie weckte zunehmend das Interesse kommerziell orientierter Akteure des Marktes, die durch ihre Investitionen den Entwicklungsprozess vorantrieben. Der Wandel der beteiligten Akteure und die Entwicklung der Technologie stehen in enger Wechselwirkung: Mit zunehmendem Konzentrations- und Zentralisierungsgrad der Technologie nahm die Bedeutung dezentralisierter Betreiber und Betreibergesellschaften gegenüber zentralisiert organisierter und kommerziell orientierter Akteure des Marktes ab.

5.4 Advocacy-Koalitionen

Der Verlauf des Innovationsprozesses kann politikwissenschaftlich mit Hilfe des Ansatzes der Advocacy-Koalitionen (Sabatier 1993) interpretiert werden. Die technische Entwicklung ging mit einer Veränderung der Konstellation der Akteure sowie ihrer Interaktionen und Beziehungen einher. Im Verlauf des Prozesses wurden unterschiedliche Motive und Zielstellungen miteinander verbunden und auf die Technologieentwicklung und -expansion ausgerichtet. Die der Windenergie und den weiteren erneuerbaren Energien zugewandte Akteurskoalition stand – und steht noch immer – der Koalition der etablierten Energiewirtschaft in einem Konkurrenzverhältnis gegenüber (vgl. Kapitel 8). Eine erfolgreiche Entwicklung und Diffusion der Windenergie im Hinblick auf das Ziel, den Beitrag zur nationalen Stromversorgung zu erhöhen, war in hohem Maße von der Her-

311 Zukunftsverheißungen spielten nicht nur eingangs, sondern in jeder Phase des Entwicklungsprozesses eine Rolle, beispielsweise in Form von Leitbildern (vgl. Kapitel 5.6). Zu Beginn des Prozesses sind sie jedoch von besonderer Bedeutung, da neben ihnen noch nicht die real gewordene Performanz der Technologie als weitere treibende Kraft wirkt.

stellbarkeit von Interessenkoalitionen zwischen den verschiedenen strategisch handelnden Akteuren abhängig.

In der Pionierphase war die Nischenkonstellation noch durch vorwiegend individuell agierende Akteure geprägt, die an der Entwicklung kleiner Anlagen mit geringen Stromerzeugungskapazitäten arbeiten. Diese individuellen „Inventors“, Bastler und Idealisten aus dem Kontext der Umweltbewegung, waren motiviert durch das Leitbild einer dezentralen und ressourcenschonenden Energieversorgung, der Unabhängigkeit von Ölimporten und dem Ausstieg aus der Atomenergie. Daneben verfolgten Landwirte und Gewerbetreibende das Ziel der Selbstversorgung mit Strom. Diese individuellen Akteure der Nische bildeten zunehmend kollektive, lokal und regional verankerte Organisationsformen (Betreibergemeinschaften, Bürgerwindanlagen). Ihre Motive überschnitten sich mit den staatlichen Zielen Klimaschutz und Ressourcenschonung und sie erhielten Unterstützung zunächst durch Forschungs- und Entwicklungsprogramme. Begleitet durch das StrEG als Markteinführungsinstrument bildeten sich zunehmend ökonomisch motivierte Allianzen, die die Entwicklung vorantrieben. Professionell arbeitende und kommerziell orientierte Akteure (Betreibergesellschaften, Unternehmen, Verbände etc.) gewannen an Gewicht, sie reorganisierten und professionalisierten die Nische. Die vormals informellen und vertrauten Verbindungen wurden zu marktwirtschaftlichen Beziehungen. Mit der fortschreitenden Expansion der Windenergie bildeten sich Allianzen aus alten und neu in die Konstellation eintretenden Akteuren (anonyme Investoren, Betreiber, Hersteller, Politiker, Lobbyisten).

Als sich in der kritischen Phase die Gegenlobby organisierte (Gegner des Stromeinspeisungsgesetzes, aber auch Bürgerinitiativen gegen Windenergie), verursachte dies eine massive Verunsicherung in der Nische, die sich durch den inzwischen hohen Organisations- und Vernetzungsgrad schnell verbreitete. Jedoch konnte die Bildung einer bemerkenswert breiten Allianz für den Ausbau der erneuerbaren Energien maßgeblich zur Beendigung dieser kritischen Phase beitragen. Ein Bündnis unterschiedlichster Akteure[312] kämpfte um eine fortgesetzte Förderung erneuerbarer Energien. Die Entwicklung wurde wieder stabilisiert, als ein Regierungswechsel und kongruentes staatliches Handeln einen

---

312 Gemeint ist die „Aktion Rückenwind“, an der Umweltverbände (NABU) und Umweltgruppen, Verbände der Erneuerbaren Energien, der Deutsche Bauernverband, Anlagenhersteller, die evangelische Kirche und die IG Metall beteiligt waren (Tacke 2004: 214). Dieses Bündnis demonstrierte 1997 in Bonn für eine Fortsetzung der Stromeinspeisungsvergütung. Hauptorganisator der Veranstaltung mit ca. 5000 Teilnehmer/innen war der erst wenige Monate zuvor gegründete Bundesverband Windenergie (vgl. Kapitel 4.5.6).

Boom in der Entwicklung auslösten. Die Akteure der Nische reorganisierten sich und gingen gestärkt und emanzipiert aus der Krise hervor.

Mit der Gabelung der Technologieentwicklung in die Onshore- und Offshore-Windenergie begannen Akteure der dominanten Konstellation sich für die Windenergie zu interessieren und es bildete sich eine neue Allianz aus Akteuren. Große Technologiekonzerne, Energieversorger, Hersteller und Planungsgesellschaften, die auf die wirtschaftlichen Potenziale der Windenergienutzung auf See hoffen, bildeten eine Allianz mit staatlichen Akteuren. Diese ist geprägt durch unterschiedliche Motive: kommerzielle Interessen einerseits und die Ziele Klimaschutz, Substitution von Energieimporten sowie Erhalt und Ausbau des lead markets[313] der Windenergie andererseits.

5.5 Institutioneller Wandel

Mit der Entwicklung und Diffusion der technischen Innovation ging eine Veränderung der institutionellen Umgebung einher. Eine These aus der Innovationsforschung lautet, dass das Handeln der Akteure institutionell kanalisiert ist und die institutionellen Voraussetzungen das Akteurshandeln ermöglichen und es zugleich begrenzen.[314] Dabei geht es sowohl um institutionelle Voraussetzungen, die die handelnden Akteure bereits vorfinden, als auch um institutionelle Rahmenbedingungen, die gleichzeitig mit der Technikentwicklung erschaffen werden. Technik und Institutionalisierung stehen in Wechselwirkung zueinander. Institutionelle Bedingungen beeinflussen die Technikentwicklung und auch umgekehrt hat die technische Innovation Einfluss auf die Institutionenbildung, sie ist für die entstehenden institutionellen und organisatorischen Konfigurationen konstitutiv.

Der Institutionalisierungsprozess war wechselseitig konstitutiv zur Technikentwicklung der Windenergie. Er stellte eine zentrale Voraussetzung für die langfristige Stabilisierung des Innovationsprozesses dar. Von besonderer Bedeutung für eine kontinuierliche Entwicklung und Verbreitung der Windenergie war die sukzessive Schaffung eines stabilen Marktes, stabiler Regeln des Marktzutritts, von klaren Genehmigungsvoraussetzungen und stabilen Organisationsstrukturen, die mit dem Innovationsprozess geschaffen wurden. Dazu gehörten z. B. die im EEG festgelegte degressive Vergütungsregelung, eine Verbesserung der Netzzugangsbedingungen, im Zeitverlauf modifizierte Qualitätsnormen, der

---

313 Vgl. Jänicke & Jacob 2005 und 2006.

314 Zur Bedeutung der institutionellen Faktoren in Innovationsprozessen vgl. z. B. Rammert 2000: 28 und Bender 2005: 173.

dem Innovationsprozess schrittweise angepasste genehmigungsrechtliche Rahmen (Änderung des BauGB, Raumordnungsverfahren etc.) und die modifizierten Organisationsstrukturen der Anwender.

Die Entwicklung des institutionellen Rahmens konnte nicht immer mit dem Diffusionsprozess der Technologie Schritt halten, was in allen Phasen des Innovationsprozesses zu einem gewissen Maß an Unsicherheit für die Entwickler, Hersteller und Betreiber der Windenergiebranche führte. Sie haben somit nicht nur mit technischen Risiken zu tun, sondern sind auch einer phasenweise beträchtlichen Unsicherheit hinsichtlich des regulativen und finanziellen Rahmens ausgesetzt. Um dieser Ungewissheit zu begegnen richteten sich viele Aktivitäten der involvierten Akteure auf die Entwicklung einer stabilen institutionellen Infrastruktur für die technische Innovation.[315]

Institutionelle Faktoren, die den Innovationsprozess beeinflussten, gingen sowohl von organisational verkörperten Institutionen (z. B. öffentliche Forschungseinrichtungen, Umwelt- und Forschungspolitik, Betreibergesellschaften) als auch von kulturell, sozial oder politisch verankerten Institutionen (z. B. Regulation, Normen, Planung) aus. Zur institutionellen Infrastruktur des Windenergieprozesses gehörten Veränderungen sowohl auf nationaler Ebene als auch auf internationaler, regionaler und lokaler Ebene (vgl. hierzu auch Reiche & Bechberger 2006a, 2006b). Auch prospektive Möglichkeiten spielten eine Rolle. Sie traten zum Beispiel in Form von spezifizierten Strategien (Strategie des Offshore-Windenergieausbaus) oder in Form von Erwartungen an die Zukunft auf, die nach und nach in eine institutionalisierte Struktur transformiert wurden oder werden.

Bereits Anfang der 1980er Jahre erfolgte die Entwicklung der Windenergietechnik vor dem Hintergrund einer Institutionalisierung der Umweltbewegung in Form der Gründung der Partei der Grünen. Die Suche nach einer praktischen Alternative zum bestehenden Energieversorgungssystem war ein zentrales Ziel auf der Agenda der Partei. Ein weiterer wesentlicher Baustein des Institutionalisierungsprozesses war die Schaffung des Bundesministeriums für Umwelt, Naturschutz und Reaktorsicherheit im Jahr 1986. Die Unterstützung der Regierung für die Windenergie ist auch ein Resultat dieser politisch-administrativen Institutionalisierung gesellschaftlicher Anforderungen an den Umweltschutz. Auch

315 Die sozio-ökonomische Innovationsforschung stellt die Konsequenzen unterschiedlicher institutioneller Bedingungen für Technologieentwicklung und Innovation in den Mittelpunkt (z. B. Hollingsworth et al. 2002; Hage & Hollingsworth 2001; Sydow & Windeler 2000). Die politikwissenschaftliche Konzeption des akteurszentrierten Institutionalismus verknüpft den Einfluss institutioneller Bedingungen mit der Bedeutung von Interaktionen und Aushandlungsprozessen unter den beteiligten Akteuren (z. B. Schneider & Mayntz 1995; Scharpf 1997; Schmidt & Werle 1998).

der Wechsel der Ressortzuständigkeit für die erneuerbaren Energien vom Bundeswirtschaftsministerium zum Bundesumweltministerium war eine entscheidende, den Innovationsprozess stark begünstigende institutionelle Veränderung (Dürrschmidt 2007, mdl.).

Darüber hinaus entfalteten organisatorische Institutionalisierung- und Professionalisierungsprozesse treibende Kraft. Die Organisation und Vernetzung der Lobbyisten und die Professionalisierung der Hersteller und Betreiber wirkten sich begünstigend auf die Innovationsentwicklung aus. Dazu gehörten z. B. der Aufbau einer Verbandsstruktur der Windenergiebranche, eine regelmäßige Organisation international bedeutsamer Messen (Windenergiemesse in Husum), die Etablierung von fachlichen Institutionen und die Entwicklung von Qualitätsstandards. Institutionalisierung und Formalisierung stabilisierten die Nische der Windenergie.

5.6 Ziele und Leitbilder

Leitbilder, Ziele und Erwartungen, die an die Technologie geknüpft wurden, veränderten sich von Phase zu Phase. Insbesondere in den frühen Phasen des Windenergieprozesses spielten kulturelle Orientierungsmuster und Leitbilder in gesellschaftlichen Teilgruppen eine Rolle, die einen Paradigmenwechsel in der Energieversorgung anstrebten. Zwar kann hier keine Aussage darüber getroffen werden, wie diese Leitbilder sich in konkreten Entscheidungen über technische Konzepte und Designs der Windenergie niederschlugen, sie waren jedoch eine ausschlaggebende Triebkraft für die Entwicklung der Windenergietechnologie insbesondere in den Anfangsphasen.[316]

Die im Zusammenhang mit der Windenergienutzung stehenden Leitbilder und Ziele variierten im Prozess: Am Anfang standen umweltpolitische Ziele im Zentrum, die Innovationen zielten auf Ressourceneffizienz und den Ersatz fossiler Energieträger. Im Zuge der Entwicklung wurde das Leitbild der nachhaltigen Entwicklung als Begründungskontext für die Windenergienutzung immer zentraler, was mit einer Relativierung des Umweltschutzmotivs einherging. Im Zuge der Offshore-Nutzung scheint sich die Zielstellung nun stärker auf die ökonomische Ertragskraft der Windenergie sowie den Klimaschutz zu beziehen, der Stellenwert des Natur- und Biodiversitätsschutzes spielt dabei eine immer geringere

316 Zur Bedeutung von Leitbildern in der Technikentwicklung vgl. Dierkes et al. 1992 und Rammert 2002b: 179.

Rolle. Im Verlauf des Prozesses wurden unterschiedliche Leitbilder, Ziele und Motive miteinander verknüpft und auf die Technologie ausgerichtet.

5.7 Ökonomische Einflussfaktoren

Ökonomische Faktoren waren für den Innovationsprozess der Windenergie von zentraler Bedeutung. Diese Feststellung mag banal erscheinen, da unter den Bedingungen kapitalistischen Wirtschaftens Kostenüberlegungen und das Motiv der Gewinnerwirtschaftung grundsätzlich bedeutungsvoll für Entscheidungen der Technologieentwicklung sind. Jedoch ist demgegenüber herauszustellen, dass insbesondere in den frühen Phasen der Windenergieentwicklung Kostenkalkulationen *nicht* die entscheidenden Einflussfaktoren waren. An die Stelle wirtschaftlicher Berechnungen traten in dieser Phase vor allem idealistische Orientierungsmuster und Visionen der an der technischen Entwicklung beteiligten Akteure (vgl. Kapitel 5.6).

Sehr früh traten allerdings die ökonomischen Interessen der Landwirte hinzu und wirkten auf den Innovationsprozess ein. Landwirte spielten eine wichtige Rolle für die Anwendung und Verbreitung der neuen Technologie. Anfangs nutzten sie die Windenergie vor allem für die eigene Stromversorgung um damit Stromkosten zu sparen. Je höher der Eigenverbrauch an Strom, desto wirtschaftlicher war die Windenergienutzung. Zudem verfügten viele Landwirte - insbesondere in Schleswig-Holstein und Niedersachsen - über ein beträchtliches Potenzial an geeigneten Flächen. Mit den Verbesserungen der Vergütungsregelungen verbesserten sich auch Möglichkeiten, neben Einsparungen bei den Stromkosten ein zweites Einkommen zu erzielen. Nach der Einführung des Stromeinspeisungsgesetzes waren die zusätzlichen Einnahmen landwirtschaftlicher Betriebe durch die Verpachtung von Land an Anlagenbetreiber oder die eigene Nutzung und Einspeisung von Windstrom manchmal höher als die Einnahmen aus der landwirtschaftlichen Produktion.

Im Verlauf der Innovationsentwicklung nahm die Bedeutung ökonomischer Faktoren zu. Die Untersuchung der Windenergieentwicklung in Deutschland zeigte, dass insbesondere die Schaffung heimischer Märkte Startvorteile für die Einführung der technischen Neuerung bot. Windenergiebefürworter argumentieren zunehmend mit den positiven Arbeitsmarkteffekten der Windenergieindustrie, den erfolgreichen Exportquoten der Branche und dem lead-market-Charakter des deutschen Windenergiemarktes.

Die gestiegenen Arbeitsplatzzahlen der Windenergiebranche (vgl. Abbildung 21) und die Möglichkeiten der regionalen Wertschöpfung wirkten als treibende Kraft. Insbesondere in den nordwestdeutschen Küstenländern sorgte die

Windenergie für eine steigende regionale Wertschöpfung. Während in den Anfangsphasen vor allem Landwirte, aber auch zur Herstellung von Windenergieanlagen konvertierende Werften und Schiffsbauunternehmen vom Aufschwung der Windenergie profitierten, werden von der Offshore-Windstromerzeugung Erträge vor allem für Häfen und Anbieter mariner Technologie erwartet.

Mit dem StrEG stieg die Rentabilität der Windenergie, die in der Folge zu einer zunehmend attraktiven Kapitalanlage (Windenergiefonds) wurde. Investmentgesellschaften fungierten als „financier-entrepreneurs". Das gestiegene kommerzielle Interesse wirkte wiederum motivierend auf den Windenergiemarkt zurück. Die Kapitalisierung und Kommerzialisierung der Branche befeuerte die Entwicklung der Windenergie.

In Zukunft wird die Zunahme der Nutzung der Windenergie (und auch der übrigen erneuerbaren Energien) auch davon abhängen, in welchem Umfang eine Reduktion der Energieerzeugungskosten möglich ist und ob externe Umweltkosten durch politische Maßnahmen in den Preis der konventionellen Energieträger internalisiert werden.

5.8 Rolle der Technik

Wenn hier nach der Rolle der Technik für die Umweltinnovation der Windenergie gefragt wird, kann berechtigterweise die Frage nach den abhängigen und unabhängigen Faktoren der Untersuchung aufgeworfen werden. Aus der Perspektive des hier mit der Policy-Analyse kombinierten Ansatzes der Konstellationsanalyse werden technische Artefakte als inhärente Komponenten des Systems betrachtet. Die Technik wird, so lautet die Annahme, von ihrem sozialen Kontext geprägt, doch zugleich erzeugt Technik auch gesellschaftliche Anpassungen und gibt zum Teil den Handlungsspielraum vor. Technik und Gesellschaft werden als aufeinander bezogene Komplexe betrachtet und es wird davon ausgegangen, dass sowohl technikinhärente Faktoren als auch nicht-technische Faktoren bei der Technikentwicklung eine Rolle spielen. Akteure sowie soziale, natürliche und technische Faktoren müssen daher gleichermaßen als abhängige Faktoren bei der Analyse des Entwicklungsprozesses behandelt werden.

Die Untersuchung hat gezeigt, dass die Technologie der Windenergie in enger Wechselwirkung mit staatlicher Steuerung sowie mit Markt- und Akteursstrukturen entwickelt wurde. Zwar gab es in der Entwicklung der Windenergie im betrachteten Zeitraum kaum ‚revolutionäre' Neuerungen, die die Technologie stark veränderten. Bemerkenswert ist jedoch die auf einer kontinuierlichen Verbesserung des technologischen Know-hows und einer schrittweisen Leistungssteigerung der vorhandenen Technologie fußende Wachstumsdynamik. Diese

Dynamik der Technologieentwicklung wurde maßgeblich durch engagierte Pioniere sowie politisch gesetzte Rahmenbedingungen ermöglicht. Daneben war jedoch die erfolgreiche Leistungssteigerung der Technologie auch Voraussetzung für die gesellschaftliche Anerkennung und kontinuierliche politische Unterstützung. Erfolge und Dynamiken in der Technikentwicklung wirkten ebenso auf die Gesellschaft und das Steuerungssystem zurück wie Misserfolge oder nicht intendierte Folgen.

Dies zeigte sich zum Beispiel zu Beginn der Entwicklung, als die Resultate der Technikentwicklung auch hemmende Wirkungen hatten. Der Misserfolg des Growian enttäuschte die Erwartungen und der Staat nahm seine Förderaktivitäten zunächst stark zurück. In der Folgezeit jedoch lenkten die sukzessiven Leistungssteigerungen die Aufmerksamkeit der Akteure auf die schlummernden Potenziale der Windenergie. Die kleinen, überwiegend von individuellen Entwicklern und Kleinstfirmen entwickelten und zur Selbstversorgung eingesetzten Anlagen wiesen eine geringe Störanfälligkeit auf, waren robust und verlangten einen relativ geringen Investitionsaufwand.

Kritische Akteure befürchteten in den frühen Phasen der Entwicklung, dass diese Form der Energieerzeugung das Wirtschaftswachstum hemmen könnte. Sie hatten Zweifel daran, dass Windenergie technisch und auch angesichts der Schwankungen des Windes geeignet ist, einen nennenswerten Beitrag zur deutschen Stromversorgung zu leisten. Aufgrund der Resultate der technischen Entwicklung veränderte sich jedoch zunehmend der Blick auf die Rolle der Technologie. Windenergie wurde als neue Business-Möglichkeit erkannt. Die Zweifel wurden nach und nach ersetzt durch die Erkenntnis, dass durch den Einsatz von Windenergie eine Reduktion von Umweltbelastungen mit Wettbewerbsfähigkeit einhergehen kann.

In der „Phase des Durchbruchs" wurde die technische Weiterentwicklung dynamisch vorangetrieben (in Größenordnung, Funktionsfähigkeit und Effizienz). Dies war möglich, weil die Nachfrage unter den politisch gesetzten marktwirtschaftlichen Anreizen stieg und der Markt expandierte. Das langfristig und breit angelegte Mess- und Evaluationsprogramm (ISET) trug zur Mängelbeseitigung und zur kontinuierlichen Zuverlässigkeit der Anlagen bei. Allerdings traten aufgrund der extrem kurzen Innovationszyklen noch immer technische Funktionsdefizite auf, was die Euphorie zeitweise bremste und die Widerstände in der kritischen Phase des Entwicklungsknicks verschärfte.

Der Entwicklungsknick konnte überwunden werden und der sich anschließende Boom ging mit einer enormen Expansion der Windenergie einher. Anlagen wiesen zwar ein weitgehend einheitliches technisches Design (rohrförmiger Turm, dreiflügliger Rotor) auf. Mit zunehmender Ausbreitung wurde jedoch die Technologie differenzierter, die Anlagen wurden entsprechend ihres Einsatzbereichs unterschiedlich ausgerichtet. Durch Akteure und Kompetenzen aus den Bereichen Maschinenbau (Schiffsbau, Landmaschinenbau), Elektrotechnik, Aerodynamik und Meerestechnik wurde die Technik der Windenergie stetig weiter entwickelt. Je weiter die Windenergietechnologie expandierte, desto stärker wurde auch der Druck, technische Anpassungen an den Anlagen vorzunehmen, die eine Integration in das Stromnetz ermöglichten (z. B. „pitch-Regelung").

Technische Elemente wie das Stromnetz und die Regelungstechnologie der Stromaufnahme sind in der aktuellen Phase von besonderer Bedeutung – sie sind zu einem Flaschenhals der weiteren Innovationsentwicklung geworden. Mittlerweile stößt das Stromnetz vor allem in den nördlichen Bundesländern aufgrund der hohen Windenergieeinspeisung zeitweise an Belastungsgrenzen. Die Nutzung und Weiterentwicklung des Stromnetzes sind eine zentrale Voraussetzung für die weitere Expansion sowohl der Onshore- als auch der Offshore-Windenergie. Das Stromnetz soll künftig nicht nur die zunehmende Einspeisung von Windstrom sowie Strom aus anderen erneuerbaren Energienquellen aufnehmen, sondern auch für die europaweite Ausweitung des Stromhandels genutzt werden. Es ist jedoch weder für das eine noch für das andere ausreichend gerüstet – ein Ausbaus der Netzkapazitäten ist notwendig geworden. Dabei besteht jedoch Uneinigkeit sowohl über den erforderlichen Umfang der Netzverstärkungsmaßnahmen als auch darüber, ob diese als Hochspannungsfreileitungen ausgeführt werden sollen – bei deren Neubau in der Regel mit hohen Widerständen aus Bevölkerung und Naturschutzverbänden gerechnet werden muss – oder ob Erdkabel verlegt werden müssen, die als vergleichsweise teuer gelten und ebenfalls unerwünschte Umwelteffekte mit sich bringen. Auch hier wird die zentrale Rolle der Technik deutlich – ohne einen den erhöhten Anforderungen der Diffusion der erneuerbaren Energien entsprechenden Netzausbau wird der Innovationsprozess gehemmt.

Auch wird in der jüngsten Phase der Entwicklung, in der der Ausbau der Windenergie auf See vorbereitet wird, die Beziehung zwischen Technikentwicklung und Branchenstruktur deutlich. Die Technik verändert die mit ihr verknüpften Akteursstrukturen, denn sie erfordert eine zunehmende Größenordnung, ökonomische Potenz und technologische Kompetenz der ausführenden Akteure und Investoren.

Die Technologie der Stromerzeugung aus Windenergie ist daher im Verlauf des Prozesses nicht invariabel, sondern verändert sich sowohl in ihrer Anwendung, Ausbreitung, Leistung als auch in der Wahrnehmung der Akteure. Diese Veränderungen stehen in enger Wechselwirkung mit den sozialen, ökonomischen und institutionellen Strukturen und bestimmen so den Verlauf des Innovationsprozesses mit.

5.9 Zusammenfassung

Die Analyse der Windenergieentwicklung in Deutschland zeigt, dass der Innovationsprozess vielschichtig und von einer hohen Interaktionsdynamik und Interdependenz der treibenden Einflussfaktoren gekennzeichnet ist. Ein Ergebnis ist, dass der Innovationsprozess nur durch das Zusammenwirken vielfältiger Einflussfaktoren erklärt werden kann. Eine erfolgreiche Innovationsentwicklung resultiert aus der dynamischen Interaktion staatlicher und nichtstaatlicher Akteure im Rahmen komplexer Handlungsbedingungen. Das politische, regulative Element hat eine zentrale Rolle gespielt, es lässt sich jedoch nicht isolieren – der Innovationsprozess der Windenergie ist ein Ergebnis kumulativer Effekte des Zusammenwirkens multipler Faktoren und Ereignisse. Viele Ereignisse erfolgen parallel und korrelieren miteinander. Parallele Entwicklungsstränge sind miteinander verkoppelt und relativ autonome Prozesse beeinflussen einander. Dazu gehören Policy-Prozesse wie z. B. Regulierung und Förderung, Markt- und Wirtschaftsprozesse, Prozesse der Technikentwicklung und gesellschaftliche sowie kulturelle Bewegungen. Die Prozesse folgen jeweils einer eigenen Dynamik und haben jeweils eigene, markante Eigenschaften (vgl. Geels 2006: 1003 ff.).

Die Erläuterung des Einflusses unterschiedlicher Faktoren und die Feststellung einer Korrelation kann jedoch noch nicht hinreichend erklären, warum das Zusammenspiel der Faktoren wirksam ist. Akteure und Einflussfaktoren bilden Bündel von Kausalfaktoren für die Windenergieentwicklung, die sich im Entwicklungsverlauf ständig stark verändern. Daher geht es im Folgenden darum, ein zusammengefasstes, differenzierteres Bild davon zu entwickeln, wie die Einflussfaktoren in der Veränderung ihrer Zusammensetzung den Prozess in unterschiedlich zu charakterisierende Konstellationen und Perioden einteilen.

6 Phasenmodule im Innovationsprozess

6.1 Phasenkonstellationen und ihre Funktion im Innovationsprozess

In Kapitel 4 wurde der Entwicklungsprozess der Windenergieentwicklung als eine Abfolge substantiell verschiedener Konstellationen beschrieben, die sich in ihrer Charakteristik jeweils deutlich voneinander unterscheiden. Die unterschiedlichen Phasenkonstellationen des Innovationsprozesses demonstrieren, dass der Entwicklungsgang nicht linear oder kontinuierlich, sondern diskontinuierlich verlaufen ist. Unterschiedliche Konstellationen aus Akteuren, Technik und sozialen sowie ökologischen Einflussfaktoren prägten die Phasen des Prozesses. Es ergab sich ein Innovationsverlauf, der graphisch wie in Abbildung 24 dargestellt werden kann.

Die Abbildung ist eine stark abstrahierte Darstellung des Windenergieprozesses. Sie basiert nicht auf messbaren Größen, sondern stellt eine qualitative Abbildung der Situationsdynamik dar. Auf der senkrechten Achse stehen die Einflussfaktoren: Kontext, Akteure, Zeichenelemente, Technik und Natur. Die waagerechte Achte bildet die Zeitachse. Die senkrecht eingetragenen Phasen sind somit zu verstehen als Bündel heterogener Einflussfaktoren. Diese abstahierten Phasendarstellung erfolgt vor dem Hintergrund der These, dass Innovationsverläufe sich aus typischen Phasen zusammensetzen, dass sie jedoch keinem linearen Kaskadenmodell folgen, sondern jeweils individuell verlaufen und in der Abfolge und Länge der Phasen variieren.

Im Folgenden sollen daher unterschiedliche, idealtypische *Phasenmodule* identifiziert werden, aus denen sich Innovationsverläufe zusammensetzen. Eine Typologisierung der Phasen dient als Basis für ein im nachfolgenden Kapitel 6.2 vorgeschlagenes modularisiertes, nicht-lineares Phasenkonzept von Innovationsprozessen als erklärende Grundlage für die Wirksamkeit der Einflussfaktoren in den Konstellationen.

Zunächst soll der Frage nachgegangen werden, wie sich die verschiedenen Phasen bzw. Konstellationen des Prozesses idealtypisch charakterisieren lassen. Dabei wird angenommen, dass jeder Phase eine bestimmte *Funktion* für den Fortgang des Innovationsverlaufs zukommt. Durch welche Charakteristik zeichnen sich Konstellationen und Zeitfenster aus, in denen der Innovationsprozess beschleunigt bzw. gebremst wurde? Abgeleitet aus dem Entwicklungsprozess der

Windenergie werden die Phasen- bzw. Situationstypen zugespitzt charakterisiert. Ziel dieser starken Zuspitzung der Charakteristika ist die Erstellung einer Übersicht von vermutlich typischen Phasen und Konstellationen in Innovationsprozessen als Ausgangspunkt für die Frage nach Steuerungsoptionen (Kapitel 7).

Abbildung 24: Phasen des Innovationsprozesses der Windenergie in Deutschland als heterogene Bündel von Einflussfaktoren

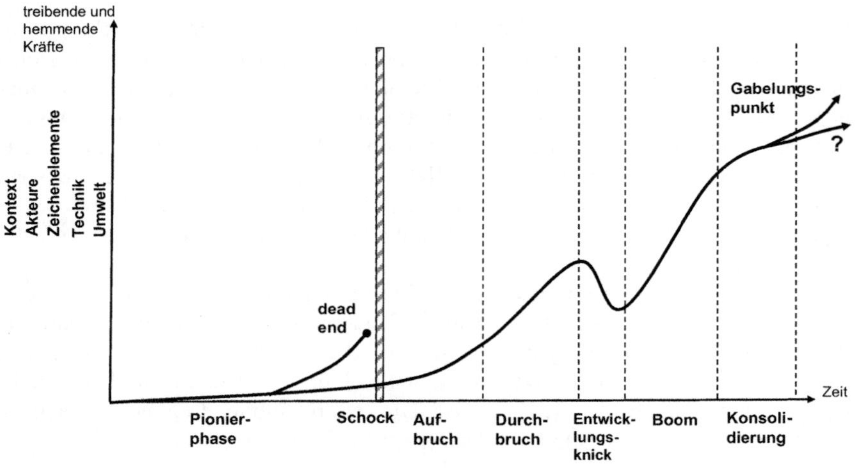

Quelle: eigene Darstellung nach Meister & Ohlhorst 2006

Die stark zugespitzte Beschreibung der Charakteristika von Konstellationen in einem Innovationsprozess stützt sich zum einen auf den Prozess der Windenergie in Deutschland, zum andern auf die Beschreibung der Entwicklung einer technologischen Nische in ko-evolutionären Prozessen von Geels (2006). Sie erfolgte vor dem Hintergrund der Annahme, dass auch andere Innovationsprozesse durch ähnliche Phasen und Konstellationen geprägt sind.

6.1.1 Sensible Nische in der Pionierphase

Die Pionier- oder Aufbruchphase ist durch eine Veränderung und Erweiterung multipler Einflussfaktoren charakterisiert, die der Innovation Gelegenheit geben, ‚geboren' zu werden. In dieser Phase wird die neue Technologie erfunden oder eine bereits existierende Technologie wird wieder entdeckt. Neue oder modifizierte gesellschaftliche Leitbilder geben der Entwicklung eine Richtung. Die Akteure investieren Zeit und Geld in die noch unprofitable, in der Entwicklung befindliche Technologie. Durch ihre individuellen Investitionen sichern sie das Überleben der Technologie, ihre Ideale geben ihnen eine Orientierung für die Zukunft. Die Akteure sind kreativ, sie improvisieren, experimentieren und nehmen eine Pionierrolle ein. Die Pioniere werden angetrieben durch Visionen und Erwartungen, weniger jedoch durch konkrete Erträge oder die Leistungsfähigkeit der Technologie. Im Fall der Windenergie ist diese Phase durch Dezentralität sowohl der Technik als auch der Anwender charakterisiert. Das Ziel zumindest eines Teils der treibenden Akteure war ein radikaler Paradigmenwechsel im Energieversorgungssektor. Die Funktion der Pionierphase ist es, die Innovation aus der Wiege zu heben und ihr Überleben zu sichern.

In einer Konstellation aus Akteuren und Einflussfaktoren, die als „sensible Nische" charakterisiert werden kann, führt die innovative Technologie in dieser Phase eine noch ungefestigte Nischenexistenz, in der sie Unterstützung und Rückhalt durch das Engagement von Pionieren benötigt.[317] Die Bandbreite der innovativen technischen Variationen ist noch groß, die Technologie weist verschiedene Bauarten und Ausführungen auf.

Die Struktur dieser Konstellation ist dadurch geprägt, dass die Nische komplett vom dominierenden System isoliert ist. Somit ist für die Situation eine markante Trennung und Abgrenzung der Nischenkonstellation charakteristisch.[318] Sie hat noch keine stabilisierende Infrastruktur entwickelt. Der Nische kommt die Funktion des Keims zu, in dem etwas Neues entsteht. Sie muss in ihrer zarten Neuheit geschützt werden, da sie noch nicht aus eigener Kraft stabil ist. Es ist noch äußerst unsicher, ob die Entwicklung sich stabilisiert und Fahrt aufnimmt. Im günstigen Fall wird das Nischenwachstum unterstützt durch einen stimulierenden Kontext, der ein Zeitfenster für den Aufbruch öffnet.

---

317 Im Prozess der Windenergieentwicklung waren dies insbesondere Bastler, Ingenieure und Idealisten. Hinzu kamen Landwirte, die die Windenergie zur Verbesserung ihrer wirtschaftlichen Situation nutzten.

318 Gemeint ist das vorherrschende System aus Akteuren und deren Interessen sowie Infrastrukturen, Märkten und Technologien, das organisatorisch institutionalisiert sowie durch etablierte Strukturen stabilisiert und geschlossen ist. Solange das tonangebende Denk- und Handlungsmuster beständig und konsistent ist, haben Innovationen wenig Diffusionsschancen.

6.1.2 Stabilisierte Nische in der Phase der Progression

Die Phase der Progression ist dadurch gekennzeichnet, dass die Technologie, die ihre Potenziale bereits unter Beweis stellen konnte, ihre Leistungspotenziale nun weiter entwickeln kann und diffundiert. Die Entwicklung der Innovation ist kein suchender Prozess mehr, in dem unterschiedliche Modelle erkundet und Verfahren ausgelotet werden, sondern erfolgt als schrittweise Steigerung von Leistung und Effizienz auf einem im Vergleich zur Pionier- und Aufbruchphase bereits engeren technologischen Pfad. Die Technologie stellt ihre Leistungsfähigkeit unter Beweis und breitet sich aus. Die Funktion dieser Phase besteht somit in einer Stabilisierung der Entwicklung sowie darin, dass die Technologie (in dynamischer Weise) diffundiert und sich im Gesamtsystem fortschreitend etabliert. Die sich zunehmend selbst tragende Entwicklung kann zu Systemveränderungen führen, wenn diffundierende neue Technologien zu marktdurchdringenden Technologien werden und sich im Sinne eines neuen technisch-ökonomischen Paradigmas durchsetzen.

Die Konstellation in dieser Phase kann als „stabilisierte und etablierte Nische" charakterisiert werden. Ereignisse im Kontext, die zur Veränderung der gesellschaftlichen Stimmung und der Policy Agenda beitragen, können begünstigenden Einfluss haben. Insbesondere ein Schockereignis ist ein sehr einflussreiches Element – es verändert die Entwicklung drastisch und schlagartig. Durch den Schock ergeben sich wichtige, im besten Fall chancenreiche Bewegungen im Umfeld der Nischentechnologie.

Das Umfeld der Nische wird noch stark vom herkömmlichen und stabilen Paradigma – der Konstellation des dominanten Regimes – dominiert. Sie entwickelt sich jedoch im Schutz staatlicher oder unternehmerischer Förderungen. Die Nische ist daher keinen harten Konkurrenzen ausgesetzt und muss sich noch nicht auf dem freien Markt beweisen. Die Akteure der Nische bilden ein kleines soziales Netzwerk aus Produzenten und Nutzern die beginnen, ihre Aktivitäten zu koordinieren, um die Leistungsfähigkeit der Technik zu verbessern. Durch die auf diese Weise gesicherte Nische kann sich die neue Technologie geschützt vor möglichen Gegenkräften entwickeln und ihre Vorteile demonstrieren. Eine Stabilisierung kann zudem über Institutionalisierungsprozesse und durch gesellschaftliche Unterstützung erfolgen.

Die vorhandenen Ressourcen ermöglichen eine technische Weiterentwicklung und Leistungssteigerung. Allmählich bildet sich ein dominantes Design[319]

319 Mit Technologie-Design sind hier nicht nur die ästhetische Gestalt oder Formgebung des technologischen Artefakts, sondern die umfassenderen spezifischen Eigenschaften und Funktionen einer Technologie gemeint.

für die technische Innovation heraus. Damit werden Erfahrungen gesammelt und graduelle Verbesserungen erarbeitet. Allerdings erfordert die Entwicklung der Innovation noch einen unterstützenden Rahmen (im Fall der Windenergie z. B. die Förderprogramme auf Bundes- und Länderebene, Verbändevereinbarungen über die Bedingungen der Stromeinspeisung). Es erfolgt ein wechselndes Agieren und Reagieren von Akteuren der Nische und staatlicher Intervention. Gewinnmöglichkeiten erzeugen eine erhöhte Nachfrage an der innovativen Technologie. Neue Akteure treten in die Konstellation ein, deren Interessen treibende Kraft entfalten.

Es kommt zu einer Ausdehnung und Stabilisierung der Nische und sie beginnt, mit dem etablierten System zu konkurrieren. Das bisher dominante soziotechnische Regime sieht sich mit Zweifeln konfrontiert und wird dadurch in seiner Stabilität erschüttert.[320] Es öffnet sich jedoch noch kaum gegenüber der Neuerung. Es ist organisatorisch und ökonomisch stark gefestigt und durch formale Institutionen und eine etablierte Kultur stabilisiert und geschlossen. Dies erschwert den Durchbruch der Innovation, die noch keine kompatiblen Anschlussmöglichkeiten zu den etablierten Techniken, Institutionen, Märkten und Netzwerken hat. Es existiert noch wenig Diffusionsspielraum. Solange das dominante Paradigma stabil, zusammenhaltend und widerspruchsfrei ist, hat die neue Technologie in der Nische keine Chance für einen Durchbruch.

6.1.3 Sich selbst tragende Innovation in der Phase der dynamischen Expansion

In der Phase der dynamischen Expansion entwickelt sich die Nische zu einem etablierten Segment des Gesamtsystems. Veränderungen im Akteursregime tragen maßgeblich zur Stabilisierung und Dynamisierung des Prozesses bei. Neue Organisationen etablieren sich (z. B. neue Betreiberformen, Interessenverbände) und die Branche wird durch Firmenneugründungen erweitert. „Outsider" (z. B. Kapitalanleger, Betreiber von Investmentfonds) springen auf den fahrenden Zug auf. Durch eine systematische rechtlich-ökonomische Absicherung der neuen Technologie wird Investitionssicherheit geschaffen, rechtliche Unsicherheiten werden nach und nach geklärt bzw. ausgeräumt.[321]

---

320 Im Fall des deutschen Energieversorgungsregimes beziehen sich die Zweifel auf die langfristige ökologische Tragfähigkeit und Zuverlässigkeit der überwiegend fossilen und nuklearen Energieversorgung.

321 Im Fall der Windenergie bestand die Absicherung im Stromeinspeisungsgesetz, gekoppelt mit einer Förderung des Bundesforschungsministeriums und Förderprogrammen der Bundesländer, später im Erneuerbaren Energien Gesetz.

Im Bereich der technischen Entwicklung werden Materialien weiter entwickelt, unterschiedliches ingenieurtechnisches Know-how wird miteinander verknüpft, die Leistung der Technologie wird gesteigert und Variationsbandbreite wird wieder differenzierter. Auch infrastrukturelle Investitionen tragen zur Dynamisierung der Entwicklung bei. Die Technologieentwicklung gewinnt durch die Ausweitung der Infrastruktur, durch weitere Institutionalisierungsprozesse sowie durch Leistungssteigerungen an Stabilität. Kritische Wachstumsschwellen werden überwunden und die neue Technologie beginnt allmählich, die herkömmlichen Technologien zu ersetzen – das alte Paradigma gerät ins Wanken.

Die Entwicklung und Ausbreitung der Technologie steht in enger Wechselwirkung mit anderen Prozessen. Sie erzeugt Veränderungen im sozio-ökonomischen System und beeinflusst die mit ihr verbundenen Ziele und Leitbilder.[322] Es entwickelt sich eine komplexe Struktur des Nebeneinanders verschiedener Ebenen, deren Entscheidungsstrukturen und -verfahren vielfältig miteinander verflochten sind. Die Konstellation ist charakterisiert durch eine enge Verzahnung öffentlicher und privater Interessen, eine Vernetzung von zentralen Akteuren und relevanten Organisationen. Idealerweise ist die Konstellation in dieser Phase frei von Widersprüchen und Konflikten – sie ist in sich konsistent und entwickelt sich weitgehend unbeeinflusst von externen Impulsen. Die Konstellation ist zunehmend selbsttragend und stabil, sie gewinnt als Ganzes eine Makrodynamik, auch „Momentum" genannt (vgl. z. B. Schubert et al. 2007).

6.1.4 Schock

Veränderungen können durch einen Schock ausgelöst werden, der die Stimmung im Hinblick auf das Politikfeld massiv verändert und Handlungsdruck auslöst. Schocks oder massive Störereignisse in Innovationsprozessen sind selten, haben aber eine enorme, einschneidende Wirkungstiefe. Die auf einen Schock folgende Entwicklung erfährt eine starke Veränderung.

Denn ausgelöst durch den Schock gelangen neue Themen und Probleme auf die Policy Agenda. Der Schock kann einen Entwicklungsschub der technischen Innovation auslösen, wenn diese zu deren Lösung beizutragen verspricht. Die neue Technologie erhält dann verstärkte Aufmerksamkeit. Der Schock kann zudem Zweifel an der Nutzung der vorherrschenden Technologien auslösen, was

322 Im Fall der Windenergie veränderte sich mit fortgesetzter Diffusion die politische Zielstellung – mit zunehmendem Erfolg der der Windenergie-Technologie stieg der angestrebte Beitrag zur Stromversorgung in Deutschland an.

sich ebenfalls begünstigend auf die Entwicklung der Innovation auswirkt. Die Funktion des Schocks ist es somit, Dynamik und Veränderung in den Innovationsprozess sowie in die Konstellation zu bringen. Durch das Schockereignis kann sich ein Zeitfenster (Window of Opportunity) öffnen, in dem die Veränderung mehrer Einflussfaktoren eine Weiterentwicklung der technischen Innovation forciert.

6.1.5 Gabelung

An einem Gabelungspunkt schlägt die Technikentwicklung unterschiedliche Pfade ein. Die Gabelung hat die Funktion, dass neue Anwendungsfelder für die Technologie erschlossen werden und ihr Potenzial erweitert wird.

In den sich gabelnden Technologiezweigen und den sie umgebenden Konstellationen sind starke strukturelle Unterschiede in vielfältigen Bereichen feststellbar: Akteure, Interessenkoalitionen, Technik, ökologische und ökonomische Implikationen, politisch-institutionelle und rechtliche Faktoren, administrative Verfahren sowie Problemwahrnehmung und Akzeptanz der unterschiedlichen Pfade unterscheiden sich voneinander.[323]

6.1.6 Dead End

Bei der Gabelung in unterschiedliche Technikpfade erweisen sich zuweilen nicht alle Pfade als aussichtsreich. Die Entwicklung eines eingeschlagenen Pfades kann sich auch als nicht erfolgreich erweisen und abgebrochen werden, also in

---

323 Im Fall der Windenergie wurde ein Gabelungspunkt erreicht, als die Entwicklung der Offshore-Windenergienutzung begann. Zwar wurde bis heute noch kein Offshore-Windpark in Deutschland realisiert (Stand: Anfang 2008), aber die Planungs- und Genehmigungsverfahren sind bereits weit fortgeschritten. Der Ausbau der Windenergie an Land durch Zubau, Repowering und Export einerseits sowie die beginnende Umsetzung der Windenergieerzeugung auf See andererseits bilden zwei unterschiedliche Pfade der Entwicklung. Sie unterscheiden sich hinsichtlich der Akteurskonstellation (zu der im Fall der Offshore-Entwicklung auch große Energieversorger gehören), der Genehmigungsverfahren, der technischen Herausforderungen und der erforderlichen Investitionssummen erheblich (besondere Anforderungen für den Einsatz der Windenergie auf See bestehen im Hinblick auf die maritime Technik zur Errichtung der Anlagen, die Baugröße, die Leistungsstärke, die Materialbeanspruchung, den Wartungsaufwand sowie die Netzanbindung und Netzregelung). Und auch die ökologischen Implikationen haben unterschiedlich Dimensionen. Zudem ruft die geplante Nutzung der Offshore-Windenergie Widerstand in der betroffenen Bevölkerung hervor, der sich in Bezug auf die Akteure, ihre Motivation und ihre Argumentation von dem Widerstand gegen die Onshore-Windenergie unterscheidet.

ein „dead end“ münden. Die Situation einer solchen Sackgasse hat eine Selektionsfunktion. Entwicklungspfade, die zu aufwändig, zu kostspielig oder nicht erfolgversprechend sind oder aber keine Unterstützer mehr finden, werden wieder verlassen. Als „dead end“ wird ein abgebrochener Entwicklungspfad bzw. eine Sackgasse bezeichnet. Die Konstellation verzweigt sich und eine der Teilkonstellationen wandert an den Rand der Konstellation und verschwindet schließlich ganz. Dieser Abbruch einer Entwicklung kann Voraussetzung sein für die Geburt oder Weiterentwicklung einer anderen (gewünschten) Innovation.[324]

6.1.7 Instabile Konstellation im Entwicklungsknick

Die Phase, die als Entwicklungsknick oder Kippmoment bezeichnet wird, kann kurz ausfallen, wenn die Widerstände schnell überwunden werden. Es kann sich jedoch um eine kritische Phase handeln, die auch die Möglichkeit des „Kippens“ der Entwicklung in sich birgt (Fischedick et al. 2006). Die Existenz der neuen Technologie ist in dieser Phase gefährdet. Es entsteht eine unsichere Schwebesituation, die sukzessive oder als plötzliche Veränderung eintreten kann.

Im Gegensatz zu einem Window of Opportunity, in dem sich Möglichkeiten einer Stabilisierung und dynamischen Entwicklung der Nischentechnologie durch das Zusammentreffen von begünstigenden Entwicklungen auftun, ist das Eintreten eines Kippmoments durch das Zusammentreffen ungünstiger Entwicklungen charakterisiert. Die Phase ist mit starken Unsicherheiten und Instabilitäten verbunden. Allerdings müssen die Veränderungen die Marktperspektiven der neuen Technologie nicht unbedingt dauerhaft negativ beeinflussen.

Die Phase eines Entwicklungsknicks oder Kippmoments kann auch als Chance für die Entwicklung betrachtet und genutzt werden. Sie stellt eine Übergangsphase dar, in der die alten Strukturen und Rahmenbedingungen die Entwicklung nicht mehr tragen und die neue Konstellation noch nicht so weit gefestigt ist, dass sie tragfähig wäre. Krisen oder Kippmomente sind somit wichtige

---

324 Im Falle der Windenergie wurden innerhalb der dominanten Konstellation im traditionellen technologiepolitischen Stil kostspielige Großprojekte gefördert, mit denen ein Quantensprung in der Leistungsfähigkeit angestrebt wurde. Der prominent gewordene Growian und andere große Windenergieanlagen waren der Ansatz für einen solchen Quantensprung, der jedoch scheiterte. Das technologisch visionäre Großprojekt Growian war kein Einzelfall – industriepolitisch motivierte Technologiepolitik hat vergleichbare, zum Teil weit kostspieligere und ebenso erfolglose Großprojekte auch in anderen Technologiebereichen hervorgebracht (Weyer 2004: 11 ff.). Nach dem Scheitern dieses Entwicklungspfades (dead end) wurde die Steuerungsaufmerksamkeit auf die inkrementelle Entwicklung kleiner und robuster Windenergieanlagen fokussiert.

und möglicherweise auch notwendige Bestandteile von Umweltinnovationsprozessen. Ihre Funktion besteht darin, dass die Konstellation sich neu arrangieren, ordnen und stabilisieren kann und viele Weichen neu gestellt werden. Wird die Krise überwunden, so ist ihr Resultat eine Transformation der Konstellation in ein neues, stabileres Stadium, das der Technologie weitere Diffusionspotenziale bietet.

Mit dieser Phase geht eine instabile Konstellation einher, die nicht widerspruchsfrei ist – es treten massive Spannungen, Konflikte und Widerstände auf. Indem die Vorzüge und Verwertbarkeiten der neuen Technologie deutlich werden, entsteht Konkurrenz zum etablierten System und dieses geht in die Opposition. Die Konstellation ist dadurch charakterisiert, dass die neue Branche versucht, Marktanteile zu übernehmen, während das etablierte System versucht, diese Übernahme zu verhindern. Nische und Dominante stehen in Systemkonkurrenz zueinander. Die Nische gerät in eine krisenhafte Situation. Die zuvor stabilisierenden Faktoren werden von kritischen Akteuren unter Druck gesetzt. Die Nische der neuen Technologie muss mit Widerständen und Rückschlägen fertig werden.

Sowohl nischenexterne als auch nischeninterne Veränderungen können zur Entstehung einer solchen krisenhaften Situation beitragen. Nischen-externe Veränderungen sind zum Beispiel ein Wandel der Bedingungen im Kontext der Konstellation (kurzfristige Änderung der Energiepreise), das Entstehen von Rechtsunsicherheiten[325], Akzeptanzverluste gegenüber der stärker wahrnehmbaren neuen Technologie, das Eintreten neuer gegnerischer Akteure und Interessen-Allianzen in die Konstellation, ein Durchbruch von Technologien, die in direkter Konkurrenz zu der neuen Technologie stehen oder politische und ökonomische Faktoren, wie z. B. ein Wegbrechen der staatlichen Unterstützung. Auch eine negative oder unsachliche Medienberichterstattung kann zur Brisanz und Instabilität der Situation beitragen.[326] Als Nischen-interne Veränderungen können Spannungen und Konflikte unter den Akteuren der Nische entstehen, es können sich Widerstände beim raschen Aufbau neuer Strukturen entwickeln, Lernkurven können stagnieren oder es können Kostendegressionseffekte, Kostendruck und

---

325 Im Fall der Windenergie wurde Rechtsunsicherheit beispielsweise durch den massiven Widerstand der Stromversorgungsunternehmen gegen das für die Nischenentwicklung zentrale Stromeinspeisungsgesetz ausgelöst, insbesondere durch eine Klage vor dem Europäischen Gerichtshof (vgl. Kapitel 4.4.2).

326 So wird z. B. der Leitartikel „Windmühlenwahn" des Nachrichtenmagazins Der Spiegel (Nr. 14 vom 29.03.2004) häufig als Beispiel für eine Berichterstattung zitiert, die sich weniger auf eine sachliche Abwägung von Fakten konzentriert als vielmehr die Ängste der Bevölkerung bzgl. Möglicher Beeinträchtigungen wiederspiegelt.

Verdrängungswettbewerb sowie eine daraus resultierende Marktstagnation auftreten.

6.1.8 Zusammenfassung

Zunächst ist zu unterstreichen, dass die hier skizzierten Phasen und Konstellationen als idealtypisch und modellhaft zu betrachten sind. Die Realität weist Iterationen, Schleifen und Überschneidungen der Phasen auf und die Phasen können nicht immer klar voneinander abgegrenzt werden (vgl. Braun-Thürmann 2005: 37). Dennoch wird das Phasenmodell hier als heuristisches Modell genutzt, um Erkenntnisse über Innovationsprozesse zu gewinnen.

Die Entwicklung der Windenergie zeigte, dass sich die Innovation insgesamt stabilisierte, es jedoch immer wieder zu Verzweigungen, Unsicherheiten und Brüchen kam. Der Prozess setzt sich zusammen aus Phasen mit stabiler Konstellation – im Sinne einer relativ beständigen Konstellation aus Einflussfaktoren für einen gewissen Zeitraum – und instabilen Konstellationen – im Sinne einer relativ unbeständigen Konstellation für einen kürzeren Zeitraum (mehrfache oder einschneidende Veränderungen). Der Prozess bestätigt somit das Modell der „Innovation Journey" (vgl. Kapitel 2.2.5), in dem sich stabile und instabile Phasen abwechseln.

Die Windenergietechnologie expandierte zwar von Phase zu Phase, Akteure und ihre Motivationen, Kontextbedingungen und Konstellationen veränderten sich jedoch in einer Weise, die immer wieder zu Instabilitäten in der Konstellation führte. Um den Prozess wieder zu stabilisieren, waren unterschiedliche Korrekturen notwendig: Es wurden Veränderungen rechtlicher, politischer, planerischer, sozialer, ökonomischer und technischer Aspekte vorgenommen. Instabile Phasen oder Situationen hatten daher eine zentrale Bedeutung im Entwicklungsprozess. Sie führten dazu, dass sich die sozio-technische Konstellation in der jeweils nachfolgenden Phase neu ordnete, stabilisierte und die Technologie auf ein jeweils höheres Niveau der Etablierung gelangte.

Der Wechsel von Phasen der Stabilisierung und des Umbruchs lässt darauf schließen, dass sich die Kräfte in den relativ stabilen Konstellationen in einer Weise verändern, die zu Konflikten, Widerständen und Instabilitäten führt. Die Zuspitzung dieser Konflikte und Hemmnisse führt zu Instabilitäten und dazu, dass sich die Konstellation justieren, neu orientieren und ordnen muss, damit wieder Stabilität hergestellt und der Innovationsprozess – auf der nächsten Entwicklungsstufe – in gestärkter Weise fortgesetzt werden kann. Diese Nicht-Linearität des Entwicklungsverlaufs scheint eine Bedingung für eine erfolgreiche und lernende, sich von Stufe zu Stufe aufwärts bewegende Entwicklung zu sein.

Wenn der Erfolg nicht durch Instabilitäten unterbrochen wäre, gäbe es keinen Lernansatz für die Konstellation und die in ihr handelnden Akteure. Der Wechsel von stabilen und instabilen Phasen ist somit zwar kein Kriterium für Wachstum, aber für Entwicklung.

Es wird angenommen, dass Innovationsprozesse nicht immer der gleichen Sequenz von Phasen folgen, dass sie jedoch auch nicht ohne jedes erkennbare Muster verlaufen. Sie setzen sich aus bestimmten, für diese Prozesse typischen und immer wieder auftretenden Phasen und Situationen zusammen, ohne dass diese allerdings in der immer gleichen Weise aufeinander folgen. Das Problem, das sich stellt, ist die Modellierung künftiger Entwicklungsverläufe.

6.2 Verlaufsrhythmus und Modularisierung

Im Folgenden soll in einer generalisierenden Interpretation des Windenergiefalls ein modellhafter Ansatz für den Ablauf von Innovationsprozessen skizziert werden. Die in Kapitel 6.1 beschriebenen charakteristischen Phasen dienen dabei als Basis für die Beschreibung charakteristischer „Module" von Innovationsprozessen.[327] Es geht darum, eine Periodizität im Entwicklungsprozess zu erkennen, um daraus Hypothesen hinsichtlich generalisierbarer Verlaufsformen zu entwickeln.

Die wissenschaftliche Analyse von dynamisch verlaufenden Prozessen geschieht häufig anhand von Phasenmodellen. Diese Art der Modellierung erleichtert die empirische Arbeit bei der Analyse von Prozessen und die Interpretation durch eine klar geschnittene Heuristik. Phasenmodelle haben den Vorteil, dass sie die Vergleichbarkeit von ganz unterschiedlichen Einzelinnovationen ermöglichen, sie machen die Einschätzung von typischen Zeitspannen und in einem gewissen Umfang auch die Abschätzung zukünftig wahrscheinlicher Verlaufsformen möglich (Meister & Ohlhorst 2006).

Das prominenteste Phasenmodell in der Politikwissenschaft ist der zumeist fünfstufig angelegte Policy-Zyklus, der auf die Verlaufslogik von Agenda-Setting (Problementstehung), Politikformulierung, Politikimplementation bis hin zur Evaluation und ggf. Korrektur des Prozesses verweist (vgl. Kapitel 2.2). Empirische Studien haben allerdings immer wieder so starke Abweichungen von dieser

---

327 Die Ausführungen in Kapitel 6 basieren auf einem Vortragsmanuskript, das gemeinsam mit Martin Meister für den Workshop „Evolution und Steuerung technischer Innovationen" der Sektion Wissenschafts- und Technikforschung der DGS und des Arbeitskreises Politik und Technik der DVPW am 4./5. November 2005 am Max-Planck-Institut für Gesellschaftsforschung in Köln erarbeitet wurde.

verallgemeinerten Verlaufslogik belegt, dass sie massiv in Frage gestellt wurde (vgl. z. B. Sabatier 1993). Die Anwendung von Phasenmodellen ist in der Politikwissenschaft seltener geworden. Mittlerweile werden differenzierte Analysen der Formierung von Issues und Mehrebenen-Analysen von Governance-Prozessen bevorzugt. Ein Grund für diese Abkehr vom Policy-Zyklus liegt vermutlich darin, dass dieser einer regierungszentrierten Steuerungsperspektive folgt. Der Policy-Zyklus orientiert sich eng am Gesetzgebungsprozess sowie am Konzept der durchgreifenden top-down-Steuerung durch politische Programme. Dieses Bild entspricht jedoch nicht der realen Komplexität von Politikprozessen.

In der Technikgenese- und Innovationsforschung wird ein vierstufiges Ablaufmodell zur Strukturierung von Innovationsprozessen genutzt.[328] Auch dieses klassische, lineare Modell des Verlaufs von Innovationen ist, so lautet eine Erkenntnis aus der vorliegenden Untersuchung, zu differenzieren. Der Entwicklungsverlauf des Innovationsprozesses der Windenergie lässt sich nicht mit diesem einfachen und linearen Kaskadenmodell abbilden. Der Prozess erweist sich bei genauerer Betrachtung als rekursiv, nicht-linear und durch Brüche unterbrochen.

In der Innovationsforschung wurde ein Prozessmodell für die Veränderung der Form und Funktion von Innovationen entwickelt, das mit der Metapher der Reise als „Innovation Journey" bezeichnet wurde (Van de Ven et al. 1999).[329] Das Modell wurde als empirische Verallgemeinerung auf der Basis einer größeren Zahl von Fallstudien entwickelt. Van de Ven und seine Kollegen fassen darin gemeinsame Befunde aus ihren Längsschnitt-Studien in einem Modell des typischen Innovationsablaufs zusammen (vgl. Kapitel 2.2.5). Die Innovation Journey ist nach Van de Ven charakterisiert durch wechselnde konvergente und divergente Entwicklungen (Öffnungs- und Refokussierungszyklen). Es kommt zu immer wiederkehrenden Suchphasen, weil in stabilen, progressiven Entwicklungsphasen Widersprüche entstehen, die einer Auflösung und Refokussierung bedürfen. Der Blick auf den Innovationsprozess ist dabei wenig deterministisch. Lineare Modelle, die einen klar gegliederten Phasenablauf einer Innovation beschreiben, werden verworfen. Eine zentrale Erkenntnis der Autoren der „Innovation Journey" lautet, dass sich der Weg, den eine Innovation nimmt, weder vorhersagen

---

328 Dabei wird unterschieden zwischen der Phase der Entdeckung (discovery), der Erfindung (invention), der Adaption bzw. Stabilisierung (development) und der Phase der Verbreitung (diffusion) von Innovationen (vgl. Braun-Thürmann 2005: 36).

329 In einer zehnjährigen Feldphase wurden etwa ein Dutzend Innovationsprozesse begleitend beforscht. Das Programm war damit das bislang größte empirische Projekt zur Erforschung von Innovationsverläufen.

noch kontrollieren lässt, dass aber für Innovationsprozesse allgemeine Muster identifiziert werden können, obwohl sie jeweils unterschiedlich verlaufen.

Abbildung 25: Phasenmodule des Innovationsprozesses

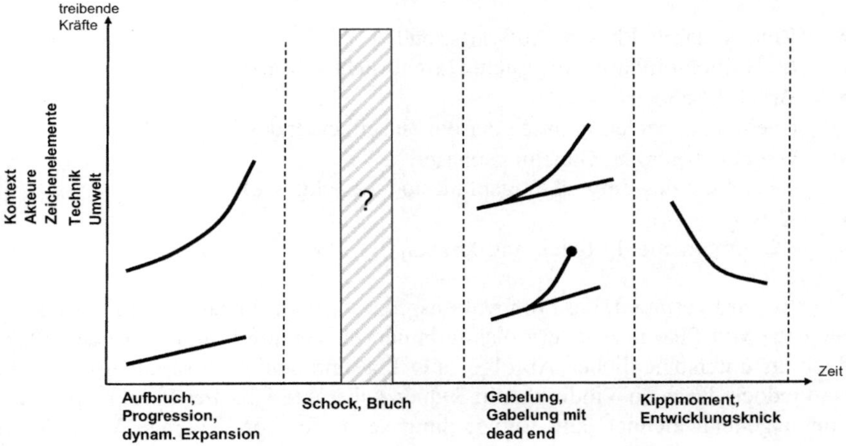

Quelle: eigene Darstellung

An diese Erkenntnis wird hier angeschlossen. Es wird davon ausgegangen, dass es keine Standardabfolge von Phasen eines Innovationsprozesses gibt. Innovationsprozesse sind durch unterschiedliche Einflussfaktoren bestimmt und verlaufen jeweils individuell und diskontinuierlich. Diese jeweils individuellen Innovationsprozesse weisen jedoch übergeordnete Muster auf. Ein Ansatzpunkt für eine generalisierende Aussage ist, dass Innovationsprozesse aus einer Abfolge bestimmter charakteristischer Phasen und Situationen bestehen, die jedoch nicht notwendigerweise alle in einem Innovationsprozess und auch nicht in derselben Reihenfolge auftreten. Das Muster der Entstehung und Stabilisierung einer Innovation und ihrer Konstellation setzt sich zusammen aus verschiedenen Sequenzen, die hier als *Phasenmodule* bezeichnet werden (Abb. 25).

Die vorgeschlagenen Module sollen der Deskription von Entwicklungsabläufen dienen. Sowohl der in eine Abfolge von Handlungsschritten eingeteilte Policy-Zyklus als auch das lineare Modell des Innovationsprozesses mit seinen vier Phasen wird dabei verlassen zugunsten flexibler Module (Phasen und Situationen), aus denen sich Innovationsprozesse zusammensetzen. Es wird vermutet, dass diese Module auch in anderen Innovationsverläufen identifizierbar sind (vgl. Geels 2006: 1004 f.). Die einzelnen Phasen des Prozesses sind als Bündel heterogener und interdependenter Einflussfaktoren *(Konstellationen)* zu betrachten. Abbildung 25 zeigt eine abstrahierte Isolierung und Zuspitzung der einzelnen Modul-Typen, aus denen sich ein Innovationsverlauf zusammensetzen kann. Dazu gehören:

- Relativ stabile Phasen, Aufwärtstrends
  (z. B. Pionierphase, Aufbruch, Durchbruch, Boom)
- Brüche, Schocks
  (mehrere Einzelereignisse oder ein einschneidendes Ereignis)
- Gabelungspunkte, Gabelungsphasen
  (Gabelung des Entwicklungspfades oder Sackgasse)
- Krisen
  (Kippmomente, Entwicklungsknicks)

Es wird vermutet, dass Innovationsprozesse nicht linear oder in einer festen Sequenz von Phasen, sondern diskontinuierlich verlaufen und sich generell, jedoch in unterschiedlicher Abfolge, aus Phasenmodulen zusammensetzen. Sie sind jedoch durch eine individuelle Sequenz charakteristischer Phasen und Situationen gekennzeichnet. Die Entwicklung setzt sich fort, solange Veränderung und Innovation stattfindet. Das Phasenmodell sieht demnach auch kein Ende des Prozesses vor.

Zu untersuchen wäre in Vergleichsstudien mit anderen Innovationsprozessen, ob sich die Prozesse aus ähnlichen, den Verlauf rhythmisierenden Phasen und Situationen zusammensetzen und ob diese Bestandteile eines Innovationsprozesses eine Art „Baukasten" für jeweils individuelle Innovationsverläufe sein können.

Die Phasenmodule tragen der Individualität des betrachteten Innovationsprozesses Rechnung, ohne zumindest einige der eingangs genannten Vorteile von Phasenmodellen aufgeben zu müssen. Es bietet die Möglichkeit, sowohl die zeitliche Dimension als auch die situative Komplexität unterschiedlicher Prozesse miteinander zu vergleichen und interessierende, einzelne Pfadabschnitte und entscheidende Interdependenzen zu untersuchen. Prozesshaftigkeit und Multidimensionalität können dabei integriert werden.

7 Konstellationen und Phasen als Ausgangspunkt für Governance

Von umweltpolitischen Entscheidungsträgerinnen und Entscheidungsträgern wird erwartet, dass sie gesellschaftliche und wirtschaftliche Prozesse gezielt und erfolgreich im Sinne der Erhaltung der natürlichen Lebensgrundlagen des Menschen steuern (vgl. z. B. Jänicke et al. 1999: 32 ff.). Es wird also von staatlicher Steuerungskompetenz im Hinblick auf den Schutz der Umwelt ausgegangen. Dahinter steht der Wunsch nach einer zentralen Kontrollierbarkeit komplexer Systeme durch die Politik. Demgegenüber hält sich die These der Grenzen staatlicher Steuerungsfähigkeit und der Nicht-Vorhersagbarkeit komplexer sozio-technischer Prozesse. Diese These erhält besonderes Gewicht angesichts der zunehmenden Internationalisierung und Globalisierung von Politik und Wirtschaft sowie von folgenschweren Gefährdungen menschlicher Lebensgrundlagen – zum Beispiel aufgrund der globalen Erwärmung. Im Zentrum steht daher in diesem Kapitel die Frage nach der Steuerbarkeit bzw. Governance von Umweltinnovationsprozessen. Können derart komplexe Prozesse überhaupt gesteuert werden und wenn ja, wie, durch wen und zu welchem Zeitpunkt? Welche Schlüsse können aus der Charakteristik von Strukturen (Konstellationen) und Phasen des Innovationsprozesses für die Steuerung gezogen werden? Welche Governance-Strategien und -Instrumente scheinen erfolgversprechend für Umweltinnovationsprozesse?

Die aus der Analyse des Innovationsprozesses der Windenergie in Deutschland gewonnenen Erkenntnisse sollen abstrahiert und zu verallgemeinerbaren Aussagen über wirksame Steuerungsansätze in Innovationsprozessen zusammengefasst werden. Damit wird jedoch nicht der Anspruch erhoben, verallgemeinerbare Governance-Regeln für Innovationsverläufe im Sinne von „Wenn-Dann-Zusammenhängen" aufzustellen. Innovationsprozesse sind durch spezifische, singuläre Merkmale gekennzeichnet. Sie sind sowohl in ihrem Verlauf als auch in der Zusammensetzung der bedeutsamen treibenden und hemmenden Kräfte jeweils individuell. Es gibt keinen durchgängigen „one best way" für erfolgreiche Governance von Innovationsprozessen. Es ist daher eine Herausforderung für politische Entscheidungsträger, eine jeweils individuell angepasste Governance-Strategie zu entwickeln.

Dennoch werden im Folgenden Governance-Ansätze skizziert, von denen angenommen wird, dass sie einen Innovationsprozess in Gang setzen bzw. am Laufen halten können. Wie kann der Übergang von einer Nischenkonstellation hin zu einer etablierten Technologie durch staatliche Interventionen unterstützt werden? Welche Konstellationstypen liefern welche Steuerungsanlässe und -möglichkeiten? Womit kann – vor dem Hintergrund der festgestellten Periodizität des Prozesses – die Erfolgswahrscheinlichkeit von regulierenden Eingriffen gesteigert werden? Wie kann die Entwicklung von Nischen mit zeitlich begrenzten Gelegenheiten verknüpft und für das Steuerungshandeln genutzt werden?

Zur Beantwortung dieser Fragen sollen die Untersuchung von Einflussfaktoren auf das Innovationsgeschehen (Konstellationen) einerseits und das Prozessmodell (Phasen) anderseits miteinander verbunden und für die Frage nach Governance-Ansätzen verwertet werden. Dahinter steht die Annahme, dass Governance-Strategien zum einen auf die Konstellation der Einflussfaktoren und zum anderen auf den Prozess des Innovationsgeschehens abgestimmt sein müssen, um wirksam zu sein. Es wird angenommen, dass eine prozess- und konstellationsorientierte politische Strategie gegenüber einer eher produktorientierten Strategie höhere Aussicht auf Erfolg hat.

7.1 Governance unter Berücksichtigung multipler Einflussfaktoren und der Dynamik

7.1.1 Die Konstellation in den Blick nehmen

Die Konstellation in den Blick nehmen heißt, in der Konzeption steuernder Maßnahmen die relevanten Einflussfaktoren möglichst umfassend zu berücksichtigen. Bei der Governance von Innovationsprozessen ist das Passungsverhalten der Regulierung in Bezug auf die Konstellation von hoher Bedeutung. In den verschiedenen Stadien des Prozesses spielen unterschiedliche Einflussfaktoren eine Rolle. Der dynamische Wandel der sich immer wieder neu bildenden Konstellation ist zu berücksichtigen und das Governance-Instrumentarium ist an das stets neu emergierende setting anzupassen.

Es geht somit zunächst darum, die Entwicklung in ihrem gesamten Kontext zu verstehen. Dies macht es erforderlich, dass Entscheidungsträger die sich im Prozess fortlaufend ändernde Struktur, in die die Nischen-Innovation eingebettet ist, in den Blick nehmen und der Konstellation entsprechende Maßnahmen zur Stabilisierung der Nische ergreifen. Eine übergreifende Perspektive ist von Bedeutung, damit die relevanten Akteure, Einflussfaktoren und Wechselwirkungen möglichst erschöpfend berücksichtigt werden können.

7.1.2 Technology matters

Umwelttechnologien unterscheiden sich im Hinblick auf viele Aspekte und bedürfen daher entsprechend angepasster Governance-Modi. Die Unterschiede bestehen in Bezug auf die Technologie (z. B. Komplexität der Technologie und der Fertigungstechniken, Zahl der Anlagenkomponenten), auf die Ausgangsbedingungen der Technologieentwicklung (z. B. Verfügbarkeit von Rohstoffen, Produktionsanlagen und -kapazitäten, Know-how), in Bezug auf den Markt (z. B. Interdependenzen mit internationalen Märkten, Erzeugungskosten), auf die Diffusionsbedingungen (z. B. Flächenbedarf, Sichtbarkeit, Integrierbarkeit in bestehende Nutzungsmuster) sowie in Bezug auf ideelle Rahmenbedingungen (z.B. Image, Potenziale, Erwartungen der Unternehmen, zivilgesellschaftliches Engagement). Verschiedene Technologien sind aufgrund ihrer spezifischen Eigenschaften in unterschiedliche Konstellationen eingebunden.

Entsprechend sind differenzierte Governance-Konzepte erforderlich. Im Fall der erneuerbaren Energien hat sich die spartenbezogene Differenzierung v. a. der Vergütungsregelung in der Vergangenheit als erfolgreich erwiesen. Governance war erfolgreich, wenn die Spezifika des jeweiligen Innovationsbereichs berücksichtigt wurden. Je komplexer die Technologie, je höher die Pluralität der beteiligten Akteure, je stärker der Einfluss betroffener Regime und je komplexer die marktwirtschaftlichen Verflechtungen, desto schwieriger ist es jedoch, den Innovationsprozess zu steuern, da zunehmend Probleme der Mehrzieloptimierung und Interessensdivergenzen auftreten.

7.1.3 Governance in heterogenen Konstellationen

In diesem Zusammenhang ist die eingangs erläuterte Charakteristik von Governance – im Vergleich zu Government – relevant (Kapitel 1.2.1). Governance von Innovationsprozessen unter Berücksichtigung der Konstellation bezieht sich auf die netzwerkartigen Strukturen des Zusammenwirkens staatlicher und privater Akteure und impliziert eine Perspektive auf den Staat, in der dieser nicht mehr die Rolle einer zentral steuernden Instanz einnimmt, sondern gesellschaftliche Probleme durch kooperative Governance-Formen der kollektiven Regelung angegangen werden. Dabei sind die zunehmende Komplexität vieler Politikbereiche, neue Zuständigkeiten, Mehrebenenstrukturen, die zunehmende Bedeutung nichtstaatlicher Akteure und die Herausbildung neuer Steuerungsmechanismen von Bedeutung. Es geht darum, dass eine Koalition aus „system builders“ den Markt entstehen lassen. Steuerndes Handeln ist nicht als Handeln „von außen“ zu verstehen, sondern die Steuerungsakteure sind selbst Teil des Systems (der

Konstellation). Es geht somit auch darum, dass die Handelnden sich selbst und die übrigen Teile der Konstellation in die Perspektive des Ganzen integrieren.

Konstellationen können dabei als Diagnose-Werkzeug dienen und dazu beitragen, mögliche Kontextualisierungen einer neuen Technologie zu antizipieren und Interventionsmöglichkeiten zu identifizieren. In der Konstellation können die Komplexitäten des realen Prozesses in stilisierten Einflussfaktoren dargestellt und vereinfacht werden. Die Konstellationen müssen dabei einerseits handhabbar sein, andererseits aber auch die Komplexität der Realität erfassen.

Im Fall der Windenergie wurde der Steuerungs- und Regulationsrahmen von Phase zu Phase an das jeweils neue Setting der Konstellation flexibel angepasst und optimiert, wobei die Steuerungsimpulse den Phasen entsprechend unterschiedliche Funktionen hatten.

7.1.4 Governance zum richtigen Zeitpunkt

Die Anforderungen an steuernde Interventionen verändern sich im Zeitverlauf. Es gibt keinen Weg der Innovationsentwicklung, der im Voraus festgelegt wäre, sondern die handelnden Akteure schaffen den Weg selbst. Obwohl die Entwicklung einer Innovation in der Regel nicht linear verläuft, neigen politische Entscheidungsträger häufig dazu, die Zukunft durch ihre Ziele zu definieren, linear zu projektieren und diese Projektion als „road map“ zu nutzen. Es scheint sich jedoch begünstigend auf den Innovationsprozess auszuwirken, wenn steuernde Maßnahmen dem jeweiligen Entwicklungsstand der Konstellation angepasst und das Instrumentarium parallel zum Innovationsprozess fortentwickelt wird. Ein Nachjustieren politischer Maßnahmen und Instrumente ist notwendig, um unerwünschte Richtungen oder ein Scheitern des Innovationsprozesses zu vermeiden. Dabei geht es zum einen darum, Dynamiken in Richtung auf das angestrebte Ziel zu gestalten. Zum anderen erlaubt das Verständnis der Dynamiken, Möglichkeiten der Intervention zu identifizieren (vgl. Rip & Schott 2002: 157-161).

Im Fall der Windenergie wurde mit dem Stromeinspeisungsgesetz die Ausrichtung der Technikentwicklung den Akteuren des Marktes überlassen. Das Gesetz erzeugte einen deutlichen technologie-push, jedoch entwickelten die Marktteilnehmer die Innovationen und bestimmten die technologische Entwicklungsrichtung. Sie konnten dabei von der Sicherheit des staatlich gesetzten Rahmens profitieren, der neben der Einspeisevergütung auch die gesetzlich festgelegte Möglichkeit umfasste, die Infrastruktur des Stromnetzes zu nutzen (Netzanschlusspflicht der EVU). Der Staat richtete sein Handeln also zunehmend auf die Bedürfnisse des Marktes aus.

Der Innovationsverlauf der Windenergie zeigte allerdings in jeder neuen Konstellation eine substantiell veränderte Sachlage. Steuerungsimpulse waren dann erfolgreich, wenn der phasenspezifische Entwicklungsstand richtig eingeschätzt und die Steuerungsinstrumente entsprechend eingesetzt wurden. Staatliche Förderung sowie ein immer wieder aktualisiertes Entgegenkommen durch Nachbesserungen in der Regulierung („Nachsteuerung") haben eine zentrale Rolle gespielt.

Zu Beginn des Innovationsprozesses konnte ein grundsätzlicher Strategiewandel (von der Großanlagenforschung zur inkrementellen Technikentwicklung von zunächst leistungsschwächeren Anlagen) Schubkraft für den Prozess entwickeln. Auch war es von Bedeutung, zum richtigen Zeitpunkt von einer Förderung der Prototypen zu einer Förderstrategie der Markteinführung überzugehen. Rechtsänderungen erfolgten weniger langfristig geplant und strategisch aufeinander aufbauend, sondern jeweils durch bestimmte Veranlassung. Eine auf die jeweilige Phase des Entwicklungsprozesses abgestimmte Handlungsstrategie konnte die gesetzten Ziele erreichen. Durch eine kontinuierliche Reflektion und Überprüfung der Steuerungswirkung und fortwährende Anpassung des Governance-Instrumentariums an die jeweils neue Situation konnten kritische Phasen des Prozesses überwunden und so der Weg der Diffusion geebnet werden.

Es wurde reflexiv und flexibel gehandelt und nachgesteuert mit dem Ziel, die kritische Schwelle zu überwinden, jenseits derer eine neue Technologie sich eigendynamisch und ohne einen rechtlich-ökonomischen Schutzraum entwickeln kann. Eine Berücksichtigung der Prozessdynamik ist von hoher Bedeutung.[330] Langfristig angelegte Governance-Strategien sollten so flexibel und lernfähig sein, dass das Instrumentarium dem Entwicklungsstand des Innovationsprozesses phasenweise angepasst werden und auf nicht intendierte Entwicklungen der neuen Technologie schnell reagiert werden kann. Der Erfolg von Steuerungsimpulsen ist nicht programmierbar, aber steuern ohne nachsteuern hat wenig Aussicht auf Erfolg. Die flexible Anpassung des gewählten Steuerungsinstrumentariums erkennt die Komplexität der Einflussfaktoren an und erhöht die Erfolgswahrscheinlichkeit im Hinblick auf das Steuerungsziel.

Der Windenergieprozess hat gezeigt, dass der Prozess der Nischenentwicklung unterschiedliche Stadien (Phasenmodule) aufweist. Jedes Nischenstadium ist durch eine spezifische Konstellation und Charakteristik gekennzeichnet. Im Folgenden werden Governance-Ansätze für die folgenden Phasenmodule (Stadien des Nischenprozesses) entwickelt:

---

330 Vgl. Sartorius & Zundel 2004: 17 f.; Zundel et al. 2003.

- Pionier- und Aufbruchphasen, in der die Nische als zu schützender Raum für eine frühe Entwicklung der Innovation entsteht oder geschaffen wird (Kapitel 7.2),
- Phasen der Progression, in der die Innovation in die sie umgebende Welt diffundiert (Kapitel 7.3),
- Phasen der dynamischen Expansion, in der die Nische wächst und eine Branche bildet (Kapitel 7.4) und
- Krisenphasen, Kippmomente oder Brüche, in denen Instabilitäten in der Konstellation die Entwicklung der neuen Technologie gefährden (Kapitel 7.5).

7.2 Nischen schaffen und schützen

7.2.1 Durch Nischenförderung Gelegenheiten schaffen

Die technische Innovation entsteht – nachdem sie durch die Invention „geboren" wurde – zunächst in einer Nische, die aus nur wenigen miteinander verknüpften Elementen besteht. Sie ist zu Beginn der Innovationsentwicklung offen, verhandelbar und nicht gefestigt. Das Prozessmodell verdeutlicht, dass Nischen für technische Neuerungen zunächst als eine Bedingung der Überlebensfähigkeit geschaffen werden müssen. Sie müssen solange geschützt werden, bis diese Überlebensfähigkeit aus eigener Kraft erreicht wird.

In den Phasen, in denen sich die Innovation noch in einer Nische befindet, kann der Kontext der Konstellation eine ausschlaggebende Rolle spielen – eine Einflussnahme auf den Kontext ist jedoch in der Regel schwierig oder aufwändig. Durch die systematische Schaffung und Stabilisierung von Nischen[331] können Gelegenheiten vorbereitet werden, die sich durch begünstigende Veränderungen im Kontext ergeben.

Die Nischen-Innovation kann sich stabilisieren und etablieren, wenn sie mit unterschiedlichen Einflussfaktoren nutzbringend verknüpft und mit dem Kontext in Einklang gebracht wird, so dass eine kohärente Konstellation entsteht. Dabei verändert sich sowohl die neue Technologie als auch ihr Anwendungsumfeld. Die technische Innovation entwickelt sich in engem Zusammenhang mit unterschiedlichen Akteuren sowie ökonomischen, regulativen und institutionellen Faktoren. Diese Erkenntnis stimmt mit der Sichtweise überein, dass die Gestal-

---

331 Zum „strategic niche management" vgl. z. B. Kemp at al. 1998.

tung von Technologie und Gesellschaft zwei Seiten derselben Medaille sind (Bijker & Law 1992).

Steuerungsakteure können den für die Nischenentwicklung notwendigen Schutzraum schaffen und erhalten, indem sie neben der technischen Innovation auch ihre Umgebung in den Blick nehmen und systematisch gestalten oder nutzen. Nischenförderung kann beispielsweise darin bestehen, Forschungs- und Entwicklungsanreize zu setzen oder die Bildung eines Nischenmarktes durch einen rechtlich-ökonomischen Rahmen zu unterstützen und abzusichern. Auch die Unterstützung der Bildung von Interessenkoalitionen und der Vernetzung relevanter Akteure (zum Beispiel Forscher, Techniker, Projektierer, Handwerker, Installateure, Anlagen-Nutzer sowie Vertreter von Bürgerinitiativen und NGOs) kann die Nischenbildung fördern und damit Gelegenheiten zur Weiterentwicklung erwünschter Technologien schaffen. Entsprechende Verhandlungssysteme fördern den Fortgang der Innovationsentwicklung.

Darüber hinaus ist das institutionelle Umfeld an die Erfordernisse der Technologieentwicklung oder umgekehrt, die Technologie an das institutionelle Umfeld anzupassen. Den Policy-Entrepreneuren kommt die Aufgabe zu, stabilisierende Faktoren und Akteure zu einem möglichst widerstandsfreien Netz zu verknüpfen, sie zu koordinieren und dem Innovationsprozess einen Rahmen zu geben. Der Innovationsprozess wird gestützt, indem parallel zur technischen Innovation Entwicklungen auf unterschiedlichen Ebenen gefördert werden – soziale und institutionelle Innovationen erfolgen im Wechselspiel mit der technischen Innovation.

7.2.2 Kritische Überlegungen zum staatlichen Schutz technologischer Nischen

Staatliche Maßnahmen zum Schutz von Industrien, die noch in den Kinderschuhen stecken, werden vielfach kritisch betrachtet und es wird danach gefragt, ob „solcherart geschützte Industrien jemals erwachsen“ werden.[332] An dieser Stelle soll daher die ambivalente Bewertung geschützter Märkte und technologie- und innovationspolitisch erzeugter Nischen berücksichtigt werden. Nischen werden vielfach als innovationshemmende Infrastrukturen betrachtet. Dies wird zum einen damit begründet, dass eine Nischenbildung die Suche nach breiteren Anwendungsmöglichkeiten von technischen Neuerungen behindert. Zum anderen wird in der Schaffung von geschützten Nischen das Risiko gesehen, dass sie innovie-

332 Nelson 1993: 514 f., zitiert bei Ingo Schulz-Schaeffer 2006: 5.

rende Unternehmen davon abhalten, sich dem internationalen Wettbewerb zu stellen (Schulz-Schaeffer 2006: 14).

Das hier entwickelte Prozessmodell spricht jedoch dafür, dass die Suche nach oder die Bildung von begünstigenden Nischen eine wesentliche – und auf einen bestimmten Zeitraum begrenzte – Bedingung von Umweltinnovationsprozessen ist. Wenn Nischenmanagement als Förderpolitik betrieben wird, ist allerdings zu beachten, dass die Nischen nicht zu Innovationshemmnissen werden.

Nischenbildung wird als ein integraler Bestandteil der sozio-technischen Entwicklung technischer Innovationen angesehen (Schulz-Schaeffer 2006: 14). Eine Nische in Form von Protektionsmaßnahmen oder heimischen Märkten als Standortvorteil ist in der Regel insbesondere für die Phase der Einführung politisch erwünschter, neuer Technologien notwendig, sie ist aber nur zu Beginn des Prozesses eine Bedingung für die Überlebensfähigkeit. Es ist eine Herausforderung flexibler staatlicher Steuerung, dafür zu sorgen, dass die Nischenbildung nachfolgend nicht dazu führt, den Innovationsprozess zu hemmen, durch komplexe Feinsteuerung in eine „Planwirtschaft" überzugehen oder den Innovationswettbewerb auf internationaler Ebene lahm zu legen.

Im Windenergiefall hat der staatliche Schutz der Nische der Technologie dazu verholfen, den Kinderschuhen zu entwachsen, ohne den Innovations- und Wettbewerbsprozess zu hemmen. Die Steuerungsstrategie hat schrittweise dazu geführt, dass die Windenergie sich nun der Wettbewerbsfähigkeit annähert. Die im EEG festgelegte Degression der Vergütungssätze sieht vor, dass die Mindestvergütungen jährlich für neu in Betrieb genommene Anlagen um nominal 2 % sinken. Es besteht ein entsprechender Anreiz, die Effizienz der Anlagen zu steigern. Durch die kontinuierliche Verbesserung der Anlagentechnologie sind die Produktionskosten für Strom aus Windenergie bereits mit denen neuer konventioneller Kraftwerke vergleichbar.[333] Das Bundesumweltministerium geht davon aus, dass spätestens 2015 Windstrom auch an der Strombörse billiger zu haben ist als Strom aus herkömmlicher Erzeugung (BMU 2005c: 49 ff.). Auch im internationalen Wettbewerb ist die deutsche Windenergiebranche erfolgreich. Vier der zehn führenden Hersteller auf dem Weltmarkt sind deutsche Unternehmen, der Anteil deutscher Hersteller und Zulieferer am Weltmarkt beträgt etwa ein Drittel. Derzeit werden über 70 % der in Deutschland hergestellten Windräder und Bauteile ins Ausland exportiert.[334]

---

333 Je besser der Standort, desto niedriger die Kosten der Stromproduktion. Auch Nabenhöhe und Rotordurchmesser beeinflussen Energieertrag und Stromgestehungskosten.

334 Vgl. www.wind-energie.de/de/themen/zukunft-der-energie/windkraft-international/

7.3 Der Nische zum Durchbruch verhelfen

7.3.1 Anfängliche Unsicherheit überwinden

Für den „Durchbruch" der Windenergie war es von Bedeutung, dass zu Beginn des Innovationsprozesses eine Häufung von Steuerungsimpulsen anfängliche Unsicherheiten überwinden und so eine Dynamik des Prozesses auslösen konnte. Unsicherheit bestand insbesondere in Bezug auf die Leistungsfähigkeit der Technologie. Es mussten Varianten erprobt, erste Erfolge erzielt und ein öffentliches Interesse (der Nachfrager) geweckt werden. Die Förderung technisch noch unausgereifter Varianten der neuen Technologie sowohl durch Forschungsprogramme des BMBF als auch einzelner Bundesländer war ein bedeutender Schritt. Die Programme trugen zu einer Aufbruchstimmung im Innovationsprozess bei. Der Steuerungserfolg resultierte hier aus der (nicht absichtsvoll herbeigeführten) Kombination von Steuerungsimpulsen auf Bundes- und Länderebene. Einige Akteure bewerteten die kombinierbaren Fördermöglichkeiten in der Phase des Durchbruchs als eine Überförderung der Windenergie, da einzelne Akteure der Branche damit hohe Gewinne erzielen konnten.[335] Die ansehnlichen wirtschaftlichen Gewinnerwartungen hatten aber eine wichtige Funktion – sie beflügelten nicht nur die Nachfrage, sondern auch die technische Weiterentwicklung und trugen so zu einem Schub in der Leistungssteigerung der Technologie bei.

7.3.2 An Motivationen der Nische anknüpfen

In einer Aufbruch- oder Pionierphase ist die Nische typischerweise deutlich getrennt von der dominanten Konstellation. Staatliche Steuerung kann durch Programme zur Förderung der Entwicklung technischer Neuerungen dazu beitragen, dass die „projektierte Zukunft" der Pioniere verwirklicht wird. Dabei geht es darum, vorhandene Interessen und Motivationen von Akteuren zur Umsetzung innovativer Ideen zu nutzen und zu verstärken und so die Agenda-Bildung zur Umsetzung der innovativen Ideen zu unterstützen (vgl. Schulz-Schaeffer 2006: 13-14). Wenn Steuerungsimpulse auf die Handlungsbedingungen der Adressaten abgestimmt sind und an bestehende Strukturen der Nischenkonstellation anknüpfen, erhöht sich die Wahrscheinlichkeit, dass das Steuerungsziel erreicht wird.

---

335 Dies war der Fall, als die Vergütungsregelung nach dem Stromeinspeisungsgesetz mit den Förderprogrammen auf Bundes- und Landesebene (250-MW-Programm und Länderförderprogramme) zeitlich zusammen fielen und gekoppelt werden konnten.

Im Fall der Windenergie war der Staat zunächst auf der Seite der dominanten Konstellation des etablierten Energieversorgungssystems aktiv und versuchte, die Innovation in Kooperation mit großen Technologiekonzernen voranzutreiben. Hier scheiterte jedoch der Interaktionsversuch (Growian). Daraufhin veränderte der Staat seine Förderstrategie und unterstützte die Nischenkonstellation, die sich dann erfolgreich etablieren konnte.

Die Wirkung staatlicher Interventionen steht somit in engem Zusammenhang mit den Interessen, Zielen und Motivationen der beteiligten Akteure. Sind diese widersprüchlich oder diffus, schränkt dies die Wirkung der Interventionen ein. Konvergieren die Ziele und Motivationen der Akteure, kann sich die Wirkung einer steuernden Maßnahme besser entfalten. Ist die Konstellation gespalten in widerständige und unvereinbare Teilkonstellationen, so ist dies eine ungünstigere Voraussetzung für Steuerungsversuche, als wenn diese auf autonome oder sich einander annähernde Teilkonstellationen treffen. Die Wirksamkeit staatlicher Steuerung hängt davon ab, ob die steuernden Maßnahmen mit dem Zukunftsszenario übereinstimmen, an dem sich die beteiligten Akteure orientieren

Im Fall der Windenergie zeigte sich, dass erst ein Strategiewechsel staatlichen Handelns im Verlauf des Prozesses zum Erfolg führte. In der Anfangsphase der Entwicklung lag der Schwerpunkt der Förderung auf sehr großen Anlagen. Das Interesse war darauf gerichtet, die Windenergietechnologie durch einen technologischen Skalensprung dem zentralisierten Energieversorgungssystem anzupassen. Die bei der sprunghaften Entwicklung großer Windenergieanlagen auftretenden technischen Schwierigkeiten wurden von den Beteiligten erheblich unterschätzt. Zudem zeigte zumindest ein Teil der beteiligten Akteure ein sehr zweifelhaftes Engagement für das Gelingen des Projektes (vgl. Kapitel 4.1.3). Die unterschätzten Herausforderungen und heterogenen Akteursinteressen führten zu eklatanten Misserfolgen, die sowohl in der Politik als auch in der öffentlichen Wahrnehmung das Image der Windenergie stark schädigten.

Die staatliche Steuerungsstrategie wechselte daraufhin vom Ziel des Skalensprungs durch Förderung einer Großtechnologie zu einer Aktivierung und Förderung bereits engagierter Akteure und Promotoren, die mit der schrittweisen Weiterentwicklung dezentraler und kleiner Anlagenvarianten befasst waren. An die Stelle der Förderung von systemkonformen und daher energiewirtschaftlich und technologiepolitisch gewünschten Großanlagen trat also die Förderung vorhandener Kapazitäten und Motivationen der Nische. Dieser Regulierungsansatz trug dazu bei, dass sich das Modell der Bürgerwindanlage ausbreitete (vgl. Kapitel 5.3). Staatliche Steuerung zeigte sich dabei als aktivierendes Handeln, das vorhandenes zivilgesellschaftliches Engagement aufgriff und im Sinne der eigenen Zielsetzungen verstärkte.[336] Im Zuge der Stärkung der technischen Pionierarbeit und des Potenzials bürgerschaftlichen Engagements wurde der sukzessive Einstieg in die Professionalisierung des bis dahin von Idealismus und Individualismus getragenen Bereichs bewirkt. Die Steuerungsmaßnahmen entfalteten mehr Wirkung als das Vorläuferprogramm zur Großwindanlagenforschung, weil sie Ziele und Motivationen der beteiligten Akteure in der Nische aufgriffen und an bestehende Strukturen in der Nischenkonstellation anknüpften.

7.3.3 Kontextereignisse nutzen

Die Expansion der Windenergie ist, so wurde gezeigt, weder das alleinige Resultat einer erfolgreichen technischen Innovation noch das alleinige Resultat erfolgreicher Steuerungsimpulse. Die Dynamik des Prozesses konnte nur zum Teil durch absichtvolle Steuerungsmaßnahmen ausgelöst werden. Zum Teil hatten auch emergente, neu in die Konstellation eintretende Einflussfaktoren, die nicht steuerbar waren, eine erhebliche Wirkung. Es zeigte sich, dass der Innovationsprozess und die Entstehung von Windows of Opportunity nur bedingt steuerbar sind.

Insbesondere der Kontext der Konstellation ist nur bedingt politisch beeinflussbar. Er bildet den Hintergrund bzw. die exogene Umwelt der Konstellation. Veränderungen auf Ebene des Kontextes verlaufen meist langsam, können jedoch auch plötzlich eintreten. Ereignisse im Kontext sind z. B. gesellschaftliche Bewegungen, Umweltkatastrophen, die Energiepreisentwicklung, die zunehmende Wahrnehmung der Ressourcenknappheit durch die Gesellschaft und kulturelle Wertverschiebungen.

Ein markantes Beispiel aus dem Prozess der Windenergie ist der „externe Schock" der Reaktorkatastrophe von Tschernobyl. Im Zuge dieses Ereignisses geriet das etablierte technologische Paradigma ins Schwanken. Die Risiken der Atomenergie als eine der dominanten Technologien wurden stärker wahrgenommen als zuvor und das vorherrschende Energieversorgungsregime stieß auf ernsthafte Legitimationsprobleme. Aber auch die Vorreiterländer Dänemark und Kalifornien sowie die Warnungen des Brundtlandberichts trugen zur Öffnung eines Zeitfensters bei.[337] Vorreiter und Öffentlichkeit übten eine katalytische Wirkung

---

336 Zum Leitbild des „aktivierenden Staates" und dessen Bedeutung für zivilgesellschaftliches Engagement vgl. z. B. Schuppert 2005.

337 Für die erneuerbaren Energien insgesamt sind durch die Umbruchsituation im Energiesektor und die Notwendigkeit der Erneuerung von umfänglichen Kraftwerkskapazitäten besondere Poten-

bei der Suche nach neuen Lösungskonzepten aus. Die Nische der Windenergietechnologie befand sich zu diesem Zeitpunkt in der Pionierphase und die Gelegenheit wurde genutzt. Durch die erhöhte staatliche Unterstützung und gesellschaftliche Aufmerksamkeit konnte sich die Nische etablieren.

Eine weitere Phase der Öffnung, der eine Periode großer Unsicherheit und konfliktbeladener Auseinandersetzungen voraus ging, ergab sich 1998 bis 2002. Eine Kombination aus umwelt- und wirtschaftspolitischen Zielen und Leitbildern bildete in dieser Phase ideale Rahmenbedingungen für die Windenergieentwicklung. Die auf EU-Ebene und darüber hinaus auf internationaler Ebene gesetzten Ziele und Regulierungen forderten sowohl Klimaschutz, eine nachhaltige Entwicklung, die Liberalisierung der Energiemärkte als auch die Weiterentwicklung der erneuerbaren Energien. Mit der Marktliberalisierung wurden die Markteintrittsbarrieren für Windenergieanlagen abgesenkt. Die Öffnung des Zeitfensters war eng verknüpft mit dem Wechsel der politischen Machtverhältnisse – eine neue Koalition mit einem Handlungsansatz, der umweltpolitische Ziele in den Vordergrund stellte, löste die bis dahin regierende Koalition ab, die wachstumsorientierte Ziele in den Vordergrund gestellt hatte. Sie initiierte wirkungsvolle rechtliche Regulierungen, die für die weitere Entwicklung und Diffusion der neuen Technologie zentral waren. Der Wandel der Akteurs- und Machtkonstellation in der politischen Entscheidungsarena vor dem Hintergrund des vorangehenden Legitimationsverlustes fossil-atomarer Energieversorgungsstrategien ebnete den Weg für den Umweltinnovationsprozess. Die neue Akteurskonstellation entstand im Fall des Windenergieprozesses durch eine Ablösung der regierenden Koalition, sie kann jedoch auch durch einen Umbruch oder Führungswechsel in Parteien oder durch einen Austausch von Personen in zentralen Funktionen erfolgen (Rose 1993: 151 f.).

Komplexe Konstellationen, die eine Öffnung und Chance für den Innovationsprozess darstellen, sind kaum durch politische Interventionen auf nationaler Ebene herbeizuführen. Der Kontext ist durch die Akteure der Konstellation kaum oder nur bedingt beeinflussbar, er kann jedoch genutzt werden, um den Innovationsprozess voranzubringen und zu beschleunigen.[338] Instabile Phasen oder Pe-

---

ziale entstanden. Auch in diesem Zusammenhang kann von einem Öffnungsprozess gesprochen werden.

338 Als eine alternative Strategie wird die aktive Öffnung eines Zeitfensters vorgeschlagen, indem sich politische Initiativen nicht mehr nur auf die Schaffung der notwendigen Voraussetzungen und Rahmenbedingungen beschränken, sondern durch entsprechende Ge- oder Verbote direkt in den Technologiewettbewerb eingreifen. Derartige Formen der *aktiven Öffnung von Gelegenheitsfenstern* werden unter den Begriff des „Technology forcing“ gefasst. Hier ist jedoch mit erheblichen Widerständen seitens der Vertreter der dominanten Technologie zu rechnen. Daher sind die Kosten und Risiken dieser „aktiven Fensteröffnung“ deutlich höher als bei der Nutzung von Öffnungsphasen und

rioden der Veränderung bieten Gelegenheiten für Interventionen und einen technologischen Wandel. Eine zeitspezifische Governance-Strategie, die diese Windows of Opportunity systematisch nutzt, kann die Entwicklung und Verbreitung neuer Technologien beschleunigen. Von Bedeutung ist daher das Geschick zentraler Entscheidungsträger zur Nutzung der sich situativ eröffnenden Handlungschancen (vgl. Kapitel 2.2.2). Wenn sich die „Gelegenheit" ergibt, muss die technische Nische so weit sein, dass sie als Lösung für ein Problem zur Verfügung steht (vgl. Kapitel 7.2.1). Ideen und Expertise müssen entwickelt sein, bevor sich das Zeitfenster öffnet.

Bei der Nutzung von Zeitfenstern kommt der Politik die Rolle eines Koordinators zu, der die relevanten Faktoren unter Beachtung der Prozessdynamik aufeinander abstimmt (vgl. Sartorius & Zundel 2004: 17). Die Konstellation bildet dabei den Rahmen für Stabilisierungsprozesse. Strukturelle Kontextfaktoren legen den Handlungskorridor für die Akteure fest. Sie allein stellen keine hinreichenden Bedingungen für einen Umweltinnovationsprozess dar, sie können jedoch Handlungsspielräume für ökologische Innovationen öffnen – oder schließen. Kontextfaktoren, aber auch strukturelle Faktoren – wie bestimmte institutionelle Arrangements – bergen für Umweltinnovationsprozesse sowohl Handlungschancen als auch Restriktionen. Von Bedeutung für die Governance von Umweltinnovationsprozessen ist eine Kombination aus politischen Maßnahmen, die sowohl die Nische durch die Verknüpfung von Akteuren und sozio-ökonomischen Einflussfaktoren stabilisiert, als auch Zeitfenster strategisch nutzt, die sich durch nicht oder kaum steuerbare Veränderungen in der Konstellation öffnen.

7.4 Governance des Übergangs von der Nische zur Branche

Auch wenn die Nische das anfängliche sensible und vom dominanten System isolierte Stadium der Pionier- oder Aufbruchphase überwunden hat, bedarf es schützender und stabilisierender Maßnahmen.

7.4.1 Die Innovation durch Institutionalisierung stabilisieren

Für die Stabilisierung der Nische sind Institutionalisierungsprozesse und die Etablierung von Handlungskontexten, wie Regulierungen, Normierungen, politische Institutionen und Handlungsmuster und die Bildung von Organisationen rund um

---

deren Vorbereitung durch eine systematische Nischenförderung (Sartorius & Zundel 2004: 17 f.; vgl. auch Zundel et al. 2003).

die Umweltinnovation elementar (vgl. z. B. Scharpf 1997: 43-49). Dem Akteursregime der Nische kommt dabei die Aufgabe zu, dauerhafte Handlungskapazitäten und Regelungsmechanismen zur Sicherung des Innovationsprozesses zu erzeugen und gegenüber den Widerständen des etablierten Systems zu sichern. Dabei ist es von hoher Bedeutung, dass die institutionelle Infrastruktur parallel mit der Innovation erschaffen bzw. ihr schrittweise angepasst wird.

Zum Institutionalisierungsprozess gehört ein stabilisierender rechtlicher und organisatorischer Rahmen (z. B. Gesetze, Verfahren, Verbände), aber auch die Neubesetzung von zentralen Positionen in Politik und Verwaltung oder die Verlagerung von inhaltlichen Zuständigkeiten. Damit kann das Akteursregime seine Handlungskapazitäten erhöhen. Eine Schaffung neuer Schlüsselpositionen oder neuer Governance-Strukturen kann ökologisch orientierten Akteuren die Beeinflussung politischer Entscheidungen erleichtern.

Ein Beispiel für eine bedeutende organisatorische Institutionalisierung war der Wechsel der Verantwortlichkeit für die erneuerbaren Energien in das Bundesumweltministerium und die dortige Schaffung des Referats „Erneuerbare Energien und Umwelt“ im Jahr 2002. Zentrale regulative Institutionen für den Windenergieprozess waren das Stromeinspeisungsgesetz und später das Erneuerbare-Energien-Gesetz. Indem staatliche Akteure den rechtlichen und ökonomischen Rahmen für die schrittweise Technikentwicklung und die Vermarktung des regenerativ erzeugten Stroms gestalteten, unterstützten sie die Entwickler, Hersteller und Betreiber der Windenergietechnik beim Aufbau eines Marktes. Mit dem StrEG und dem EEG gelang es ihnen den Marktzugang und die Vergütung von Strom aus Windenergieanlagen zu regeln. Auf diese Weise wurden Investitionssicherheit und Rentabilität garantiert und zwei Expansionswellen (dritte und fünfte Phase) ausgelöst.

7.4.2 Technologieförderung mit Markeinführungshilfen verknüpfen

Die Verknüpfung von Technologieentwicklung mit Markteinführungshilfen kann den Übergang von der Nische zur Branche erleichtern. Ein bedeutender Schritt für die Entwicklung der Windenergie in Deutschland war die Förderung technisch noch unausgereifter Anlagenvarianten durch Forschungsprogramme des BMBF (vgl. Kapitel 4.1.5 und 4.2.3). Die Erfahrungen in der frühen Phase der Windenergieförderung hatten gezeigt, dass die Entwicklung allein von Prototypen nicht ausreichte um der technischen Innovation zum Durchbruch zu verhelfen:[339] Ab Mitte der 1980er-Jahre setze eine Umorientierung der Forschungspolitik ein, die zur Folge hatte, dass der Einsatz unterschiedlicher Windenergieanlagen neben der Anlagenentwicklung zum zweiten Standbein der Forschung wurde. Die Demonstrationsprogramme des Forschungsministeriums trugen maßgeblich zur Verbesserung der Prototypen bei. Durch die neue Förderstrategie wurden Lernprozesse in Gang gesetzt, die über die Anwendung und Nutzung von Windenergieanlagen zu einer inkrementellen Weiterentwicklung führten. Die Prototypen konnten in unterschiedlichen Marktsegmenten erprobt, in Leistung und Effizienz verbessert und bis zur Marktreife weiter entwickelt werden:[340] Eine Kombination aus Technologieförderung mit geeigneten, längerfristig wirkenden Markteinführungshilfen verschaffte der Nutzung der Windenergie eine stabile Basis.

7.4.3 Die Innovation in das System integrieren

Mit beschleunigter Expansion und wachsendem Marktanteil der Innovation (wachsendem Anteil der Windenergie an der Stromversorgung) gewinnt die Frage der sozialen und technischen Integration in das bestehende Regime an Bedeutung für die Governance-Strategie. Inkompatibilitäten zwischen dem neuen, dezentralen Sektor der Stromerzeugung und dem etablierten System können zu einem Hindernis für die Verbreitung der Innovation werden.

Im Fall der Windenergie erzeugte die Expansion Druck auf die Akteure, die die neue Stromerzeugungstechnologie in das bestehende Energieversorgungssystem integrieren sollten. Daher wurde in der Phase des Entwicklungsbooms ein Schwerpunkt staatlicher Steuerungsaufmerksamkeit auf die Seite der dominanten Konstellation verlagert, die sich im Sinne von „alt gegen neu“ massiv gegen die diffundierende Innovation wehrte. Um dieser Abwehrhaltung entgegenzuwirken, wurden Energieversorger in die Handlungsstrategie einbezogen: Das EEG wurde dahingehend verändert, dass auch von Energieversorgern betriebene Windenergieanlagen in das Vergütungssystem einbezogen wurden. Auch die Offshore-Strategie der Bundesregierung begünstigte durch die Dimensionen der vorgesehenen Projekte indirekt die Akteure des dominanten Regimes (große Tech-

---

339 In einem BMFT-Projekt von 1986 wurden die ersten fünf Anlagen nach dem Prototypen gefördert (Molly 2005 mdl.). Es war das erste Programm, in dem nicht nur Prototypen, sondern weitere Anlagen über den Prototypen hinaus gefördert wurden. Dies wurde von den Herstellern begrüßt, denn die Erfahrung hatte gezeigt, dass die Entwicklung von Prototypen oftmals ohne Auswirkungen auf den Markt blieb und in einen Entwicklungsstillstand mündete.

340 Das 100 bzw. 250-MW-Programm wurde zwar vom BMFT als Forschungsprogramm aufgelegt, war jedoch de facto ein Markteinführungsprogramm nach kalifornischem Vorbild.

nologiekonzerne und Energieversorgungsunternehmen). Wird die Nische durch Anpassungsprozesse in das bestehende System integriert, schränkt dies jedoch die Möglichkeit ein, dass sich umgekehrt das bestehende System transformiert und sich neue, veränderte Strukturen durchsetzen (vgl. Kapitel 8).

Eine Herausforderung besteht in der technischen Integration der Innovation. In der deutschen Stromwirtschaft hat sich eine von den Großkraftwerken ausgehende, sternförmige Netztopologie entwickelt. Mit der Errichtung großer Windparks werden zum Teil an bisher schwachen Netzausläufern mehrere MW Leistung installiert, die mit neuen Anforderungen an das Management von Netzengpässen bzw. Unterauslastung, an die Einspeisung auf niedriger Spannungsebene etc. verbunden sind (Monstadt 2004: 29). Zudem erlaubt die Verpflichtung zur vorrangigen Stromabnahme den Betreibern von Windenergieanlagen grundsätzlich eine Netzeinspeisung unabhängig von der Nachfrage. Diese Schwierigkeiten der technischen Integration können die Implementation der anwendungs- und marktreifen Technologie in das Gesamtsystem verlangsamen.[341]

Um die Windenergie mit ihren witterungsbedingten Leistungsschwankungen in die Stromversorgung zu integrieren, ohne eine gleichmäßige und zuverlässige Energieversorgung zu gefährden, wird daher nach technischen und organisatorischen Lösungen gesucht (vgl. Bauknecht et al 2006; Lönker 2006; Mautz 2007). Diese bestehen nicht nur in Veränderungen der technischen Koordination der Netze, des Messwesens und des Lastmanagements, sondern auch in der Koordination der Verhandlungen mit den beteiligten Akteuren.

Somit setzen Governance-Instrumente in der Phase des Innovationsprozesses, in der es um eine Integration der neuen Technologie in das vorhandene System und um eine breite Diffusion geht, nicht mehr nur an der Nische der Innovation, sondern auch auf der Seite der dominanten Konstellation an. Im Fall der Windenergie ist der Strategiewandel staatlichen Handelns an der Veränderung der Position staatlicher Akteure und Steuerungsimpulse innerhalb der Konstellation ablesbar. Es wird deutlich, dass sich der geeignete Ansatzpunkt staatlichen Handelns innerhalb der Konstellation im Innovationsverlauf verändert. Je nach Zeitpunkt und Entwicklungsstand des Innovationsprozesses ist das Ansetzen staatlichen Handelns an verschiedenen Teilkonstellationen sinnvoll. Ein Strategiewandel kann gegebenenfalls Schubkraft für den Innovationsprozess entwickeln. In der Phase, in der die staatliche Steuerung eine deutliche Expansion und den Übergang von der Nische zur Branche unterstützen soll, ist es notwen-

341 So kann etwa der Netzbetreiber Windenergieanlagen bei Netzüberlastung vom Stromnetz abkoppeln – dies kann zu erheblichen Einnahmeeinbußen bei den Betreibern und daher zu Konflikten führen.

dig, nicht mehr nur die Nischenexpansion zu fördern, sondern auch Veränderungen und Innovationen auf Seiten der dominanten Konstellation zu forcieren.

7.5 Krisen oder Brüche als Chancen nutzen

Krisenphasen oder Entwicklungsbrüche sind durch instabile Konstellationen gekennzeichnet, die die Entwicklung zum Kippen bringen können und daher eine Gefahr für die Fortsetzung des Innovationsprozesses darstellen. Die krisenhafte Phase birgt das „Risiko einer gesellschaftlichen Neubewertung", die dazu führen kann, dass der politische Wille zur Änderung nicht durchgehalten und die Transition aufgegeben wird (vgl. Zundel et al. 2003: 84). Wenn in dieser Situation die Unsicherheiten und Widerstände nicht überwunden werden können, kommt die technische Neuentwicklung nicht in breitem Umfang zur Anwendung.

Kritische Phasen können jedoch auch als Chance für die Governance-Strategie betrachtet und genutzt werden. In einer Krisephase wird deutlich, dass die Entwicklung von den herkömmlichen Strukturen und Rahmenbedingungen nicht mehr getragen wird. Die Rahmenbedingungen müssen neu geordnet werden. Es geht darum, Weichen neu zu stellen und gegebenenfalls rettende Maßnahmen zu ergreifen um die kritische Situation wieder zu stabilisieren. Institutionen müssen an die neue Entwicklung angepasst, strukturelle Fehlentwicklungen korrigiert und Standards neu definiert werden. Möglicherweise muss für Akzeptanz geworben und um die Änderung alter Verhältnisse gerungen werden. Auch kann der Handlungsdruck in einer Phase der Krise das Ergreifen ungewöhnlicher oder drastischer Steuerungsmaßnahmen legitimieren. Die Herausforderung besteht darin, die instabile Konstellation hin zu einer neuen, stabilen Konstellation zu transformieren, um der Technologie eine fortgesetzte Entwicklung und Diffusion zu ermöglichen.

7.5.1 Maßnahmen auf multiplen Ebenen

In komplexen Entscheidungssystemen müssen Krisen in der Regel auf mehreren politisch-administrativen Ebenen und fachlichen Sektoren angegangen und durch multiple Prozesse überwunden werden. Innovationen unterschiedlicher Art sind erforderlich – ökonomische, soziale, technische, politische und/oder administrative Innovationen – damit die Entwicklung fortgesetzt werden kann. Auch geht es in einem föderalen System wie in Deutschland darum, dass Steuerungsimpulse der verschiedenen politischen Entscheidungsebenen und Maßnahmen der administrativen Umsetzungsebenen ineinander greifen.

Im Falle der Windenergie spielten zur Überwindung der Krise insbesondere rechtliche Maßnahmen sowohl auf nationaler Ebene, auf EU-Ebene als auch auf der Ebene der Bundesländer (vgl. Kapitel 4.5) eine ausschlaggebende Rolle.[342] Als die Stabilität der Konstellation nach dem Entwicklungsknick Mitte der 1990er Jahre wieder hergestellt war, setzte sich die Entwicklung auf einem höheren Niveau fort – angesichts der deutlich verbesserten Rahmenbedingungen begann ein dynamischer Entwicklungsboom.

7.5.2 Konflikte bearbeiten

Die Wirkung von Governance-Instrumenten hängt davon ab, ob sie sich als resonanzfähig gegenüber Akzeptanzproblemen zeigen. Die Bearbeitung auftretender Konflikte ist Bestandteil einer gesellschaftlich integrativen Governance-Strategie. Beispielhafte Maßnahmen sind die Schaffung von Transparenz, Aufklärung und Information oder – im Falle der Windenergie – die Suche nach konfliktarmen Standorten für Windkraftanlagen. So wird etwa in Deutschland vielfach durch eine intensive Information über geplante Projekte, eine Beteiligung der Bevölkerung an der Projektplanung oder durch Mediationsverfahren für eine verbesserte lokale Akzeptanz geworben. Durch rechtliche Regulierungen können Belastungen der örtlichen Bevölkerung gemindert werden.[343] Auch die Schaffung von „win-win-Situationen“ kann ein Beitrag zur Überwindung von Konflikten sein – beispielsweise indem die regionale Bevölkerung an der Wertschöpfung durch die Innovation beteiligt wird (z. B. durch finanzielle Beteiligungen oder Schaffung regionaler Arbeitsplätze). Diese Maßnahmen können die Akzeptanz der Technologie fördern. Konflikte mit Interessengruppen können als Teil wechselseitiger gesellschaftlicher Lernprozesse betrachtet werden, die den Innovationsprozess nicht zwangsläufig nur hemmen müssen, sondern auch optimieren können.

Breit diffundierende Umweltinnovationen wie die Windenergie haben in der Regel ambivalente Wirkungen, die Ursache von Konflikten sein und so die Weiterentwicklung hemmen oder gefährden können. Mit zunehmender Diffusion der Windenergie nahm auch die Konzentration von Windenergieanlagen in großen

---

342 Im Fall der Photovoltaik spielten die Kommunen eine bedeutende Rolle in einer kritischen Entwicklungsphase. Kommunen setzten das Konzept der kostendeckenden Vergütung um, als das Stromeinspeisungsgesetz eine für die Photovoltaik weitaus zu niedrige Vergütung anbot, ein Markteinführungsprogramm fehlte und die Entwicklung zu stagnieren drohte. Das kommunale Konzept der kostendeckenden Vergütung für Solarstrom stand später Pate für die Vergütungsregelung im EEG.

343 Zum Beispiel durch einen gesetzlich festgelegten Mindestabstand von Windenergieanlagen zu Wohnbebauung.

Windparks und die Größe der einzelnen Anlagen zu – dieser Prozess hat Widerstände insbesondere in der lokalen und regionalen Bevölkerung ausgelöst. So befürchten Menschen, die in der Nähe von Windparks wohnen, eine Beeinträchtigung ihrer Lebensqualität oder den Wertverlust von Immobilien (vgl. Kapitel 4.4.3). Auch treten mit zunehmender Expansion der Windenergie ökologische Zielkonflikte auf – das Ziel der ökologischen Modernisierung des Energiesektors tritt in Konkurrenz zu dem Ziel des Erhalts von Biodiversität und des Schutzes gefährdeter Arten (Ohlhorst & Schön 2009).

Mit zunehmender Ausbreitung der Windenergie wurde ein *räumlicher* Steuerungsbedarf erkannt. Indem der entsprechende rechtliche Rahmen geschaffen und die vorhabensbezogenen Regularien verdichtet wurden (dritte Phase), konnte für die lokale Standort- und Genehmigungspolitik Klarheit geschaffen werden. Auch durch die Novelle des Baugesetzbuchs (fünfte Phase) wurde dem Bedarf zusätzlicher begleitender Regulierungen für eine fortschreitende Entwicklung Rechnung getragen und so der Weg für die weitere Diffusion der Technologie geebnet.

7.6 Fazit

Umweltinnovationen entstehen in sozio-technischen Nischen, deren Struktur und Charakteristik sich im Prozessverlauf verändert. Die Berücksichtigung verschiedenster (und häufig interdependenter) Einflussfaktoren erfordert es, einen iterativen Prozess zu organisieren, der für eine Korrektur von nichtintendierten Folgen bereits erfolgter Steuerungsversuche sensitiv ist, der die Langfristorientierung mit kurz- und mittelfristig orientierten Szenarien und Umsetzungsstrategien verbindet und die Handlungsstrategie einer den gewonnenen Erkenntnissen entsprechenden Revision unterzieht.

Die Analyse des Innovationsprozesses der Windenergie zeigte, dass staatliche Eingriffe nicht im Rahmen einer klaren, gradlinigen und langfristigen Strategie und in diesem Sinne zielgerichtet erfolgten. Vielmehr führte ein Governance-Muster zum Erfolg, das durch ein inkrementelles, lernendes Vorgehen geprägt war. Die Förderprogramme waren intensive, auf bestimmte Perioden konzentrierte und auf die Akteure der Nische zugeschnittene Kurzzeitmodelle, die geeignet waren, das jeweilige Stadium der Nischenbildung zu unterstützen. Zum Teil spielten auch unbeabsichtigte Effekte eine bedeutsame Rolle, zum Beispiel im Fall des Stromeinspeisungsgesetzes, dessen Wirkung auf die Windenergieentwicklung von allen beteiligten Akteuren zum Zeitpunkt der Verabschiedung des Gesetzes weit unterschätzt wurde.

Die Konstellationsanalyse konnte zeigen, dass der Staat dabei nicht außerhalb des Systems handelte, sondern Teil des Systems ist. In einem reflexiven Prozess wirkten die staatlich ausgelösten Veränderungsprozesse auf die Regulierungsinstitutionen zurück. Governance von Umweltinnovationen ist eine horizontale wie vertikale Integrationsaufgabe, die sowohl Kerninteressen von Gebietskörperschaften betreffen kann als auch lange gewachsene Regulierungsmuster. Zwar spielte im Fall der Windenergie der Nationalstaat eine zentrale Rolle für den Erfolg des Innovationsprozesses, dennoch scheidet angesichts der vielfältigen Integrationsaufgaben eine hierarchische Steuerung als Governance-Modell aus. Es gibt keinen einzelnen Akteur oder eine Institution, der oder die in der Lage wäre, in allen relevanten Bereichen und auf allen Ebenen die Maßnahmen herbeizuführen, die für einen erfolgreichen Umweltinnovationsprozess erforderlich sind. Governance von Umweltinnovationen ist eine Koordinationsleistung, die das Wissen und die Ressourcen der beteiligten Ressorts und der politisch-administrativen Ebenen mobilisieren muss, um effektiv zu sein.

Die sozio-technische Nische, die des staatlichen Schutzes bedarf, durchläuft unterschiedliche Stadien. Unterschiedliche Typen von Konstellationen und Phasen liefern jeweils unterschiedliche Steuerungsanlässe. Governance-Strategien sind dann Erfolg versprechend, wenn das Instrumentarium an das jeweilige Setting der Nischenentwicklung angepasst werden kann.

8 Systemintegration oder Systemwandel – ein Ausblick

Für viele Pioniere der Windenergie war und ist ein Systemwandel – eine grundlegende Energiewende im Sinne einer strukturellen Ökologisierung der Energiesysteme – ein zentrales Ziel im Zusammenhang mit dem Ausbau der Windenergie und den weiteren erneuerbaren Energien (vgl. Kapitel 1). Sie betonen die Notwendigkeit einer Transformation des Energieversorgungssystems insbesondere angesichts der globalen Wirkungen von Klimaveränderungen. Vom Expansionsprozess der erneuerbaren Energien erhoffen sie sich eine „Strukturrevolution der Energiebereitstellung" (Scheer 2001)[344]. Es wird ein radikaler Paradigmenwechsel angestrebt, dessen fundamentale Prinzipien die folgenden sind:

- eine technische und ökonomische Dezentralisierung der Energieerzeugung,
- eine Erweiterung und Pluralisierung des Akteursspektrums im Energiesektor sowie
- Umwelt- und Klimaschutz als leitende Handlungsprinzipien der Energiepolitik (Mautz & Byzio 2005: 6-8).

Die staatliche Steuerung in der aktuellen Phase zielt darauf ab, angesichts spürbar steigender Energiepreise, angestrebter Klimaschutzziele und dem Ziel, unabhängiger von Energieimporten zu werden, den Anteil der erneuerbaren Energien an der Energieversorgung zu erhöhen. Der politische Diskurs um die Laufzeitverlängerungen von Atomkraftwerken, den Neubau von schadstoffarmen Kohlekraftwerken und die Einlagerung von Kohlendioxid in unterirdische Lagerstätten (CO_2-Sequestrierung) deutet jedoch darauf hin, dass die erneuerbaren Energien als „add on" in das bestehende, traditionelle System der zentralisierten Energieversorgung integriert werden sollen, dass jedoch kein Paradigmenwandel hin zu einem dezentralisierten, pluralisierten und durch ökologische Leitnormen bestimmtes System angestrebt wird.

---

344 Scheer, Hermann 2001: Erneuerbare Energien und die Strukturrevolution der Energiebereitstellung. Die prinzipiell ökologischen und die potenziell ökonomischen Vorteile erneuerbarer Energie, Vorgänge, Nr. 153, S. 4-16.

Es stellt sich die Frage, ob die zunehmend stabilisierten technologischen Nischen der erneuerbaren Energien die sozio-ökonomischen und institutionellen Strukturen des Energieversorgungssystems, in das sie eingebettet sind, tatsächlich transformieren werden. Wird der traditionelle Energiepfad durch die Technologien der erneuerbaren Energien substituiert? Wird im Zuge einer schrittweisen Diffusion dezentraler Energieumwandlungsformen ein Paradigmenwechsel im Sinne einer „Strukturrevolution" (Scheer 2001) vollzogen? Oder werden sie ohne grundlegende Strukturveränderungen in das vorherrschende System der Energieversorgung integriert? Diese Fragen sind unter Berücksichtigung aller Sparten der erneuerbaren Energien zu betrachten.

Bei Systeminnovationen handelt es sich um radikale Innovationen, die grundlegende wirtschaftliche und gesellschaftliche Veränderungen mit sich bringen und die gegebenen Strukturen maßgeblich beeinflussen. Sie erfordern neue Denkmuster und ein radikales Hinterfragen der vorhandenen Strukturen und Gewohnheiten. Die Generierung von Systeminnovationen kann nicht an den aktuellen Stand der Technik anknüpfen, sondern verlangt Entwicklungssprünge im Denken und Handeln (vgl. z. B. Ömer-Rieder 2005: 30; Mautz & Byzio 2005: 6 f.). Die Phase der Transition tritt ein, wenn der Innovationsprozess das bestehende System, in das er eingebettet ist, sowie damit verknüpfte leitende Ziele und Strategien im Sinne eines paradigmatischen Wandels verändert. Dieser ist verbunden mit einem Wandel dominierender Akteursregime sowie bestehender Organisationsformen.

Welche Entwicklung zeichnet sich ab?

Die Windenergie hat im hier betrachteten Zeitraum von Mitte der 1970er Jahre bis 2008 einen Entwicklungsprozess von der kleinen sozio-technischen Nische hin zu einem stabilen Segment des Energieversorgungssystems vollzogen. Sie ist unter den erneuerbaren Energietechnologien die erfolgreichste Sparte. Ihr Beitrag zur Stromerzeugung in Deutschland[345] liegt bei 5 %, während Wasserkraft zu 3,2 %, Biomasse und Biogas zu 1,3 % und Photovoltaik zu 0,4 % zur Stromerzeugung beitragen. Insgesamt haben die erneuerbaren Energien einen Anteil von ca. 11,5 % am Stromverbrauch in Deutschland (BMU 2007a: 11). Die inkrementellen Innovationen der Windenergietechnologie seit Mitte der 1970er Jahre erreichten enorme Effizienzsteigerungen. Mit dem Einstieg in die Offshore-Windstromproduktion wird die Technologie weiteres Potenzial entfalten.

Nicht nur die Technologie veränderte sich, sondern auch die damit zusammenhängenden Markt- und Betreiberstrukturen; sie weisen einen zunehmend

345 Anteil am Endenergieverbrauch im Bereich Stromerzeugung.

zentralisierten und kapitalisierten Charakter auf. Die Aufstellung von Windenergieanlagen wurde zunehmend in Windparks konzentriert. Dies erfolgte einerseits unter Effizienzgesichtspunkten, andererseits mit dem Ziel einer räumlichen Konzentration von Belastungen. Insbesondere die Windenergienutzung auf See verstärkt den Trend zur Großtechnologie, denn um Offshore-Windenergiegewinnung wirtschaftlich betreiben zu können, steigen sowohl die Anlagengrößen und Leistungen als auch die Zahl der Anlagen pro Windpark.[346]

Die erforderlichen Investitionsvolumina für große Onshore- oder Offshore-Windparks übersteigen die Möglichkeiten einzelner privater (ortsansässiger) Nutzer. Größere Investoren, größere Betreibergesellschaften, Stadtwerke oder – im Falle der Offshore-Windenergie – auch Energieversorger treten an ihre Stelle. Bisher standen die Promotoren des traditionellen und die des neuen energietechnischen Paradigmas in einem Konkurrenzverhältnis zueinander. In der aktuellen Phase scheinen sie – zumindest im Bereich der Offshore-Windenergie – miteinander zu verschmelzen.

Aber auch im Onshore-Sektor vereinnahmen die Vertreter des traditionellen Regimes, die die erforderlichen hohen Investitionen aufbringen können, zunehmend die noch relativ jungen Akteure (Hersteller, Betreiber) und alternativen Investitionsmodelle (Bürgerwindparks). Dies geschieht durch die Übernahme der Betriebe und der Windparks durch globale Konzerne oder indem eine Allokation von Investmentkapital auf dem anonymen Kapitalmarkt (Windenergiefonds) an die Stelle der auf Regionen bezogenen Bürgerwindparks tritt (Mautz 2006).

Somit hat sich die Nische der Windenergie zwar etabliert und stabilisiert, Nische und Dominante gleichen sich jedoch in ihren Systemeigenschaften einander an oder stehen – im Falle dezentraler Energieerzeugung – in Systemkonkurrenz zueinander. Vieles deutet darauf hin, dass die traditionellen Strukturen auf das sektorale Innovationssystem der Windenergie übertragen werden und die einst dezentrale Technologie schrittweise an das etablierte System adaptiert wird. Indem sich die Technologie sowohl in ihren technisch-ökonomischen als auch sozio-kulturellen Eigenschaften zunehmend an das System der in Großkraftwerken zentralisierten Elektrizitätsproduktion angleicht und verstärktes Interesse der Akteure des dominanten Regimes weckt, entfernt sie sich von der Rolle eines Gegenpols zur Produktionsstruktur des traditionellen Stromerzeugungssektors.[347]

---

346 Die geplanten Offshore-Windparks, die Größenordnungen von zum Teil mehreren Hundert Megawatt erreichen sollen, werden in einer Expertise des Wuppertal Instituts aufgrund ihrer Leistung sowie der vorgesehenen Einspeisung in das Hoch- bzw. Höchstspannungsstromnetz „nicht zu den dezentralen Erzeugungseinheiten gezählt“ (Ramesohl et al. 2002: 11).

347 Die Annäherung der beiden Sektoren wird insbesondere im Hinblick auf die ökonomischen Faktoren deutlich. Erzeuger von Windstrom verlagern ihre Aufmerksamkeit zunehmend von der rein betriebswirtschaftlichen Fahrweise der Anlagen auf die Integration der Windparks in das Gesamt-

Die handlungsleitenden Prinzipien des Umwelt-, Klima- und Ressourcenschutzes bleiben bestehen, sie werden jedoch zunehmend von dem Ziel, ökonomische Gewinne zu erwirtschaften und Arbeitsplätze zu schaffen und zu erhalten, überlagert. Ökonomische Ertragskraft, technische Innovation, Arbeitsplatzeffekte, Exportchancen und Marktführerschaft sind Argumente, die in der aktuellen Phase den zentralen Begründungskontext darstellen. Demgegenüber verliert das Argument der Förderung erneuerbarer Energien – gekoppelt an einen rationellen Umgang mit Energie und verbrauchsnahe Energieerzeugung – als vorausschauende Antwort auf die Endlichkeit vieler Ressourcen und das Risikopotenzial nuklearer Energieträger an Gewicht. Die Entwicklung hin zu mehr Zentralisierung und Kapitalisierung entfernt sich zunehmend von den radikalen Utopien der Frühphase des Innovationsprozesses und dem angestrebten Paradigmenwechsel. Die technologische Nische hat sich stabilisiert, etabliert und ist zu einer eigenständigen Branche des Energieversorgungssystems geworden. Sie hat jedoch die sozio-ökonomischen und institutionellen Strukturen des Energieversorgungssystems zumindest bisher nicht umfassend transformiert.

Im Zuge der Liberalisierung und Privatisierung veränderte sich zwar die Struktur der Energiewirtschaft. Dabei ist es jedoch nur zum Teil gelungen, neue, den Problemen der Integration erneuerbarer Energien angepasste Institutionen zu schaffen (vgl. Monstadt 2004: 494). Im Prozess der Liberalisierung des Energiemarktes wird die Rolle des Staates und seiner Kontrollinstanzen immer stärker zurück genommen und durch Marktmechanismen ersetzt. Mit den neuen liberalen Rahmenbedingungen ist es jedoch nicht gelungen, einen wettbewerbsorientierten Markt zu schaffen, der allen Energieerzeugungsformen die gleichen Möglichkeiten einräumt (vgl. Ziesing et al. 2001: 145).[348]

Für eine Regimetransformation sind neben der Diffusion und Durchsetzung der neuen Technologien Regeln, Standards, Institutionen, Organisationen und Netzwerke zu bilden, damit ein neues, stabiles Regime entsteht. In diesen Prozess sind viele Akteure auf unterschiedlichen Ebenen, Sektoren und an verschiedenen Orten involviert. Es handelt sich um einen multi-Akteur- und einen multi-Level-Prozess. Eine umfängliche Agenda, eine breite Koordination und kumulative Effekte sind erforderlich für Veränderungen großer Systeme. Der Einfluss einzelner Akteure ist begrenzt, denn sie sind eingebettet in eine komplexe sozio-

---

system. Auf Seiten der Stromnetzbetreiber gewinnen die dezentralen Erzeugungsanlagen an Aufmerksamkeit und werden zunehmend aktiv integriert.

348 Zwar hat der Liberalisierungsprozess Marktzugangsbarrieren gesenkt, er eröffnete die Entfaltung einer breiten Anbieterschaft im Stromsektor. In der Praxis ist jedoch der diskriminierungsfreie Zugang für Stromanbieter zum Stromnetz noch nicht vollständig durchgesetzt.

technische Konstellation. Erst wenn die Legitimität des existierenden Regimes verloren geht, entsteht eine Öffnung für Transformation.

Bestehen Chancen auf eine Transformation der Energiewirtschaft?
Eine Transformation der Energiewirtschaft und ein Paradigmenwechsel im Sinne der Energiewende ist nach wie vor eine große Herausforderung. Der Anteil der fossil-atomaren Energieversorgung ist noch überragend hoch und die Durchsetzungschancen der regenerativen Energietechniken sind durch ein strukturelles Beharrungsvermögen und die Kontinuität des traditionellen Energieversorgungssystems eingeschränkt (vgl. Hughes 1987: 76-80). Das dominante System wird durch ein über Jahrzehnte gewachsenes Regime stabilisiert. Dieses umfasst neben Akteursnetzwerken und Anwendungsroutinen, technischem Know-how, ingenieurwissenschaftlichen Praktiken, Regeln und Standards eine ausgebaute Infrastruktur sowie gewachsene Institutionen, Förderstrukturen und Entscheidungsprozeduren (vgl. Braun-Thürmann 2005: 47 f.). Die Beständigkeit und Persistenz der etablierten technologischen und der auf sie bezogenen institutionellen Strukturen sind eine hohe Hürde für die Expansion der erneuerbaren Energien. Um das etablierte technische System herum hat sich ein Netzwerk von Experten, „system-builders" und Systemnutzern mit festen Bindungen an das System herausgebildet. Diese Akteure profitieren von dem System, ihre Interessen richten sich auf die Nutzung und beständige Fortentwicklung der entsprechenden Techniken (vgl. z. B. Radkau 1994: 98; Monstadt 2004: 27). Angesichts der stabilen Strukturen, der ökonomischen Dominanz, der Traditionen und langfristigen Investitionsstrategien scheint es einleuchtend, dass die konventionelle, fossil-atomare Energiewirtschaft auch in Zukunft an dem einmal eingeschlagenen technisch-institutionellen Pfad festhalten und gegenüber politischen Reformbestrebungen Widerstand leisten wird, um ihre Macht, Kontrolle und ihren Handlungsspielraum zu schützen und zu erhalten (vgl. Czada & Schimank 2000: 27). Das gewachsene System ist nur eingeschränkt für politische Steuerungsversuche zugänglich.

Derzeit ist es evident, dass die Windenergie, gemeinsam mit den anderen Sparten der regenerativen Energien, noch keinen vollständigen Zyklus einer technologischen Innovation vollzogen hat. Die Situation ist daher nach wie vor offen[349]. Sie ist geprägt durch ein konfrontatives Gegenüber ökonomischer und politischer Kräfte. Der Wettstreit der Systeme – der Energieversorgung auf der Basis erneuerbarer, effizienter und dezentraler Energieerzeugungsformen auf der einen und auf der Basis nuklearer, fossiler und zentralisierter Energieerzeugungs-

349 Zu dieser Einschätzung gelangen auch Hübner und Nill (Hübner & Nill 2001: 176) sowie Mautz und Byzio (Mautz & Byzio 2005: 3)

formen auf der anderen Seite – ist nicht entschieden (vgl. Braun-Thürmann 2005: 42-51; Hübner & Nill 2001: 176; Weyer 1997a: 29 f.). Noch stehen sich alte und neue Netzwerke in diesem Systemwettstreit einander gegenüber, auch wenn Experten eine Stabilisierung der neuen Technikpfade bis hin zur Dominanz mittel- bis langfristig als realisierbar betrachten (vgl. z. B. Fischedick et al. 2000: 121 ff.[350]).

Politische Entscheidungsträger stehen vor der Herausforderung die Rivalitäten zwischen den verschiedenen Paradigmen der Energieversorgung aufzulösen, ihr Handlungsspielraum ist dabei begrenzt. Derzeit zeichnet sich ab, dass sich die Strukturen der erneuerbaren Energien sukzessive den Strukturen des zentralisierten Systems anpassen. Allerdings hat der bisherige Prozess auch den Rahmen der Energieversorgung verändert: Das Bewusstsein um die Gefahren nuklearer und klimaschädigender Energieerzeugungstechnologien und die Endlichkeit der entsprechenden Ressourcen in der Gesellschaft wächst. Der Anteil der erneuerbaren Energien an der Stromversorgung steigt und die großen Energieversorgungsunternehmen und Netzbetreiber sind zur Auseinandersetzung mit diesem steigenden Anteil gezwungen, da sie zum Netzanschluss der Anlagen verpflichtet sind. Die Entwicklung der Windenergie ist auch insofern eine Erfolgsgeschichte, als dass sie heute Vorreiter und treibende Kraft für die Weiterentwicklung anderer erneuerbarer Energien ist. Möglicherweise war der Innovationsprozess der Windenergie ja doch der Anfang einer nachhaltigen Systemtransformation.

350 Manfred Fischedick, Ole Langniß und Joachim Nitsch entwerfen in dieser Studie ein Szenario, bei dem die erneuerbaren Energien bis zum Jahr 2050 ca. 60 % der Stromnachfrage in Deutschland decken.

9 Resümee

Die Windenergie in Deutschland hat eine beeindruckende Entwicklung von der Nische hin zu einer verbreiteten, international erfolgreichen Industrie hinter sich. Das zentrale Forschungsinteresse dieser Arbeit richtete sich auf die Frage, durch welche Einflussfaktoren aus der Windenergie eine verbreitete Technologie wurde und welche Situationsdynamik dieser Innovationsprozess aufweist. Die Analyse erfolgte vor dem Hintergrund des Problems, dass politisch erwünschte Umweltinnovationen gezielt gefördert und auf diese Weise Prozesse in Gang gesetzt werden sollen, die über innovative Technikentwicklung und Wettbewerbsfähigkeit hinausgehen und zu einer nachhaltigen Entwicklung beitragen. Sie wurde mit dem Instrumentarium sowohl der Policy- als auch der Konstellationsanalyse durchgeführt.

Es zeigte sich, dass der Entwicklungsverlauf der Windenergie durch die Interdependenz vielfältiger Faktoren und Wirkungsmechanismen geprägt ist. Die Windenergienutzung diffundierte in einem System aus Akteuren, Regelungssystemen und Institutionalisierungsprozessen, Technik und natürlicher Umwelt. Dieser Prozess verlief nicht linear, sondern durchlief unterschiedliche Phasen.

Die mit dieser Untersuchung gewonnenen Erkenntnisse beziehen sich nur auf die Innovationsentwicklung der Windenergie in Deutschland. Um die Verallgemeinerbarkeit der erarbeiteten Ergebnisse zu überprüfen und diese gegebenenfalls zu korrigieren, sind weitere Untersuchungen notwendig.[351]

Entwicklung der Windenergie von der Nische zur etablierten Branche

Im Untersuchungszeitraum von mehr als 30 Jahren konnte sich das sektorale Innovationssystem der Windenergie schrittweise stabilisieren und emanzipieren, dabei mussten mehrfach Phasen der Instabilität bewältigt werden. Die Konstellation der Einflussfaktoren veränderte sich erheblich von Phase zu Phase. Zu Beginn des betrachteten Zeitraums bildeten die beiden Ölpreiskrisen der 1970er Jahre sowie die Erkenntnis der „Grenzen des Wachstums“ den Kontext der Kon-

351 Eine Vergleichsstudie wird derzeit im Rahmen des Forschungsprojekts „Innovationsbiographie erneuerbarer Energien“ durchgeführt, in dem die Innovationsentwicklungen von Photovoltaik, Biomasse- und Biogasvertromung sowie Stromerzeugung aus Geothermie und Wasserkraft untersucht und mit der Entwicklung der Windenergie verglichen werden.

stellation. Deutschland setzte vor allem auf den Ausbau der Kernenergie – die Investitionen in alternative Technologien waren vergleichsweise gering.

In der Entwicklung der Windenergie wurden zunächst zwei sehr unterschiedliche Pfade der Technologieentwicklung verfolgt, die in deutlich voneinander zu unterscheidende Teilkonstellationen eingebettet waren: in eine Nischenkonstellation einerseits und in die Konstellation des etablierten Stromversorgungssystems andererseits. In der Nische entwickelten Pioniere – engagierte Ingenieure, Idealisten und Bastler – kleine Anlagen mit geringen Stromerzeugungskapazitäten. Diese Nische war zunächst deutlich vom konventionellen System der Energieversorgung isoliert. Ziel vieler der hier engagierten Akteure war eine paradigmatische Energiewende hin zu einer umweltfreundlichen und dezentralen Energieerzeugung. Auch Landwirte, die in der Windenergie eine zusätzliche Einkommensquelle sahen oder sie zur Deckung des eigenen Strombedarfs nutzten, engagierten sich für die neue Technologie. In der Konstellation des dominanten Regimes wurde ein Quantensprung in der Windtechnologieentwicklung versucht (Großanlagen). Hier agierte eine Allianz aus staatlichen Akteuren, Akteuren des etablierten Energieversorgungssektors und Wissenschaftlern. Ihr Handeln war vom wirtschaftlichen Ziel der Versorgungssicherheit und von technologiepolitischen Zielen geprägt. Der technologische Quantensprung scheiterte jedoch.

Die inkrementelle Weiterentwicklung der Windenergie in der Nischenkonstellation konnte dagegen fortgesetzt werden. Der Staat machte einen vorsichtigen Schritt in die Nische und unterstützte sie mit Förderprogrammen. Ausgelöst wurde diese Bewegung in der Konstellation maßgeblich durch ein einschneidendes Ereignis im Kontext der Konstellation: die Reaktorkatastrophe von Tschernobyl.

In der nächsten Entwicklungsphase erfolgte ein deutlicher Entwicklungsschub. Dieser Durchbruch war durch Kommerzialisierungsprozesse und eine zunehmende Anzahl der involvierten Akteure gekennzeichnet, die an Einfluss und Professionalität gewannen. Die Nische entwickelte sich dynamisch unter dem Schutz eines politisch gesetzten, rechtlich-ökonomischen Rahmens, sie war nicht von vornherein den Kräften des Marktes ausgesetzt. Der internationale Kontext war von hoher Bedeutung – er wirkte in Form von einflussreichen Regulierungen auf internationaler Ebene auf die Konstellation ein. Weitere Institutionalisierungsprozesse auf nationaler Ebene stabilisierten den Prozess. Das Gewicht der dominanten Konstellation trat in den Hintergrund, denn die konventionelle Energiewirtschaft unterschätzte das Potenzial der Windenergie und überließ das Feld den Pionieren, was die Expansionschancen der Nische vergrößerte.

Die sich dynamisch entwickelnde Windenergie geriet jedoch in eine Krisenphase, als sie sich mit neuen Widerständen konfrontiert sah. Die traditionelle

Energiewirtschaft setzte sich nun massiv zur Wehr, indem sie das zentrale politische Steuerungsinstrument – das Stromeinspeisungsgesetz – rechtlich in Zweifel zog. Zudem wirkten die Impulse staatlicher Akteure aus unterschiedlichen Ressorts widersprüchlich. Die rechtlichen und wirtschaftlichen Entwicklungen setzten die Nischen-Konstellation unter ökonomischen Druck. Zudem mussten die Promotoren der Windenergie mit den Folgen der dynamischen Progression fertig werden, die sich als wirtschaftliche Probleme (Preisdruck) niederschlugen. Die Instabilität der Konstellation in dieser kritischen Phase wurde ergänzt durch die verstärkte Kritik von Bürgerinitiativen und Naturschutzverbänden an der veränderten, weil zunehmend Naturraum beanspruchenden Windenergienutzung.

Die Krise konnte jedoch durch unterschiedliche Ereignisse und Maßnahmen überwunden werden. Der im Zuge des Regierungswechsels erfolgte Wechsel des Akteursregimes spielte eine zentrale Rolle für die Öffnung eines weiteren begünstigenden Zeitfensters. Sowohl auf nationaler als auch auf EU-Ebene erfolgte eine erneute Regelungswelle, die die Konstellation stabilisierte. Das Innovationsregime der Windenergie – mittlerweile eine kaum noch als Nische zu bezeichnende, etablierte Branche des Energieversorgungssystems – konnte daraufhin erneut dynamisch expandieren. Die Diffusion und wirtschaftliche Stabilisierung der Windenergie wurde durch eine Kombination aus sowohl umwelt- als auch wirtschaftspolitischen Zielen begünstigt. Allerdings formierte sich am Rande der Konstellation eine neue Subkonstellation heterogener Kritiker. Die wachsende Größe der Windparkprojekte und entsprechend hohe erforderliche Investitionssummen gingen mit einer zunehmenden Anonymisierung der Investoren und steigenden Auswirkungen der Windparks auf das Landschaftsbild einher. Damit nahm auch der Widerstand lokaler Interessengruppen zu – trotz hoher Akzeptanz in der Gesamtbevölkerung.

Schließlich gabelte sich der Technikpfad noch einmal. Die Konstellation teilte sich in eine Teilkonstellation der Windenergienutzung auf dem Land, die sich in unterschiedliche Geschäftsfelder (Repowering, Export) ausdifferenzierte, sowie eine Teilkonstellation der Windenergienutzung auf See. Die Nutzung der Windenergie auf dem Land befindet sich in einer Situation der Konsolidierung, hier geht es um die Sicherung der wirtschaftlichen Stabilität. Da der heimische Markt durch die Knappheit an geeigneten Standorten ohne Nutzungskonkurrenzen zunehmend gesättigt ist, konzentriert sich die Branche nun stärker auf das Repowering und den Export. Die Offshore-Konstellation wird vornehmlich getragen durch eine neue Allianz aus Akteuren der dominanten Konstellation (Großkonzerne, Energieversorger) sowie staatlichen Steuerungsakteuren und deren Klimaschutzverpflichtungen. Im Gegensatz zum Onshore-Ausbau der Windenergie wurden für den Offshore-Ausbau strategische nationale Ziele gesetzt – die geplanten Windparks auf dem Meer sollen künftig einen maßgeblichen Beitrag zur nationalen Energieversorgung liefern. Die Offshore-Konstellation ist charakterisiert durch hohe Investitionsvolumina und technisch-organisatorische Zentralisierung. Sie weist damit eine hohe Kompatibilität mit dem zentralisiert organisierten Energieversorgungssystem auf. Diese Entwicklung wird begleitet durch eine Subkonstellation kritischer Akteure, die nicht intendierte Folgen und Risiken des Expansionsprozesses fürchten. Trotz der politischen Unterstützung und der gesetzlich festgelegten Einspeisevergütung wurden bisher vor allem aufgrund der hohen Investitionskosten keine Offshore-Windparks in Deutschland realisiert.

Die Rolle staatlicher Steuerung im Innovationsprozess
Die Untersuchung des Windenergieprozesses hat gezeigt, dass politische Steuerung konstitutiv war für die Entwicklung der Innovation. Steuernde Maßnahmen ebneten und glätteten den Entwicklungsgang, in dem immer neue Widerstände auftauchten. Der Prozess ist nicht linear, sondern in einem Wechsel von erfolgreichen und weniger erfolgreichen Phasen und mit Brüchen verlaufen. Politische Entscheidungsträger konnten jeweils rechtzeitig „nachsteuern", indem fortwährend Revisionen des Steuerungsinstrumentariums vorgenommen wurden. Die erfolgreiche Etablierung der Nischentechnologie ist somit einer kontinuierlichen Feinsteuerung und Nachjustierung auf unterschiedlichen administrativen Ebenen zu verdanken. Staatliche Akteure reagierten flexibel auf die stets neu emergierenden Konstellationen und gestalteten den Entwicklungspfad, der wiederum auf ihr Handeln zurück wirkte, in einem reflexiven Prozess. Es wurde deutlich, dass politische Steuerung sowie das zu regulierende System eng aufeinander bezogen sind und sich gegenseitig beeinflussen.

Ein zentrales Steuerungsinstrument war das Stromeinspeisungsgesetz, das aus dem Parlamant heraus initiiert wurde. Es wurde als Erneuerbare-Energien-Gesetz mit degressiven Stromeinspeisetarifen für einen festgelegten Zeitraum fortgeführt und schaffte die notwendige Investitionssicherheit. Höhe, Dauer und Verlässlichkeit der Vergütung waren von ausschlaggebender Relevanz. Ein wieteres zentrales Element des eingesetzten Policy Mix war die Forschungsförderung für die sukzessive Entwicklung von robusten Anlagen im zunächst kleinen und mittleren Leistungsbereich bis hin zu Multimegawattanlagen. Vor allem mittelständische Unternehmen (Herstellerindustrie, Betreibergesellschaften) profitierten von der Ausrichtung dieser Förderpolitik. Auch die Anpassung des Bauplanungsrechts war ein entscheidender Steuerungsimpuls.

Die empirische Untersuchung stellte jedoch deutlich den Prozesscharakter der Technikgenese heraus und zeigte, dass die Expansion der Windenergietechnologie nicht *nur* das Resultat steuernder Eingriffe war, sondern mit der Veränderung sozio-ökonomischer und institutioneller Gefüge einherging und von interaktiven Prozessen getragen wurde. Steuerung durch rechtliche Regulierung und finanzielle Förderung waren eine zwar notwendige, aber nicht ausreichende Bedingung für einen erfolgreichen Diffusionsprozess. Die Einführung und Etablierung der neuen (bzw. bereits existierenden und wieder aufgegriffenen) Technik war ein Prozess der wechselseitigen Anpassung technischer und gesellschaftlicher Faktoren. Interaktionen und Dynamiken auf verschiedenen Ebenen beeinflussten den Prozessverlauf. Auch spielten Wechselwirkungen zwischen politischer Steuerung und gesellschaftlichen Prozessen eine Rolle – wie die gesellschaftlichen Debatten über Umwelt-, Ressourcen- und Klimaschutz, soziale Bewegungen (Umweltbewegung der 1970er und 1980er Jahre), zivilgesellschaftliche Bündnisse (z. B. „Aktion Rückenwind") oder privatwirtschaftliche Zusammenschlüsse zum Betrieb von Windkraftanlagen (Bürgerwindanlagen). Damit ging eine Veränderung der Leitbilder und Begründungskontexte politischen Handels einher. Mit zunehmender Ausbreitung der Windenergie stärkten technische und ökonomische Aspekte die Nische, wie die zunehmende Leistung und Effizienz der Anlagen und die positiven Arbeitsmarkteffekte der Windenergieindustrie insbesondere in strukturschwachen Regionen. Parallel zum Innovationsprozess geschaffene Institutionalisierungen stabilisierten den Prozess – sie erfolgten zum Beispiel durch die Schaffung von Regeln des Marktzutritts, klaren Genehmigungsvoraussetzungen oder neu gebildeten Organisationsstrukturen. Trotz des Widerstands, der vor allem von Seiten der etablierten Energieversorger, aber auch von Naturschutzverbänden und regional verankerten Interessengruppen ausging, wurde die Entwicklung der Nische durch die Gründung von Betreibergesellschaften, Planungsvorgaben sowie die insgesamt hohe Akzeptanz der Windenergie in Deutschland befördert. Auch die Verfügbarkeit geeigneter Standorte mit ausreichender Windhöffigkeit und ohne Nutzungskonkurrenzen war eine wesentliche Voraussetzung für die Entstehung eines heimischen Windenergiemarktes.

Die Stromproduktion aus Windenergie gilt als ein Musterbeispiel für die Lenkungsmöglichkeiten staatlicher Umweltpolitik. Das Zusammenspiel multipler Faktoren weist jedoch auf die Grenzen staatlicher Regulierungskapazitäten hin. Es sind komplexe Governanceformen gefragt, um Umweltinnovationen den Weg aus der Nische heraus zu ebnen. Eine Entwicklung technologischer Nischen benötigt nicht nur den Schutz durch rechtliche Regulierung und finanzielle Förderung, sondern auch parallele gesellschaftliche, sozio-ökonomische und technische Entwicklungen, die der staatlichen Steuerung vielfach nur schwer zugänglich sind. Der Prozess wird nicht durch wenige autonom handelnde oder zentral steuernde Akteure gelenkt, sondern in Wechselwirkung von staatlicher Steuerung mit den Aktivitäten nicht-staatlicher Akteure, technischen und ökologischen Entwicklungen sowie im Rahmen mehrerer politisch-administrativer Ebenen und sich verändernder Kontextbedingungen gestaltet. Die Nischenkonstellation steht in Interdependenz mit ihrem Umfeld und ihr Wandel vollzieht sich gleichzeitig mit einem Wandel der Umgebung. Der Prozess wird durch eine gezielte Beeinflussung der Akteure mit konsistenten Steuerungsimpulsen, durch formalisierte und informale Governance-Prozesse (Kooperation staatlicher Akteure mit Akteuren des Marktes und zivilgesellschaftlichen Akteuren) sowie durch kontingente Umstände gestaltet. Sowohl deliberate als auch emergente Phänomene spielen eine Rolle.

Typisierung von Konstellationen und Phasen
Vor dem Hintergrund der Annahme, dass jeder Innovationsprozess durch einen individuellen Verlauf charakterisiert ist, es aber dennoch verallgemeinerbare Prinzipien gibt, die generell bei Innovationsprozessen eine Rolle spielen, wurde eine Typisierung von Konstellationen und Phasen erarbeitet. Da die Typisierung auf der Basis lediglich einer Fallstudie generiert wurde, ist ihre Validität nicht gesichert – ihre Übertragbarkeit auf andere Innovationsprozesse ist zu prüfen.

Die Darstellung des Entwicklungsverlaufs erfolgte phasenweise als eine Abfolge von Konstellationen, in denen technische, ökonomische, politische, ökologische und sozio-kulturelle Einflussfaktoren auf je unterschiedliche Weise miteinander verknüpft sind. Als charakteristische Konstellationstypen des Innovationsprozesses wurden folgende identifiziert:

- die sensible, vom dominanten System isolierte Nische,
- die stabilisierte und etablierte Nische,
- die integrierte und sich selbst tragende Innovation,
- die Gabelung der Konstellation,
- die Sackgasse (dead end) und
- die instabile Konstellation.

Die Konstellationstypen stellen jeweils unterschiedliche idealtypische Formationen der Einflussfaktoren dar. Sie beschreiben charakteristische Innovationsstrukturen und unterscheiden sich im Verhältnis zwischen der Nische und ihrer Umgebung.

Als charakteristische Phasen des Innovationsprozesses wurden identifiziert:

- relativ stabile Phasen, Progression- und Expansionsphasen
  (z. B. Pionierphase, Aufbruch, Durchbruch, Boom),
- Brüche, Schocks
  (mehrere Einzelereignisse oder ein einschneidendes Ereignis),

- Gabelungspunkte, Gabelungsphasen
  (Gabelung des Entwicklungspfades oder Sackgasse) und
- Krisen
  (Kippmomente, Entwicklungsknicks).

Die Konstellationen und Phasen haben verschiedene Funktionen für den Innovationsprozess. Sie bieten jeweils unterschiedliche Anlässe für steuernde Eingriffe.

Steuerungsempfehlungen aufbauend auf der Typologie der Konstellationen und Phasen

Phasenkonzepte sind simplifizierend, aber sie helfen dabei, Prozesse ex post zu strukturieren. Sie sind jedoch auch für die Konzeption staatlicher Steuerung hilfreich, denn sie verdeutlichen die Periodizität von Innovationsprozessen und unterstreichen, dass ein dem jeweiligen Entwicklungsstand der Innovation angepasstes Steuerungsinstrumentarium notwendig ist für den Erfolg. Aufbauend auf der Typologie von Konstellationen und Phasen des Innovationsprozesses wurden daher Ansätze für die Steuerung von Umweltinnovationsprozessen entwickelt.

Steuerungs-Konzepte zur Schaffung und Durchsetzung von technischen Umweltinnovationen müssen zum einen die Struktur der Einflussfaktoren (die Konstellation) und zum anderen den Prozess des Innovationsgeschehens berücksichtigen, um wirksam zu sein. Erforderlich ist eine auf den Prozess und die Formation der Einflussfaktoren abgestimmte Strategie. Technologiepolitische Steuerung sollte die Dynamiken im Kontext der Technologie berücksichtigen und die Maßnahmen dem in der Regel nicht-linearen Prozess anpassen und nachjustieren. Dabei geht es darum, den jeweiligen Entwicklungsstand der Phase richtig einzuschätzen und die Instrumente entsprechend zu variieren. Das Instrumentarium der Problemlösung muss Schritt halten mit den jeweils neu aufgeworfenen Problemen, die eine dynamische Technologieentwicklung mit sich bringt. Dabei ist eine Reflexion der jeweiligen Steuerungswirkung von zentraler Bedeutung.

In der Frühphase der Nischenentwicklung geht es vornehmlich um einen Schutz der Nische als Bedingung der Überlebensfähigkeit für technische Neuerungen. Politische Entscheidungsträger können den für die Nischenentwicklung notwendigen Schutzraum schaffen und absichern, indem sie die Umgebung der technischen Innovation systematisch gestalten und/oder nutzen. Durch die systematische Schaffung und Stabilisierung von Nischen können Gelegenheiten vorbereitet werden, die sich durch begünstigende Veränderungen im Kontext ergeben.

Um der Nische zum Durchbruch zu verhelfen und ggf. anfängliche Unsicherheiten zu überwinden, kann eine Häufung von Steuerungsimpulsen eine Dynamik des Prozesses auslösen. Ansehnliche wirtschaftliche Gewinnerwartungen für Investoren – zum Beispiel durch die Möglichkeit einer Kombination mehrerer Förderprogramme – können sowohl die Nachfrage als auch die technische Weiterentwicklung beflügeln. Governance-Instrumente sollten auf die Handlungsbedingungen der Adressaten abgestimmt sein und an bestehende Motivationen der Nischenkonstellation anknüpfen. Die Wirkung von Governance-Interventionen steht in engem Zusammenhang mit den Interessen, Zielen und Motivationen der beteiligten Akteure.

Kontextereignisse sind der staatlichen Steuerung kaum oder nur bedingt zugänglich, sie können jedoch genutzt werden, um der Nische zum Durchbruch zu verhelfen. Eine zeitspezifische Strategie, die diese Windows of Opportunity systematisch nutzt, kann die Entwicklung und Verbreitung neuer Technologien beschleunigen.

Wenn die Nische expandiert und sich in Form einer erfolgreichen Branche etabliert, ist eine Steuerungsstrategie gefragt, die auf unterschiedlichen Ebenen ansetzt. Eine schrittweise Anpassung des institutionellen Rahmens ist erforderlich, um das technische Innovations- und Diffusionsgeschehen gegenüber den Widerständen des etablierten Systems abzusichern, das eine starke interne Vernetzung, Wachstumsdynamik und Beharrungstendenz entwickelt hat. Die zunehmende Diffusion der Innovation und die intrinsischen Triebkräfte der Technikentwicklung können ambivalente Wirkungen nach sich ziehen, die wiederum Ursache gesellschaftlicher Konflikte sein können. Steuerungskonzepte sollten resonanzfähig gegenüber Akzeptanzproblemen sein. Im Sinne einer integrativen Governance-Strategie sind auftretende Konflikte zu bearbeiten, z. B. durch Partizipationsmöglichkeiten sowohl an Entscheidungsprozessen als auch an der Wertschöpfung, durch Schaffung regionaler Arbeitsplätze oder eine Anpassung des Regulierungs- und Genehmigungsrahmens. Die entstehenden Probleme müssen ggf. auf mehreren politisch-administrativen Ebenen und fachlichen Sektoren angegangen und überwunden werden. Steuerungsimpulse der verschiedenen politischen Entscheidungs- und Maßnahmen der administrativen Umsetzungsebenen müssen synchronisiert werden und ineinander greifen. Die Innovation ist im fortgeschrittenen Stadium zunehmend mit Fragen der Systemintegration konfrontiert. Politisches Handeln und Intervenieren ist daher in diesem Stadium auch auf der Seite der dominanten Konstellation gefragt.

Instabile Phasen sind von zentraler Bedeutung für die Entwicklung, denn sie führen zu Veränderungen, die für die Durchsetzung der Innovation konstitutiv sind. Sie bewirken, dass sich die sozio-technische Konstellation in der jeweils nachfolgenden Phase neu ordnet, stabilisiert und die Nische auf ein jeweils höheres Niveau der Etablierung gelangt. Die Nicht-Linearität des Entwicklungsverlaufs ist eine Bedingung für eine erfolgreiche, lernende Entwicklung. Die Unterbrechung erfolgreicher Phasen durch Instabilitäten stellt einen Lernansatz für die Konstellation und die darin handelnden Akteure dar. Der Wechsel von stabilen und instabilen Phasen ist somit zwar kein Kriterium für Wachstum, aber für eine nachhaltige Entwicklung.

Mündet der Innovationsprozess in eine Systemtransformation?
In der Pionierphase des Innovationsprozesses, in der die Entwicklung der Windenergie stark von der Umweltbewegung der 1970er Jahre angetrieben wurde, war die Technologie eng verknüpft mit neuen Utopien. Ziel der den Prozess treibenden Pioniere war ein radikaler Paradigmenwechsel im Energieversorgungssektor. Dieser Paradigmenwechsel, der unter dem Schlagwort „Energiewende" diskutiert wurde, hat eine Transformation des zentralisierten Energieversorgungssystems hin zu einer technischen und ökonomischen Dezentralisierung der Energieerzeugung und einer Erweiterung und Pluralisierung der involvierten Akteursgruppen (Regimewandel) zum Ziel. Die leitenden Handlungsprinzipien sind Umwelt- und Klimaschutz und ein Ausstieg aus der Nutzung nuklearer Energiequellen. Die Energieeffizienz soll erhöht, der Anteil der erneuerbaren Energien an der Energieversorgung merklich gesteigert und ein Wandel von einer angebots- hin zu einer bedarfsorientierten Energiepolitik vollzogen werden.

Es bleibt offen, ob die Etablierung, Stabilisierung und Expansion der Windenergie in eine Transformation des Stromversorgungssystems mündet oder ob die dezentrale Technologie ohne strukturelle Veränderungen des etablierten Systems an dieses angepasst und von ihm adaptiert wird. Diese Frage ist in Bezug auf alle Sparten der erneuerbaren Energien zu betrachten und ist daher hier nicht abschließend zu beantworten. Was jedoch bereits bei der Betrachtung des Entwicklungsprozesses der Windenergie deutlich wird, ist die Konkurrenzsituation zweier unterschiedlicher Paradigmen. Die überragende Marktmacht des Oligopols der großen Energieversorgungsunternehmen steht einer Systemtransformation durch die aufkommenden dezentralen und hinsichtlich der Anlagen und Akteure pluralisierten Technologien der erneuerbaren Energien gegenüber.

Nur ein Teil der Akteure strebt den Paradigmenwechsel an. Eine Koalition sehr handlungsmächtiger Akteure des nach wie vor dominierenden Systems der fossil-atomaren Energieversorgung ist jedoch bestrebt, die etablierten Strukturen beizubehalten. Der Staat ist mit dem Dilemma konfrontiert, einerseits ein reibungsloses Funktionieren des Wettbewerbsmarktes fördern und diesen andererseits umwelt- und klimapolitisch korrigieren zu müssen. Die Gewährleistung eines intakten Wettbewerbsmarktes ist für viele Akteure an die Beibehaltung des fossil-atomaren Pfades gebunden.

Welchem Ziel letztlich Vorrang gegeben wird, ist zum einen stark von politischen Präferenzen und Kräfteverhältnissen abhängig und zum anderen von den institutionellen Strukturen, denn die Regulierungsinstanzen haben unterschiedliche Zielvorgaben und sind mit jeweils anderen Adressaten konfrontiert. Eine Transformation des bestehenden Systems ist äußerst voraussetzungsvoll. Sie erfordert grundlegende wirtschaftliche, gesellschaftliche und strukturelle Veränderungen sowie die Überwindung traditioneller Denkmuster und Gewohnheiten. Bisher scheint es daher unklar, ob eine schrittweise Diffusion der dezentralen Energieumwandlungsformen mit einer Veränderung des Systems im Sinne einer Energiewende einhergeht und ein Paradigmenwechsel vollzogen oder ob die Windenergie als eine Branche unter mehreren in das bestehende System der Energieversorgung integriert wird.

Derzeit zeichnet sich eine Entwicklung ab, in der die traditionellen Strukturen auf das sektorale Innovationssystem der Windenergie übertragen werden und sich die einst dezentrale Technologie durch Konzentrations- und Zentralisierungsprozesse schrittweise an das etablierte System adaptiert. Indem sich die Technologie sowohl in ihren technisch-ökonomischen als auch sozio-kulturellen Eigenschaften zunehmend an das Paradigma der in Großkraftwerken zentralisierten Elektrizitätsproduktion angleicht und damit auch verstärktes Interesse der Akteure des dominanten Regimes weckt, entfernt sie sich von der Rolle eines Gegenpols zur Produktionsstruktur des traditionellen Stromerzeugungssektors. Die Durchsetzungschancen der regenerativen Energietechniken sind durch ein strukturelles Beharrungsvermögen des über Jahrzehnte gewachsenen traditionellen Energieversorgungssystems eingeschränkt.

Für eine Regimetransformation sind neben der Diffusion und Durchsetzung der neuen Technologien Regeln, Standards, Institutionen, Organisationen und Netzwerke zu bilden, damit ein neues, stabiles Regime entsteht. Dieser Multi-Akteurs- und Multi-Level-Prozess ist ungewiss und prekär, denn es sind viele Akteure auf unterschiedlichen Ebenen und an verschiedenen Orten involviert. Der Einfluss einzelner Akteure ist begrenzt, denn die Akteure sind eingebettet in eine komplexe sozio-technische Konstellation. Ein umfassender Wandel kostet Zeit, erfordert hohe Investitionen und ist das Ergebnis der Verkopplung von Entwicklungen auf unterschiedlichen Ebenen.

Allerdings hat der bisherige Prozess den Rahmen der Energieversorgung zumindest in Ansätzen verändert: In der Gesellschaft wächst das Bewusstsein um die Gefahren nuklearer und klimaschädigender Energieerzeugungstechnologien und die Endlichkeit der Ressourcen. Der Anteil der erneuerbaren Energien an der Stromversorgung steigt und Energieversorgungsunternehmen sind zur Auseinandersetzung mit diesem steigenden Anteil gezwungen, da sie zum Netzanschluss der Anlagen verpflichtet sind. Die Entwicklung der Windenergie ist auch insofern eine Erfolgsgeschichte, als dass sie heute Vorreiter und treibende Kraft für die Weiterentwicklung anderer erneuerbarer Energien ist. Es bleibt die Hoffnung, dass der Innovationsprozess der Windenergie den Beginn einer nachhaltigen Systemtransformation darstellt.

Zum analytischen Mehrwert der Konstellationsanalyse
In der empirischen Fallstudie wurden zwei unterschiedliche Herangehensweisen miteinander verknüpft: Zum einen wurde das Zusammenspiel multipler Einflussfaktoren auf das Innovationsgeschehen und damit die Struktur des Innovationsgeschehens dargestellt. Zum anderen wurden der Ablauf des Innovationsprozesses und die Charakteristik seiner unterschiedlichen Phasen in den Blick genommen. Dabei wurde auf das Instrumentarium der Policy- und der Konstellationsanalyse zurückgegriffen und auf die sozialwissenschaftliche Innovationssystemforschung Bezug genommen. Die Entwicklung der Windenergie wurde als ein Prozess von sozio-technischen Konstellationen beschrieben, die sich im Verlauf unterschiedlicher Entwicklungsphasen dynamisch veränderten. Sowohl die Policy- als auch die Konstellationsanalyse nutzen heuristische Phasenkonzepte zur Untersuchung von Prozessen, beide beziehen multiple Einflussfaktoren sowie Einflussebenen in die Untersuchung ein und untersuchen die Pluralität und Interdependenzen der Einflussfaktoren im Prozess. Worin besteht nun der analytische Mehrwert der Konstellationsanalyse, worin liegt die Leistungsfähigkeit dieses Instruments in Ergänzung zur Policy-Analyse?

Ein praktischer Nutzen der Konstellationsanalyse besteht in der Visualisierung der Interaktionen und Wechselwirkungen von Kontext, Akteuren und Einflussfaktoren in den Konstellationsabbildungen. Die Visualisierung ist eine wichtige Ergänzung zur Sprache, beide Ausdrucksformen unterstützen sich gegenseitig. Zwar sind die grafischen Abbildungen der Konstellationen weder das Ergebnis einer Analyse noch das zentrale analytische Instrument, sondern der Ausgangspunkt der textlich ausformulierten Beschreibung und Interpretation der jeweiligen Phase. Der Wechsel von grafischer Veranschaulichung und sprachlicher Beschreibung kann jedoch dazu beitragen die Charakteristika der einzelnen Phasen-Konstellationen zu verdeutlichen.

Mit dem Instrumentarium der Konstellationsanalyse konnte das heterogene Feld aufgespannt werden, in dem sich die Windenergie dynamisch entwickelt hat. Ausgangspunkt war die Annahme, dass sich das politische, regulative Element nicht isolieren lässt, sondern multiple Einflussbereiche sich gegenseitig bedingen. Daher erschien ein mehrdimensionaler Blick, der von den Wirkungen einzelner Bestimmungsfaktoren ausgeht, wichtig für die Erklärung des Innovationsprozesses. Die Konstellationsanalyse betrachtet heterogene Einflussfaktoren als grundsätzlich gleichwertig und nimmt eine Perspektive ein, die nicht akteurszentriert ist. Sie berücksichtigt die Wechselwirkung multipler Faktoren mit dem politischen Prozess. Indem die Konstellationsanalyse auch die Technik in das System der Einflussfaktoren einbezieht, werden die Wechselwirkungen zwischen technischem Entwicklungsprozess und politischem Prozess verdeutlicht.

Darüber hinaus können mit Hilfe des Instrumentariums der Konstellationsanalyse mehrere Ebenen des Innovationsprozesses in den Blick genommen werden. Damit sind hier nicht politisch-administrative Ebenen gemeint, sondern die verschiedenen Ebenen der Gesamtkonstellation. Die Kontext-Ebene umfasst gesellschaftliche Rahmenbedingungen und übergeordnete Prozesse, die auf die gesamte Konstellation einwirken.[352] Eine weitere Ebene ist die Konstellation, ggf. gespalten in einzelne Teilkonstellationen, mit einem Kern der zentralen Wirkfaktoren im Mittelpunkt. Die dritte Ebene ist die Ebene des einzelnen, als relevant erkannten Elements. Die Konstellation verdeutlicht, dass System verändernde Innovationen nicht durch einen einzelnen Akteur angestoßen oder durchgesetzt und auch nicht durch ein einzelnes Ereignis ausgelöst werden können. Ein umfassender Wandel ist das Ergebnis der Verkopplung von Entwicklungen auf unterschiedlichen Ebenen.

In dieser Untersuchung wurde die Konstellationsanalyse genutzt, um die Entwicklung einer sozio-technischen *Nische* nachzuvollziehen und zu visualisieren. Das aus der Innovationsforschung stammende Nischenkonzept konkretisiert die Vorstellung einer Prozessdynamik und zeitlich begrenzter Windows of Opportunity, indem es die Struktur der Zeitfenster veranschaulicht. Die Konstellationsanalyse bietet die Möglichkeit, die Entwicklung der Nische sowohl im Zeitverlauf (Phasen) als auch in der Pluralität und dem Zusammenwirken der relevanten Einflussfaktoren (Konstellationen) abzubilden – die Abbildungen sind zwar statisch, bringen in ihrer Abfolge jedoch die Prozessdynamik zum Ausdruck.

Die Konstellationsanalyse wurde als interdisziplinäres Brückenkonzept konzipiert. Die Konstellationsabbildungen in Kapitel 4 sind im Zuge interdisziplinärer Diskussionen erarbeitet worden. Ziel war eine schrittweise Annäherung an eine von allen Beteiligten geteilte Gesamtsicht des Prozesses. Die Abbildungen erwiesen sich als ein geeignetes Mittel zur interdisziplinären Verständigung – verschiedene disziplinäre Sichtweisen konnten zusammengeführt werden. Das relativ einfache Vokabular, die begriffliche Offenheit und der geringe theore-

352 Kontextbedingungen sind übergeordnete, gesamtgesellschaftlich bedeutsame oder Sektoren übergreifende Rahmenbedingungen des Innovationsprozesses. Dies können beispielsweise politische und strategische Zielrichtungen auf internationaler Ebene oder plötzlich auftretende Ereignisse sein. Als Kontextbedingungen klassifizierte Bedingungen bilden den Hintergrund oder auch eine ‚Stimmung', die bestimmte Entwicklungen katalysieren.

tische „Ballast“ der Konstellationsanalyse sind dabei von Vorteil. Die Abbildungen unterstützten den Einigungsprozess darüber, wie die Konstellation in ihrer Struktur und ihren Charakteristika nachvollziehbar abgebildet werden kann.

Die Analyse von Optionen staatlichen Handelns durch Szenario-Konstellationen war nicht Gegenstand dieser Untersuchung. Jedoch kann aus dem nachvollziehenden Blick auf das Steuerungshandeln auch der Blick in die Zukunft generiert und versucht werden, sinnvolle Ansatzpunkte staatlicher Steuerung aufzuspüren. Die Konstellationen des Innovationsprozesses der Windenergie in Deutschland zeigen, dass der Staat im Verlauf des Prozesses seine Interessen und Zielstellungen veränderte. Der Strategiewandel staatlicher Akteure und Institutionen in Abhängigkeit vom Stadium des Innovationsprozesses und dem Entwicklungsstand der Konstellation ist an der Veränderung ihrer Position in der Konstellation ablesbar. Je nach Zeitpunkt und Entwicklungsstand des Innovationsprozesses ist das Ansetzen staatlichen Handelns an verschiedenen Teilkonstellationen sinnvoll. Die Konstellationsanalyse kann dazu beitragen zu erkennen, wann und in welcher Teilkonstellation mit wahrscheinlichem Erfolg steuernd eingegriffen werden kann.

Grenzen der Konstellationsanalyse

Die Konstellationsanalyse weist allerdings auch Grenzen auf, die wiederum mit dem Instrumentarium der Policy-Analyse ergänzt werden können. Sie ist ein explorativer Ansatz, der eine nützliche Ordnungsleistung liefert. Diese allein ist jedoch nicht ausreichend für eine wissenschaftliche Analyse – es muss eine Perspektive für die Interpretation gewählt werden, zum Beispiel anhand einer disziplinär verorteten Fragestellung.

Auch ist im Zuge der Bearbeitung aufgefallen, dass die wenig differenzierte Kategorie der „Zeichenelemente“ Grenzen setzt. Mit der Konstellationsanalyse können die spezifischen Eigenschaften unterschiedlicher Bereiche, wie zum Beispiel Werte-, Wissens- und institutionelle Strukturen, administrative Verfahren, symbolische Artefakte oder geistige Strömungen nur begrenzt in ihrer Wirkung, Veränderungsdynamik und wechselseitigen Verkopplung dargestellt werden. Da die unscharfe Kategorie der „Zeichenelemente“ heterogene Einflussfaktoren auf sich vereint, besteht die Gefahr, dass Faktoren in der empirischen Analyse vernachlässigt werden, die für die politikwissenschaftliche Forschung von zentraler Bedeutung sind. Auch Interaktionsformen und deren Veränderung im Prozess (z. B. konfrontativ, verhandlungsorientiert, kooperativ) werden von der Konstellationsanalyse nicht erfasst. Somit erfordern politikwissenschaftliche Untersuchungsgegenstände wie kognitive Faktoren, Ziele, Interessen, Diskurse, Leitbilder, Lernprozesse oder Politikstile weiterhin eine disziplinäre Bearbeitung.

Die Konstellationsanalyse ist zu ergänzen mit der vertieften Bearbeitung dezidiert disziplinärer Fragestellungen.

Rückblickend hat sich eine Ergänzung der Policy-Analyse durch die Konstellationsanalyse für die Erklärung der Diffusion einer Umweltinnovation als fruchtbar erwiesen. Die Verknüpfung beider methodischen Ansätze kann als Basis für Erklärungsansätze dienen und – wenn dies angestrebt wird – auch für die Exploration von Handlungsspielräumen in Bezugnahme auf den vorangehenden Prozess. Mit einem kombinierten Vorgehen, das sowohl die Struktur der Einflussfaktoren als auch die Dynamik des Entwicklungsprozesses in den Blick nimmt, eröffnet sich die Möglichkeit, Nischen- und Zeitstrategien für innovationspolitische Governance aufzuspüren. Die Untersuchung hat gezeigt, dass dabei sowohl das Zusammenwirken von Akteuren und Einflussfaktoren in Konstellationen als auch der nicht-lineare Charakter eines Innovationsprozesses von besonderer Bedeutung sind.

Literatur- und Quellenverzeichnis

Fachliteratur

Albers, Axel; Gerdes, Gerhard 1999: Windpark-Leistungsverifizierung. In: Medenbach, Michael C. (Hrsg.): Erneuerbare Energie in der Landwirtschaft 1999 – Band 2. Zeven.

Allensbach-Studie 2003: Allensbach-Studie zu Energieversorgung und Energiepolitik, November 2003. Berlin.

Allnoch, Norbert 1994: Zur Lage der Windkraftnutzung in Deutschland. Herbstgutachten 1994/ 1995. In: Wind Energie Aktuell. Jg.4 (1994), H.10, S 14.

Allnoch, Norbert 1996: Zur Lage der Windkraftnutzung in Deutschland. Herbstgutachten 1996/1997. In: Energiewirtschaftliche Tagesfragen. Jg. 46 (1996), H. 10, S 516-519.

Allnoch, Norbert 1997: Zur Lage der Wind- und Solarenergienutzung in Deutschland. Herbstgutachten 1997/1998. In: Energiewirtschaftliche Tagesfragen. Jg. 47 (1997), H. 10, S 612-617.

Alt, Franz 2007: Himmlische Energie: Aus dem GROWIAN- Desaster wurde eine Erolgsgeschichte. o. O. www.readers-edition.de/2007/08/28, Abruf am 21.01.2008

Alt, Franz 2008: Sonnige Aussichten – wie Klimaschutz zum Gewinn für alle wird. Gütersloh.

Armbrust, Sepp; Dörner, Heiner; Hütter, Ulrich; Knauss, Peter; Molly, Jens Peter 1976: Nutzung der Windenergie, Teil III. In: Energiequellen für morgen? Nichtnukleare – Nichtfossile Primärenergiequellen. Programmstudie im Auftrag des BMFT. Frankfurt a.M.

Arthur, W. Brian 1988: Competing Technologies: an Overview. In: Dosi, Giovanni et al. (Hrsg): Technical Change and Economic Theory. London, S. 590-608.

Arthur, W.Brian 1989: Competing Technologies, Increasing Returns, and Lock-In by Historical Events. In: Economic Journal. Jg. 99 (1989), S. 116-131.

Arthur, W.Brian; Ermoliev, Yuri M.; Kaniovski, Yuri M. 1987: Path-dependent processes and the emergence of macro-structure. In: European Journal of Operational Research. Jg. 30 (1987), H.3, S. 294-303.

Bechberger, Mischa 2000: Das Erneuerbare Energien-Gesetz (EEG): Eine Analyse des Politikformulierungsprozesses. Forschungsstelle für Umweltpolitik der FU Berlin, FFU-report 00-06. Berlin.

Bechberger, Mischa; Meyer Niels I.; Mez, Lutz; Sohre, Annika 2006: Windenergie – Eine Innovationsbiographie. Akteurskonstellationen, Innovationsmuster und Steuerungsansätze im internationalen Vergleich – Dänemark, Spanien und Großbritannien. Forschungsstelle für Umweltpolitik der FU Berlin. Gutachten im Auftrag des Zentrums

Technik und Gesellschaft und des Instituts für Landschaftsarchitektur und Umweltplanung der TU Berlin. Berlin.

Bechmann, Arnim 1984: Leben wollen. Anleitungen für eine neue Umweltpolitik. Köln.

Belz, Frank-Martin 2004: A transition towards sustainablility in the Swiss agri-food chain (1970-2000): using and improving the multi-level perspective. In: Elzen, Boelie; Geels, Frank W; Green, Ken (Hrsg.) 2004: System innovation and the transition to sustainability. Theory, evidence and policy. Cheltenham, Northampton, S. 97-113.

Bender, Gerd 2005: Technologieentwicklung als Institutionalisierungsprozess. In: Zeitschrift für Soziologie. Jg. 34 (2005), H. 3, S. 170-187.

Benedick, Richard E. 1998: Das fragwürdige Kyoto-Klimaprotokoll. Unbeachtete Lehren aus der Ozongeschichte. wzb-paper FS II 98-407. Berlin.

Benz, Arthur 2004: Governance - Regieren in komplexen Regelsystemen. Eine Einführung. Wiesbaden.

Benz, Arthur; Scharpf, Fritz W.; Zintl, Reinhard (Hrsg.) 1992: Horizontale Politikverflechtung. Zur Theorie von Verhandlungssystemen. Frankfurt a.M. u.a.

Bijker, Wiebe E.; Hughes, Thomas P.; Pinch, Trevor (Hrsg.) 1987: The Social Construction of Technological Systems. New Directions in the Sociology and History of Technology. Cambridge, London.

Bijker, Wiebe E. 1993: Do Not Despair: There is Life after Contructivism. In: Science, Technology Human Values. Jg. 18 (1993), H. 1, S. 113-138.

Bijker, Wiebe E. 1995: Sociohistorical Studies. In: Jasanoff, Sheila; Markle, Gerald E.; Petersen, James C.; Pinch, Trevor (Hrsg.): Handbook of science and technology studies. Thousand Oaks, S. 229-256.

Bijker, Wiebe. E.; Law, John (Hrsg.) 1992: Shaping Technology/ Building Society. Studies in Sociotechnical Change. Cambridge, Mass.

Binswanger, Hans Christoph; Frisch, Heinz; Nutzinger, Hans G.; Schefold, Bertram; Scherhorn, Gerhard; Simonis, Udo E.; Strümpel, Burkhard (Hrsg.) 1988: Arbeit ohne Umweltzerstörung. Strategien für eine neue Wirtschaftspolitik. Frankfurt a.M.

Blazejczak, Jürgen; Edler, Dietmar; Hemmelskamp, Jens; Jänicke, Martin 1999: Umweltpolitik und Innovation: Politikmuster und Innovationswirkungen im internationalen Vergleich. In: Zeitschrift für Umweltpolitik und Umweltrecht. Jg. 22 (1999), H. 1, S. 1-32.

BMFT (Bundesministerium für Bildung, Wissenschaft, Forschung und Technologie) 1988: Statusreport Windenergie. Lübeck.

BMU (Bundesministerium für Umwelt, Naturschutz und Reaktorsicherheit) 1991: Vergleichende Analyse der in den Berichten der Enquete-Kommission „Vorsorge zum Schutz der Erdatmosphäre" und in den Beschlüssen der Bundesregierung ausgewiesenen CO2-Minderungspotentiale und Maßnahmen. Reihe Umweltpolitik. Bonn.

BMU (Bundesministerium für Umwelt, Naturschutz und Reaktorsicherheit) 1998: Bundesregierung verabschiedet Umweltbericht 1998 - Umfassende Bestandsaufnahme der Umweltentwicklung in ganz Deutschland. Umweltschutz wichtiger Innovationsmotor. BMU-Pressedienst 33/98. Bonn.

BMU (Bundesministerium für Umwelt, Naturschutz und Reaktorsicherheit) 1999a: Klimaschutz durch Nutzung erneuerbarer Energien. Studie im Auftrag des BMU und des UBA. UFOPLAN-Vorhaben 298 97 340. Erarbeitet von der Arbeitsgemeinschaft DLR, WI, ZSW, IWR und Forum für Zukunftsenergien. Projektleitung: Joachim Nitsch, DLR und Manfred Fischedick, WI. Berlin. (Langfassung vgl. BMU 2000b).

BMU (Bundesministerium für Umwelt, Naturschutz und Reaktorsicherheit) 1999b: Stellungnahme des zuständigen Referenten des BMU zum Stromeinspeisungsgesetz, Dr. Dürrschmidt, auf das Eckpunktepapier der grünen Fraktion im Bundestag vom 23.8.1999, vom 29.9.1999.

BMU (Bundesministerium für Umwelt, Naturschutz und Reaktorsicherheit) 2000a: Nationales Klimaschutzprogramm. Beschluss der Bundesregierung vom 18. Oktober 2000. (Fünfter Bericht der Interministeriellen Arbeitsgruppe „CO2-Reduktion"). o.a.O.

BMU (Bundesministerium für Umwelt, Naturschutz und Reaktorsicherheit) (Hrsg.) 2000b: Klimaschutz durch Nutzung erneuerbarer Energien (Langfassung). Studie im Auftrag des BMU und des UBA, UFOPLAN-Vorhaben 298 97 340, Berlin. www.iwr.de/re/iwr/klimagesamtstudie.pdf, Abruf am 21.01.2008.

BMU (Bundesministerium für Umwelt, Naturschutz und Reaktorsicherheit) 2001: Windenergienutzung auf See. Positionspapier des Bundesministeriums für Umwelt, Naturschutz und Reaktorsicherheit zur Windenergienutzung im Offshore-Bereich vom 07.06.2001. Berlin. www.bmu.de/erneuerbare-energien, Abruf am 21.01.2008.

BMU (Bundesministerium für Umwelt, Naturschutz und Reaktorsicherheit) 2003a: Erklärung gleich gesinnter Staaten zur Erhöhung des Anteils erneuerbarer Energien auf dem Weltgipfel in Johannesburg. Berlin. www.bmu.de/nachhaltige_entwicklung/doc/2564.php, Abruf am 21.01.2008.

BMU (Bundesministerium für Umwelt, Naturschutz und Reaktorsicherheit) 2003b: Eckpunkte zur Novellierung des Gesetzes für den Vorrang Erneuerbarer Energien (EEG), Fassung vom 28.1.2003. o.a.O.

BMU (Bundesministerium für Umwelt, Naturschutz und Reaktorsicherheit) 2005a: Das nationale Klimaschutzprogramm 2005. Zusammenfassung. Berlin. www.bmu.de/files/klimaschutz/downloads/application/pdf/klimaschutzprogramm_2005.pdf, Abruf am 21.01.2008.

BMU (Bundesministerium für Umwelt, Naturschutz und Reaktorsicherheit) 2005b: Rückenwind für Offshore-Testfeld. In: Umwelt (2005), H. 10, S. 577-578.

BMU (Bundesministerium für Umwelt, Naturschutz und Reaktorsicherheit, Hrsg.) 2005c: Ausbau Erneuerbarer Energien im Stromsektor bis zum Jahr 2020. Vergütungszahlungen und Differenzkosten durch das Erneuerbare-Energien-Gesetz. Berlin.

BMU (Bundesministerium für Umwelt, Naturschutz und Reaktorsicherheit) 2006: Zwanzig Jahre Bundesumweltministerium. Berlin. www.bmu.de/ministerium/doc/2445.php, Abruf am 15.2.2006.

BMU (Bundesministerium für Umwelt, Naturschutz und Reaktorsicherheit) 2007a: Erneuerbare Energien in Zahlen – nationale und internationale Entwicklung. Stand: November 2007. Internet Update. Berlin. www.bmu.de/files/erneuerbare_energien/downloads/application/pdf/broschuere_ee_zahlen.pdf Abruf am 21.01.2008.

BMU (Bundesministerium für Umwelt, Naturschutz und Reaktorsicherheit) 2007b: Entwicklung der Offshore-Windenergienutzung in Deutschland. www.bmu.de/files/pdfs/allgemein/application/pdf/offshore_wind_deployment_de_en.pdf, Abruf 10.2.2008.

BMU (Bundesministerium für Umwelt, Naturschutz und Reaktorsicherheit) 2007c: Das integrierte Energie- und Klimaprogramm der Bundesregierung. o.O.

BMU (Bundesministerium für Umwelt, Naturschutz und Reaktorsicherheit, Hrsg.) 2008: Weiterentwicklung der Ausbaustrategie Erneuerbare Energien. Leitstudie 2008. Berlin/ Niestetal.

BMU (Bundesministerium für Umwelt, Naturschutz und Reaktorsicherheit) o.J.: Kurzüberblick zur Windenergienutzung in Deutschland. www.erneuerbare-energien.de/inhalt/4642/, Abruf am 21.01.2008.

BMU et al. (Bundesministerium für Umwelt, Naturschutz und Reaktorsicherheit; Bundesministerium für Wirtschaft und Technologie; Bundesministerium für Verkehr, Bau- und Wohnungswesen; Bundesministerium für Verbraucherschutz, Ernährung und Landwirtschaft; Bundesministerium der Verteidigung) 2002: Strategie der Bundesregierung zur Windenergienutzung auf See. Berlin.

Böhmecke, Georg 1984: Forschungsbericht Windenergie: Bestandsaufnahme und Erfahrungsauswertung in der Bundesrepublik bestehender Windkraftanlagen. Bd.2. Eckernförde.

Bortz, Jürgen; Döring, Nicola 1995: Forschungsmethoden und Evaluation für Sozialwissenschaftler. Berlin u.a.

Boulding, Kenneth E. 1966: The Economics of the Coming Space-Ship Earth. In: Jarrett, Henry (Hrsg.): Environmental Quality in a Growing Economy, Essays from the Sixth RFF Forum. Baltimore, USA, S. 3-14.

Brand, Ulrich 2002: Vergesst Johannesburg! In: Frankfurter Rundschau vom 13. August 2002.

Brauch, Hans Günter (Hrsg.): Energiepolitik. Berlin u.a.

Braun-Thürmann, Holger 2005: Innovation. Bielefeld.

Brockmann, Karl-Ludwig 1999: Innovationswirkungen der „Erklärungen der deutschen Wirtschaft zur Klimavorsorge“ – Eine Fallstudie. In: Rennings, Klaus (Hrsg): Innovation durch Umweltpolitik. Baden-Baden, S 147-182.

Brösse, Ulrich 1996: Industriepolitik. München.

Bruns, Elke 2002: Environmental issues of offshore wind farms. Introductory Note. 40th IEA Topical Expert Meeting, 24./25.9.2002 in Husum. Herausgegeben von FOI (Swedish Defence Research Agency). Stockholm.

Bruns, Elke; Köppel, Johann; Ohlhorst, Dörte; Schön, Susanne 2007: Konstellationsanalysen als Brückenkonzept für die Innovationsforschung. In: Hof, Hagen; Wengenroth, Ulrich (Hrsg.): Innovationsforschung. Ansätze, Methoden, Grenzen und Perspektiven. Hamburg 2007, S. 143-159.

Bruns, Elke; Köppel, Johann; Ohlhorst, Dörte; Schön, Susanne 2007: Die Innovationsbiographie der Windenergie - unter besonderer Berücksichtigung der Absichten und Wirkungen von Steuerungsimpulsen. Forschungsprojekt im Schwerpunkt „Innovationsprozesse in Wirtschaft und Gesellschaft“ der VolkswagenStiftung, Hannover, Endbericht. Berlin.

Bruns, Elke; Köppel, Johann; Ohlhorst, Dörte; Schön, Susanne 2008: Die Innovationsbiographie der Windenergie. Absichten und Wirkungen von Steuerungsimpulsen. Münster.

Buhmann, Wolfgang 2007: Der Erfolg der vierten Fruchtfolge. Windenergiepark Westküste – der Anfang einer boomenden Branche. In: Kieler Nachrichten vom 2. Oktober 2007.

BUND (Bund für Umwelt und Naturschutz Deutschland) 1996: Naturschutz und Windenergie. Positionspapier des BUND - Landesverband Niedersachsen e.V.: Standortplanung von Windenergieanlagen unter Berücksichtigung von Naturschutzaspekten.

BUND (Bund für Umwelt und Naturschutz Deutschland) Hrsg. 2001: Windenergie. BUND-Forderungen für einen natur- und umweltverträglichen Ausbau. www.bund.net/lab/reddot2/pdf/windenergie.pdf. Abruf am 21.11.2007.

BUND (Bund für Umwelt und Naturschutz Deutschland) Hrsg. 2004: Vögel und Fledermäuse im Konflikt mit der Windenergie. – Bremer Beiträge für Naturkunde und Naturschutz, Band 7. Bremen.

Bundesregierung 1971: Umweltpolitik. Das Umweltprogramm der Bundesregierung (5. Ergänzte Auflage 1976). Stuttgart u.a.

Bundesregierung 1973: Erstes Energieprogramm der Bundesregierung. Bundestags-Drucksache 7/1057 vom 26.9.1973.o.a.O.

Bundesregierung 1977: Zweite Fortschreibung des Energieprogramms der Bundesregierung vom 14. Dezember 1977, Bundestags-Drucksache 8/1357, o.a.O.

Bundesregierung 1981: Dritte Fortschreibung des Energieprogramms der Bundesregierung vom 5. November 1981, Bundestags-Drucksache 9/983, o.a.O.

Bundesregierung 2002: Perspektiven für Deutschland. Unsere Strategie für eine nachhaltige Entwicklung. o.a.O.; www.bundesregierung.de/Content/DE/__Anlagen/perspektiven-fuer-deutschland-langfassung,property=publicationFile.pdf, Abruf 15.01.2008.

BWE (Bundesverband Windenergie) 2004: Windfonds hoch im Kurs. In: Solarserver, 04.11.2004, www.solarserver.de/solarmagazin/newsa2002m07.html, Abruf am 21.01.2008.

BWE (Bundesverband Windenergie e.V.) 2005a: Zukunftsmarkt: Repowering. www.wind-energie.de/de/themen/repowering/, Abruf am 15.1.2008.

BWE (Bundesverband Windenergie e. V.) 2005b: Ausbau der Offshore-Windenergie in Deutschland – Bewertung des Status Quo und Vorschläge für eine zügige Umsetzung. Positionspapier. Berlin.

BWE (Bundesverband Windenergie e. V.) 2005c: Minimum price system compared with the quota model – which system is more efficent? Background information. www.windenergie.de/fileadmin/dokumente/Hintergrundpapiere/hintergrund_english/Background_Systeme_eng.pdf Abruf am 15.01.2008.

BWE (Bundesverband Windenergie e. V.) 2005d: Abstandserlass für Windräder gibt falsches Signal. Pressemitteilung vom 04. Oktober 2005. www.windenergie.de/index.php?id=270&tx_ttnews[tt_news]=570&tx_ttnews[backPid]=138&cHash=f90ad59da6, Abruf am 15.01.2008.

BWE (Bundesverband Windenergie e.V.) 2007a: Windkraft schafft Arbeit. Berlin, Osnabrück.

BWE (Bundesverband Windenergie e.V.) 2007b: Exportschlager Windkraft. Berlin, Osnabrück.

BWE (Bundesverband Windenergie e. V.) o.J.: Statistik Center. Die Entwicklung der Windenergie in Deutschland. www.wind-energie.de/de/statistiken/, Abruf am 21.01.2008.

Byzio, Andreas; Heine, Hartwig; Mautz, Rüdiger, unter Mitarbeit von Wolf Rosenbaum 2002: Zwischen Solidarhandeln und Marktorientierung. Ökologische Innovation in selbstorganisierten Projekten -- autofreies Wohnen, Car Sharing und Windenergienutzung. Göttingen.

Byzio, Andreas; Mautz, Rüdiger; Rosenbaum, Wolf 2005: Energiewende auf schwerer See? Konflikte um die Offshore-Windkraftnutzung. München.

Callon, Michel 1986: The Sociology of an Actor-Network: The Case of the Electric Vehicle. In: Callon, Michel; Law, John, Rip, Arie (Hrsg.): Mapping the Dynamics of Science and Technology. London, S. 19-34.

Callon, Michel; Latour, Bruno 1992: Don't Throw the Baby Out with the Bath School! A Reply to Collins and Yearly. In: Pickering, Andrew (Hrsg.): Science as Practice and Culture. Chicago, S. 343-368.

Callon, Michel 1995: Four models for the dynamics of science. In: Jasanoff, Sheila; Markle, Gerald E.; Petersen, James C.; Pinch, Trevor (Hrsg.): Handbook of science and technology studies. Thousand Oaks, S. 29-63.

Carlsson, Bo; Stankiewicz, Rikard 1995: On the Nature, Function and Composition of Technological Systems. In: Carlsson, Bo (Hrsg.): Technological Systems and Economic Performance: The Case of Factory Automation. Boston, Dordrecht, London, S. 21-56.

Carson, Rachel 1962: Silent Spring. Greenwich/ Conn.

CDU/CSU-Fraktion (CDU/CSU-Fraktion des deutschen Bundestags, Arbeitsgruppe Wirtschaft) 1997: Die geplante Novellierung des Stromeinspeisegesetzes: Der Vorschlag der CDU/CSU zur Beschlussfassung am 24.9.1997 im Bundestag. Berlin.

CDU Fraktion 2002: Antrag der Fraktion der CDU. Stromeinspeisung aus Windenergie. Schleswig-Holsteinischer Landtag. Drucksache 15/1859 vom 03.05.2002.

Christmann, Ralf 2006: Von der Vision zur Realität. Symposium zum Abschluss des 250 MW-Wind- Programms. In: Umwelt. (2006) H. 5, S. 273-274.

Cohen, Michael D.; March, James G.; Olsen, Johan P. 1972: A Garbage Can Model of Organizational Choice. In: Administrative Science Quarterly. Jg. 17 (1972), S. 1-25.

Coutard, Olivier 1999: The Governance of Large Technical Systems. London.

Crome, Horst 1994: Windenergie Praxis. Windkraftanlagen in handwerklicher Fertigung. Staufen.

Czada, Roland; Schimank, Uwe 2000: Institutionendynamiken und politische Institutionengestaltung. Die zwei Gesichter sozialer Ordnungsbildung, in: Werle, Raymund; Schimank, Uwe (Hrsg.): Gesellschaftliche Komplexität und kollektive Handlungsfähigkeit. Frankfurt a.M., S. 23–43.

Czada, Roland; Schmidt, Manfred G. (Hrsg.) 1993: Verhandlungsdemokratie, Interessenvermittlung, Regierbarkeit. Opladen.

David, Paul A. 1985: Clio and the Economics of QWERTY. In: American Economic Review, Jg. 75 (1985), S. 332-337.

David, Paul A. 1987: Some New Standards for the Economics of Standardization in the Information Age. In: Dasgupta, Partha; Stoneman, Paul (Hrsg.): Economic Policy and Technological Performance. Cambridge, S. 206-239.

Dena (Deutsche Energie-Agentur) o.J.: Die deutsche Windenergiebranche. www.renewables-made-in-germany.com/de/windenergie/, Abruf am 13.07.2007.

Dena (Deutsche Energie-Agentur) 2005: Energiewirtschaftliche Planung für die Netzintegration von Windenergie in Deutschland an Land und Offshore bis zum Jahr 2020. Berlin.

Deutsche WindGuard GmbH 2005a: Potenzialanalyse „Repowering in Deutschland“. Im Auftrag von: WAB Windenergieagentur Bremerhaven Bremen e.V.. Bremerhaven.

Deutsche WindGuard GmbH 2005b: Auswirkungen neuer Abstandsempfehlungen auf das Potenzial des Repowering am Beispiel ausgesuchter Landkreise und Gemeinden. Varel.

Deutscher Bundestag 1986: Unterrichtung durch die Bundesregierung. Energiebericht der Bundesregierung. Drucksache 10/6073 vom 24.09.1986.

Deutscher Bundestag 1990b: Beschlussempfehlung und Bericht des Ausschusses für Wirtschaft zum Gesetzentwurf der Fraktionen CDU/CSU und FDP. Entwurf eines Gesetzes zur Einspeisung von Strom aus erneuerbaren Energien in das öffentliche Netz. Drucksache 11/7978 vom 26.09.1990.

Deutscher Bundestag 2002: Endbericht der Enquete-Kommission „Nachhaltige Energieversorgung unter den Bedingungen der Globalisierung und der Liberalisierung“. Drucksache 14/9400 vom 7.07.2002.

Deutscher Bundestag 2003: Unterrichtung durch die Bundesregierung. Bericht über die Bestandsaufnahme durch die dena über den Handlungsbedarf bei der Förderung des Exports erneuerbarer Energie-Technologien. Drucksache 15/1862 vom 31.10.2003.

Deutscher Bundestag 2004a: Gesetz zur Neuregelung des Rechts der Erneuerbaren Energien im Strombereich vom 21. Juli 2004. Drucksache 15/3162 vom 18.05.2004, Bundesgesetzblatt Jg. 2004 Teil I Nr. 40 vom 31. Juli 2004.

Deutscher Bundestag 2004 b: Beschlussempfehlung und Bericht des Vermittlungsausschusses. Zu dem Gesetz zur Neuregelung des Rechts der Erneuerbaren Energien im Strombereich. Drucksache 15/3385 vom 17.06.2004.

DEWI (Deutsches Windenergie-Institut) (Hrsg.) 2002: Studie zur aktuellen Kostensituation 2002. Bearbeiter: Neumann, Thomas; Ender, Carsten; Molly, Jens-Peter. Im Auftrag des BWE und des VDMA, Wilhelmshaven.

Diekmann, Andreas 2004: Empirische Sozialforschung. Reinbek.

Dierkes, Meinolf; Hoffmann, Ute; Marz, Lutz 1992: Leitbild und Technik. Zur Entstehung und Steuerung technischer Innovationen. Berlin.

Dolata, Ulrich 2003: Unternehmen Technik. Akteure, Interaktionsmuster und strukturelle Kontexte der Technikentwicklung: Ein Theorierahmen. Berlin.

Dolata, Ulrich 2005: Soziotechnischer Wandel, Nachhaltigkeit und politische Gestaltungsfähigkeit. artec-paper Nr. 124, Forschungszentrum Nachhaltigkeit, Universität Bremen.

Dolata, Ulrich 2006: Technologie- und Innovationspolitik im globalen Wettbewerb. Veränderte Rahmenbedingungen, institutionelle Transformation und politische Gestaltungsmöglichkeiten. In: Zeitschrift für Politikwissenschaft, Jg. 16 (2006), Heft 2, S. 427-455.

Dosi, Giovanni 1982: Technological Paradigms and Technological Trajectories. A Suggested Interpretation of the Determinants and Directions of Technical Change. In: Research Policy. Jg. 11 (1982), H. 3, S. 147-162.

Dosi, Giovanni; Nelson, Richard 1994: An introduction to evolutionary theories in economics. In: Journal of Evolutionary Economics. Jg.4 (1994), S. 153-172.

Durstewitz, Michael; Hoppe-Kilpper, Martin; von Schwerin, Catarina 2003: Schlussbericht. Nutzung von Windkraft durch die Landwirtschaft. Forschungsprojekt 01HS053 im Auftrag der Bundesanstalt für Landwirtschaft und Ernährung (BLE). Institut für Solare Energieversorgungstechnik e.V. (ISET). Kassel.

EGKS (Europäische Gemeinschaft für Kohle und Stahl) 1984: Entschließung des Beratenden Ausschusses der EGKS über die von der Kommission vorgenommene Analyse der Energiepolitik der Mitgliedstaaten, Amtsblatt Nr. C 160 vom 20.06.1984, S. 0002 – 0004.

Ellwein, Thomas; Hesse, Joachim Jens; Mayntz, Renate; Scharpf, Fritz W. (Hrsg.): Jahrbuch zur Staats- und Verwaltungswissenschaft, Bd. 1/1987. Baden-Baden

Elzen, Boelie; Geels, Frank W.; Green, Ken 2004: Transitions to Sustainability: Lessons Learned and remaining Challenges. In: Elzen, Boelie; Geels, Frank W.; Green, Ken (Hrsg.): System Innovation and the Transition to Sustainability. Cheltenham, S. 282-300.

Ender, Carsten; Molly, Jens Peter 2004: Versuch der Ermittlung deutscher Wertschöpfung im weltweiten Windenergiemarkt. In: DEWI Magazin, Jg. 25 (2004), S. 31-32.

Enquete-Kommission „Vorsorge zum Schutz der Erdatmosphäre“ 1990: Schutz der Erde – Eine Bestandsaufnahme mit Vorschlägen zu einer neuen Energiepolitik (Dritter Bericht der Enquete-Kommission, Band 1 und 2). Bonn.

Erdmann, Georg 1999: Zeitfenster beachten. Möglichkeiten der Ökologisierung der regulären Innovationstätigkeit. In: Ökologisches Wirtschaften (1999), H. 2, S. 21-22.

Erdmann, Georg 2005: Innovation, Time and Sustainability. In: Weber, Matthias; Hemmelskamp, Jens (Hrsg.): Towards Environmental Innovation Systems. Heidelberg, S. 195-207.

Fischedick, Manfred; Langniß, Ole; Nitsch, Joachim 2000: Nach dem Ausstieg – Zukunftskurs Erneuerbare Energien. Stuttgart.

Fischedick, Manfred u.a. 2006: Potenziell treibende Kräfte und Barrieren für den Ausbau erneuerbarer Energien aus integrativer Sichtweise. Projektinformation. Wuppertal.

FIU (Forschungsverbund Innovative Wirkungen umweltpolitischer Instrumente) 1997: Rundbrief September 1997. Essen (vervielfältigtes Manuskript).

Flick, Uwe; Kardorff, Ernst von; Steinke, Ines (Hrsg.) 2000: Qualitative Forschung. Ein Handbuch. Reinbek.

forsa (forsa – Gesellschaft für Sozialforschung und statistische Analysen) 2004: Meinungen zur Windenergie. Mai 2004.

forsa (forsa – Gesellschaft für Sozialforschung und statistische Analysen) 2005: Meinungen zu erneuerbaren Energien. April 2005.

Franken, Marcus 2006: Abenteuer auf hoher See. Technische Probleme und hohe Preise der Offshore-Anlagen stoppen den Ausbau der Windkraft. In: DIE ZEIT. Ausgabe 32/2006 vom 03.08.2006, S. 20.

Franken, Michael 1998a: Landschaftsschützer machen mobil. In: Ders. (Hrsg.): Rauher Wind – Der organisierte Widerstand gegen die Windenergie. Aachen, S. 17-58.

Franken, Michael 1998b: Windiger Protest – Kontroversen um die Windenergie. In: Altner, Günter; Mettler-von Meibom; Barbara; Simonis, Udo E.; Weizsäcker, Ernst U. von (Hrsg.): Jahrbuch Ökologie 1999. München, S. 252-260.

Freeman, Christopher 1992: The Economics of Hope. London, New York.

Fürst, Dietrich 1987: Die Neubelebung der Staatsdiskussion. Veränderte Anforderungen an Regierung und Verwaltung in westlichen Industriegesellschaften. In: Ellwein, Thomas et al. (Hrsg.): Jahrbuch zur Staats- und Verwaltungswissenschaft, Bd. 1/1987. Baden-Baden, S. 261-284.

Fürst, Dietrich 2005: Entwicklung und Stand des Steuerungsverständnisses in der Raumplanung. In: DISP 163/2005, S. 16-27.

Garud, Raghu; Karnoe, Peter (Hrsg.) 2001: Path dependence and creation. Mahwah, N.J., London.

Gasch, Robert (Hrsg.) 1996: Windkraftanlagen. Grundlagen und Entwurf. 3. überarbeitete und erweiterte Auflage. Stuttgart.

Gasch, Robert; Twele, Jochen (Hrsg.) 2005: Windkraftanlagen. Grundlagen, Entwurf, Planung und Betrieb. Wiesbaden.

Geels, Frank W. 1999: Sociotechnical scenarios as a tool for reflexive technology policies. Using evolutionary insights from technology studies. San Diego.

Geels, Frank W. 2002a: Technological transition as evolutionary reconfiguration processes: a multi-level perspective and a case-study. In: Research Policy, Jg. 31 (2002), H.8-9, S. 1257-1274.

Geels, Frank W. 2002b: Understandig the dynamics of technological transition. A coevolutionary and socio-technical analysis. Dissertation. Enschede.

Geels, Frank W. 2004: From sectoral systems of innovation to socio-technical systems. Insights about dynamics and change from sociology and institutional theory. In: Research Policy, Jg. 33 (2004), H. 6-7, S. 897–920.

Geels, Frank W. 2005: Processes and patterns in transitions and system innovations: Refining the co-evolutionary multi-level perspective. In: Technological Forecasting and Social Change: an International Journal, Jg. 72 (2005), H. 6, S. 681-696.

Geels, Frank W. 2006: Co-evolutionary and multi-level dynamics in transitions: The transformation of aviation systems and the shift from propeller to turbojet (1930-1970). In: Technovation, Jg. 26 (2006), H.9, S. 999-1016.

Geels, Frank W.; Schot, Johan 2007: Typology of sociotechnical transition pathways. Forthcoming in research policy.

Gehring, Thomas; Oberthür, Sebastian 1997: Internationale Regime als Steuerungsinstrumente der Umweltpolitik. In: Dies. (Hrsg.): Internationale Umweltregime. Opladen, S. 9-25.

Grande, Edgar; Eberlein, Burkhard 1999: Der Aufstieg des Regulierungsstaates im Infrastrukturbereich. Zur Transformation der politischen Ökonomie der Bundesrepublik Deutschland. In: Czada, Roland; Wollmann, Hellmut (Hrsg.): Von der Bonner zur

Berliner Republik. LEVIATHAN, Zeitschrift für Sozialwissenschaft, Sonderheft 19/1999, S. 631-650.

Granovetter, Mark 1982: The Strength of Weak Ties: A Network Theory Revisited. In: Marsden, Peter V.; Lin, Nan (Hrsg.): Social Structure and Network Analysis. Beverly Hills, S. 105-130.

Grüne Fraktion im Bundestag, 1999: Entwurf eines Eckpunktepapiers zur Novellierung des StrEG: Die Fortsetzung einer Erfolgsgeschichte, Fassung vom 28.6.1999, o.a.O.

Gruhl, Herbert 1975: Ein Planet wird geplündert. Die Schreckensbilanz unserer Politik. Frankfurt a M.

Grunwald, Arnim 2004: Die sozialkonstruktivistische Resignation vor der „Konstruktion". Vortrag auf der Jahrestagung der Gesellschaft für Wissenschafts- und Technikforschung (GWTF): Was kommt nach dem Konstruktivismus in der Wissenschafts- und Technikforschung? Berlin, 26.-27.11.2004. http://www.itas.fzk.de/deu/lit/2004/grun04a_abstractd.htm.

Hage, Jerald; Hollingsworth, Rogers J. 2000: A Strategy for Analysis of Idea Innovation Networks and Institutions. Technical University Technology Studies Working Paper TUTS-WP-5-2000. Berlin, S. 4-34.

Hanekamp, Gerd; Steger, Ulrich (Hrsg.) 2002: Nachhaltige Entwicklung und Innovation im Energiebereich. Graue Reihe der Europäischen Akademie zur Erforschung von Folgen wissenschaftlich-technischer Entwicklungen, Nr. 28. Bad Neuenahr-Ahrweiler.

Hau, Erich 1996: Windkraftanlagen. Berlin.

Hau, Erich 2003: Windkraftanlagen: Grundlagen, Technik, Einsatz, Wirtschaftlichkeit. Berlin u.a..

Hauschild, Jürgen 1997: Innovationsmanagement. München.

Heier, Siegfried 1997: Anschluss von Windkraftanlagen an das öffentliche Netz. In: Bundesverband Windenergie (Hrsg.): Windkraftanlagen 1997 – Marktübersicht. Osnabrück, S. 95-100.

Heier, Siegfried 1995: Nutzung der Windenergie: ein Informationspaket. Fachinformationszentrum Karlsruhe, Gesellschaft für Wissenschaftlich-Technische Information mbH; Bürger-Information Neue Energietechniken, Nachwachsende Rohstoffe, Umwelt. Köln.

Heine, Hartwig; Mautz, Rüdiger, unter Mitarbeit von Michael Schumann 1989: Industriearbeit contra Umweltschutz? Frankfurt a.M., New York.

Hemmelskamp, Jens 1997: Umweltpolitik und Innovation – Grundlegende Begriffe und Zusammenhänge. In: Zeitschrift für Umweltpolitik und Umweltrecht. Jg. 20 (1997), H. 4, S. 481-511.

Hemmelskamp, Jens 1998a: Umweltpolitik und Innovation. Eine theoretische und empirische Untersuchung. Studien des Zentrums für Europäische Wirtschaftsförderung (ZEW) im Forschungsverbund „Innovative Wirkungen Umweltpolitischer Instrumente" (FIU) des BMBF. Mannheim.

Hemmelskamp, Jens 1998b: Innovationswirkungen der Umwelt- und Technologiepolitik im Windenergiebereich – ein internationaler Vergleich. Studie des ZEW im Rahmen des Forschungsverbunds „Innovative Wirkungen umweltpolitischer Instrumente"

(FIU) des Bundesministeriums für Bildung, Forschung und Technologie. Mannheim (vervielfältigtes Manuskript).

Hemmelskamp, Jens; Jörg, Steffen 1999: Innovationswirkungen der Umweltpolitik im Windenergiebereich. In: Klemmer, Paul (Hrsg.): Innovationen und Umwelt. Innovative Wirkungen umweltpolitischer Instrumente. Fallstudien zum Anpassungsverhalten in Wirtschaft und Gesellschaft, Band 3. Berlin, S. 81-112.

Hemmelskamp, Jens 2003: Wind Energy Policy and Their Impact on Innovation – an International Comparison. Sevilla.

Héritier, Adrienne 1993: Policy-Analyse – Elemente der Kritik und Perspektiven der Neuorientierung. In: Dies. (Hrsg.): Policy-Analyse. Politische Vierteljahresschrift, Sonderheft 24, S. 9-36.

Heymann, Matthias 1995: Die Geschichte der Windenergienutzung 1890-1990. Frankfurt, New York.

Heymann, Matthias 1997: Zur Geschichte der Windenergienutzung. In: Altner, Günter; Mettler-von Meibom, Barbara; Simonis, Udo E.; Weizsäcker, Ernst U. von (Hrsg.): Jahrbuch Ökologie 1998, München, S. 190-206.

Hirschl, Bernd 2007: Erneuerbare Energien-Politik. Eine Multi-Level Policy-Analyse der deutschen Politik für erneuerbare Energien im Strommarkt. Wiesbaden.

Hoffman, Andrew J.; Ocasio, William 2001: Not All Events Are Attended Equally: Toward a Middle-Range Theory of Industry Attention to External Events. In: Oranization Science, Vol. 12, No. 4, S. 414-434.

Hollingsworth, Rogers; Müller, Karl H.; Hollingsworth, Jane (Hrsg.) 2002: Advancing socio-economics. An institutionalist perspective. Lanham, Md.

Honnef, Hermann 1932: Windkraftwerke. Braunschweig.

Hoogma, Remco; Kemp, René; Schot, Johan P.; Truffer, Bernhard 2002: Experimenting for Sustainable Transport. The approach of Strategic Niche Management. London, New York.

Hoppe-Kilpper, Martin 1995: Untersuchung zur Förderung und Weiterentwicklung von Windkraftanlagen in Deutschland und Europa. In: Kongressband Husum-Wind'95. Husum.

Hoppe-Kilpper, Martin 2003: Entwicklung der Windenergietechnik in Deutschland und der Einfluss staatlicher Förderpolitik. Technikentwicklung in den 90er Jahren zwischen Markt und Forschungsförderung. Dissertation. Kassel.

Hoppe-Kilpper, Martin; Durstewitz, Michael; Kleinkauf, Werner; Stump, Norbert; Windheim, Rolf 1997: Stand und Perspektiven der Windenergie in Deutschland – Ergebnisse aus dem Wissenschaftlichen Meß- und Evaluierungsprogramm. In: Forschungsverbund Sonnenenergie „Themen 96/97", S. 141-145.

Horbach, Jens; Huber, Joseph; Schulz, Thomas (Hrsg.) 2003: Nachhaltigkeit und Innovation. Rahmenbedingungen für Umweltinnovationen. München.

Huber, Joseph 2001: Allgemeine Umweltsoziologie. Wiesbaden.

Hübner, Kurt; Nill, Jan 2001: Nachhaltigkeit als Innovationsmotor: Herausforderungen für das deutsche Innovationssystem. Berlin.

Hughes, Thomas P. 1983: Networks of Power: Electrification in Western Society 1880-1930. Baltimore.

Hughes, Thomas P. 1986: The Seamless Web: Technology, Science, Etcetera, Etcetera. In: Social Studies of Science, Jg. 16 (1986), H. 2, S. 281-292.
Hughes, Thomas P. 1987: The Evolution of Large Technological Systems. In: Bijker, Wiebe; Hughes, Thomas; Pinch, Trevor (Hrsg.): The Social Construction of Technological Systems. Cambridge, S. 51-82.
Huppes, Gjalt; Simonis, Udo E. 2001: Envoronmental Policy instruments in a New Era. WZB-Paper FS II 01-404. Berlin.
ISET (Institut für Solare Energieversorgungstechnik ISET e.V.) (Hrsg.) 1997: Jahresauswertung 1996. Kassel.
ISET (Institut für Solare Energieversorgungstechnik ISET e.V.) (Hrsg.) 2002: Windenergiereport Deutschland 2002. Kassel.
ISET (Institut für Solare Energieversorgungstechnik ISET e.V.) (Hrsg.) 2004: Windenergiereport Deutschland 2004. Kassel.
ISET (Institut für Solare Energieversorgungstechnik ISET e.V.) 2005: Institutsbericht. Ziele, Erfolge und Perspektiven, Entwicklung und Ergebnisse 2004. Kassel.
ISET (Institut für Solare Energieversorgungstechnik ISET e.V.) (Hrsg.) 2006: Windenergie in Deutschland - von der Vision zur Realität. Ausgewählte Ergebnisse aus dem wissenschaftlichen Begleitprogramm WMEP zum Breitentest „250 MW Wind“. Kassel.
ISUSI (Institute for Sustainable Solutions and Innovations) 2005a: Analyse der Vor- und Nachteile verschiedener Modelle zur Förderung des Ausbaus von Offshore-Windenergie in Deutschland. Endbericht. www.bmu.de/erneuerbare_energien/downloads/doc/35617.php, Abruf am 15.03.2008.
ISUSI (Institute for Sustainable Solutions and Innovations) 2005b: Anhang zur Analyse der Vor- und Nachteile verschiedener Modelle zur Förderung des Ausbaus von Offshore-Windenergie in Deutschland. www.bmu.de/erneuerbare_energien/downloads/doc/35617.php, Abruf 15.03.2008.
Jacob, Klaus; Binder, Manfred; Wieczorek, Anna (Hrsg.) 2004: Governance for Industrial Transformation. Proceedings of the 2003 Berlin Conference on the Human Dimensions of Global Environmental Change. Berlin.
Jacobsson, Staffan; Sandén, Björn A.; Bångens, Lennart 2004: Transforming the Energy System – the Evolution of the German Technological System for Solar Cells. In: Technology Analysis & Strategic Management, Bd. 1, S. 3-30.
Jänicke, Martin 1986: Staatsversagen. Die Ohnmacht der Politik in der Industriegesellschaft. München.
Jänicke, Martin 1997a: The Political System's Capacity for Environmental Policy. In: Jänicke, Martin; Weidner, Helmut (Hrsg.): National Environmental Policies. A Comparative Study of Capacity-Building. Berlin, S. 1-24.
Jänicke, Martin 1997b: Umweltinnovationen aus der Sicht der Policy-Analyse: vom instrumentellen zum strategischen Ansatz der Umweltpolitik. FFU-report 97-3. Berlin.
Jänicke, Martin 2000a: Ökologische Modernisierung als Innovation und Diffusion in Politik und Technik: Möglichkeiten und Grenzen des Konzeptes. Discussion Paper FFU 00-01. Berlin.
Jänicke, Martin 2000b: Umweltpolitik unter hohem Erwartungsdruck. Eine erste Bewertung der rot-grünen Regierung. In: Altner, Günter; Mettler-von Meibom, Barbara;

Simonis, Udo Ernst; Weizsäcker, Ernst U. von (Hrsg.): Jahrbuch Ökologie 2001. München, S. 46-52.

Jänicke, Martin 2005: Besonderheiten von Umweltinnovationen. In: berlinpolis (Hrsg.): Die Quadratur des Kreises: Klimaschutz, Versorgungssicherheit und Innovation. Eine Publikation zur Expertenkonferenz am 6. Juli 2005 in Berlin. Berlin, S. 18.

Jänicke, Martin 2007: Medien in der Umweltpolitik aus Sicht der Policy-Forschung. In: Koch-Baumgarten, Sigrid; Mez, Lutz (Hrsg.): Medien und Policy. Neue Machtkonstellationen in ausgewählten Politikfeldern. Frankfurt a. M., S. 61-68.

Jänicke, Martin 2008: Megatrend Umweltinnovation. Zur ökologischen Modernisierung von Wirtschaft und Staat. München.

Jänicke, Martin; Blazejczak, Jürgen; Edler, Dietmar; Hemmelskamp, Jens 2000: Environmental Policy and Innovation: An International Comparison of Policy Frameworks and Innovation Effects. In: Hemmelskamp, Jens; Rennings, Klaus; Leone, Fabio (Hrsg.): Innovation-Oriented Environmental Regulation. Theoretical Approaches and Empirical Analysis. Heidelberg, New York, S. 125-152.

Jänicke, Martin; Jacob, Klaus 2005: Ecological Modernisation and the Creation of Lead Markets. In: Weber, Matthias; Hemmelskamp, Jens (Hrsg.): Towards Environmental Innovation Systems. Berlin, Heidelberg, New York. S. 175-193.

Jänicke, Martin; Jacob, Klaus (Hrsg.) 2006: Environmental Governance in Global Perspective: New Approaches to Ecological and Political Modernization. Festschrift on the occasion of the 20th anniversary of the Environmental Policy Research Centre. Berlin.

Jänicke, Martin; Jörgens, Helge 2004: Neue Steuerungskonzepte in der Umweltpolitik. In: Zeitschrift für Umweltpolitik & Umweltrecht. Jg. 27 (2004), H.3, S. 297-348.

Jänicke, Martin; Kunig, Philip; Stitzel, Michael 1999: Umweltpolitik. Politik, Recht und Management des Umweltschutzes in Staat und Unternehmen. Bonn.

Jansen, Dorothea 1999: Einführung in die Netzwerkanalyse. Grundlagen, Methoden, Anwendungen. Opladen.

Jansen, Dorothea; Schubert, Klaus 1995: Netzwerke und Politikproduktion. Konzepte, Methoden, Perspektiven. Marburg.

Janzing, Bernward 2004: Union sorgt für Flaute bei Windenergie. In: die tageszeitung (taz), Nr. 7359 vom 15.5.2004, S. 7.

Jensen, Dierk 2006: Offshore in der Warteschleife. In: die tageszeitung (taz). Nr. 7970 vom 13.05.2006, S. 34.

Kaltschmitt, Martin; Streicher, Wolfgang; Wiese, Andreas 2006: Erneuerbare Energien. Systemtechnik, Wirtschaftlichkeit, Umweltaspekte. Berlin.

Kemp, René 1994a: Environmental Policy and Technical Change. Limburg.

Kemp, René 1994b: Technology and the Transition to Environmental Sustainability. In: Futures, Jg. 26 (1994) H. 10, S. 1023-1046.

Kemp, René 1996: The Transition from Hydrocarbons: The Issues for Policy. In: Faucheux, Sylvie; Pearce, David; Proops, John L.R. (Hrsg.): Models of Sustainable Development. Aldershot, S. 151-175.

Kemp, René 2000: Technology and Environmental Policy: Innovation Effects of Past Policies and Suggestions for Improvement. Paper for OECD workshop on Innovation and Environment, 19 June 2000, Paris.

Kemp, René; Rip, Arie; Schot, Johan P. 2001: Constructing Transition Paths Trough the Management of Niches. In: Garud, Raghu; Karnøe, Peter (Hrsg): Path Dependence and Creation. Mahwah, NJ, London, S. 269-299.

Kemp, René; Rotmans, Jan 2005: The Management of the Co-Evolution of Technical, Environmental and Social Systems. In: Weber, Matthias; Hemmelskamp, Jens (Hrsg.): Towards Environmental Innovation Systems. Berlin, Heidelberg, New York, S. 33-55.

Kemp, René; Schot, Johan; Hoogma, Remco 1998: Regime shifts to sustainability through processes of niche formation: the approach of strategic niche management. In: Technology Analysis and Strategic Management. Jg. 10 (1998), H. 2, S. 175-196.

Kenis, Patrick; Schneider, Volker (Hrsg.) 1996: Organisation und Netzwerk. Institutionelle Steuerung in Wirtschaft und Politik, Frankfurt a.M., New York.

Keuper, Armin 1994: Windenergienutzung in der Bundesrepublik Deutschland, Stand 31.12.1993. In: DEWI Magazin. Jg 4 (1994), S. 5-15.

Kingdon, John W. 1984: Agendas, Alternatives and Public Policies. Boston, Toronto.

Kingdon, John W. 1994: Agendas, Ideas, and Policy Change. In: Lawrence C Dodd and Calvin Jillson (Hrsg.): New Perspectives on American Politics. Washington D.C., S. 215-229.

Kingdon, John W. 1995: Agendas, Alternatives and Public Policies. New York.

Kitschelt, Herbert 1983: Politik und Energie. Energie-Technologiepolitiken in den USA, der Bundesrepublik Deutschland, Frankreich und Schweden. Frankfurt a. M., New York.

Kivisaari, Sirkku; Lovio, Raimo; Väyrynen, Erja 2004: Managing Experiments for Transition: Examples of Societal Embedding in Energy and Health Care Sectors. In: Elzen, Beolie; Geels, Frank W.; Green, Ken (Hrsg): System Innovation and the Transition to Sustainability. Theory, Evidence and Policy. Cheltenham, Northampton, S. 223-281.

Klemmer, Paul (Hrsg.) 1999: Innovationen und Umwelt. Fallstudien zum Anpassungsverhalten in Wirtschaft und Gesellschaft. Berlin.

Klemmer, Paul; Lehr, Ulrike; Löbbe, Klaus 1999: Environmental Innovation. Incentives and Barriers. Berlin.

Klinski, Stefan; Buchholz, Hanns, Krüger, Detlef; Schulte, Martin; Risch, Jessica; Risch, Ben Michael; Rehfeld, Knud; Geile, Anna-Katrin; Wallasch, Jan; Nehls, Georg 2007a: Entwicklung einer Umweltstrategie für die Windenergienutzung an Land und auf See. Umweltbundesamt. Berlin.

Klinski, Stefan; Buchholz, Hanns; Krüger, Detlef; Schulte, Martin; Risch, Jessica; Risch, Ben Michael; Rehfeldt, Knud; Geile, Anna-Katrin; Wallasch, Jan; Nehls, Georg 2007b: Entwicklung einer Umweltstrategie für die Windenergienutzung an Land und auf See. Kurzfassung: Ergebnisse und Handlungsempfehlungen. Umweltbundesamt. Berlin.

Knorr-Cetina, Karin 1998: Sozialität mit Objekten. Soziale Beziehungen in post-traditionalen Wissensgesellschaften. In: Rammert, Werner (Hrsg.): Technik und Sozialtheorie. Frankfurt a.M., New York, S. 83-120.

Koalitionsvertrag 2005: Koalitionsvertrag zwischen CDU, CSU und SPD. Gemeinsam für Deutschland – mit Mut und Menschlichkeit. 11.11.2005. Rheinbach.

KOM (Kommission der Europäischen Gemeinschaften) 1988a: The Greenhouse Effect and the Community, KOM (88) 656 fin. o.a.O.
KOM (Kommission der Europäischen Gemeinschaften) 1988b: Arbeitsdokument der Kommission: Der Binnenmarkt für Energie. KOM (88) 238 endg., Brüssel, den 2.5.1988.
KOM (Kommission der Europäischen Gemeinschaften) 1995: Weißbuch für eine Energiepolitik für die Europäische Union. KOM (95) 682, Brüssel.
KOM (Kommission der Europäischen Gemeinschaften) 1997: Energie für die Zukunft - Erneuerbare Energieträger – Weißbuch der Europäischen Kommission. KOM (97) 599, 26.11. 1997, Brüssel.
KOM (Kommission der Europäischen Gemeinschaften) 1999: Energie für die Zukunft - Erneuerbare Energieträger. Mitteilung der Europäischen Kommission (DGXVII), Kampagne für den Durchbruch. Brüssel.
KOM (Kommission der Europäischen Gemeinschaften) 2000: Grünbuch: Hin zu einer europäischen Strategie für Energieversorgungssicherheit. Brüssel.
KOM (Kommission der Europäischen Gemeinschaften) 2003: Zweiter Benchmarkingbericht über die Vollendung des Elektrizitäts- und Erdgasbinnenmarktes (aktualisierter Bericht unter Einbezug der Beitrittsländer). Brüssel, 7.4.2003. http://europa.eu.int/comm/energy/electricity/benchmarking/doc/2/sec_2003_448_de.pdf, Abruf am 21.01.2008.
Konrad, Kornelia; Voß, Jan-Peter; Truffer, Bernhard; Bauknecht, Dierk 2004: Transformationsprozesse in netzgebundenen Versorgungssystemen. Ein integratives Analysekonzept auf der Basis der Theorie technologischer Transitionen. Bericht im Rahmen des Förderschwerpunkts „sozial-ökologische Forschung“ des BMBF. Kastanienbaum, Berlin, Freiburg.
Kooiman, Jan 2003: Governing as Governance. London.
Köpke, Ralf 1997: Neue Umweltbewegung geboren. In: Neue Energie. (1997), H. 1, S. 8-14.
Köpke, Ralf 2001: Es hing am seidenen Faden. Neue Energie. (2001), H. 1, S. 16-18.
Köpke, Ralf 2004: Repowering im Kriechgang. In: Neue Energie. (2004), H. 4, S. 32-37.
Köpke, Ralf 2005a: Repowering vorerst ohne Impulse. In: Energie & Management. (2005), H. 6, S. 12.
Köpke, Ralf 2005b: NRW bereitet Windflaute vor. In: Energie & Management. (2005), H. 17, S. 17.
Köppel, Johann; Bruns, Elke; Langenheld, Alexandra; Peters, Wolfgang; Wende, Wolfgang; Kraetzschmer, Dietrich 2002: Umweltverträglichkeitsprüfung (UVP), FFH-Verträglichkeitsprüfung und Strategische Umweltprüfung (SUP) für Offshore Windparks in der Ausschließlichen Wirtschaftszone (AWZ) der deutschen Nord- und Ostsee. In: Projektträger Jülich (Hrsg.): Ökologische Begleitforschung zur Offshore-Windenergienutzung. Tagungsband zur Fachtagung des BMU und des PTJ vom 28./29. Mai 2002 in Bremerhaven. Berlin.
Köppel, Johann; Peters, Wolfgang; Steinhauer, Ines 2004: Entwicklung von naturschutzfachlichen Kriterien zur Abgrenzung von besonderen Eignungsgebieten für Offshore-Windparks in der Ausschließlichen Wirtschaftszone (AWZ) von Nord- und Ostsee. BfN-Skript 114/ 2004. Bonn.

Kords, Udo 1993: Die Entstehungsgeschichte des Stromeinspeisungsgesetzes vom 5.10.1990. Ein Beispiel für die Mitwirkungsmöglichkeiten einzelner Abgeordneter an der Gesetzgebungsarbeit des Deutschen Bundestages. Diplomarbeit am Fachbereich für Politische Wissenschaft (Otto-Suhr-Institut) der Freien Universität Berlin.

Kowol, Uli; Krohn, Wolfgang 1995: Innovationsnetzwerke. Ein Modell der Technikgenese. In: Halfmann, Jost; Bechmann, Gotthard; Rammert, Werner (Hrsg.): Technik und Gesellschaft, Jahrbuch 8. Frankfurt a. M., New York, S. 77-105.

Krause, Florentin; Bossel, Hartmut; Müller-Reißmann, Karl-Friedrich 1980: Energiewende. Wachstum und Wohlstand ohne Erdöl und Uran. Ein Alternativ-Bericht des Öko-Instituts Freiburg. Frankfurt a.M.

Krentel, Livia 2003: Weht der „Wind" in der Presse? Eine inhaltsanalytische Untersuchung der Windenergie-Berichterstattung in ausgewählten Medien von 1998 bis 2002. Magisterarbeit der sozialwissenschaftlichen Fakultät der Ludwig-Maximilians-Universität München, Institut für Kommunikationswissenschaft und Medienforschung.

Kreutzmann, Anne; Siemer, Jochen 2002: Kleine Lösung: Bei der Novellierung des EEG will man sich auf die wichtigsten Punkte beschränken. In: Photon, April 2002, o. S., www.photon.de/news/news_foerderung_02-05_eeg_novelle.htm, Abruf 21.01.2008.

Krewitt, Wolfram; Schlomann, Barbara 2006: Externe Kosten der Stromerzeugung aus erneuerbaren Energien im Vergleich zur Stromerzeugung aus fossilen Energieträgern. Herausgegeben vom Bundesministerium für Umwelt, Naturschutz und Reaktorsicherheit. Berlin.

Kruppa, Ines 2007: Steuerung der Offshore-Windenergienutzung vor dem Hintergrund der Umweltziele Klima- und Meeresumweltschutz. Dissertation an der Fakultät VI ‚Planen Bauen Umwelt' der Technischen Universität Berlin.

Landau Media 2004: Imagewandel alternativer Energiequellen am Beispiel Windkraft. Untersuchungszeitraum: 1.9.1998 bis 1.9.2004, 10 Printmedien in Deutschland. Berlin.

Langniß, Ole 2003: Governance structures for promoting renewable energy sources. Dissertation. Lund.

Latour, Bruno 1987: Science in Action. How to Follow Scientists and Engineers through Society. Cambridge, Mass.

Latour, Bruno 1991: Technology is Society Made Durable. In: Law, John (Hrsg.): A Sociology of Monsters: Essays on Power, Technology and Domination. London, S. 103-131.

Latour, Bruno 1993: We Have Never Been Modern, Cambridge, Mass.

Latour, Bruno 1998: Wir sind nie modern gewesen - Versuch einer symmetrischen Anthropologie. Berlin.

Latour, Bruno 2002: Die Hoffnung der Pandora. Untersuchungen zur Wirklichkeit der Wissenschaft. Frankfurt a. M.

Law, John 1987: Technology and Heterogeneous Engineering: The Case of Portuguese Expansion. In: Bijker, Wiebe E.; Hughes, Thomas P.; Pinch, Trevor J. (Hrsg.): The Social Construction of Technological Systems. Cambridge MA, London, England, 111-134.

Law, John 1992: Notes on the Theory of the Actor Network: Ordering, Strategy and Heterogeneity. Published by: Centre for Science Studies, Lancaster. www.comp.lancs.ac.uk/sociology/papers/Law-Notes-on-ANT.pdf, Abruf am 15.01.2008.

Lehr, Ulrike; Löbbe, Klaus 1999: Umweltinnovationen – Anreize und Hemmnisse. Ein Überblick über die innovativen umweltpolitischen Instrumente. In: Ökologisches Wirtschaften. Jg. 2 (1999), S. 13-15.

Lembke, Hans H. o.J.: Wachstum und Innovation in der Windenergienutzung: Die zukünftige Rolle der KMU. Unveröffentlichtes Manuskript.

Lenschow, Andrea 1996: Der umweltpolitische Entscheidungsprozeß in der Europäischen Union am Beispiel der Klimapolitik. In: Brauch, Hans Günter (Hrsg.): Klimapolitik. Heidelberg u.a., S. 89-104.

Levinthal, Daniel A. 1998: The slow place of rapid technological change: Gradualism and punctuation in technological change. In: Industrial and Corporate Change. Jg. 7 (1998), H. 2, S. 217-247.

Leydesdorff, Loet 2000: The triple helix: an evolutionary model of innovations. In: Research Policy. Jg. 29 (2000), H. 2, S. 243-255.

Liebowitz, Stan J.; Margolis, Steve E. 1995: Path Dependence, Lock-In and History. In: Journal of Law, Economics and Organization. Jg. 11 (1995), H. 1, S. 205-226.

Lindblom, Charles E.; Woodhouse, Edward J. 1993: The Policy Making Process. 3rd Edition. Englewood Cliffs.

Linde, Hans 1972: Sachdominanz in Sozialstrukturen. Tübingen.

Lönker, Oliver 2002: Windmüller Nummer Eins. Vor genau 20 Jahren baute Dietrich Koch das erste private netzgekoppelte Windrad Deutschlands – allen Widerständen zum Trotz. In: Neue Energie. Jg. 12 (2002), H. 9, S. 108-111.

Lucas, Nigel J-D. 1985: Western European Energy Policies: A Comparative Study of the Influence of Institutional Structure on Technical Change. Oxford.

Lynn, Gary S.; Morone, Joseph G.; Paulson, Albert S. 1996: Marketing and discontinuous innovation: the probe and learn process. In: California Management Review. Jg. 38 (1996), S. 8-37.

MacKenzie, Donald A.; Wajcman, Judy (Hrsg.) 1985: The social shaping of technology. London.

Maier, Wolfgang 1992: Nutzung der Windenergie in Deutschland. Wirtschaftliches Potential und bis 2000 erwartbare Realisierung. Zusammenfassender Bericht über eine Studie im Auftrag des Bundesministeriums für Forschung und Technologie. Bonn.

March, James G.; Olsen, Johan P. (Hrsg.) 1976: Ambiguity and Choice in Organizations. Bergen.

March, James G. 1994: A primer on decision making. How decisions happen, New York.

Marin, Bernd; Mayntz, Renate (Hrsg.) 1991: Policy Networks. Empirical Evidence and Theoretical Considerations. Frankfurt a.M.

Matthes, Felix Christian 2000: Stromwirtschaft und deutsche Einheit. Eine Fallstudie zur Transformation der Elektrizitätswirtschaft in Ost-Deutschland. Berlin.

Matthes, Felix; Cames, Martin 2000: Energiewende 2020. Der Weg in eine zukunftsfähige Energiewirtschaft. Studie im Auftrag der Heinrich-Böll-Stiftung. Berlin.

Mautz; Rüdiger 2007: The Expansion of Renewable Energies in Germany between Niche Dynamics and System Integration – Opportunities and Restraints. In: STI-Studies

(Science, Technology & Innovation Studies), Vol. 3, No. 2, December 2007, S. 113-131.

Mautz, Rüdiger 2009: Konflikte um die Offshore-Windkraftnutzung – eine neue Konstellation der gesellschaftlichen Auseinandersetzung um Ökologie. In: Saretzki, Thomas; Feindt, Peter Henning (Hrsg): Umwelt- und Technikkonflikte. Wiesbaden.

Mautz, Rüdiger; Byzio, Andreas 2005: Die soziale Dynamik der regenerativen Energien – am Beispiel der Fotovoltaik, der Biogasverstromung und der Windenergie. Zwischenbericht des DFG-Projekts „Soziale Dynamik der Energiewende". Antragsteller: Wolf Rosenbaum. Unveröffentlichtes Manuskript. Göttingen.

Mayntz, Renate 1993a: Große technische Systeme und ihre gesellschaftstheoretische Bedeutung. In: Kölner Zeitschrift für Soziologie und Sozialpsychologie. Jg 45 (1993), H.1, S. 97-108.

Mayntz, Renate 1993b: Policy Netzwerke und die Logik von Verhandlungssystemen, in: Héritier, Adrienne (Hrsg.): Policy-Analyse. Kritik und Neuorientierung. Opladen, 39-56.

Mayntz, Renate 1997a: Politische Steuerung und gesellschaftliche Steuerungsprobleme. In: dieselbe: Soziale Dynamik und politische Steuerung. Theoretische und methodologische Überlegungen. Frankfurt a.M., New York, S. 186-208.

Mayntz, Renate 1997b: Historische Überraschungen und das Erklärungspotenzial der Sozialwissenschaft. In: dieselbe (Hrsg.): Soziale Dynamik und politische Steuerung. Theoretische und methodologische Überlegungen. Frankfurt a.M., New York, S. 328-341.

Mayntz, Renate 1997c: Politische Steuerung: Aufstieg, Niedergang und Transformation einer Theorie. In: dieselbe: Soziale Dynamik und politische Steuerung. Theoretische und methodologische Überlegungen. Frankfurt a.M., New York, S. 263-292.

Mayntz, Renate 2001: Triebkräfte der Technikentwicklung und die Rolle des Staates. In: Simonis, Georg; Martinsen, Renate; Saretzki, Thomas (Hrsg.): Politische Vierteljahresschrift, Sonderheft 31/2000 "Politik und Technik", Analysen zum Verhältnis von technologischem, politischem und staatlichem Wandel am Anfang des 21. Jahrhunderts. Wiesbaden, S. 3-18.

Mayntz, Renate 2004: Governance Theory als fortentwickelte Steuerungstheorie? MPIfG Working Paper 04/1, März 2004. Köln.

Mayntz, Renate; Scharpf, Fritz W. 1995: Der Ansatz des akteurzentrierten Institutionalismus. In: dieselben (Hrsg.): Gesellschaftliche Selbstregelung und politische Steuerung. Frankfurt a. M., S. 39-72.

Mazmanian, Daniel; Sabatier, Paul 1989: Implementation and Public Policy. Lanham.

Meadows, Dennis L.; Meadows, Donella H.; Zahn, Erich 1972: Die Grenzen des Wachstums. Bericht des Club of Rome zur Lage der Menschheit. Stuttgart.

Messner, Dirk 1995: Die Netzwerkgesellschaft. Wirtschaftliche Entwicklung und internationale Wettbewerbsfähigkeit als Probleme gesellschaftlicher Steuerung. Köln.

Messner, Dirk 2003: Globale öffentliche Güter unter Privatisierungsdruck. Festschrift für Elmar Altvater. Münster.

Meyer, Thomas; Ontrup, Rüdiger; Schicha, Christian 2000: Die Inszenierung des Politischen. Zur Theatralität von Mediendiskursen. Wiesbaden.

Mez, Lutz 1997: Energiekonsens in Deutschland? Eine politikwissenschaftliche Analyse der Konsensgespräche - Voraussetzungen, Vorgeschichte, Verlauf und Nachgeplänkel. In: Brauch, Hans Günter (Hrsg.): Energiepolitik. Berlin u.a., S. 433-448.

Mez, Lutz 2007: Zur Rolle der Medien in der deutschen Energiepolitik. In: Koch-Baumgarten, Sigrid; Mez, Lutz (Hrsg.): Medien und Policy. Neue Machtkonstellationen in ausgewählten Politikfeldern. Frankfurt a. M., S. 85-100.

Millhoff, Jürgen; König, Volker 1999: Windkraft für Landwirte – Warum? In: Medenbach, Michael C. (Hrsg.): Erneuerbare Energie in der Landwirtschaft – Band 2, Zeven.

Mol, Arthur P.J.; Sonnenfeld, David A. 2000: Ecological Modernisation Around the World: An Introduction. In: Environmental Politics. Jg. 9 (2000), H. 1, S. 3-16.

Molly, Jens Peter; Schott, Thomas; Schmidt-Küster, Wolf-J.; Tegen, Werner 1988: Perspektiven der Windenergienutzung in der Bundesrepublik Deutschland. Strategiestudie. Herausgegeben von der Fördergesellschaft Windenergie e.V., Kiel.

Molly, Jens Peter 1990: Windenergie. Studie A.2.2.b, Kurzzusammenfassung. In: Enquete-Kommission „Vorsorge zum Schutz der Erdatmosphäre" des Deutschen Bundestages (Hrsg.): Energie und Klima: Studienprogramm „Internationale Konvention zum Schutz der Erdatmosphäre sowie Vermeidung und Reduktion energiebedingter klimarelevanter Spurengase", Bd. 3 Erneuerbare Energien. Bonn/ Karlsruhe, S. 155-165.

Monstadt, Jochen 2004: Die Modernisierung der Stromversorgung. Regionale Energie- und Klimapolitik im Liberalisierungs- und Privatisierungsprozess. Dissertation. Berlin.

Nelson, Richard R.; Winter, Sidney G. 1982: An Evolutionary Theory of Economic Change. Cambridge.

Nelson, Richard R. 1993: A Retrospective. In: Richard R. Nelson (Hrsg.), National Innovation Systems. A Comparative Analysis. New York, S. 505-523.

Neumann, Thomas; Ender, Carsten; Molly, Jens-Peter u. a. 2002: Weiterer Ausbau der Windenergienutzung im Hinblick auf den Klimaschutz, Teil 1 und 2, Untersuchung im Rahmen des F&E Vorhabens 999 46 101 im Auftrag des BMU. Deutsches Windenergie-Institut, Wilhelmshaven.

Neumann, Thomas 2001: Weiterer Ausbau der Windenergienutzung im Hinblick auf den Klimaschutz; DEWI Magazin. J. 19 (2001), S. 7-13.

Nill, Jan; unter Mitarbeit von Benjamin Frank 2002: Wann benötigt Umwelt(innovations)politik politische Zeitfenster? Zur Fruchtbarkeit und Anwendbarkeit von Kingdons „policy window"-Konzept. Berlin.

Nill, Jan; Zundel, Stephan 2002: Die Rolle von Vielfalt für Zeitstrategien ökologischer Innovationspolitik. In: Spehl, Harald; Held, Martin (Hrsg.): Vom Wert der Vielfalt. Diversität in Ökonomie und Ökologie. ZAU-Sonderheft Nr. 13/2001, Berlin, S. 148-157.

NSGB (Niedersächsischer Städte- und Gemeindebund) 2005: Windenergietrassen in Niedersachsen. Positionspapier beschlossen durch das Präsidium am 10.02.2005. – Die Niedersächsische Gemeinde (DNG) Nr. 2/2005, S. 37-38.

Ohlhorst, Dörte 2006: Windenergie – eine Innovationsbiographie aus interdisziplinärer Perspektive. In: Bechberger, Mischa; Reiche, Danyel (Hrsg.): Ökologische Transformation der Energiewirtschaft. Göttingen.

Ohlhorst, Dörte; Schön, Susanne 2009: Windenergienutzung in Deutschland im dynamischen Wandel von Konfliktkonstellationen und Konflikttypen. In: Saretzki, Thomas; Feindt, Peter Henning (Hrsg): Umwelt- und Technikkonflikte. Wiesbaden, im Erscheinen.

Ömer-Rieder, Brigitte 2005: Nachhaltigkeitsinnovationen – was sie sind und wie sie entstehen. In: Altner, Günter.; Mettler-von-Meibom, Barbara.; Simonis, Udo. E.; von Weizsäcker, Ernst. U. Jahrbuch Ökologie 2006. München, S 20-31.

Ott, Hermann E. 1997: Das internationale Regime zum Schutz des Klimas. In: Gehring, Thomas; Oberthür, Sebastian (Hrsg.): Internationale Umweltregime. Opladen, S.201-218.

Papadopoulos, Yannis 2004: Governance und Demokratie. In: Benz, A. 2004: Governance – Regieren in komplexen Regelsystemen. Eine Einführung. Wiesbaden, S. 215-237.

Pierre, Jon; Peters, B. Guy 2000: Governance, Politics and the State. Houndmills.

Pinch, Trevor J.; Bijker, Wiebe E. 1987: The Social Construction of Facts and Artefacts: Or How the Sociology of Science and the Sociology of Technology Might Benefit Each Other. In: Bijker, Wiebe E.; Hughes, Thomas P.; Pinch, Trevor (Hrsg.): The Social Construction of Technological Systems. New Directions in the Sociology and History of Technology. Cambridge, Mass., S. 17-50.

Prittwitz, Volker von 1994: Politikanalyse. Opladen.

Pulczynski, Jörn 1991: Interorganisationales Innovationsmanagement. Eine kritische Analyse des Forschungsprojektes GROWIAN. Kiel.

Radkau, Joachim 1994: Was ist Umweltgeschichte? In: Abelshauser, Werner (Hrsg.): Umweltgeschichte. Umweltverträgliches Wirtschaften in historischer Perspektive. Göttingen, S. 11-28.

Ramesohl, Stephan; Kristof, Kora; Fischedick, Manfred; Thomas, Stefan; Irrek, Wolfgang; Barthel, Claus; Hennicke, Peter; Merten, Frank; vor der Brüggen, Tobias 2002: Die technische Entwicklung auf den Strom- und Gasmärkten. Eine Kurzanalyse der Rolle und Entwicklungsperspektiven neuer dezentraler Energietechnologien und der Wechselwirkung zwischen technischem Fortschritt und den Akteursstrukturen in den Strom,- und Gasmärkten. Kurzexpertise für die Monopolkommission. Wuppertaler Institut für Klima Umwelt Energie. Wuppertal.

Rammert, Werner 2000: Was ist Technikforschung? In: Rammert, Werner: Technik aus soziologischer Perspektive 2. Opladen, S. 14-40.

Rammert, Werner 2002a: Die technische Konstruktion als Teil der gesellschaftlichen Konstruktion der Wirklichkeit. Technical University Technology Studies Working Papers, TUTS-WP-2-2002, Berlin.

Rammert, Werner 2002b: The Cultural Shaping of Technologies ant the Politics of Technodiversity. In: Sørensen, Knut; Williams, Robin (Hrsg.): Shaping Technology, Guiding Policy. Cheltenham, Northampton, S. 173-194.

Rammert, Werner; Schulz-Schaeffer, Ingo 2002a: Technik und Handeln – Wenn soziales Handeln sich auf menschliches Verhalten und technische Artefakte verteilt. Technical University Technology Studies Working Papers, TUTS-WP-4-2002. Berlin.

Rammert, Werner; Schulz-Schaeffer, Ingo (Hrsg.) 2002b: Können Maschinen handeln? Soziologische Beiträge zum Verhältnis von Mensch und Technik. Frankfurt a. M..

Rammert Werner 2003: Technik in Aktion: Verteiltes Handeln in soziotechnischen Konstellationen. In: Christaller, Thomas; Wehner, Josef (Hrsg.): Autonome Maschinen. Wiesbaden, S. 289-315.

Rave, Klaus 1992: Windenergie in Schleswig-Holstein. In: Altner, Günter; Mettler-Meibom, Barbara; Simonis, Udo E.; Weizsäcker, Ernst U. (Hrsg.): Jahrbuch Ökologie 1992. München, S.352-356.

Rave, Klaus 1999: Windenergie – Technologie mit Zukunft. In Altner, Günter; Mettler-Meibom, Barbara; Simonis, Udo E.; Weizsäcker, Ernst U. (Hrsg.): Jahrbuch Ökologie 2000. München, S. 167-174.

Raven, Rob P.J.M. 2005. Strategic Niche Management for Biomass. Eindhoven University.

Rehfeldt, Knud 1997: Gründung der Export-Initiative. In: DEWI Magazin Nr. 10, Februar 1997, S. 81-82.

Rehfeldt, Knud 1998: Windenergienutzung in der Bundesrepublik Deutschland – Stand 30.06.1998. In: Dewi-Magazin. Jg. 13 (1998), S.13-26.

Rehfeldt, Knud; Gerdes, Gerhard; Schreiber, Matthias 2001: Weiterer Ausbau der Windenergienutzung im Hinblick auf den Klimaschutz – Teil 1, F&E-Vorhaben 999 46 101 im Auftrag des Bundesministerium für Umwelt, Naturschutz und Reaktorsicherheit; 3. Zwischenbericht, April 2001. Berlin. www.erneuerbare-energien.de/files/pdfs/allgemein/application/pdf/offshore02.pdf, Abruf am 25.01.2008.

Rehfeldt, Knud; Schwenk, Bärbel 1997: Wo bleibt die Kostenreduktion durch die Megawattklasse? In: DEWI Magazin, Jg. 10 (1997), S. 63-70.

Reiche, Danyel T. 2004: Wind- und Solarenergie – Deutschlands Pionierrolle. In: Altner, Günter; Leitschuh-Fecht, Heike; Michelsen, Gerd; Simonis, Udo E.; Weizsäcker, Ernst U.v. (Hrsg.): Jahrbuch Ökologie 2005. München, S. 59-68.

Reiche, Danyel; Bechberger, Mischa (Hrsg.) 2006: Ökologische Transformation der Energiewirtschaft – Erfolgsbedingungen und Restriktionen. Berlin.

Reichel, Markus 1998: Markteinführung von erneuerbaren Energien. Lock-out-Effekte und innovationspolitische Konsequenzen für die elektrische Wind- und Solarenergienutzung. Wiesbaden.

Rennings, Klaus 1999: Bausteine einer Umweltinnovationstheorie und –politik – Neoklassische und evolutionsökonomische Perspektiven. In: Ders. (Hrsg.) 1999: Innovation durch Umweltpolitik. Baden-Baden, S. 15-46.

Riesenhuber, Heinz 1990: Der Bundesminister für Forschung und Technologie zur Eröffnung des Statusseminars Windenergie 1990. Jülich.

Rip, Arie; Kemp, René 1998: Technological Change. In: Rayner, Steve; Malone, Elisabeth L. (Hrsg.): Human Choice and Climate Change. Vol. 2: Resources and Technology. Columbus, Ohio, S. 327-399.

Rip, Arie 2002: Co-Evolution of Science, Technology and Socienty. Expert review für das Bundesministerium für Bildung und Forschung, Förderinitiative Politik, Wissenschaft und Gesellschaft. Enschede. www.sciencepolicystudies.de/expertise/ download.htm, Abruf am 15.01.2008.

Rip, Arie 2006: A Co-Evolutionary Approach to Reflexive Governance - And Its Ironies. In: Voß, Jan-Peter; Bauknecht, Dierk; Kemp, René (Hrsg.): Reflexive Governance for Sustainable Development. Cheltenham, S. 82–100.

Rip, Arie; Schot, Johan W. 2002: Identifying Loci for Influencing the Dynamics of Technological Development. In: Sörensen, Knut H.; Williams, Robin (Hrsg.): Shaping Technology, Guiding Policy. Concepts, Spaces and Tools. Cheltenham, UK & Northampton, MA, USA, S. 155-172.

Ropohl, Günter 1995: Eine Modelltheorie soziotechnischer Systeme. In: Jahrbuch Technik und Gesellschaft 8, S.185-210.

Rose, Richard 1993: Lesson-Drawing in Public Policy: A Guide to Learning Across Time and Space. Chatham (USA).

Roth, Roland; Rucht, Dieter (Hrsg.) 1987: Neue soziale Bewegungen in der Bundesrepublik Deutschland. Bonn.

Rotmans, Jan; Kemp, René; Asselt, Marjolein van 2001: More evolution than revolution: Transition management in public policy. In: Foresight. Jg 3 (2001), H. 1, S. 15-31.

Sabatier, Paul A. 1987: Knowledge, Policy-Oriented Learning, and Policy Change: An Advocacy Coalition Framework. In: Knowledge: Creation, Diffusion, Innovation. Jg. 8 (1987), S. 649-692.

Sabatier, Paul A. 1993: Advocacy-Koalitionen, Policy-Wandel und Policy-Lernen: Eine Alternative zur Phasenheuristik? In: Héritier, Adrienne (Hrsg.): Policy-Analyse. Kritik und Neuorientierung. PVS-Sonderheft 24. Opladen, S. 116-148.

Sabatier, Paul A. 1998: The advocacy coalition framework: revisions and relevance for Europe. In: Journal of European Public Policy. Jg 5 (1998) H.1, S. 98-130.

Sabatier, Paul A. (Hrsg.) 2000: Theories of the Policy Process; Boulder, Co.

Saretzki, Thomas 2001: Energiepolitik in der Bundesrepublik Deutschland 1949-1999. Ein Politikfeld zwischen Wirtschafts-, Technologie- und Umweltpolitik. In: Willems, Ulrich (Hrsg.): Demokratie und Politik in der Bundesrepublik Deutschland 1949-1999. Opladen, S. 195-221.

Sartorius, Christian; Zundel, Stefan 2004: Fenster in die Nachhaltigkeit. Zeitstrategien ökologischer Innovationspolitik. In: Ökologisches Wirtschaften (2004), H. 2, S. 16-18.

Schaffeld, Tonja o.J.: „Wir wachsen wie ein Baum". Die Windwärts-Energie GmbH feiert in Hannover ihr zehnjähriges Bestehen. O. O. www.erneuerbareenergien.de/0504/s_40-41.pdf, Abruf am 22.09.2007.

Scharpf, Fritz W. 1997: Games Real Actors Play. Actor-Centered Institutionalism in Policy Research. Boulder, CO.

Scheer, Hermann 2001: Erneuerbare Energien und die Strukturrevolution der Energiebereitstellung. Die prinzipiell ökologischen und die potentiell ökonomischen Vorteile erneuerbarer Energie. In: Vorgänge. Jg. 153 (2001), S. 4-16.

Scheer, Hermann 2005: Energieautonomie – Eine neue Politik für erneuerbare Energien. München.

Schlegel, Stephanie 2005: Innovationsbiographie Windenergie. Eine Analyse des deutschen Windenergiebooms seit 1990. Diplomarbeit am Institut für Landschafts- und Umweltplanung der TU Berlin. Berlin.

Schmidt, Susanne K.; Werle, Raymund 1998: Coordinating Technology. Studies in the International Standardization of Telecommunications. Cambridge, Mass., London.

Schmidt, Manfred 1993: Theorien in der international vergleichenden Staatstätigkeitsforschung. In: Héritier, Adrienne (Hrsg.): Policy Analyse. Kritik und Neuorientierung. Politische Vierteljahresschrift, Sonderheft 24. Opladen, S. 371-393.

Schneider, Volker 1991: The Governance of Large Technical Systems: The Case of Telecommunications. In: La Porte, Todd .R. (Hrsg.): Social Responses to Large Technical Systems, Dodrecht, Boston, London, S. 19-41.

Schneider, Volker 1992: Kooperative Akteure und vernetzte Artefakte. Überlegungen zu den Formen sozialer Organisationen großtechnischer Systeme. In: Bechmann, Gotthard; Rammert, Werner (Hrsg.): Jahrbuch Technik und Gesellschaft. Systeme und Risiko. Frankfurt a.M., S.113-139.

Schneider, Volker 2003: Akteurskonstellationen und Netzwerke in der Politikentwicklung. In: Schubert, Klaus; Bandelow, Nils C. (Hrsg.): Lehrbuch der Politikfeldanalyse. München, S. 107-146.

Schneider, Volker; Janning, Frank 2006: Politikfeldanalyse: Akteure, Diskurse und Netzwerke in der öffentlichen Politik. Wiesbaden.

Schneider, Volker; Mayntz, Renate 1995: Akteurszentrierter Institutionalismus in der Technikforschung. Fragestellungen und Erklärungsansätze. In: Halfmann, Jost; Bechmann, Gotthard; Rammert, Werner (Hrsg.): Technik und Gesellschaft Jahrbuch 8: Theoriebausteine der Techniksoziologie. Frankfurt a.M., New York, S. 107-130.

Schneider, Volker; Werle, Raymund 1998: Co-Evolution and Development of Large Technical Systems in Evolutionary Perspective. In: Garcia, Clara.E., Sanz-Menédez, Luis (Hrsg.): Management and Technology. European Commission COST A3, Vol. 5. Luxembourg, S. 12–29.

Schön, Susanne; Kruse, Sylvia.; Nölting, Benjamin; Meister, Martin; Ohlhorst, Dörte 2007: Handbuch Konstellationsanalyse. Ein interdisziplinäres Brückenkonzept für die Nachhaltigkeits-, Technik- und Innovationsforschung. München.

Schot, Johan.W. 1998: The Usefulness of Evolutionary Models for Explaining Innovation. The Case of the Netherlands in the Nineteenth Century. In: History of Technology. Jg. 14 (1998), S.173-200.

Schot, Johan; Hoogma, Remco; Elzen, Boelie 1994: Strategies for shifting technological systems: the case of the automobile system. In: Futures. Jg. 26 (1994), S.1060 – 1076.

Schubert, Cornelius; Windeler, Arnold; Sydow, Jörg 2007: Managing the Momentum of Technological Innovations in Networks: The Case of Next Generation Lithography in the Semiconductor Industry. Unveröffentlichtes Manuskript.

Schubert, Klaus; Bandelow, Nils C. (Hrsg.) 2003: Lehrbuch der Politikfeldanalyse. München.

Schubert, Klaus; Klein, Martina 2006: Das Politiklexikon. Bonn.

Schulz-Schaeffer, Ingo 1998: Akteure, Aktanten und Agenten. Konstruktive und rekonstruktive Bemühungen um die Handlungsfähigkeit von Technik. In: Malsch, Thomas (Hrsg.): Sozionik. Soziologische Ansichten über künstliche Sozialität. Berlin, S. 128-167.

Schulz-Schaeffer, Ingo 2006: Innovationsforschung zwischen Prozesstheorie und Variablensoziologie. Habilitationsvortrag, gehalten im Habilitationskolloquium der Fakultät VI, Institut für Soziologie, der TU Berlin am 06.09.2006.

Schuppert, Gunnar Folke (Hrsg.) 2005: Governance-Forschung. Vergewisserung über Stand und Entwicklungslinien. Baden-Baden.

Selle, Klaus (Hrsg.) 1996: Planung und Kommunikation. Gestaltung von Planungsprozessen in Quartier, Stadt und Landschaft - Grundlagen, Methoden, Praxiserfahrungen. Wiesbaden, Berlin.

Simonis, Georg 1995: Ausdifferenzierung der Technologiepolitik – vom hierarchischen zum interaktiven Staat. In: Martinsen, Renate; Simonis, Georg (Hrsg.): Paradigmenwechsel in der Technologiepolitik? Opladen, S. 381-404.

Simonis, Udo Ernst 1996a: Klimaprotokoll – zu den Verteilungsproblemen der Weltumweltpolitik. In: ders. (Hrsg.): Weltumweltpolitik. Grundriss und Bausteine eines neuen Politikfeldes. Berlin, S. 37-61.

Simonis, Udo Ernst 1996b: Globale Umweltpolitik. Ansätze und Perspektiven. Mannheim u.a..

Simonis, Udo Ernst 1998: Das „Kyoto-Protokoll". Aufforderung zu einer innovativen Klimapolitik. Berlin: Wissenschaftszentrum für Sozialforschung, wzb-paper FS II 98-403.

Smith, Adrian; Stirling, Andy; Berkhout, Frank 2005: The governance of sustainable socio-technical transition. In: Research Policy. Jg. 34 (2005), S. 1401-1510.

Smith, Adrian; Stirling, Andy 2006: Inside or out? Open or closed? Positioning the governance of sustainable technology. Paper for the workshop "Governance for Sustainable Development: Steering in Contexts of Ambivalence, Uncertainty and Distributed Control", 5.-7. February 2006, Berlin.

Söker, Holger; Rehfeldt, Knud; Santjer, Fritz; Strack, Martin; Schreiber, Matthias 2000: Offshore Wind Energy in the North Sea. Technical Possibilities and Ecological Considerations - A Study for Greenpeace. Wilhelmshaven, Bramsche.

SPD/ Bündnis 90/Die Grünen 1998: Aufbruch und Erneuerung - Deutschlands Weg ins 21. Jahrhundert, Koalitionsvereinbarung zwischen der Sozialdemokratischen Partei Deutschlands und Bündnis 90/Die GRÜNEN. Bonn, 20. Oktober 1998.

SRU (Rat von Sachverständigen für Umweltfragen) 1981: Sondergutachten Energie und Umwelt. Bonn.

SRU (Rat von Sachverständigen für Umweltfragen) 2003: Windenergienutzung auf See. Stellungnahme. Berlin.

SRU (Rat von Sachverständigen für Umweltfragen) 2004a: Meeresumweltschutz für Nord- und Ostsee. Sondergutachten. Kurzfassung. Berlin.

SRU (Rat von Sachverständigen für Umweltfragen) 2004b: Umweltgutachten 2004. Umweltpolitische Handlungsfähigkeit sichern. Baden-Baden.

Staiß, Fridhjof 2003: Jahrbuch Erneuerbare Energien 2003. Herausgegeben von der Stiftung Energieforschung Baden-Württemberg. Radebeul.

Staiß, Fridhjof 2007: Jahrbuch Erneuerbare Energien 2007. Herausgegeben von der Stiftung Energieforschung Baden-Württemberg. Radebeul.

Stephenson, Walter; Dane, Ivo; Buchholz, Hans Henning 1984: Forschungsbericht Windenergie: Bestandsaufnahme und Erfahrungsauswertung in der Bundesrepublik bestehender Windkraftanlagen, Bd.1. Eckernförde.

Stier, Bernhard 1999: Staat und Strom: die politische Steuerung des Elektrizitätssystems in Deutschland 1890-1950. Ubstadt-Weiher.

Straßberger, Florian; Wessels, Hans 1999: Umweltinnovation im Industriecluster Kunststoffverarbeitung. In: Klemmer, Paul (Hrsg.): Innovationen und Umwelt. Berlin, S. 113-135.

Stratmann, Eckhart; Täubner, Luise; Busch, Manfred; Damm, Winfried; DIE GRÜNEN im Bundestag/ AG Energie (Hrsg.) 1989: Das Grüne Energiewende-Szenario 2010 - Sonne, Wind und Wasser. Köln.

Strohm, Holger 1986: Friedlich in die Katastrophe. Eine Dokumentation über Atomkraftwerke. Hamburg.

Sunbeam GmbH 2006: Erneuerbare Energien in führenden Zeitungen und Zeitschriften. Analyse von Februar bis Dezember 2005. Berlin. www.pressetrend.de/fileadmin/user_upload/pressetrend/Sunbeam_Pressetrend_060201_Web.pdf, Abruf 23.1.2008.

Sydow, Jörg; Windeler, Arnold (Hrsg.) 2000: Steuerung von Netzwerken - Konzepte und Praktiken. Opladen.

Szarka, Joseph 2004a: Extending the Policy Integration Concept: the Case of Wind Power. Conference on the Human Dimensions of Global Environmental Change, Berlin, 3-4 December 2004.

Szarka, Joseph 2004b: Windpower, discourse coalitions and climate change: breaking the stalement? In: European Environment. Jg. 14 (2004), H. 6, S. 317-330.

Tacke, Franz 2004: Windenergie. Die Herausforderung, Gestern – Heute – Morgen. Frankfurt a. M..

Teske, Sven 2001: Zukunft Windkraft: Energie aus dem Meer. Windparks auf offener See sind eine wichtige Säule für den Klimaschutz – Greenpeace gibt Rahmenbedingungen für Pilotprojekte vor. In: BMU (Hrsg.): Umweltpolitik. Tagungsband Kongress: Offshore-Windenergienutzung und Umweltschutz 14./15. Juni 2001. Berlin, S. III 3-III 9.

Teske, Sven 2004: Windenergie auf hoher See. Naturverträglicher Aufbau von Offshore-Windanlagen in Nord- und Ostsee – unerlässlich für den Klimaschutz. o.a.O. www.greenpeace.de/themen/energie/erneuerbare_energien/artikel/windenergie_auf_hoher_see/ Abruf am 18.01.2008.

Trittin, Jürgen 2003: Ziele und Eckpunkte der geplanten EEG-Novelle. Rede zum Neujahrsempfang BWE/FV Biogas/VDMA. Berlin, 28. Januar 2003.

Trittin, Jürgen 2004: Windenergie - Säule globaler Energiepolitik. Rede auf der World Wind Energy Conference am 1.11.2004 in Bejing, www.bmu.de/reden/doc/6627.php, Abruf am 22.01.2008.

Twele, Jochen 2005: Innovationsbiographie der Windenergie aus technisch-ökonomischer Sicht. Unveröffentlichtes Manuskript. Berlin.

UBA (Umweltbundesamt) (Hrsg.) 1998: Innovationspotentiale von Umwelttechnologien. Innovationsstrategien im Spannungsfeld von Technologie, Ökonomie und Ökologie. Heidelberg.

UBA – (Umweltbundesamt) (Hrsg.) 2004: Umweltpolitik – Umweltbewusstsein in Deutschland. Emnid-Umfrage. Bonn.

Van de Ven, Andrew H.; Garud, Raghu 1994: The Co-Evolution of Technical and Institutional Events in the Development of an Innovation. In: Baum, Joel A. C.; Singh, Jitendra V. (Hrsg.): Evolutionary Dynamics of Organizations. New York, Oxford, S. 425-443.

Van de Ven, Andrew H.; Polley, Douglas E.; Garud, Raghu; Venkataraman, Sank 1999: The Innovation Journey. New York, Oxford.

Van Lente, Harro 1993: Promising Technology. The Dynamics of Expectations in Technological Developments. Dissertation an der Universität Twente. Delft.

Van Lente, Harro; Rip, Arie 1998: Expectations in Technological Developments: An Example of Prospective Structures to be Filled in by Agency. In: Disco, Cornelis; van der Meulen, Barend (Hrsg.): Getting New Technologies Together. Studies in Making Sociotechnical Order. Berlin, New York, S. 203-229.

VDN (Verband der Netzbetreiber) 2006: Erzeugungsmanagement zur Umsetzung des § 4 Abs. 3 EEG. Berlin. http://vdn-archiv.bdew.de/global/downloads/Netz-Themen/eeg/2006-02-27_Grundsatz-Erzeugungsmanagement.pdf. Abruf am 15.03.2008.

Voigt, Wilfried 2006: Windenergie in Schleswig-Holstein – eine Erfolgsgeschichte. In: Altner, Günter; Leitschuh-Fecht, Heike; Michelsen, Gerd; Simonis, Udo E.; Weizsäcker, Ernst U. (Hrsg.): Jahrbuch Ökologie 2007. München, S. 113- 122.

Voß, Jan-Peter; Bauknecht, Dierk; Kemp, René (Hrsg.) 2006: Reflexive Governance for Sustainable Development. Cheltenham, Northampton.

Voß, Jan-Peter; Bauknecht, Dierk 2007: Der Einfluss von Technik auf Governance-Innovationen: Regulierung zur gemeinsamen Netznutzung in Infrastruktursystemen. In: Dolata, Ulrich; Werle, Raimund (Hrsg.): Gesellschaft und die Macht der Technik. Frankfurt a.M., New York, S. 109-131.

WBGU (Wissenschaftlicher Beirat der Bundesregierung Globale Umweltveränderungen) 2003: Welt im Wandel - Energiewende zur Nachhaltigkeit. Berlin, Heidelberg. www.wbgu.de/wbgu_jg2003.html, Abruf am 14.01.2008.

Weinhold, Nicole 2006: Suche nach Erkenntnis. In: Neue Energie. (2006), H. 9, S. 25-31.

Welke, Mareike; Nick-Leptin, Joachim 2005: Bei der Windenergieforschung liegt Offshore vorn. In: DEWI Magazin. Jg. 27 (2005), S. 5-9.

Weyer, Johannes 1997a: Konturen einer netzwerktheoretischen Techniksoziologie. In: Weyer, Johannes; Kirchner, Ulrich; Riedl, Lars; Schmidt, Johannes F. K.(Hrsg): Technik die Gesellschaft schafft. Soziale Netzwerke als Ort der Technikgenese. Berlin, S. 23-52.

Weyer, Johannes 1997b: Vernetzte Innovationen – innovative Netzwerke. Airbus, Personal Computer, Transrapid. In: Rammert, Werner, Bechmann, Gotthard (Hrsg.): Innovationen – Prozesse, Produkte, Politik (Technik und Gesellschaft, Jahrbuch 9), Frankfurt a.M., S. 125-152.

Weyer, Johannes (Hrsg.) 2000: Soziale Netzwerke. Konzepte und Methoden der sozialwissenschaftlichen Netzwerkforschung. München, Wien.

Weyer, Johannes 2000: Einleitung. Zum Stand der Netzwerkforschung in den Sozialwissenschaften. In: Weyer, Johannes (Hrsg.): Soziale Netzwerke. Konzepte und Methoden der sozialwissenschaftlichen Netzwerkforschung. München, Wien, S. 1-34.

Weyer, Johannes 2003: Von Innovationsnetzwerken zu hybriden sozio-technischen Systemen. Neue Perspektiven der Techniksoziologie. Arbeitspapier Nr. 1 (Juni 2003), Universität Dortmund, Wirtschafts- und Sozialwissenschaftliche Fakultät, Lehrstuhl Techniksoziologie.

Weyer, Johannes 2004: Innovationen fördern – aber wie? Zur Rolle des Staates in der Innovationspolitik. Universität Dortmund. Soziologische Arbeitspapiere, Arbeitspapier Nr.3.

Williams, Robin; Edge, David 1996: The social shaping of technology. In: Research Policy. Jg. 25 (1996), S. 865-899.

Willke, Helmut 1983: Entzauberung des Staates. Überlegungen zu einer gesellschaftlichen Steuerungstheorie. Königstein/Taunus.

Windeler, Arnold 2003: Kreation technologischer Pfade: ein strukturationstheoretischer Analyseansatz. In: Schreyögg, Georg; Sydow, Jörg (Hrsg.): Managementforschung 13. Wiesbaden, S. 295-328.

Windhoff-Héritier, Adrienne 1987: Policy-Analyse: Eine Einführung. Frankfurt a.M., New York.

Wissenschaftlicher Beirat beim BMWA 2004: Zur Förderung erneuerbarer Energien, Gutachten des Wissenschaftlichen Beirats beim Bundesministerium für Wirtschaft und Arbeit. Köln, 16. Januar 2004.

Witt, Ulrich 1997: „Lock in“ vs. „Critical masses“ – industrial change under network externalities. In: International Journal of Industrial Organization. Jg. 14 (1997), H. 6, S. 753-773.

Woolgar, Steve 2003: Social Shaping Perspectives on e-Science and e-Social Science: the case for research support. ESRC consultative study. Oxford.

Wüstenhagen, Rolf 2000: Ökostrom - von der Nische zum Massenmarkt. Entwicklungsperspektiven und Marketingstrategien für eine zukunftsfähige Elektrizitätsbranche. Zürich.

Ziesing, Hans-Joachim; Ensslin, Cornel; Langniß, Ole 2001: Stand der Liberalisierung der Energiewirtschaft in Deutschland – Auswirkungen auf den Strom aus erneuerbaren Energiequellen. In: FVS Annual Conference 2001, Forschungsverbund Sonnenenergie, Potsdam, 20.-21. September, S. 144-150.

Ziesing, Hans-Joachim 2003: Treibhausgas-Emissionen nehmen weltweit zu – keine Umkehr in Sicht. DIW-Wochenbericht 39/03. S. 577-587.

Zucco, Catherine; Merck, Thomas 2004: Ökologische Effekte von Offshore-Windkraftanlagen. Eine Übersicht zur aktuellen Kenntnislage. In: Naturschutz und Landschaftsplanung. Jg. 36 (2004), H. 9, S. 261-269.

Zundel, Stefan 2004: Time Strategies for an Innovation Oriented Environmental Policy. In: Jacob, Klaus; Binder, Manfred; Wieczorek, Anna (Hrsg.): Governance für Industrial Transformation. Proceedings of the 2003 Berlin Conference on the Human Dimensions of Global Environmental Change. Environmental Policy Research Centre. Berlin, S. 133-145.

Zundel, Stefan; Erdmann, Georg; Nill, Jan; Sartorius, Christian; Weiner, Daniel 2003: Zeitstrategien ökologischer Innovationspolitik – der Forschungsansatz. In: Horbach, Jens; Huber, Joseph; Schulz, Thomas (Hrsg.): Nachhaltigkeit und Innovation. Rahmenbedingungen für Umweltinnovationen. München, S. 55-88.

Rechtsgrundlagen (Gesetze, Verordnungen, Erlasse, EU Richtlinien)

Amtsblatt Schleswig-Holstein 1991, Nr. 38: Grundsätze zur Planung von Windenergieanlagen. Gemeinsamer Runderlass des Innenministers, des Ministers für Soziales, Gesundheit und Energie und des Ministers für Natur, Umwelt und Landesentwicklung vom 11.September 1991, S. 560-562.

BauGB - Baugesetzbuch in der Fassung der Bekanntmachung vom 23. September 2004 (BGBl. I S.2414), zuletzt geändert durch Artikel 1 des Gesetzes vom 21. Dezember 2006 (BGBl. I S.3316).

BNatSchG 2002 - Gesetz zur Neuregelung des Rechts des Naturschutzes und der Landschaftspflege und zur Anpassung anderer Rechtsvorschriften (BNatSchGNeuregG) vom 25.3.2002, BGBl. Teil I, Nr.22, S. 1193.

BVerwG-Urteil vom 16. Juni 1994 (DVBl. 1994, S. 1141 ff.). Windkraftanlagen im Außenbereich. BVerwG 4 C 20.93 - (BVerwGE 96, 95 = NVWZ 1995, 64).

EEG 2000: Gesetz für den Vorrang Erneuerbarer Energien - Erneuerbare-Energien-Gesetz (EEG), in der Fassung vom 29.04.2000, BGBl. I S. 305.

EEG 2004: Gesetz für den Vorrang Erneuerbarer Energie - Erneuerbare-Energien-Gesetz (EEG), in der Neufassung vom 21. Juli 2004 , BGBl. I S. 1918.

EnWG - Gesetz über die Elektrizitäts- und Gasversorgung (Energiewirtschaftsgesetz), 24. April 1998, BGBl I 1998, 730.

EnWG – Gesetz über die Elektrizitäts- und Gasversorgung (Energiewirtschaftsgesetz), 7. Juli 2005, BGBl. I S. 1970 (3621), zuletzt geändert durch Artikel 7 Abs. 14 des Gesetzes vom 26. März 2007, BGBl. I S. 358.

EU 1996: Richtlinie 96/92/EG des Europäischen Parlaments und des Rates vom 19.12.1996 betreffend gemeinsamer Vorschriften für den Elektrizitätsbinnenmarkt. ABL Nr. L27 vom 30.01.1997.

EU 2001: Richtlinie 2001/77/EG des Europäischen Parlaments und des Rates vom 27.September 2001 zur Förderung der Stromerzeugung aus erneuerbaren Energiequellen im Elektrizitätsbinnenmarkt, veröffentlicht im Amtsblatt der EG vom 27. Oktober 2001, L283/33.

EuGH 2001 – Urteil des Europäischen Gerichtshofs vom 13.3.2001, In der Rechtssache C-379/98 betreffend dem Rechtsstreit PreussenElektra AG gegen Schleswag AG, Beteiligte: Windpark Reußenköge III GmbH und Land Schleswig-Holstein,

InfraStrPlanVBeschlG - Gesetz zur Beschleunigung von Planungsverfahren für Infrastrukturvorhaben vom 17.12.2006; BGBl. I S. 2833, 2007 I, S. 691.

ROG – Raumordnungsgesetz vom 18. August 1997 (BGBl. I S. 2081, 2102), geändert durch Artikel 2 des Gesetzes zur Anpassung des Baugesetzbuches an EU-Richtlinien

(Europarechtsanpassungsgesetz Bau – EAG Bau) vom 24. Juni 2004 (BGBl. I S. 1359, 1379).
StrEG 1990: Gesetz über die Einspeisung von Strom aus erneuerbaren Energien in das öffentliche Netz (Stromeinspeisungsgesetz - StrEG) vom 7. Dezember 1990. Bundesgesetzblatt, Teil I, S. 2633-2634.
StrEG 1994: Gesetz über die Einspeisung von Strom aus erneuerbaren Energien in das öffentliche Netz (Stromeinspeisungsgesetz - StrEG) vom 7. Dezember 1990. Bundesgesetzblatt, Teil I, S. 2633-2634, geändert durch Artikel 5 des Gesetzes zur Sicherung des Einsatzes von Steinkohle in der Verstromung und zur Änderung des Atomgesetzes und des Stromeinspeisungsgesetzes vom 19. Juli 1994. Bundesgesetzblatt Teil I, S. 1618-1623.
StrEG 1998: Gesetz über die Einspeisung von Strom aus erneuerbaren Energien in das öffentliche Netz (Stromeinspeisungsgesetz) vom 7.Dezember 1990. BGBl. I S. 2633, 1994 S. 1618, geändert durch Art. 3 des Gesetzes zur Neuregelung des Energiewirtschaftsrechts vom 24. April 1998, BGBl I 1998, S. 730 ff.

Interviews

Belker, Ursula, mdl. 2005: Interview am 22.9.2005; ehem. Bürgermeisterin von Husum, Windenergie-Projektmanagement.
Bischof, Ralf, mdl. 2005: Interview am 19.01.2005; Geschäftsführer Bundesverband Windenergie.
Bollmann, Marcus, mdl. 2005: Interview am 10.10.2005; BUND.
Christen, Jens, mdl. 2006: Interview am 11.01.2006; ENERTRAG.
Diwald, Werner, mdl. 2006: Interview am 11.01.2006; ENERTRAG.
Dörner, Heiner, mdl. 2006; Interview am 02.02.2006; Biograph von Prof. Hütter, Universität Stuttgart.
Dürrschmidt, Wolfhart 2007: Interview am 02.10.2007; Referatsleiter „Allgemeine und grundsätzliche Angelegenheiten der Erneuerbaren Energien", BMU.
Eisenbeiß, Gerd, mdl.2007: Telefoninterview am 23.11.2007; 1982-1989 Referatsleiter für rationelle Energieverwendung und erneuerbare Energien im damaligen BMFT.
Fell, Hans Josef 2007: Interview am 15.11.2007; Bundestagsabgeordneter der Grünen, Mitglied des Bundestages seit 1998, Vizepräsident Eurosolar.
Geldern, Wolfgang von, mdl. 2005: Interview am 30.9.2005; Wirtschaftsverband Windkraftwerke/ Plambeck Neue Energien, ehem. CDU-Abgeordneter im Bundestag.
Gasch, Robert, mdl. 2005: Interview am 20.9.2005; Professor für Maschinendynamik am Institut für Luft- und Raumfahrt der TU Berlin.
Hinrichs-Rahlwes, Rainer 2007: Interview am 11.10.2007; Europapolitischer Berater des BEE, ehem. Leiter der Zentralabteilung im BMU.
Homp, Catrin, mdl. 2005: Interview am 6.10.2005; Tourismusverband Schleswig-Holstein.
Hustedt, Michaele, mdl. 2005: Interview am 6.9.2005; Bundestagsfraktion Bündnis 90/ Die Grünen.

Jahn, Andreas, mdl. 2005: Interview am 15.9.2005; Bundesverband Neuer Energieanbieter.
Kaiser, Reinhard 2007: Interview am 09.10.2007; Leiter der Unterabteilung „Erneuerbare Energien", BMU.
Kaupmann, Magnus, mdl. 2005: Interview am 25.05.2005; Scope Analysis GmbH, Berlin.
Kelch, Rudolf-Eugen, mdl. 2005: Interview am 5.10.2005; Schutzgemeinschaft deutsche Nordseeküste.
Kuhbier, Jörg, mdl. 2005: Interview am 02.09.2005; Offshore-Stiftung Windenergie.
Kurdziel, Markus, mdl. 2005: Interview am 30.09.2005; Deutsche Energieagentur (dena).
Lönker, Oliver, mdl. 2006: Interview am 09.03.2006; neue energie. Das Magazin für Erneuerbare Energien.
Molly, Jens Peter, mdl. 2005: Interview am 11.10.2005; Deutsches Windenergie-Institut.
Radecke, Hermann van, mdl. 2005: Interview am 07.10.2005; Fachhochschule Flensburg.
Rave, Klaus, mdl. 2005: Interview am 14.10.2005; Landesinvestitionsbank Schleswig-Holstein.
Richterich, Thomas, mdl. 2005: Interview am 21.09.2005; Vorstandsvorsitzender der Nordex AG.
Rispens, Jan, mdl. 2005: Interview am 11.11.2005; Geschäftsführer der Windenergie-Agentur Bremen.
Schiel, Johannes, mdl. 2005: Interview am 6.9.2005, Verband Deutscher Maschinen- und Anlagenbau e.V.
Seidler, Dieter 2005: Interview am 07.07.2005; Ministerium für Ländliche Entwicklung, Umwelt und Verbraucherschutz Brandenburg. Ref. 53 Gebiets- und verkehrsbezogener Immissionsschutz, Klima, Energie.
Szarka, Joseph, mdl. 2005: Interview am 24.06.2005; University of Bath. Department of European Studies.
Tiedemann, Albrecht mdl. 2005: Interview am 22.09.2005; Projektleiter Regenerative Energien, Deutsche Energieagentur (dena).
Vahrenholt, Fritz, mdl. 2005: Interview am 2.9.2005, Geschäftsführer Repower-Systems.
Voigt, Wilfried, mdl. 2005: Interview 22.9.2005, Staatssekretär a.D., Landesregierung Schleswig-Holstein.
Wagner, Stefan, mdl. 2006: Interview am 11.01.2006; ENERTRAG.

Batch number: 10809466

Printed by Printforce, the Netherlands